国家林业和草原局普通高等教育"十三五"规划教材

普通化学学习指导

冯志彪　姜　彬　主编

中国林业出版社

内 容 简 介

本书为《普通化学》(第 2 版) (付颖、赵李霞主编) 的配套教材,全书的章节目次紧扣相应的教材,共分为 11 章。每章内容主要分为 3 个部分:本章概要、例题、练习题。练习题类型包括判断题、选择题、填空题、简答题及计算题。另外,书后还辅以数套模拟试题和答案。本书内容丰富,涉及知识面广,难度适宜。

本书可作为高等农林院校学生学习普通化学时的辅助教材,同时也可为讲授此门课程的教师的教学活动提供参考,也可作为高等农林院校研究生入学考试的复习资料。

图书在版编目 (CIP) 数据

普通化学学习指导 / 冯志彪,姜彬主编. —北京:
中国林业出版社,2021.6 (2024.5 重印)
国家林业和草原局普通高等教育"十三五"规划教材
ISBN 978-7-5219-1169-5

Ⅰ.①普⋯ Ⅱ.①冯⋯ ②姜⋯ Ⅲ.①普通化学—高
等学校—教学参考资料 Ⅳ.①O6

中国版本图书馆 CIP 数据核字 (2021) 第 094200 号

中国林业出版社·教育分社

策划、责任编辑:高红岩 李树梅 责任校对:苏 梅
电 话:(010) 83143554 传 真:(010) 83143516

出版发行 中国林业出版社 (100009 北京市西城区德内大街刘海胡同 7 号)
E-mail: jiaocaipublic@163.com 电话:(010) 83143500
http://www.forestry.gov.cn/lycb.html
印 刷 北京中科印刷有限公司
版 次 2021 年 6 月第 1 版
印 次 2024 年 5 月第 4 次印刷
开 本 787mm×1092mm 1/16
印 张 18.5
字 数 450 千字
定 价 45.00 元

《普通化学学习指导》编写人员

主　　编　　冯志彪　姜　彬

副主编　　隋春霞　金　花　刘春红

编　　者　　(按姓氏笔画排序)

冯志彪　刘春红　刘豫龙　张玲玲

金　花　姜　彬　徐国强　隋春霞

主　　审　　肖振平

前 言

Preface

　　普通化学是高等农林院校大学第一学期必修的一门基础课程，其特殊性和重要性不言而喻，但学生普遍感到缺少一本与教学内容比较接近的学习指导书，为此我们结合自己多年来教学实践的体会，编写了这本学习指导。

　　本书为《普通化学》（第 2 版）（付颖、赵李霞主编）的配套教材，是根据新形势下的教学改革精神和多年的教学经验精心编写而成的。本书可为高等农林院校学习普通化学的学生提供课外教学的辅助，同时也可作为讲授此门课程的教师教学参考书，也可供高等农林院校学生报考研究生复习时使用。

　　全书的章节目次紧扣相应的教材，内容编排上考虑到下列几个问题：

　　1. 每章前面均给出该章的主要内容，概要介绍该章的知识点。相关知识点并不作为该章的具体授课要求，仅供参考，在使用时可依据各学校的教学特点适当调整。

　　2. 每章例题均为配套教材的书后习题，所以在选材上受到一定的局限，可能不尽丰富和完善。

　　3. 做练习题是学习普通化学的重要环节，所以本书的习题量较大，且重要知识点给出了多道不同类型的练习题，以便让学生通过反复练习，巩固和加深理解所学的知识。

　　本书编写分工如下：冯志彪（第 3 章）、姜彬（第 1 章、第 5 章）、隋春霞（第 2 章、第 4 章）、金花（第 9 章、第 10 章）、刘春红（模拟试题）、刘豫龙（第 6 章、第 8 章）、张玲玲（第 7 章、第 11 章）、徐国强（附录）。全书由冯志彪、姜彬、刘春红定稿，肖振平主审。

　　由于编者水平所限，错误与不妥之处在所难免，恳请同行专家和使用此书的同学批评指正。

编 者

2021 年 1 月

目 录

Contents

第1章
气体和液体

本章主要介绍气体和液体两种物质存在状态的相关基本理论。首先介绍气体的理想气体状态方程和气体分压定律,指出什么是理想气体,实际气体在什么情况下可以看作理想气体以及道尔顿分压定律等详细内容。然后介绍液体的基本性质,包括气体的液化、液体的蒸发和饱和蒸气压等相关问题。最后,以水的相图为例详细介绍有关相的基本概念。

1.1 本章概要

1.1.1 气体

1.1.1.1 理想气体状态方程

分子本身具有质量却不占有体积,且分子间没有作用力的气体称为理想气体。实际气体在高温和低压条件下可近似看作理想气体。用来描述气体状态的物理量有温度 T、压力 p、体积 V 和物质的量 n。

理想气体状态方程:

$$pV = nRT \,(\text{其中 } R = 8.314 \text{ J} \cdot \text{mol}^{-1} \cdot \text{K}^{-1})$$

理想气体状态方程常用变换形式:

$$p\frac{V}{n} = RT \qquad pV = \frac{m}{M}RT \qquad p = \frac{n}{V}RT$$

式中,m 是气体的质量;M 是气体的相对分子质量。

1.1.1.2 气体分压定律

混合气体中的某组分气体单独存在,并具有与混合气体相同温度和体积时所产生的压力,称为该组分气体的分压力。

道尔顿混合气体分压定律表达式为

$$p(\text{总}) = p_1 + p_2 + p_3 + \cdots + p_i = \sum_{i=1}^{n} p_i$$

或
$$\frac{p_i}{p(\text{总})} = \frac{n_i}{n(\text{总})}$$

1.1.2 液体

1.1.2.1 蒸气压

在一定温度下，密闭容器中的液体与其蒸气平衡时的蒸气压力称为饱和蒸气压，简称蒸气压。

液体的蒸气压仅与液体的本质和温度有关。一般来说，液体的分子间作用力越小，液体越容易蒸发，其蒸气压越高。对同一液体来说，液体的蒸气压总是随温度的升高而增大。

1.1.2.2 克劳修斯-克拉贝龙方程式

$$\ln\frac{p_1}{p_2} = \frac{\Delta_{vap}H_m^{\ominus}}{R}\left(\frac{1}{T_2} - \frac{1}{T_1}\right)$$

已知某液体在某两个温度下的蒸气压，则可利用此公式计算出这两个温度范围内的蒸发热；若已知某液体的蒸发热和某一温度下的蒸气压，则可计算出另一温度下的蒸气压；在已知外界大气压强的前提下，也可以计算出液体的沸点。

1.1.3 水的相图

系统内部物理和化学性质完全均匀的部分称为相。只有一个相的系统称为单相系统(也叫均相系统)，含有不同相的系统称为多相系统(或非均相系统)。

物质从一个相转到另一个相的过程，称为相变过程。

如果有两个以上的相共存，当各相的组成和数量不随时间而改变，可认为这些相之间已达到平衡，称为相平衡。

将相平衡时温度、压力之间的关系用图形来表示，这种图则称为相图。

水的相图包括：

①线：气固平衡曲线、液固平衡曲线、气液平衡曲线。曲线上任意一点表示两相平衡共存的状态。在两相平衡线上，温度和压力只能指定一个。如指定了温度，压力只能由体系自定。

②点：三相点(273.16 K，0.610 kPa)表示固液气三相共存的状态，是物质本身固有的性质，不可改变。临界点(647 K，2.21×10⁴ kPa)，即水蒸气与液态水的平衡点。

③面：固相区、液相区和气相区。每个区只存在物质的一种状态，所以称为单相区。在单相区，温度、压力可以在一定范围内同时改变而不引起相变。只有同时指定温度和压力，系统的状态才能完全确定。

对于多相体系，各相间的相互转化、新相的形成、旧相的消失与温度、压力、组成有关。根据相图，可以直观看出多相体系中各种聚集状态和它们所处的条件(温度、压力、组成)。

1.2 例题

1. 假设空气中含氧和氮的体积分数分别为 21% 和 79%。求 2.00 kg 空气在 273 K，101.3 kPa 下的体积。

解：已知 $m = 2.00$ kg，$T = 273$ K，$p = 101.3$ kPa，$y(O_2) = 0.21$，$y(N_2) = 0.79$

$$M_{mix} = y(O_2)M(O_2) + y(N_2)M(N_2)$$

$$= 0.21 \times 0.032 \text{ kg} \cdot \text{mol}^{-1} + 0.79 \times 0.028 \text{ kg} \cdot \text{mol}^{-1} = 0.029 \text{ kg} \cdot \text{mol}^{-1}$$

$$V = \frac{mRT}{MP} = \frac{2.00 \text{ kg} \times 8.314 \text{ J} \cdot \text{mol}^{-1} \cdot \text{K}^{-1} \times 273 \text{ K}}{0.029 \text{ kg} \cdot \text{mol}^{-1} \times 101.3 \times 10^3 \text{ Pa}} = 1.6 \text{ m}^3$$

2. 某气柜内储有气体烃类混合物，其压力 p 为 104 364 Pa，气体中含有水蒸气，水蒸气的分压力 $p(H_2O)$ 为 3 399.72 Pa。现将湿混合气体用干燥器脱水后使用，脱水后的干气体中水含量可忽略。问每千摩尔的湿气体需脱去多少千克的水？

解：$\dfrac{p_i}{p(总)} = \dfrac{n_i}{n(总)}$

$$n_i = \frac{3\ 399.72 \text{ Pa}}{104\ 364 \text{ Pa}} \times 1\ 000 \text{ mol} = 32.58 \text{ mol}$$

$$m(H_2O) = 32.58 \text{ mol} \times 18.02 \text{ g} \cdot \text{mol}^{-1} = 587.1 \text{ g} = 0.587\ 1 \text{ kg}$$

3. 由 NH_4NO_3 分解制成 N_2，在 296 K，9.56×10^4 Pa 下，用排水法收集到 0.575 L N_2。计算：(1) N_2 的分压；(2) 干燥后的 N_2 体积。（已知 296 K 时水的饱和蒸气压为 2.81×10^3 Pa）

解：(1) $p(N_2) = p(总) - p(H_2O) = 9.56 \times 10^4 \text{ Pa} - 2.81 \times 10^3 \text{ Pa} = 9.279 \times 10^4 \text{ Pa}$

(2) 设用排水法收集 N_2 时的体积为 V_1，压力为 p_1；干燥后的体积为 V_2，压力为 p_2。

由 $p_1 V_1 = p_2 V_2$ 可知，干燥后 N_2 的体积

$$V_2 = \frac{9.279 \times 10^4 \text{ Pa} \times 0.575 \text{ L}}{9.56 \times 10^4 \text{ Pa}} = 0.558 \text{ L}$$

4. 现有 1 mol $N_2O_4(g)$ 在容器中分解，反应为 $N_2O_4(g) = 2NO_2(g)$，总压力为 100 kPa，45 ℃时总体积为 36.0 L。计算：(1) 混合气体的总物质的量；(2) N_2O_4 分解了多少物质的量；(3) N_2O_4 和 NO_2 的物质的量分数；(4) N_2O_4 和 NO_2 的分压力。

解：(1) 由 $pV = nRT$，得

$$n(总) = \frac{p(总)V(总)}{RT(总)} = \frac{100 \text{ kPa} \times 36.0 \text{ L}}{8.314 \text{ J} \cdot \text{mol}^{-1} \cdot \text{K}^{-1} \times (273 \text{ K} + 45 \text{ K})} = 1.36 \text{ mol}$$

(2) 设平衡时有 x mol $N_2O_4(g)$ 分解，则有 $(1-x)$ mol 剩余，生成 $NO_2(g)$ $2x$ mol，则容器内 $n(总) = 1+x$，即 $1+x = 1.36$ mol

$$x = 1.36 \text{ mol} - 1 \text{ mol} = 0.36 \text{ mol}$$

(3) $x(N_2O_4) = \dfrac{n(N_2O_4)}{n(总)} = \dfrac{0.64 \text{ mol}}{0.64 \text{ mol} + 0.72 \text{ mol}} = 0.47$

$$x(\mathrm{NO_2}) = \frac{n(\mathrm{NO_2})}{n(\text{总})} = \frac{0.72\ \mathrm{mol}}{0.64\ \mathrm{mol} + 0.72\ \mathrm{mol}} = 0.53$$

(4) $p(\mathrm{N_2O_4}) = p(\text{总})x(\mathrm{N_2O_4}) = 100\ \mathrm{kPa} \times 0.47 = 47\ \mathrm{kPa}$

$p(\mathrm{NO_2}) = p(\text{总})x(\mathrm{NO_2}) = 100\ \mathrm{kPa} \times 0.53 = 53\ \mathrm{kPa}$

5. 今有 300 K，104.365 kPa 的湿烃类混合气体(含水蒸气的烃类混合气体)，其中水蒸气的分压为 3.167 kPa，现欲得到除去水蒸气的 1 000 mol 干烃类混合气体。求：(1) 应从湿烃类混合气体中除去水蒸气的物质的量；(2) 所需湿烃类混合气体的初始体积。

解：(1)设烃类混合气体的分压为 $p(\text{总}) = 104.365\ \mathrm{kPa}$，水蒸气的分压为 $p(\mathrm{H_2O}) = 3.167\ \mathrm{kPa}$。

$$p(\text{烃}) = p(\text{总}) - p(\mathrm{H_2O}) = 101.198\ \mathrm{kPa}$$

由 $\dfrac{p(\text{烃})}{p(\mathrm{H_2O})} = \dfrac{n(\text{烃})}{n(\mathrm{H_2O})}$ 可知

$$n(\mathrm{H_2O}) = \frac{3.167\ \mathrm{kPa}}{101.198\ \mathrm{kPa}} \times 1\ 000\ \mathrm{mol} = 31.30\ \mathrm{mol}$$

(2) 由 $pV = nRT$ 可知

$$V = \frac{n(\mathrm{H_2O})RT}{p(\mathrm{H_2O})} = \frac{31.30\ \mathrm{mol} \times 8.314\ \mathrm{J \cdot mol^{-1} \cdot K^{-1}} \times 300\ \mathrm{K}}{3.167\ \mathrm{kPa}} = 24.65\ \mathrm{m^3}$$

6. 300 K 时，在 10.0 L 容器中装入 32 g $\mathrm{O_2}$ 和 56 g $\mathrm{N_2}$。计算：(1) 这两种气体的分压是多少？(2) 该气体混合物的总压为多少？

解：(1) $p(\mathrm{O_2}) = \dfrac{m(\mathrm{O_2})RT}{M(\mathrm{O_2})V} = \dfrac{32\ \mathrm{g} \times 8.314\ \mathrm{J \cdot mol^{-1} \cdot K^{-1}} \times 300\ \mathrm{K}}{32\ \mathrm{g \cdot mol^{-1}} \times 10\ \mathrm{L}} = 249.42\ \mathrm{kPa}$

$p(\mathrm{N_2}) = \dfrac{m(\mathrm{N_2})RT}{M(\mathrm{N_2})V} = \dfrac{56\ \mathrm{g} \times 8.314\ \mathrm{J \cdot mol^{-1} \cdot K^{-1}} \times 300\ \mathrm{K}}{28\ \mathrm{g \cdot mol^{-1}} \times 10\ \mathrm{L}} = 498.84\ \mathrm{kPa}$

(2)$p(\text{总}) = p(\mathrm{O_2}) + p(\mathrm{N_2}) = 249.42\ \mathrm{kPa} + 498.84\ \mathrm{kPa} = 748.26\ \mathrm{kPa}$

7. 在密闭且体积固定的容器中，混合了 2 体积 $\mathrm{N_2}$ 和 5 体积 $\mathrm{H_2}$，在合适反应条件下，当混合物中 $\mathrm{N_2}$ 有一半变成 $\mathrm{NH_3}$，则混合体系的压力将如何变化？

解：设反应前 $\mathrm{N_2}$ 为 2 mol，$\mathrm{H_2}$ 为 5 mol；反应前压力为 $p(\text{前})$，反应后压力为 $p(\text{后})$。

	$\mathrm{N_2}$	$+$	$3\mathrm{H_2}$	$=$	$2\mathrm{NH_3}$	
反应前 n/mol	2		5			$n(\text{前}) = 7$
反应结束时 n/mol	1		2		2	$n(\text{后}) = 5$

$$p(\text{前}) = \frac{n(\text{前})RT}{V}$$

$$p(\text{后}) = \frac{n(\text{后})RT}{V} = \frac{p(\text{前})n(\text{后})}{n(\text{前})} = \frac{5}{7}p(\text{前})$$

8. 现将 313 K，900 kPa，152 g $\mathrm{O_2}$ 装入容器，经一段时间后，发现容器中 $\mathrm{O_2}$ 泄漏，容器内温度降低了 10 K，而压力变为原来的一半。计算：(1) 容器的容积；(2) 该段时间内泄漏 $\mathrm{O_2}$ 的质量。

解：（1）由 $pV=nRT$，得

$$V = \frac{nRT}{p} = \frac{152 \text{ g} \times 8.314 \text{ J} \cdot \text{mol}^{-1} \cdot \text{K}^{-1} \times 313 \text{ K}}{32 \text{ g} \cdot \text{mol}^{-1} \times 900 \times 10^3 \text{ Pa}} = 13.7 \times 10^{-3} \text{ m}^3$$

（2）容器中剩余 O_2 的物质的量为

$$n(O_2) = \frac{pV}{RT} = \frac{450 \times 10^3 \text{Pa} \times 13.7 \times 10^{-3}\text{m}^3}{8.314 \text{ J} \cdot \text{mol}^{-1} \cdot \text{K}^{-1} \times 303 \text{ K}} = 2.45 \text{ mol}$$

泄漏 O_2 的质量为

$$m(O_2) = 152 \text{ g} - 2.45 \text{ mol} \times 32 \text{ g} \cdot \text{mol}^{-1} = 74 \text{ g}$$

1.3　练习题

(一) 判断题

（　）1. 理想气体只是一种理想模型，其分子为无质量、无自身体积、相互之间无作用力的几何点。

（　）2. 只有在高温高压下，实际气体才接近于理想气体。

（　）3. 理想气体状态方程是在一定实验条件下总结出来的经验公式，所以在实际应用中有一定局限性。

（　）4. NaCl 溶液是单相系统的结论并不正确，因为 NaCl 分子和 H_2O 分子的物理性质和化学性质并不相同。

（　）5. 液体的蒸气压与液体的表面积有关，液体的表面积越大，其蒸气压也越大。

（　）6. 分体积的概念是指在同一密闭容器中存在的多种气体各有各的体积，某一气体的量越大，其分体积就越大。

（　）7. 在温度相同的条件下，易挥发物质的蒸气压大于难挥发物质的蒸气压。

（　）8. 在水相图的单相区内，温度、压力同时改变也不会引起相变。

（　）9. 物质由固相变为气相时，一定要经过液相，这是物质聚集状态变化的规律。

（　）10. 只要压力足够大，任何温度的水蒸气都能被液化。

（　）11. 水的三相点和水的凝固点在相图上为同一点。

（　）12. 在一定温度范围内，通过降低压力，也可以使冰升华。

（　）13. 同 H_2S、H_2Se 等相比，H_2O 有较高的沸点，是因为 H_2O 的分子质量比它们小。

（　）14. 相同聚集状态的几种物质相混，便得到单相系统的混合物。

（　）15. 水的液-气两相平衡线，就是水的蒸气压曲线。

（　）16. 一般情况下，若 t ℃时，液体 A 较液体 B 有较高的蒸气压，由此可以合理推断 A 比 B 有较低的正常沸点。

（　）17. 0 ℃以下纯水不能以液态存在。

（　）18. 除水以外，其他物质都没有三相点。

（　）19. 高于临界温度时，无论如何加压，气体都不能液化。

（　）20. 临界温度越高的物质，越容易液化。

（　）21. 冰变为水蒸气时，一定要经过液态水。

（　）22. 就概念而言，物质的三相点与凝固点是不同的。

（　）23. 将少量的 Na_2SO_4 倒入装有 1 L 水的烧杯中，则此系统为单相系统。

（　）24. 一般来说，某温度下液体的挥发性越强，其蒸气压越高。

（二）选择题（单选）

（　）1. 水的三相点温度为：

  A. 273.15 K B. 373.15 K C. 273.16 K D. 647 K

（　）2. 于 22 ℃和 100 kPa 下，在水面上收集 0.100 g H_2，在此温度下水的蒸气压为 2.7 kPa，则干燥 H_2 的体积为：

  A. 1.26 L B. 2.45 L C. 12.6 L D. 24.5 L

（　）3. 于 10 ℃和 100.0 kPa 下，在水面上收集到 1.5 L 某气体，则该气体的物质的量为（已知 10 ℃时水的蒸气压为 1.2 kPa）：

  A. $6.3×10^{-2}$ mol B. $6.5×10^{-2}$ mol C. $1.3×10^{-3}$ mol D. $7.9×10^{-4}$ mol

（　）4. 将压力为 200 kPa 的 O_2 5.0 L 和 100 kPa 的 H_2 5.0 L 同时混合在 20 L 的密闭容器中，在温度不变的条件下，混合气体的总压力为：

  A. 120 kPa B. 75 kPa C. 180 kPa D. 300 kPa

（　）5. 实际气体接近于理想气体的条件是：

  A. 高温高压下 B. 低温高压下 C. 高温低压下 D. 低温低压下

（　）6. 相同的温度和压力下，容积相同的两个烧瓶，分别充满气体 A 和 B，气体 A 质量为 34 g，而气体 B 质量为 48 g，已知气体 B 是 O_3，气体 A 可能是：

  A. O_2 B. H_2S C. SO_3 D. CH_4

（　）7. 一混合气体中含气体 A 1 mol、B 2 mol、C 3 mol，混合气体的压力为 202.6 kPa，则其中 B 的分压为：

  A. 101.3 kPa B. 33.8 kPa C. 67.5 kPa D. 16.89 kPa

（　）8. 在 0 ℃及 101.3 kPa 下，11.2 L 某气体的质量为 14 g，该气体可能是：

  A. CO_2 B. CO C. CH_4 D. NH_3

（　）9. 保持压力在 101.3 kPa 下，1 L CO_2 气体由 0 ℃升到 273 ℃时体积为：

  A. 1/2 L B. 273 L C. 2 L D. 1/273 L

（　）10. 现有 1 g H_2 与 4 g O_2 常温下混于同一容器内，H_2 与 O_2 的分压比为：

  A. 1∶5 B. 1∶4 C. 4∶1 D. 5∶1

（　）11. 实际气体对理想气体方程有偏差，是因为：

  A. 分子间的碰撞   B. 分子有动能

  C. 分子间有引力和分子有体积 D. 分子的形状特殊

（　）12. 如果一个容器中充满 H_2，另一个同样大小的容器中充满 CO_2，在同温同压下，两个容器含有相同的：

  A. 原子数 B. 电子数 C. 中子数 D. 分子数

（　）13. 空气中约含有体积比为 $3.0×10^{-4}$ 的 CO_2，因此空气中 CO_2 的分压最接近于：

　　　A. 1 Pa　　　　　　B. 30 Pa　　　　　　C. 100 Pa　　　　　D. $3.0×10^{-4}$ Pa

（　）14. 同温、同体积下，混合气体中苯蒸气组分（A）的量（mol）与气体总量（mol）之比和其分压与总压之比 p_A/p（总）的关系在数值上是：

　　　A. 成正比的　　　　B. 相等的　　　　　C. 成反比的　　　　D. 不成比例的

（　）15. 假定空气中 O_2 的体积比为 0.21，N_2 的体积比为 0.79。如果大气压力为 98.66 kPa，那么 O_2 的分压最接近于：

　　　A. 20.72 kPa　　　B. 41.33 kPa　　　C. 98.66 kPa　　　D. 42.66 kPa

（　）16. 将水、汽油、石膏、少量蔗糖倒入一个烧杯中（蔗糖全部溶解），此系统有几相（不包括烧杯壁及气相）：

　　　A. 有一相　　　　　B. 有二相　　　　　C. 有三相　　　　　D. 有四相

（　）17. 在相同温度、容积相等的三个箱子中，分别放有不等量乙醚的烧杯，A 箱烧杯中乙醚最少，很快乙醚完全挥发了；B 箱烧杯中乙醚中量，蒸发后剩下少量；C 箱烧杯中乙醚最多，蒸发后剩余一半。三个箱子中乙醚蒸气压的关系是：

　　　A. $p_A = p_B = p_C$　　　　　　　　　B. $p_A < p_B < p_C$

　　　C. $p_A < p_B$，$p_B = p_C$　　　　　　D. $p_A = p_B$，$p_B < p_C$

（　）18. 用来描述气体状态的四个物理量分别是：

　　　A. n，V，p，T　　　　　　　　B. n，R，T，p

　　　C. n，V，R，T　　　　　　　　D. n，R，T，p

（　）19. 纯液体的饱和蒸气压随下列哪个变化而变化：

　　　A. 容器大小　　　　B. 温度高低　　　　C. 液体的量　　　　D. 不确定

（　）20. 反应 $Fe_2O_3(s)+3CO(g)=2Fe(s)+3CO_2(g)$ 组成的系统中有几相共存：

　　　A. 有一相　　　　　B. 有二相　　　　　C. 有三相　　　　　D. 有四相

（　）21. 将 N_2 1 mol、H_2 2 mol、O_2 3 mol 混合，系统压力为 202.4 kPa，其 O_2 分压为：

　　　A. 33.8 kPa　　　　B. 101.2 kPa　　　C. 67.5 kPa　　　　D. 16.8 kPa

（　）22. 某容器中含有 4.4 g CO_2、16 g O_2 和 14 g N_2，在 20 ℃时的总压力为 200 kPa。则 O_2 的分压为：

　　　A. 80.7 kPa　　　　B. 18.2 kPa　　　C. 72.8 kPa　　　　D. 90.9 kPa

（　）23. 在体积相同的两个密闭容器中，分别放着不等量乙醚的烧杯，过一段时间后，烧杯 A 中乙醚蒸发后还剩少许；烧杯 B 中乙醚蒸发后剩余一半，则两容器中乙醚蒸气压的关系为：

　　　A. $p_A = p_B$　　　　B. $p_A < p_B$　　　C. $p_A > p_B$　　　D. 不确定

（三）简答题

1. 如果在封闭系统中，0 ℃水的压力由 287 Pa 逐渐增加到 106 658 Pa，问相的变化如何？

2. 什么叫相？聚集状态相同的物质在一起是否一定组成同一相？为什么？

3. 什么叫沸点和凝固点？外界压力对它们有无影响？如何影响？

4. 根据水的相图回答下列问题：（1）当温度为 8 ℃时，水能以气态、液态、固态存在吗？为什么？（2）压力为 410 Pa，逐渐升温，水能从固态转变成液态还是从固态转变成气态？当压力增至 1 333 Pa 时，水是如何转变？

5. 水由固态转变到气态是否一定要经过液态？为什么？

6. 什么是液体的临界温度、临界压力？

7. 试简要说明什么是理想气体？实际气体在什么条件下可近似看作理想气体？

8. 水的三相点和冰点有何不同？

9. 水的相图中三条曲线分别代表水的什么状态？

(四) 计算题

1. 现有 0.326 4 g 的金属氢化物(MH_2)和水进行反应：$MH_2(s)+2H_2O(l)=M(OH)_2(s)+2H_2(g)$，释放出来的干燥 H_2 在 21 ℃ 和 $1.013×10^5$ Pa 下为 0.375 L。求金属 M 的原子质量，并从周期表中查出它是什么元素？

2. 质量分数为 0.20 的氨水密度为 $0.925\ g \cdot mL^{-1}$。配制 2.50 L 此溶液需氨气(298 K，100 kPa) 的体积是多少？

3. 试验测定 310 ℃ 时，100 kPa 下单质气态 P 的密度是 $2.64\ g \cdot L^{-1}$。求气态 P 的分子式。$[M(P)=31\ g \cdot mol^{-1}]$

4. 在 15 ℃，100 kPa 下，将 2.00 L 干燥空气徐徐通入 CS_2 液体中，通气前后称重 CS_2 液体，得知失重 3.01 g。求 CS_2 液体在此温度下的饱和蒸气压。

5. 有 0.102 g 某金属与酸完全作用后，可置换出等物质的量的 H_2。在 18 ℃ 及 100 kPa 下，用排水集气法在水面上收集到氢气 38.5 mL。求此金属的摩尔质量。[已知 18 ℃ 时 $p^*(H_2O)=2.064\ kPa$]

6. 现有 0.100 0 mol 的 H_2 和 0.05 mol 的 O_2 在一个 20 L 的密闭容器中，用电火花使它们完全反应生成水，冷却至 27 ℃，已知此温度下水的蒸气压为 3.57 kPa。求容器中的压力。

7. 已知 27 ℃ 时液体 A 的蒸气压为 7.78 kPa，B 的蒸气压为 9.81 kPa。A 与 B 之间不发生反应，现将 0.20 mol A 气体和 0.50 mol B 气体注入到一支密封真空容器中，体积为 100 L，温度不变。问平衡后，容器的总压力为多少？（每种液体的蒸气，在另一种液体中都是完全不溶的）

练习题答案

(一) 判断题

1. ×	2. ×	3. √	4. ×
5. ×	6. ×	7. √	8. √
9. ×	10. ×	11. √	12. √
13. ×	14. ×	15. √	16. √
17. ×	18. ×	19. √	20. √
21. ×	22. √	23. √	24. √

(二) 选择题

1. C	2. A	3. A	4. B
5. C	6. B	7. C	8. B
9. C	10. C	11. C	12. D
13. B	14. B	15. A	16. C
17. C	18. A	19. B	20. C
21. B	22. D	23. A	

(三) 简答题

1. 在 0 ℃ (即 273.15 K) 和 287 Pa 时，水以气体存在，当沿着 273.15 K 线向上移动时首先碰到固-气平衡曲线，越过这个线后水就冻结成冰，继续向上移动于 101 325 Pa 时达到固-液平衡曲线。超过 101 325 Pa，固态冰就融化，在 106 658 Pa 和 0 ℃ 时水以液体稳定存在。

2. 在系统中一切具有相同化学组成和物理性质的均匀部分称为一相。聚集状态相同的物质在一起也不一定组成一相。例如，H_2O 和 CCl_4 混合在一起，因为这两种物质不能互溶，因此 H_2O 在上、CCl_4 在下形成两个液层，它们有明显的分界面，可以通过物理方法进行分离。

3. 沸点：当某一液体的蒸气压等于外界压力时，该液体开始沸腾，这时的温度就是该液体的沸点。凝固点：物质的凝固点是在一定外压下该物质的固相蒸气压与液相蒸气压相等时的温度。外界压力对沸点和凝固点有影响。当外界压力增大时，液体的沸点升高，而凝固点下降。

4. (1) 当温度为 8 ℃ 时水能以液态、气态存在，但不能以固体存在。从相图中可以看到，当 $t = 8$ ℃、压力小于 700 Pa 时，水以气态存在，当压力大于 700 Pa 时水以液态存在，但无论压力如何变化都不会有固态。

(2) 压力为 410 Pa 时水不能从固态转变成液态，因其压力低于水的三相点的压力 611 Pa，故不能进入液态区域，但它可从固态转变为气态。在 1 333 Pa 时，能实现固态转化为液态，液态转化为气态。

5. 不一定。压力高于水的三相点压力时，经过液相；压力低于水的三相点压力时，不经过液相，即升华。

6. 临界温度是指用加压的方法使气体液化的最高温度，在临界温度以上，不论加多大压力，都不能使气体液化；临界压力是指在临界温度时，使气体液化所必需的最低压力。

7. 理想气体：气体的分子只是一个具有质量、不占有体积的几何点，并且分子间没有相互吸引力，分子之间及分子与器壁之间的碰撞不造成动能损失。实际气体在高温低压下可近似看作理想气体。

8. 水的三相点是固液平衡曲线、水的蒸气压曲线、冰的蒸气压曲线的交汇点，即液态、气液和固态并存的点，因此称为三相点。温度与压力是 0.01 ℃，611 kPa。凝固点是固液两相并存的点，在 101.325 kPa 下水的凝固点为 0.002 4 ℃。而平时我们说的水的凝固点为 0 ℃，是指大气压力为 101 kPa，水饱和了空气时的凝固点，此为敞开系统，而水的相图是在封闭系统中研究水三相间变化的。

9. 水的蒸气压曲线：水的液相与气相共存。水的凝固曲线：水的液相与固相共存。冰的蒸气压曲线：水的固相与气相共存。

（四）计算题

1. 解：$T = 273.15 \text{ K} + 21 \text{ K} = 294.15 \text{ K}$，$p = 1.013 \times 10^5 \text{ Pa} = 101.3 \text{ kPa}$

则 $V = 0.375 \text{ L}$

由 $pV = nRT$，得

$$n(\text{H}_2) = \frac{101.3 \text{ kPa} \times 0.375 \text{ L}}{8.314 \text{ J} \cdot \text{mol}^{-1} \cdot \text{K}^{-1} \times 294.15 \text{ K}} = 0.01553 \text{ mol}$$

$$n(\text{MH}_2) = \frac{0.01553 \text{ mol}}{2} = 7.77 \times 10^{-3} \text{ mol}$$

$$M = \frac{m}{n} = \frac{0.3264 \text{ g}}{7.77 \times 10^{-3} \text{ mol}} = 42 \text{ g} \cdot \text{mol}^{-1}$$

金属 M 的原子量为

$$42 \text{ g} \cdot \text{mol}^{-1} - 2 \text{ g} \cdot \text{mol}^{-1} = 40 \text{ g} \cdot \text{mol}^{-1}$$

因此，该元素是 Ca。

2. 解：已知 $\omega = 0.20$，$\rho = 0.925 \text{ g} \cdot \text{mL}^{-1}$，$V = 2.50 \text{ L} = 2500 \text{ mL}$

$$m(\text{NH}_3) = \rho V \omega = 0.925 \text{ g} \cdot \text{mL}^{-1} \times 2500 \text{ mL} \times 0.20 = 462.5 \text{ g}$$

$$pV = \frac{m}{M} RT$$

$$V = \frac{mRT}{Mp} = \frac{462.5 \text{ g} \times 8.314 \text{ J} \cdot \text{mol}^{-1} \cdot \text{K}^{-1} \times 298 \text{ K}}{17 \text{ g} \cdot \text{mol}^{-1} \times 100 \text{ kPa}} = 674 \text{ L}$$

3. 解：$T = 275 \text{ K} + 310 \text{ K} = 585 \text{ K}$，$\rho = 100 \text{ kPa}$，$\rho = 2.64 \text{ g} \cdot \text{L}^{-1}$

$$pV = \frac{m}{M} RT = \frac{\rho V}{M} RT$$

$$M = \frac{\rho RT}{p} = \frac{2.64 \text{ g} \cdot \text{L}^{-1} \times 8.314 \text{ J} \cdot \text{mol}^{-1} \cdot \text{K}^{-1} \times 585 \text{ K}}{100 \text{ kPa}} = 128 \text{ g} \cdot \text{mol}^{-1}$$

磷的分子式为 P_4。

4. 解：混合气体为 CS_2 和空气

$$n(\text{空气}) = \frac{100 \text{ kPa} \times 2.00 \text{ L}}{8.314 \text{ J} \cdot \text{mol}^{-1} \cdot \text{K}^{-1} \times (273.15 \text{ K} + 15 \text{ K})} = 0.0835 \text{ mol}$$

$$n(\text{CS}_2) = \frac{3.01 \text{ g}}{76 \text{ g} \cdot \text{mol}^{-1}} = 0.04 \text{ mol}$$

由道尔顿分压定律得

$$p(\text{CS}_2) = 100 \text{ kPa} \times \frac{0.04 \text{ mol}}{0.0835 \text{ mol} + 0.04 \text{ mol}} = 32.4 \text{ kPa}$$

5. 解：$T = 273.15 \text{ K} + 18 \text{ K} = 291.15 \text{ K}$

$p = 100 \text{ kPa}$，$p(\text{H}_2) = 100 \text{ kPa} - 2.064 \text{ kPa} = 97.936 \text{ kPa}$

$V = 38.5 \text{ mL} = 38.5 \times 10^{-3} \text{ L}$

$$n=\frac{pV}{RT}=\frac{97.926\ \text{kPa}\times38.5\times10^{-3}\ \text{L}}{8.314\ \text{J}\cdot\text{mol}^{-1}\cdot\text{K}^{-1}\times291.15\ \text{K}}=1.56\times10^{-3}\ \text{mol}$$

$$M=\frac{m}{n}=\frac{0.102\ \text{g}}{1.56\times10^{-3}\ \text{mol}}=65.4\ \text{g}\cdot\text{mol}^{-1}$$

6. 解：$T=273.15\ \text{K}+27\ \text{K}=300.15\ \text{K}$，$p^{*}(\text{H}_2\text{O})=3.57\ \text{kPa}$

若生成的 0.100 0 mol H_2O 全部为水蒸气，则

$$p(\text{H}_2\text{O})=\frac{0.100\ 0\ \text{mol}\times8.314\ \text{J}\cdot\text{mol}^{-1}\cdot\text{K}^{-1}\times300.15\ \text{K}}{20\ \text{L}}=124.777\ \text{kPa}>3.57\ \text{kPa}$$

因此，H_2O 主要以液态形式存在，最终形成 3.57 kPa 的饱和蒸气压。

7. 解：$T=273\ \text{K}+27\ \text{K}=300\ \text{K}$

气体 A 的分压为

$$p_\text{A}=\frac{nRT}{V}=\frac{0.20\ \text{mol}\times8.314\ \text{J}\cdot\text{mol}^{-1}\cdot\text{K}^{-1}\times300\ \text{K}}{100\ \text{L}}=4.99\ \text{kPa}$$

$4.99\ \text{kPa}<p_\text{A}^{*}=7.78\ \text{kPa}$

所以 $p_\text{A}=4.99\ \text{kPa}$

气体 B 的分压为

$$p_\text{B}=\frac{nRT}{V}=\frac{0.50\ \text{mol}\times8.314\ \text{J}\cdot\text{mol}^{-1}\cdot\text{K}^{-1}\times300\ \text{K}}{100\ \text{L}}=12.47\ \text{kPa}$$

$12.47\ \text{kPa}>p_\text{B}^{*}=9.81\ \text{kPa}$

因此，B 气体实际是形成 9.81 kPa 饱和蒸气压。

$p(总)=4.99\ \text{kPa}+9.81\ \text{kPa}=14.8\ \text{kPa}$

第2章
溶液与胶体

本章首先介绍分散系的概念、组成、分类及特点，然后重点介绍分散系中的溶液与胶体分散系。溶液的性质中与所含溶质的微粒数的多少有关的性质称为依数性，本章详细介绍难挥发非电解的稀溶液的依数性问题；分别从胶体分散系的组成、制备、性质、结构及稳定性方面详细介绍胶体分散系。

2.1　本章概要

2.1.1　分散系

由一种或几种物质分散在另一种物质中所构成的系统称为分散系；分散系由分散质和分散系两个部分构成；按分散粒子的大小不同，液态分散系分为分子离子分散系、胶体分散系和粗分散系。

2.1.2　溶液

2.1.2.1　溶液的组成标度

（1）物质的量浓度
单位体积的溶液中所含溶质的物质的量称为物质的量浓度，用 c_B 表示。

$$c_B = \frac{n_B}{V}$$，单位为 $mol \cdot L^{-1}$；使用时，注明物质的基本单元。

（2）质量摩尔浓度
$1\ kg$ 溶剂中所含溶质的物质的量称为质量摩尔浓度，用 b_B 表示。

$$b_B = \frac{n_B}{m_A}$$，单位为 $mol \cdot kg^{-1}$；优点：不受温度变化的影响。

（3）物质的量分数
溶液中某组分 B 的物质的量与溶液中总物质的量之比，称为 B 的物质的量分数，用 x_B

表示。

$$x_B = \frac{n_B}{n}$$ ，单位为 1，多组分系统中 $\sum\limits_B x_B = 1$。

（4）质量分数

溶液中溶质的质量占溶液总质量的分数，称为质量分数，用 ω_B 表示。

$$\omega_B = \frac{m_B}{m}$$ ，单位为 1。

2.1.2.2 稀溶液的依数性

稀溶液的蒸气压下降、沸点升高、凝固点降低和渗透压等性质与溶质的本性无关，只取决于溶液中溶质的自由粒子数目，这些性质常称为溶液的依数性。

① 溶液的蒸气压下降：$p = p^* x_A$ 或 $\Delta p = p^* x_B$。

② 溶液的沸点升高：$\Delta T_b = K_b b_B$。

③ 溶液的凝固点降低：$\Delta T_f = K_f b_B$。

④ 溶液的渗透压：$\Pi = c_B RT \approx b_B RT$。

适用条件：难挥发的非电解质的稀溶液。

2.1.3 胶体

2.1.3.1 表面吸附

介绍比表面积、表面能及表面吸附的概念。相与相之间的界面称为表面。分散系的分散度常用比表面积来衡量。比表面积定义为

$$S_0 = \frac{S}{V}$$

式中，S 是分散质的总表面积；V 是分散质的总体积；S_0 是分散质的比表面积。

可见，单位体积内的分散质总表面积越大，分散质的颗粒越小，则比表面积越大，系统的分散度越高。通常用表面能表示表面粒子高出内部粒子的能量。系统的比表面积越大，表面能越高，越不稳定。

吸附是指一种物质的分子自动聚集到另一种物质界面上的过程。一些多孔性的固体物质如活性炭可以吸附色素，硅胶可以吸附空气中的水。这些吸附剂的特点是都有较大的比表面积，因而具有很强的吸附能力，能吸附气体和液体在其表面。

2.1.3.2 溶胶的制备

分散法和聚集法。

2.1.3.3 溶胶的性质

① 光学性质：丁达尔效应。

② 动力学性质：布朗运动。

③ 电学性质：溶胶的电泳和电渗。

2.1.3.4　胶团的结构

以 $Fe(OH)_3$ 溶胶为例：

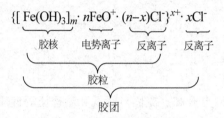

2.1.3.5　溶胶的稳定性和聚沉

（1）溶胶稳定性的原因

溶胶的动力学稳定性；溶胶的聚结稳定性。

（2）溶胶的聚沉

溶胶的稳定性是相对的，当溶胶的动力学稳定性与聚结稳定性遭到破坏时，胶粒就会相互碰撞而聚结沉降，此过程称为聚沉。

溶胶聚沉的方式很多，常见方法有以下几种：

①加入强电解质。

②溶胶的相互聚沉。

③将溶胶长时间加热。

（3）溶胶的保护

加入适量的保护剂（如动物胶等），由于其特殊的链状结构能形成卷曲的线性分子，吸附在胶粒表面，包围住胶粒，形成一层稳定的保护膜，提高溶胶的稳定性。

2.2　例题

1. 临床上用来治疗碱中毒的针剂 NH_4Cl，其规格为 20 mL/支，每支含 0.16 g NH_4Cl。计算每支针剂中含 NH_4Cl 的物质的量及该针剂的物质的量浓度。[已知 $M(NH_4Cl) = 53.5$ g·mol^{-1}]

解：$n(NH_4Cl) = \dfrac{m(NH_4Cl)}{M(NH_4Cl)} = \dfrac{0.16\ \text{g}}{53.5\ \text{g·mol}^{-1}} = 0.003\ 0\ \text{mol}$

$c(NH_4Cl) = \dfrac{n(NH_4Cl)}{V(NH_4Cl)} = \dfrac{0.003\ 0\ \text{mol}}{20 \times 10^{-3}\ \text{L}} = 0.15\ \text{mol·L}^{-1}$

2. 求 $\omega(NaOH) = 0.10$ 的 NaOH 水溶液中溶质和溶剂的物质的量分数。

解：设总质量为 m g，其中 $m(NaOH)=0.10m$ g，$m(H_2O)=0.90m$ g

$$\frac{n(NaOH)}{n(H_2O)}=\frac{0.10m \text{ g}/40 \text{ g}\cdot\text{mol}^{-1}}{0.90m \text{ g}/18 \text{ g}\cdot\text{mol}^{-1}}=\frac{1}{20}$$

$$x(NaOH)=\frac{n(NaOH)}{n(NaOH)+n(H_2O)}=0.048$$

$$x(H_2O)=1-x(NaOH)=0.952$$

3. 静脉注射液必须与血液有相同的渗透压，根据正常输液的葡萄糖溶液中葡萄糖的质量分数为 5.0%，$\rho=1.0$ g·mL^{-1}。计算：（1）葡萄糖的物质的量浓度；（2）在人体温度(37 ℃)，葡萄糖溶液的渗透压。[已知葡萄糖的化学式为 $C_6H_{12}O_6$，$M(C_6H_{12}O_6)=180$ g·mol^{-1}]

解：(1) $c_B=\dfrac{\omega_B\rho}{M_B}=\dfrac{0.050\times1.0 \text{ kg}\cdot\text{L}^{-1}}{180\times10^{-3}\text{ kg}\cdot\text{mol}^{-1}}=0.28$ mol·L^{-1}

(2) $\Pi=c_BRT=0.28$ mol·L$^{-1}\times8.314$ J·mol^{-1}·K$^{-1}\times(273+37)$ K$=722$ kPa

4. 溶解 3.24 g 硫于 40 g 苯中，溶液的沸点升高 0.81 ℃；若苯的 $K_b=2.53$ K·kg·mol^{-1}，求此溶液中硫分子是由几个硫原子组成的？

解：根据公式 $\Delta T_b=K_bb_B=K_b\dfrac{n_B}{m_A}=K_b\dfrac{m_B}{M_Bm_A}$

$$M_B=\frac{K_bm_B}{m_A\Delta T_b}=\frac{2.53 \text{ K}\cdot\text{kg}\cdot\text{mol}^{-1}\times3.24 \text{ g}}{40 \text{ g}\times0.81 \text{ K}}=0.253 \text{ kg}\cdot\text{mol}^{-1}=253 \text{ g}\cdot\text{mol}^{-1}$$

设此硫分子的化学式为 S_n，则 $32n=253$，$n=8$

此溶液中硫分子是由 8 个硫原子组成。

5. 从尿中提取一种中性含氮化合物，将 0.090 g 纯品溶解在 12.0 g 蒸馏水中，所得溶液的凝固点比纯水降低了 0.233 K。计算该化合物的相对分子质量。

解：根据公式

$$\Delta T_f=K_fb_B=1.86 \text{ K}\cdot\text{kg}\cdot\text{mol}^{-1}\times\frac{0.090 \text{ g}}{12.0\times10^{-3}\text{ kg}\times M}=0.233 \text{ K}$$

$M=59.9$ g·mol^{-1}

6. 现将 2.6 g 尿素[$CO(NH_2)_2$]溶于 50.0 g 水中，计算此溶液的凝固点和沸点。

解：$\Delta T_f=K_fb_B=1.86 \text{ K}\cdot\text{kg}\cdot\text{mol}^{-1}\times\dfrac{2.6 \text{ g}}{60 \text{ g}\cdot\text{mol}^{-1}\times50.0\times10^{-3}\text{ kg}}=1.61$ K

$T_f=T_f^*-\Delta T_f=273.15 \text{ K}-1.61 \text{ K}=271.54$ K

$\Delta T_b=K_bb_B=0.52 \text{ K}\cdot\text{kg}\cdot\text{mol}^{-1}\times\dfrac{2.6 \text{ g}}{60 \text{ g}\cdot\text{mol}^{-1}\times50.0\times10^{-3}\text{ kg}}=0.45$ K

$\Delta T_b=T_b-T_b^*$

$T_b=373.15 \text{ K}+0.45 \text{ K}=373.60$ K

7. 某浓度的蔗糖溶液在 -0.250 ℃ 时结冰，此溶液在 20 ℃ 时的蒸气压为多大？渗透压为多大？（已知纯水在 20 ℃ 时的蒸气压为 2 337.8 Pa，凝固点下降常数为 1.86 K·kg·mol^{-1}）

解：根据公式：$\Delta T_f=K_fb_B$

$0.250 = 1.86 \text{ K} \cdot \text{kg} \cdot \text{mol}^{-1} \times b_B$

$b_B = 0.134 \text{ mol} \cdot \text{kg}^{-1}$

$p = p^*(1 - x_B) = p^*(1 - b_B M_A)$

$\quad = 2337.8 \text{ Pa} \times (1 - 0.134 \text{ mol} \cdot \text{kg}^{-1} \times 18.0 \times 10^{-3} \text{ kg} \cdot \text{mol}^{-1})$

$\quad = 2332.16 \text{ Pa}$

$\Pi \approx b_B RT = 0.134 \text{ mol} \cdot \text{kg}^{-1} \times 8.314 \text{ L} \cdot \text{kPa} \cdot \text{mol}^{-1} \cdot \text{K}^{-1} \times 293 \text{ K} = 326.4 \text{ kPa}$

8. 将 10.0 mL 0.01 mol·L^{-1} 的 KCl 溶液和 10.0 mL 0.015 mol·L^{-1} 的 AgNO$_3$ 溶液混合以制备 AgCl 溶胶。问该溶胶在电场中向哪极运动？写出胶团结构。

解：AgNO$_3$ 过量，胶核选择性吸附 Ag$^+$，形成正溶胶，故向负极移动。

胶团结构为　$[(\text{AgCl})_m \cdot n\text{Ag}^+ \cdot (n-x)\text{NO}_3^-]^{x+} \cdot x\text{NO}_3^-$

9. 硫化砷溶胶是由 H$_3$AsO$_3$ 和 H$_2$S 溶液作用而制得的：$2\text{H}_3\text{AsO}_3 + 3\text{H}_2\text{S} = \text{As}_2\text{S}_3 + 6\text{H}_2\text{O}$。试写出硫化砷溶胶的胶团结构式(电势离子为 HS$^-$)，比较 NaCl、MgCl$_2$、AlCl$_3$ 三种电解质对该溶胶的聚沉能力，并说明原因。

解：硫化砷溶胶的胶团结构为　$[(\text{As}_2\text{S}_3)_m \cdot n\text{HS}^- \cdot (n-x)\text{H}^+]^{x-} \cdot x\text{H}^+$

硫化砷溶胶为负溶胶，电解质正电荷越高，聚沉能力越强，所以 NaCl<MgCl$_2$<AlCl$_3$。

10. 将 0.008 mol·L^{-1} AgNO$_3$ 与 0.005 mol·L^{-1} K$_2$CrO$_4$ 等体积混合制备溶胶，写出 Ag$_2$CrO$_4$ 的胶团结构。

解：Ag$_2$CrO$_4$ 的胶团结构为　$[(\text{Ag}_2\text{CrO}_4)_m \cdot n\text{CrO}_4^{2-} \cdot 2(n-x)\text{K}^+]^{2x-} \cdot (2x)\text{K}^+$。

2.3　练习题

(一) 判断题

(　) 1. 将 100 g NaCl 和 100 g KCl 溶于等量水中，所得溶液中 NaCl 和 KCl 的物质的量分数都是 0.5。

(　) 2. 1 mol 物质的量就是 1 mol 物质的质量。

(　) 3. 0.1 mol·kg^{-1} 甘油水溶液和 0.1 mol·kg^{-1} 甘油的乙醇溶液有相同的凝固点下降值。

(　) 4. 若两难挥发非电解质稀水溶液的质量摩尔浓度相同，其凝固点就一定相同。

(　) 5. 质量分数均为 0.02 的蔗糖水溶液和果糖水溶液具有相同的渗透压。

(　) 6. 难挥发非电解质稀溶液的依数性不仅与溶液的质量摩尔浓度成正比，而且与溶质的性质有关。

(　) 7. 一个溶液所有组分的摩尔分数总和为 1。

(　) 8. 两种溶液的质量摩尔浓度相等时，其沸点也就相等。

(　) 9. 凝固点降低常数 K_f 的物理意义可以认为就是 1 mol·kg^{-1} 难挥发非电解质溶液的凝固点降低值。

(　) 10. 把蔗糖先用胶体磨粉碎成胶粒大小，再搅在水中可以形成溶胶。

（　）11. "浓肥烧死苗"的现象与溶液依数性中的渗透压有关。

（　）12. 纯溶剂通过半透膜向溶液渗透的压力，叫作渗透压。

（　）13. 用半透膜把 50 g·L^{-1} 的蔗糖（$M = 342$ g·mol^{-1}）溶液和 50 g·L^{-1} 的葡萄糖（$M = 180$ g·mol^{-1}）溶液隔开，则水分子从葡萄糖溶液向蔗糖溶液渗透。

（　）14. 溶胶能发生电泳现象说明胶粒是带电的。

（　）15. 某溶胶在电渗时液体向负极移动，说明胶粒带正电。

（　）16. 胶体的电学性质是布朗运动。

（　）17. 对 Fe(OH)$_3$ 溶胶，AlCl$_3$ 的聚沉值比 KCl 的聚沉值小得多。

（　）18. 在溶胶中加入高分子溶液，对溶胶就一定具有保护作用。

（　）19. Fe(OH)$_3$ 溶胶中加入 Na$_3$PO$_4$，主要起聚沉作用的是 PO$_4^{3-}$ 离子。

（　）20. 胶粒只包含胶核和电势离子，不包含反离子。

（　）21. 将质量相同的苯（C$_6$H$_6$）与甲苯（C$_7$H$_8$）组成溶液，则两者物质的量分数均为 0.5。

（　）22. 0.1 mol·kg^{-1} 甘油水溶液和 0.1 mol·kg^{-1} 甘油的乙醇溶液有相同的沸点升高值。

（　）23. 离子交换树脂在溶液中吸附某种离子时，是等电量进行交换的。

（　）24. 两种以上物质方能构成分散系，故分散系一定是多相体系。

（　）25. 只有高分子溶液在适当条件下才能形成胶体分散系。

（　）26. 碱金属离子对负电溶胶聚沉能力顺序为 Cs$^+$>Rb$^+$>K$^+$>Na$^+$>Li$^+$。

（　）27. 溶液的蒸气压与溶液的体积有关，溶液体积越大，蒸气压越大。

（二）选择题（单选）

（　）1. 质量摩尔浓度的定义是在何物质中所含溶质的物质的量：

    A. 1 L 溶液中　　　　　　　　　　B. 1 000 g 溶液中

    C. 1 000 g 溶剂中　　　　　　　　　D. 1 L 溶剂中

（　）2. 在质量分数为 0.80 的甲醇水溶液中，甲醇的物质的量分数接近于：

    A. 0.3　　　　　　B. 0.5　　　　　　C. 0.9　　　　　　D. 0.7

（　）3. 在质量摩尔浓度为 1.00 mol·kg^{-1} 的水溶液中，溶质的物质的量分数为：

    A. 1.00　　　　　B. 0.055　　　　　C. 0.018　　　　　D. 0.180

（　）4. 下列有关稀溶液的依数性的叙述中，不正确的是：

    A. 稀溶液的依数性是指溶液的蒸气压下降、沸点升高、凝固点降低和渗透压

    B. 稀溶液定律只适用于难挥发非电解质的稀溶液

    C. 稀溶液的依数性与溶液中溶质的粒子数目有关

    D. 稀溶液的依数性与溶质的本性有关

（　）5. 将少量难挥发电解质溶于某纯溶剂中，则溶液的蒸气压比纯溶剂的蒸气压：

    A. 低　　　　　　B. 高　　　　　　C. 不变　　　　　　D. 无法判断

（　）6. 将 0.450 g 某非电解质溶于 40.0 g 水中，测得该溶液凝固点为 -0.150 ℃。已知水的 $K_f = 1.86$ K·kg·mol^{-1}，该非电解质的相对分子质量为：

    A. 139.5　　　　　B. 83.2　　　　　C. 186　　　　　D. 204

( ) 7. 糖水的凝固点为:

A. 0 ℃   B. 低于 0 ℃   C. 高于 0 ℃   D. 无法判断

( ) 8. 一蔗糖水溶液，沸点为 100.10 ℃。其凝固点为:

A. 0.36 ℃   B. -0.36 ℃   C. 0.028 ℃   D. -0.028 ℃

( ) 9. 下列水溶液中，凝固点最高的是:

A. $0.1 \ mol \cdot kg^{-1}$ KCl 溶液   B. $0.1 \ mol \cdot kg^{-1}$ HAc 溶液

C. $0.1 \ mol \cdot kg^{-1}$ HCl 溶液   D. $0.1 \ mol \cdot kg^{-1}$ K_2SO_4 溶液

( ) 10. 质量分数为 5.8×10^{-3} 的 NaCl 溶液产生的渗透压接近于:

A. 质量分数为 5.8×10^{-3} 蔗糖溶液

B. 质量分数为 5.8×10^{-3} 葡萄糖溶液

C. $0.2 \ mol \cdot L^{-1}$ 蔗糖溶液

D. $0.1 \ mol \cdot L^{-1}$ 葡萄糖溶液

( ) 11. 今有果糖($C_6H_{12}O_6$)(Ⅰ)、葡萄糖($C_6H_{12}O_6$)(Ⅱ)、蔗糖($C_{12}H_{22}O_{11}$)(Ⅲ)三种溶液，质量分数均为 0.01，则三者渗透压(Π)大小的关系是:

A. $\Pi_I = \Pi_{II} = \Pi_{III}$ B. $\Pi_I = \Pi_{II} > \Pi_{III}$

C. $\Pi_I > \Pi_{II} > \Pi_{III}$ D. $\Pi_I = \Pi_{II} < \Pi_{III}$

( ) 12. 将Ⅰ(蔗糖)及Ⅱ(葡萄糖)各称出 10 g，分别溶入 100 g 水中，成为Ⅰ、Ⅱ两溶液，用半透膜将两液分开后，发现:

A. Ⅰ中水渗入Ⅱ   B. Ⅱ中水渗入Ⅰ   C. 没有渗透现象   D. 无法确定

( ) 13. 已知质量分数为 0.05 的 $C_6H_{12}O_6$ 溶液与血液的渗透压相等，则同温下，质量分数为 0.05 的尿素 $[CO(NH_2)_2]$ 溶液与血液的渗透压相比:

A. 渗透压相等   B. 渗透压高   C. 渗透压低   D. 不确定

( ) 14. 0.9% 生理盐水和 5% 葡萄糖是等渗溶液，说明:

A. 它们的物质的量相同   B. 它们的表观粒子数目的质量摩尔浓度相同

C. 它们的密度相同   D. 它们的质量摩尔浓度相同

( ) 15. 已知 37 ℃ 时血液的渗透压为 775 kPa，应给人体静脉注射葡萄糖的浓度为:

A. $85.0 \ g \cdot L^{-1}$ B. $5.41 \times 10^4 \ g \cdot L^{-1}$ C. $54.1 \ g \cdot L^{-1}$ D. $2.70 \times 10^4 \ g \cdot L^{-1}$

( ) 16. 下列能形成溶胶的是:

A. 泥浆   B. 蔗糖溶液

C. 稀三氯化铁溶液经过煮沸   D. 淀粉溶液

( ) 17. 在超显微镜下，可以看到:

A. 溶胶微粒本身   B. 每个溶胶微粒的散射光点

C. 溶胶粒子的集合体   D. 半径为 200 nm 以上的粒子

( ) 18. 在电场中，胶体粒子在分散剂中的定向移动称为:

A. 电泳   B. 电渗   C. 电解   D. 扩散

( ) 19. 下列胶体与真溶液的叙述中错误的是:

A. 胶体溶液中分散粒子的直径一般为 1~100 nm，而真溶液的微粒通常小于 1 nm

　　B. 胶体溶液中胶粒在介质中做布朗运动

　　C. 胶体溶液具有丁达尔效应，而真溶液没有

　　D. 胶体溶液能长期稳定存在

（　）20. 胶体溶液中，决定溶胶电性的物质是：

　　A. 胶团　　　　　　B. 胶核　　　　　　C. 反离子　　　　　　D. 胶粒

（　）21. 溶胶粒子在进行电泳时：

　　A. 胶粒向正极移动，电势离子和吸附离子向负极移动

　　B. 胶粒向正极移动，扩散层向负极移动

　　C. 胶团向一极移动

　　D. 胶粒向一极移动，扩散层向另一极移动

（　）22. 土壤胶粒带负电荷，对它凝结能力最强的是：

　　A. Na_2SO_4　　　　B. $AlCl_3$　　　　C. $MgSO_4$　　　　D. $K_3[Fe(CN)_6]$

（　）23. 将 $0.15\ mol\cdot L^{-1}$ KI 与 $0.1\ mol\cdot L^{-1}$ $AgNO_3$ 溶液等体积混合成溶胶，使其聚沉能力最强的电解质是：

　　A. Na_2SO_4　　　　B. NaCl　　　　C. $CaCl_2$　　　　D. $AlCl_3$

（　）24. $Fe(OH)_3$ 溶胶粒子电泳时向负极方向移动，不能使 $Fe(OH)_3$ 溶胶聚沉的方法是：

　　A. 加 K_2SO_4　　　　　　　　　　B. 加带正电荷的溶胶

　　C. 加热　　　　　　　　　　　　　D. 加带负电荷的溶胶

（　）25. 欲使溶胶的稳定性提高，可采用的方法是：

　　A. 通电　　　　B. 加明胶溶液　　　　C. 加热　　　　D. 加 Na_2SO_4 溶液

（　）26. 难挥发的溶质溶于水形成溶液之后，将使其：

　　A. 凝固点高于 0 ℃　　　　　　　　B. 凝固点低于 0 ℃

　　C. 凝固点仍为 0 ℃　　　　　　　　D. 凝固点升降与加入物质分子质量有关

（　）27. 难挥发的溶质溶于水后会引起：

　　A. 沸点降低　　　B. 熔点升高　　　C. 蒸气压升高　　　D. 蒸气压下降

（　）28. 16 g I_2 溶于 100 g 乙醇(C_2H_5OH)所制成的溶液，其密度为 $0.899\ g\cdot mL^{-1}$，碘溶液的 b_B 值和 c_B 值哪个大：

　　A. $b_B>c_B$　　　　B. $b_B<c_B$　　　　C. $b_B=c_B$　　　　D. 不能确定

（　）29. 在稀溶液的凝固点降低公式 $\Delta T_f=K_f b_B$ 中，b_B 所代表的是溶液的：

　　A. 溶液的质量摩尔浓度　　　　　　B. 溶质的物质的量分数

　　C. 溶剂的物质的量分数　　　　　　D. 溶液的物质的量浓度

（　）30. 相同温度下，下列水溶液渗透压最大的是：

　　A. $0.1\ mol\cdot L^{-1}$ $C_{12}H_{22}O_{11}$　　　　　　B. $0.1\ mol\cdot L^{-1}$ C_2H_5OH

　　C. $0.1\ mol\cdot L^{-1}$ KCl　　　　　　　　D. $0.1\ mol\cdot L^{-1}$ K_2SO_4

（　）31. 由 $0.005\ 0\ mol\cdot L^{-1}$ KCl 与 $0.004\ 0\ mol\cdot L^{-1}$ $AgNO_3$ 溶液等体积混合，制备 AgCl 溶胶，则胶团的结构为：

A. $\left[(AgCl)_m \cdot nCl^- \cdot (n-x)K^+\right]^{x-} \cdot xK^+$

B. $\left[(AgCl)_m \cdot nAg^+ \cdot (n-x)NO_3^-\right]^{x+} \cdot xNO_3^-$

C. $\left[(AgCl)_m \cdot nNO_3^- \cdot (n-x)Ag^+\right]^{x-} \cdot xAg^+$

D. $\left[(AgCl)_m \cdot nK^+ \cdot (n-x)Cl^-\right]^{x+} \cdot xCl^-$

(三) 简答题

1. 什么是分散系？分散系是如何分类的？

2. 常用的表示溶液组成标度的方法有几种？

3. 请陈述稀溶液的依数性。

4. 把两块冰分别放入 0 ℃ 的水和 0 ℃ 的盐水中，各有什么现象发生？为什么？

5. 在北方，冬天吃冻梨前，先把梨放在凉水中浸泡一段时间，发现冻梨表面结了一层冰，而梨里面已经解冻了，这是为什么？

6. 为什么施肥过多会将作物"烧死"？

7. 海水鱼能生活在淡水中吗？为什么？

8. 海水淡化、工业废水或污水处理等均采用反渗透技术，说明其原理。

9. 溶胶为什么具有稳定性？破坏溶胶稳定性的办法有哪些？

10. 简述明矾净水的原理。

11. 溶胶为什么带电？

12. 为什么溶胶具有丁达尔效应？

13. 溶胶与高分子溶液的稳定性有什么不同？

14. 在碱性溶液中，用 HCHO 还原 $HAuCl_4$ 制备 $AuCl_3$ 溶胶，反应中生成的 AuO_2^- 是电势离子，K^+ 是反离子，写出金溶胶的胶团结构式。

(四) 计算题

1. 人体注射用生理盐水中，$\omega(NaCl) = 0.900\%$，密度为 $1.01\ g \cdot mL^{-1}$，若配制 300 kg 此溶液，需 NaCl 多少克？该 NaCl 溶液 $c(NaCl)$ 是多少？ [已知 $M(NaCl) = 58.5\ g \cdot mol^{-1}$]

2. 在 100.0 mL 水中溶解 17.1 g 蔗糖($C_{12}H_{22}O_{11}$)，溶液的密度为 $1.063\ 8\ g \cdot mL^{-1}$。该溶液的物质的量浓度、质量摩尔浓度和物质的量分数各是多少？

3. 将 15.6 g 苯(C_6H_6)溶于 400.0 g 环己烷(C_6H_{12})中，该溶液的凝固点比纯溶剂的凝固点低 10.1 ℃。计算环己烷凝固点降低常数。 [已知 $M(C_6H_6) = 78.0\ g \cdot mol^{-1}$]

4. 于 20 ℃ 把 6.31 g 的某种不挥发物质溶解在 500.00 g 水中，此时测得溶液的蒸气压为 2.309 0 kPa，而同温度时纯水的蒸气压为 2.313 8 kPa。计算此溶质的摩尔质量。

5. 测得 $\omega = 1.0\%$ 的水溶液的凝固点为 273.05 K。计算该溶液中溶质的摩尔质量。

6. 静脉注射液必须与血液有相同的渗透压，根据正常输液盐水中 NaCl 的含量 900 mg/100 mL(盐水)。计算：(1) 盐水中的 $c(NaCl)$；(2) 在人体温度(37 ℃)下，盐水的渗透压；(3) 要配制具有相同渗透压的葡萄糖($C_6H_{12}O_6$)溶液 2 000 mL，需要多少克葡萄糖？ [已知 $M(NaCl) = 58.5\ g \cdot mol^{-1}$，$M(C_6H_{12}O_6) = 180\ g \cdot mol^{-1}$]

7. 某物质水溶液凝固点是 -1.00 ℃，估算此水溶液在 0.00 ℃ 时的渗透压。[已知

$K_f(H_2O) = 1.86\ K \cdot kg \cdot mol^{-1}$]

8. 为防止汽车水箱中的水结冰，可加入甘油($C_3H_8O_3$)以降低其凝固点，如需使凝固点降低到 $-3.15\ ℃$，在 $100.0\ g$ 水中应加入多少克甘油？ [已知 $M(C_3H_8O_3) = 92.00\ g \cdot mol^{-1}$，$K_f(H_2O) = 1.86\ K \cdot kg \cdot mol^{-1}$]

9. 取血红素 $1.00\ g$ 溶于水制成 $100\ mL$ 溶液，测得此溶液在 $20\ ℃$ 时的渗透压为 $366\ Pa$。计算：(1) 溶液的物质的量浓度；(2) 血红素的相对分子质量。

10. 今有两种溶液，一种为 $1.50\ g$ 尿素[$CO(NH_2)_2$]溶在 $200\ g$ 水中，另一种为 $42.8\ g$ 非电解质未知物溶于 $1000\ g$ 水中，这两种溶液在同一温度下结冰。求该未知物的相对分子质量。{已知 $M[CO(NH_2)_2] = 60.0\ g \cdot mol^{-1}$}

11. $10.00\ mL$ NaCl 饱和溶液重 $12.003\ g$，将其蒸干，得 NaCl $3.173\ g$，已知 NaCl 的摩尔质量为 $58.44\ g \cdot mol^{-1}$。计算该饱和溶液：(1) 物质的量浓度；(2) 质量摩尔浓度；(3) NaCl 的物质的量分数。

12. 某化合物的 $2.00\ g$ 溶于 $100\ g$ 水时，沸点升高了 $0.125\ ℃$，$K_b(H_2O) = 0.52\ K \cdot kg \cdot mol^{-1}$。求：(1) 该化合物的摩尔质量；(2) 在 $20\ ℃$，此化合物溶液的渗透压是多少？

13. 临床上用的葡萄糖($C_6H_{12}O_6$)等渗液的凝固点降低值为 $0.543\ ℃$，溶液的密度为 $1.085\ g \cdot mL^{-1}$。求此葡萄糖溶液的质量分数和 $37\ ℃$ 时人体血液的渗透压是多少？ [已知 $K_f(H_2O) = 1.86\ K \cdot kg \cdot mol^{-1}$，$M(C_6H_{12}O_6) = 180\ g \cdot mol^{-1}$]

练习题答案

(一) 判断题

1. ×	2. ×	3. ×	4. √
5. ×	6. ×	7. √	8. ×
9. √	10. ×	11. √	12. ×
13. ×	14. √	15. ×	16. ×
17. ×	18. ×	19. √	20. ×
21. ×	22. ×	23. √	24. ×
25. ×	26. √	27. ×	

(二) 选择题(单选)

1. C	2. D	3. C	4. D
5. A	6. A	7. B	8. B
9. B	10. C	11. B	12. A
13. B	14. B	15. C	16. C
17. B	18. A	19. D	20. D
21. D	22. B	23. D	24. B

25. B　　　　26. B　　　　27. D　　　　28. A

29. A　　　　30. D　　　　31. A

(三) 简答题

1. 一种或几种物质分散到另一种物质中所构成的系统称为分散系。可以按照分散质和分散剂的聚集状态分类，也可以按照分散质颗粒直径大小分类。按分散粒子的大小不同，液态分散系分为分子离子分散系、胶体分散系和粗分散系。

2. 有四种，分别是：

(1) 物质的量浓度，用符号 c_B 表示，单位为 $mol \cdot L^{-1}$；

(2) 质量摩尔浓度，用符号 b_B 表示，单位为 $mol \cdot kg^{-1}$；

(3) 物质的量分数，用符号 x_B 表示，单位为 1；

(4) 质量分数，用符号 ω_B 表示，单位为 1。

3. 稀溶液的依数性指溶液的蒸气压下降、溶液的沸点升高、溶液的凝固点降低和溶液具有渗透压等。这些性质均与溶质粒子数目多少有关，而与溶质的本性无关，我们称这些性质为稀溶液的依数性。

4. 冰放入 0 ℃ 的水中会保持固、液共存，放入 0 ℃ 的盐水中会很快融化，因为盐水的凝固点低于 0 ℃。

5. 梨的内部溶液的凝固点低于 0 ℃，当放入凉水中时就会吸热而解冻，冻梨表面层温度低于 0 ℃，而水的凝固点是 0 ℃，则水会在梨表面结冰。

6. 当土壤中施肥过多，土壤中溶液的浓度大于作物细胞浓度时，土壤的渗透压高于细胞的渗透压，细胞会向土壤渗透失水，导致细胞严重失水，达不到正常生理活动所需的水分，最终导致作物被"烧死"。

7. 海水鱼不能生活在淡水中。因为海水鱼体液的渗透压与海水相当，高于淡水的渗透压，若将海水鱼放置在淡水中，由于渗透作用，水会渗入鱼的身体组织细胞，破坏细胞结构，造成生命危险。

8. 当外加在溶液上的压力超过渗透压时，溶液中的水会透过半透膜向纯水方向流动，使纯水的体积增大。

9. 溶胶系统稳定，其主要原因是溶胶具有动力学稳定性和聚结稳定性。从动力学角度看，溶胶分散度很高，胶粒存在剧烈的布朗运动，可以克服重力场的影响而不易沉降，具有动力学稳定性。吸附作用使溶胶的胶粒带有同性的电荷，从而使胶粒之间存在静电斥力，同时，由于被吸附的离子和溶剂相互作用，使胶粒表面形成溶剂化膜，阻止了胶粒之间的接触和聚结，使溶胶具有聚结稳定性。

破坏溶胶稳定性的办法有：① 加入强电解质；② 互聚，将两种带相反电荷的溶胶按适当的比例混合；③ 加热。

10. 明矾 $[KAl(SO_4) \cdot 12H_2O]$ 在水中水解后生成 $Al(OH)_3$ 正溶胶，而天然水中的悬浮粒子一般带负电荷，$Al(OH)_3$ 正溶胶与水中悬浮粒子发生相互聚沉作用而沉淀，再加上 $Al(OH)_3$ 絮状物的吸附作用，可使污物被吸附沉淀，达到净化目的。

11. 胶粒带电原因：一是离解作用产生带电离子；二是吸附作用，胶核选择吸附某种离子而带电。

12. 丁达尔现象是由光的散射引起的。当颗粒小于入射光的波长时会发生散射。溶胶中分散质颗粒一般在 1~100 nm 范围内，而可见光的波长在 400~700 nm，因此可见光通过胶体溶液时就会发生光的散射现象，即丁达尔现象。

13. 高分子溶液是均相的分子分散系，而溶胶体系是微多相系统；高分子溶液以溶剂化层为主要稳定因素，电动现象不明显，大部分高分子溶液没有电动现象，而溶胶则以电荷为其主要稳定因素，具有电动现象；高分子溶液和溶剂间有较大的亲和力，溶质能自动溶解，是热力学稳定系统；而溶胶分散质与分散剂间无亲和力，是热力学不稳定系统。

14. $\left[\,(\mathrm{AuCl_3})_m \cdot n\mathrm{AuO_2^-} \cdot (n-x)\mathrm{K^+}\,\right]^{x-} \cdot x\mathrm{K^+}$

(四)计算题

1. 解：配制该溶液需 NaCl 的质量为

$m(\mathrm{NaCl}) = 300 \times 10^3 \ \mathrm{g} \times 0.900\% = 2\ 700 \ \mathrm{g}$

该溶液物质的量的浓度为

$$c(\mathrm{NaCl}) = \frac{2\ 700 \ \mathrm{g}/58.5 \ \mathrm{g \cdot mol^{-1}}}{300 \times 10^3 \ \mathrm{g}/1.01 \ \mathrm{g \cdot mL^{-3}}} = 0.155 \ \mathrm{mol \cdot L^{-1}}$$

2. 解：(1) $V = \dfrac{m_B + m_A}{\rho} = \dfrac{17.1 \ \mathrm{g} + 100.0 \ \mathrm{g}}{1.063\ 8 \ \mathrm{g \cdot mL^{-1}}} = 110.1 \ \mathrm{mL}$

$$n(\mathrm{C_{12}H_{22}O_{11}}) = \frac{m(\mathrm{C_{12}H_{22}O_{11}})}{M(\mathrm{C_{12}H_{22}O_{11}})} = \frac{17.1 \ \mathrm{g}}{342 \ \mathrm{g \cdot mol^{-1}}} = 0.050\ 0 \ \mathrm{mol}$$

$$c(\mathrm{C_{12}H_{22}O_{11}}) = \frac{n(\mathrm{C_{12}H_{22}O_{11}})}{V} = \frac{0.050\ 0 \ \mathrm{mol}}{110.1 \times 10^{-3} \ \mathrm{L}} = 0.454 \ \mathrm{mol \cdot L^{-1}}$$

(2) $b(\mathrm{C_{12}H_{22}O_{11}}) = \dfrac{n(\mathrm{C_{12}H_{22}O_{11}})}{m(\mathrm{H_2O})} = \dfrac{0.050\ 0 \ \mathrm{mol}}{100.0 \times 10^{-3} \ \mathrm{kg}} = 0.500 \ \mathrm{mol \cdot kg^{-1}}$

(3) $n(\mathrm{H_2O}) = \dfrac{m(\mathrm{H_2O})}{M(\mathrm{H_2O})} = \dfrac{100.0 \ \mathrm{g}}{18.02 \ \mathrm{g \cdot mol^{-1}}} = 5.55 \ \mathrm{mol}$

$$x(\mathrm{C_{12}H_{22}O_{11}}) = \frac{n(\mathrm{C_{12}H_{22}O_{11}})}{n(\mathrm{C_{12}H_{22}O_{11}}) + n(\mathrm{H_2O})} = \frac{0.050\ 0 \ \mathrm{mol}}{0.050\ 0 \ \mathrm{mol} + 5.55 \ \mathrm{mol}} = 8.93 \times 10^{-3}$$

$$x(\mathrm{H_2O}) = \frac{n(\mathrm{H_2O})}{n(\mathrm{C_{12}H_{22}O_{11}}) + n(\mathrm{H_2O})} = \frac{5.55 \ \mathrm{mol}}{0.050\ 0 \ \mathrm{mol} + 5.55 \ \mathrm{mol}} = 0.991$$

3. 解：根据公式　$\Delta T_f = K_f b_B$

$$K_f = \frac{\Delta T_f}{b_B} = \frac{10.1 \ \mathrm{K}}{\dfrac{15.6 \ \mathrm{g}/78.0 \ \mathrm{g \cdot mol^{-1}}}{0.40 \ \mathrm{kg}}} = 20.2 \ \mathrm{K \cdot kg \cdot mol^{-1}}$$

4. 解：$\Delta p = p^* - p = 2.313\ 8 \ \mathrm{kPa} - 2.309\ 0 \ \mathrm{kPa} = 0.004\ 8 \ \mathrm{kPa}$

$$\Delta p = p^* \frac{n_B}{n_A + n_B} \approx p^* \frac{n_B}{n_A}$$

$$0.004\ 8\ \text{kPa} = \frac{6.31\ \text{g}/M}{500\ \text{g}/18.0\ \text{g} \cdot \text{mol}^{-1}} \times 2.313\ 8\ \text{kPa}$$

解得 $M = 109.5\ \text{g} \cdot \text{mol}^{-1}$

5. 解：根据公式 $\Delta T_f = K_f b_B$，有

$$\Delta T_f = K_f \frac{m_B}{m_A M_B}$$

由于该溶液的浓度较小，所以

$m_A + m_B \approx m_A$，即 $m_B/m_A \approx 1.0\%$

故 $M_B = \dfrac{K_f m_B}{m_A \Delta T_f} = \dfrac{1.86\ \text{K} \cdot \text{kg} \cdot \text{mol}^{-1} \times 1.0\%}{273.15\ \text{K} - 273.05\ \text{K}} = 0.186\ \text{kg} \cdot \text{mol}^{-1}$

6. 解：（1）$c(\text{NaCl}) = \dfrac{n(\text{NaCl})}{V} = \dfrac{900 \times 10^{-3}\text{g}/58.5\ \text{g} \cdot \text{mol}^{-1}}{100 \times 10^{-3}\ \text{L}} = 0.15\ \text{mol} \cdot \text{L}^{-1}$

（2）设 NaCl 在水中完全离解，得 $c(\text{溶质粒子}) = 0.30\ \text{mol} \cdot \text{L}^{-1}$，则

$\Pi = c(\text{溶质粒子})RT = 0.30\ \text{mol} \cdot \text{L}^{-1} \times 8.314\ \text{kPa} \cdot \text{L} \cdot \text{mol}^{-1} \cdot \text{K}^{-1} \times (273\ \text{K} + 37\ \text{K}) = 773\ \text{kPa}$

（3）根据题意，$c(\text{C}_6\text{H}_{12}\text{O}_6) = c(\text{溶质粒子}) = 0.30\ \text{mol} \cdot \text{L}^{-1}$，则

$$c(\text{C}_6\text{H}_{12}\text{O}_6) = \frac{n(B)}{V} = \frac{m/180\ \text{g} \cdot \text{mol}^{-1}}{2.0\ \text{L}} = 0.30\ \text{mol} \cdot \text{L}^{-1}$$

$m = 108\ \text{g}$

7. 解：$\Delta T_f = 0.00\ ℃ - (-1.00\ ℃) = 1.00\ ℃ = 1.00\ \text{K}$

$$b_B = \frac{\Delta T_f}{K_f} = \frac{1.00\ \text{K}}{1.86\ \text{K} \cdot \text{kg} \cdot \text{mol}^{-1}} = 0.54\ \text{mol} \cdot \text{kg}^{-1}$$

$c_B \approx b_B = 0.54\ \text{mol} \cdot \text{L}^{-1}$

$\Pi = c_B RT = 0.54\ \text{mol} \cdot \text{L}^{-1} \times 8.314\ \text{J} \cdot \text{mol}^{-1} \cdot \text{K}^{-1} \times 273.15\ \text{K} = 1\ 226.3\ \text{kPa}$

8. 解：设需要加入甘油质量为 m，由题意得

$\Delta T_f = 0.00\ ℃ - (-3.15\ ℃) = 3.15\ ℃$

$$m = \frac{\Delta T_f M_B m(\text{H}_2\text{O})}{K_f} = \frac{3.15\ \text{K} \times 92.00\ \text{g} \cdot \text{mol}^{-1} \times 100.0 \times 10^{-3}\ \text{kg}}{1.86\ \text{K} \cdot \text{kg} \cdot \text{mol}^{-1}} = 15.6\ \text{g}$$

需要加入甘油 15.6 g。

9. 解：（1）由渗透压公式 $\Pi = c_B RT$

$$c_B = \frac{\Pi}{RT} = \frac{0.366\ \text{kPa}}{8.314\ \text{J} \cdot \text{mol}^{-1} \cdot \text{K}^{-1} \times 293\ \text{K}} = 1.50 \times 10^{-4}\ \text{mol} \cdot \text{L}^{-1}$$

（2）设血红素的摩尔质量为 M，则

$$c_B = \frac{1.00\ \text{g}/M}{100 \times 10^{-3}\ \text{L}} = 1.50 \times 10^{-4}\ \text{mol} \cdot \text{L}^{-1}$$

解得 $M = 6.67 \times 10^4 \ \text{g} \cdot \text{mol}^{-1}$

所以，血红素的相对分子质量为 6.67×10^4。

10. 解：尿素水溶液和未知物水溶液的凝固点降低值分别为

$$\Delta T_f[\,CO(NH_2)_2\,] = \frac{K_f \times 1.50 \ \text{g}}{60.0 \ \text{g} \cdot \text{mol}^{-1} \times 200 \ \text{g}}$$

$$\Delta T_f(\text{未知物}) = \frac{K_f \times 42.8 \ \text{g}}{M \times 1\,000 \ \text{g}}$$

由题意知，两种溶液凝固点降低值相同，K_f 相同，则

$$\frac{1.50 \ \text{g}}{60.0 \ \text{g} \cdot \text{mol}^{-1} \times 200 \ \text{g}} = \frac{42.8 \ \text{g}}{M \times 1\,000 \ \text{g}}$$

解得 $M = 342.4 \ \text{g} \cdot \text{mol}^{-1}$

所以，该未知物的相对分子质量为 342.4。

11. 解：$m(H_2O) = 12.003 \ \text{g} - 3.173 \ \text{g} = 8.830 \ \text{g}$

$n(H_2O) = 8.830 \ \text{g}/18.00 \ \text{g} \cdot \text{mol}^{-1} = 0.490\,6 \ \text{mol}$

$n(NaCl) = 3.173 \ \text{g}/58.5 \ \text{g} \cdot \text{mol}^{-1} = 0.054\,2 \ \text{mol}$

（1）$c(NaCl) = \dfrac{n(NaCl)}{V} = \dfrac{0.054\,2 \ \text{mol}}{10.00 \times 10^{-3} \ \text{L}} = 5.42 \ \text{mol} \cdot \text{L}^{-1}$

（2）$b(NaCl) = \dfrac{n(NaCl)}{m(H_2O)} = \dfrac{0.054\,2 \ \text{mol}}{8.830 \times 10^{-3} \ \text{kg}} = 6.14 \ \text{mol} \cdot \text{kg}^{-1}$

（3）$x(NaCl) = \dfrac{n(NaCl)}{n} = \dfrac{0.054\,2 \ \text{mol}}{0.054\,2 \ \text{mol} + 0.490\,6 \ \text{mol}} = 0.994$

12. 解：（1）根据公式 $\Delta T_b = K_b b_B$ $b_B = \dfrac{2.00 \ \text{g}}{M \times 100 \times 10^{-3} \ \text{kg}}$

$$\Delta T_b = K_b \frac{2.00 \ \text{g}}{M \times 100 \times 10^{-3} \ \text{kg}}$$

$$0.125 \ \text{K} = 0.52 \ \text{K} \cdot \text{kg} \cdot \text{mol}^{-1} \times \frac{2.00 \ \text{g}}{M \times 100 \times 10^{-3} \ \text{kg}}$$

$M = 83.2 \ \text{g} \cdot \text{mol}^{-1}$

（2）$b_B = \dfrac{n_B}{m_A} = \dfrac{2.00 \ \text{g}/83.2 \ \text{g} \cdot \text{mol}^{-1}}{100 \times 10^{-3} \text{kg}} = 0.24 \ \text{mol} \cdot \text{kg}^{-1}$

对稀的水溶液来说，$c_B \approx b_B$

所以 $\Pi \approx b_B RT$

$\Pi \approx b_B RT = 0.24 \ \text{mol} \cdot \text{kg}^{-1} \times 8.314 \ \text{J} \cdot \text{mol}^{-1} \cdot \text{K}^{-1} \times 293 \ \text{K} = 585 \ \text{kPa}$

13. 解：根据公式 $\Delta T_b = K_b b_B$

$b_B = 0.543\ \text{K}/1.86\ \text{K} \cdot \text{kg} \cdot \text{mol}^{-1} = 0.29\ \text{mol} \cdot \text{kg}^{-1}$

$$\omega_B = \frac{m_B}{m} = \frac{0.29\ \text{mol} \times 180\ \text{g} \cdot \text{mol}^{-1}}{0.29\ \text{mol} \times 180\ \text{g} \cdot \text{mol}^{-1} + 1\ 000\ \text{g}} = 0.052$$

对稀的水溶液来说，$\Pi \approx b_B RT$

$\Pi = b_B RT = 0.29\ \text{mol} \cdot \text{kg}^{-1} \times 8.314\ \text{J} \cdot \text{mol}^{-1} \cdot \text{K}^{-1} \times (273+37)\ \text{K} = 747\ \text{kPa}$

第3章
原子结构

本章讲述微观粒子的运动特征、波函数、量子数及元素周期律等概念，重点介绍量子数的取值规则和物理意义、原子轨道及电子云的形状、原子核外电子排布规则以及电子层结构与原子半径、有效核电荷与元素性质(电离能、电子亲和能、电负性)变化规律的关系。

3.1　本章概要

3.1.1　微观粒子的特性

英国物理学家卢瑟福通过 α 粒子散射实验，提出了原子的核式结构模型，正确地回答了原子的组成和结构问题。然而，原子中核外电子的排布规律和运动状态等问题的解决，则是从氢原子光谱实验开始的。

氢原子光谱是一种不连续的线状光谱，各谱线的位置存在一定规律。科学家们在解释氢原子光谱现象时，发现经典电磁理论及卢瑟福的核式原子模型与氢原子光谱实验的结果存在着尖锐的矛盾。

20 世纪初，人们逐步加深了对于微观粒子运动特性的认识。普朗克在 1900 年提出了量子论，认为辐射能的放出或吸收不是连续的，而是按照一个基本量或基本量的整数倍被物质放出或吸收。由普朗克的量子论，可以引申到微观粒子物理量变化的不连续性，这是质量极微小的电子、原子、分子、离子等微观粒子与宏观物体的一个重要区别。同时，若要在微观领域继续应用牛顿经典力学，就必须修改一切物理量可以连续变化的假设，而代之以某些物理量必须是量子化的假定。

1913 年，玻尔在卢瑟福核式结构模型的基础上，吸收了普朗克的量子论和爱因斯坦的光子学说，提出了新的原子结构模型，以及原子轨道、能级、基态、激发态、跃迁等概念。玻尔理论在解释原子的稳定性和氢原子光谱方面，获得了初步成功。但波尔理论不能满意地解释多电子原子的原子光谱，也不能说明诸如谱线的强度和偏振等重要光谱现象。

1924 年，在光具有二象性的启发下，法国物理学家德布罗意提出实物微粒除了具有粒子性外，也具有波的性质，并预言了微观粒子的波长。三年后，戴维逊和革末通过电子衍射实验证实了德布罗意的假设。波粒二象性是微观粒子与宏观物体的又一重要区别。

1927 年，德国物理学家海森堡提出了著名的不确定性原理，对于具有波粒二象性的微粒而言，不可能同时准确测定它们在某瞬间的位置和速度（或动量）。不确定性原理证实了微观粒子不存在像宏观物体那样的运动轨道（或轨迹）。

由此可见，具有波粒二象性的微粒和宏观物体的运动规律有根本的区别。行星、飞机、火车等宏观物体的运动，可以根据经典力学定律，指出它们某一瞬间的速度和位置。但对于微观粒子，因其具有波粒二象性，不再简单服从经典力学的运动规律，不能像对宏观物体那样用经典力学的方法"准确"描述其运动轨道。

电子等微观粒子运动是大量微观粒子运动（或者是一个粒子的千万次运动）的统计性规律的表现，核外电子运动不能用轨迹来描述，也无法确定其轨迹，但可以运用统计学原理，即电子出现在核外空间各点的概率分布来描述。

3.1.2　量子力学对核外电子运动状态的描述

3.1.2.1　波函数、概率密度

（1）波函数

奥地利物理学家薛定谔提出了描述核外电子运动的波动方程，即薛定谔方程。方程中包含了体现电子粒子性（如 m、E、V）和波动性（如 ψ）的两类物理量，符合微观粒子波粒二象性的基本特征。

对薛定谔方程求合理的解，可以得到描述特定微观粒子运动状态的波函数 $\psi_{n,l,m}(r, \theta, \varphi)$ 的具体函数式以及该波函数所表示的电子运动状态的能量。

波函数 ψ 是量子力学中用来描述电子等微观粒子的运动状态的数学函数式，即一定的波函数代表电子的一种运动状态。在量子力学中也经常借用经典的"轨道"概念，把波函数 ψ 称为原子轨道，但"轨道"的含义已不再是玻尔模型中所指的具有一定半径的圆周轨迹，仅代表电子的一种运动状态而已。

（2）概率密度

波函数本身不能表达明确的直观的物理意义，而 $|\psi|^2$ 却有明确的物理意义。$|\psi|^2$ 表示电子在空间某点出现的概率密度。概率密度是指电子在空间某单位微体积内出现的概率，概率等于概率密度与体积的乘积。

概率密度分布的形象化表示称为电子云，$|\psi|^2$ 的空间分布图也称为电子云图。电子云图常有三种表示方法，即等值线图、界面图及小黑点图。

3.1.2.2　四个量子数

在薛定谔方程求解过程中，为了求得合理的解，ψ 右下角所标示的三个常数的取值必须符合量子化的规定，故称为量子数。除此之外，还有一个描述电子自旋运动特征的量子数 m_s。用四个量子数，可以比较清晰地描述一个电子的运动状态。

（1）主量子数

主量子数用 n 表示，$n=1, 2, 3, \cdots$

意义：①n 是决定轨道能级的主要参数，在单电子原子（离子）中，n 值越大，轨道能量越高。

②n 表示电子出现概率最大的区域离核的远近，代表电子层数。

（2）角量子数

角量子数用 l 表示，$l=0$，1，2，$\cdots$，$n-1$；共可取 n 个数值。

意义：① l 表示原子轨道或电子云的形状。

② l 表示同一电子层中不同状态的亚层。

③ 在多电子原子中，l 是决定电子能量的一个次要因素。

（3）磁量子数

磁量子数用 m 表示，$m=0$，±1，±2，$\cdots$，$\pm l$；共可取 $2l+1$ 个数值。

意义：① m 是与原子轨道的空间伸展方向有关的参数，当 n、l 的取值一定时，m 的取值个数决定了该亚层的原子轨道数目。

② m 与能量无关，处于同一亚层中 m 不同的各轨道，能量是相同的，称为简并轨道。

（4）自旋量子数

自旋量子数用 m_s 表示，只能有两个取值，$+\dfrac{1}{2}$ 和 $-\dfrac{1}{2}$。

意义：描述电子两种不同的自旋状态。

3.1.2.3 电子运动的径向特点与角度特点

波函数 $\psi_{n,l,m}(r, \theta, \varphi)$ 是一个三变量函数，对其进行变量分离，即

$$\psi_{n,l,m}(r, \theta, \varphi)=R_{n,l}(r) \cdot Y_{l,m}(\theta, \varphi)$$

$R(r)$ 是波函数中只含有径向变量 r 的函数项，称为波函数的径向部分。

$Y(\theta, \varphi)$ 是波函数中只含有角度变量 (θ, φ) 的函数项，称为波函数的角度部分。

电子处于不同的空间运动状态时，电子运动会表现出不同的径向特点或角度特点。了解这些特点随状态的变化规律，对于了解原子的结构和元素的性质，了解化学键的形成及化合物的性质都具有重要的意义。

（1）电子运动的径向特点

径向分布函数 D 的函数值表示在以原子核为球心、r 为半径、单位厚度的薄球壳中电子出现的概率。因为概率=概率密度×体积，而概率密度和体积又都是 r 的函数，所以径向分布函数是随着 r 的变化而变化的。以 r 为横坐标，以 D 为纵坐标可得到 $D-r$ 图，即径向分布图，它表明了电子在核外空间出现的概率随 r 变化的情况，即电子运动的径向特点。

（2）电子运动的角度特点

s 轨道呈球形对称状。说明电子处于 s 态（$l=0$）时，在核外空间各个方向运动特点是相同的。

p 轨道呈中心反对称双球形。因为角量子数 $l=1$ 时，磁量子数 m 可以取 0，+1 和−1 三个值，所以 p 轨道有三条，分别是沿着 x、y、z 坐标轴的方向伸展的，记为 p_x、p_y 和 p_z。

d 轨道呈中心对称的花瓣形。由于 $l=2$ 时磁量子数 m 可以取 0，+1，−1，+2，−2 五个

值，所以 d 轨道有五条。其中：d_{xy}、d_{xz}、d_{yz} 轨道分别是沿 xy、xz、yz 每对坐标轴的角平分线方向伸展的，d_{z^2} 是沿 z 轴伸展的，$d_{x^2-y^2}$ 是沿 x 轴和 y 轴伸展的。

3.1.3   多电子原子的结构

3.1.3.1   多电子原子轨道能级

单电子原子中，各轨道的能量只与 n 有关，如氢原子：$E_{4s} = E_{4p} = E_{4d} = E_{4f}$。

多电子原子中，各轨道的能量与 n、l 有关，可划分为如下各组：

第一能级组：1s

第二能级组：2s，2p

第三能级组：3s，3p

第四能级组：4s，3d，4p

第五能级组：5s，4d，5p

……

在各能级组中出现的"能级交错"和"能级分裂"现象，可用"屏蔽效应"和"钻穿效应"来解释。

3.1.3.2   基态原子的核外电子排布

根据原子光谱实验和量子力学理论，原子核外电子排布服从以下三个原则：

（1）泡利（Pauli）不相容原理

在一个原子中不可能有四个量子数完全相同的两个电子存在。根据泡利不相容原理，每条轨道上最多只能容纳 2 个自旋相反的电子。

（2）能量最低原理

电子在原子轨道上的排布，总是尽量使整个原子的能量处于最低状态。

（3）洪特（Hund）规则

在简并轨道上排布的电子，将尽可能以自旋相同的方式分占不同轨道。此外，当简并轨道全空、半充满、全充满时较为稳定。

为了简便实用，基态原子的电子组态可参照如下表示方法：

铬（Cr）：$[Ar] 3d^5 4s^1$，其中 $[Ar]$ 称为原子实，$3d^5 4s^1$ 为价电子组态。

3.1.4   原子的电子层结构与元素周期律

3.1.4.1   周期表的结构

长式周期表分为七行、十八列。

每一行称为一个周期，每个周期都对应相应的能级组，第一周期是特短周期，第二、第三周期是短周期，第四、第五周期是长周期，第六周期是特长周期。

在长式周期表中，价电子数相同、电子层结构相同或相近，仅主量子数不同的元素构成一列，除了Ⅷ族含有三列之外，其余每列称为一个族。表中十八列习惯上分为十六个族：七个主族（ⅠA～ⅦA）、七个副族（ⅠB～ⅦB）、Ⅷ族和零族。

依据元素原子的价电子层结构特点将周期表中的元素分成五个区，即

s 区元素：包括ⅠA 到ⅡA 族元素，外层电子构型为 ns^1 和 ns^2；

p 区元素：包括ⅢA 到ⅦA 和零族元素，外层电子构型为 $ns^2np^{1~6}$（He 为 $1s^2$）；

d 区元素：包括ⅢB 到ⅦB 以及Ⅷ族元素，外层电子构型一般为 $(n-1)d^{1~9}ns^{1~2}$；

ds 区元素：包括ⅠB 和ⅡB 族元素，外层电子构型为 $(n-1)d^{10}ns^{1~2}$；

f 区元素：包括镧系和锕系元素，外层电子构型为 $(n-2)f^{1~14}(n-1)d^{0~2}ns^2$。

3.1.4.2 影响元素性质的结构因素及元素重要性质的周期性变化规律

元素的化学性质，主要取决于原子的电子构型、价层电子的有效核电荷和原子半径三个因素。

（1）原子半径

原子半径一般指形成共价键或金属键时，原子处于平衡位置所显示出来的半径。有共价半径、金属半径及范德华半径等形式。

原子半径在周期表中的变化规律可归纳为：

①同周期主族元素中，从左至右随着原子序数的增加，原子半径明显减小，直至稀有气体"突然变大"。

②同周期的过渡元素，从左至右随着原子序数的递增，原子半径减小较为缓慢，不如主族元素变化明显，但进入 ds 区后，原子半径突然增大。

③同一主族元素中，从上至下电子层数依次增多，原子半径依次增大。

④同一副族元素中，ⅢB 族从上至下原子半径依次增大，而后面的各副族却是：第一过渡系至第二过渡系元素，原子半径增大；由第二过渡系至第三过渡系元素，原子半径基本不变。

（2）元素的电离能

元素的一个基态气态原子失去一个电子变成一价气态正离子所需的能量称为元素的第一电离能，用 I_1 表示，SI 单位为 $J \cdot mol^{-1}$。

元素的电离能可定量地反映元素气态原子失去电子的能力，常用来比较元素的金属性强弱。

在同一主族及零族中，从上至下原子的价电子构型相同，虽然有效核电荷增大，但由于原子半径的增大对第一电离能的影响更为显著，所以电离能递减。

同一周期的主族元素从左至右，由于有效核电荷递增，半径递减，故总的趋势是电离能明显增大，至稀有气体元素达到最高的电离能。但也有几处"反常"，即ⅡA 族与ⅤA 族的元素比相邻两族的第一电离能高。

同周期过渡元素从左至右，有效核电荷的增大及原子半径的减小均不如主族元素显著，故第一电离能不规则地升高，且升高幅度不及主族明显。

同副族过渡元素，第一至第二系列，第一电离能减小，金属性增强；从ⅣB 族开始，第二至第三系列第一电离能明显增大，很多第一电离能高的不活泼金属元素，如 Hg、Au、Pt、Ir、

Os、Re、W、Ta 均属于第三系列过渡元素。这种反常，是由于镧系收缩致使第三系列元素原子半径与第二系列的几乎相等，而有效核电荷却增大所造成的。

(3) 元素的电子亲和能

元素的一个基态气态原子获得一个电子形成一价气态负离子所放出的能量，称该元素的第一电子亲和能，SI 单位为 $J \cdot mol^{-1}$。

元素的电子亲和能越大，表示元素的气态原子获得电子生成负离子的倾向越大，即非金属性越强。

电子亲和能较难测定，有的是用计算方法推测的，因此数据不全且可靠性也差一些。但可以大致看出，电子亲和能的周期性变化规律与电离能的变化规律相似，电离能较高的元素一般电子亲和能也大。活泼非金属一般具有较大的电离能和电子亲和能，不易失去电子，而容易获得电子形成负离子；而金属元素的电离能和电子亲和能都比较小，通常易于失去电子形成正离子。

(4) 原子的电负性

原子的电负性是原子在分子中吸引成键电子的能力。

原子的电负性越大，原子对成键电子的吸引能力越大。

鲍林指定 F 的电负性为 4.0，依此为参照标准，求得其他元素的电负性值。

一般情况下，随原子序数的增大，同周期元素原子的电负性增大，同族元素原子的电负性减小。

(5) 元素的氧化数

主族元素最高氧化数等于族序号 N，许多 p 区元素能形成多种氧化态的化合物，最低氧化数为 $(N-8)$。过渡元素随着 d 电子数的增多，元素可能采取的氧化态增多，最高氧化数等于族序数 N。但当 d 亚层接近全充满时，可能的氧化态减少下来。d 电子为 5 个或 6 个的元素可能采取的氧化数最多。

3.2　例题

1. 四个量子数各有什么意义？它们之间有什么关系？

解： 描述电子在原子核外运动状态的四个量子数指主量子数、角量子数、磁量子数及自旋量子数，分别用 n、l、m、m_s 表示。n 是决定轨道(或电子)能量的主要量子数，对同一元素，轨道能量随着 n 的增大而增加。n 还表示电子出现概率最大的区域离核的远近，n 越大，表示电子离核的平均距离也越大。l 决定电子空间运动的角动量以及原子轨道或电子云的形状，在多电子原子中与 n 共同决定电子能量高低。m 决定原子轨道(或电子云)在空间的伸展方向，原子轨道(或电子云)在空间的每一个伸展方向称作一个轨道。在有外加磁场时，电子的轨道角动量在外磁场的方向上的分量是量子化的，这个分量的大小由 m 来表示。m_s 是用来描述电子特征的量子数，原子中电子除了以极高速度在核外空间运动之外，本身有自旋运动，有顺时针和逆时针两种不同方向的自旋。

n 取正整数，即 1，2，3，…，n 等；l 取值决定于主量子数的取值，即 $l = 0$，1，2，…，$n-1$，可取 n 个数值；m 取值决定于 l 的取值，即 $m = 0$，±1，±2，…，$\pm l$，可取 $2l+1$ 个数值。m_s 只能取值：$+\dfrac{1}{2}$ 和 $-\dfrac{1}{2}$，取值与 n，l，m 无关。

2. 什么叫屏蔽效应和钻穿效应？试用这两个理论解释下列轨道能级次序的高低。(1) $E_{2p} < E_{3p} < E_{4p} < E_{5p}$；(2) $E_{3s} < E_{3p} < E_{3d}$。

解： 屏蔽效应是指多电子原子中，其他电子对某电子的排斥作用可抵消部分核电荷对该电子的吸引作用，使原子核对该电子的实际有效吸引作用比核电荷应表现出的吸引作用弱。

钻穿效应主要指主量子数 n 相同，角量子数 l 不同的轨道，由于电子云的径向分布不同，外层电子避开其他电子的屏蔽而钻穿到内层，出现在核较近的地方，而导致它的能量发生变化。

(1) 2p、3p、4p、5p 四个轨道的角量子数相同，主量子数不同。主量子数越大，电子出现最大概率的区域离核越远，所受屏蔽效应越强，能量越高。

(2) 3s、3p、3d 三个轨道的主量子数相同，角量子数不同。角量子数越小，钻穿能力越强，电子运动离核越近，轨道能量越低。

3. 用四个量子数描述基态 N 原子外层 $2s^2 2p^3$ 各电子的运动状态。

解： $2s^2$：$\left(2, 0, 0, \pm\dfrac{1}{2}\right)$

$2p^3$：$\left(2, 1, 0, +\dfrac{1}{2}\right)\left(2, 1, +1, +\dfrac{1}{2}\right)\left(2, 1, -1, +\dfrac{1}{2}\right)$ 或 m_s 均为 $-\dfrac{1}{2}$

4. He^+ 中，3s、3p、3d、4s 轨道能量自低至高排列顺序为何？

解： He^+ 为单电子体系，原子轨道能力仅与主量子数有关，与角量子数无关。轨道能量自低至高排列顺序为：$E_{3s} = E_{3p} = E_{3d} < E_{4s}$。

5. 某元素的价层电子结构为 $3s^2 3p^4$，求此元素的原子序数。

解： 元素的价层电子结构为 $3s^2 3p^4$，其原子实为 [Ne]，则该元素的原子序数是 16。

6. 写出下列轨道的符号：

(1) $n=2$，$l=1$；(2) $n=3$，$l=2$；(3) $n=4$，$l=0$；(4) $n=5$，$l=3$。

解： (1) 2p；(2) 3d；(3) 4s；(4) 5f。

7. 指出具有下列电子层结构的元素在周期表中的位置。

(1) $3s^2 3p^6$；(2) $4s^2 4p^3$；(3) $4d^{10} 5s^2$；(4) $4d^5 5s^1$；(5) $5s^2 5p^1$；(6) $7s^1$。

解： (1) 第三周期，零族；(2) 第四周期，ⅤA 族；(3) 第五周期，ⅡB 族；(4) 第五周期，ⅥB 族；(5) 第五周期，ⅢA 族；(6) 第七周期，ⅠA 族。

8. 写出符合下列条件的元素符号：(1) 次外层有 8 个电子，最外层电子构型为 $4s^2$；(2) 位于零族元素，但最外层没有 p 电子；(3) 在 3p 轨道上只有一个电子。

解： (1) Ca；(2) He；(3) Al。

9. 写出下列原子的价电子层结构：(1) 26 号元素 Fe；(2) 29 号元素 Cu。

解： (1) $3d^6 4s^2$；(2) $3d^{10} 4s^1$。

10. 某元素基态原子，在 $n=5$ 的轨道中仅有 2 个电子，则该原子在 $n=4$ 的轨道中含有电子个数的范围是( )。

    A. 8 个   B. 18 个   C. 8~18 个   D. 8~23 个

解：C。元素最外层结构为 $5s^2$，则次外层的 4s、4p 轨道应为全满，4d 轨道可容纳 0~10 个电子，所以 $n=4$ 的轨道中含有电子为 8~18 个。

11. 已知 Mg 和 Al 第一至第四电离能（$kJ \cdot mol^{-1}$）数据如下，请解释 $I_1 \sim I_4$ 升高并有突跃的原因，比较气态 Mg 原子和 Al 原子的金属性和两元素的常见氧化数。

Mg: 738, 1 451, 7 733, 10 540

Al: 578, 1 817, 2 745, 11 578

解：随着原子失去电子，原子核的正电荷数大于核外电子的负电荷数，核对核外电子的吸引力增强，所以元素的 $I_1 \sim I_4$ 逐渐升高。原子失去一定数目的电子后，会形成惰性气体的稳定结构，再失去电子所需能量会突然升高，因而，元素的 $I_1 \sim I_4$ 会有突跃。从元素的第一电离能上看，Mg 的 I_1 大于 Al 的 I_1，所以气态 Mg 原子的金属性比 Al 原子的金属性弱，但元素的金属性与很多因素有关，需综合考虑各种因素。根据电离能的突跃，Mg 通常形成+2 价离子，而 Al 通常形成+3 价离子。

12. Fe、Mn、Cu、Zn 等，均为生物必需的营养元素，而 Hg、As、Cd、Cr 等为有毒元素。写出上述元素基态原子核外电子排布式，并说明它们在周期表中的位置。

解：Fe   [Ar] $3d^6 4s^2$，第四周期，Ⅷ族；

Mn   [Ar] $3d^5 4s^2$，第四周期，ⅦB 族；

Cu   [Ar] $3d^{10} 4s^1$，第四周期，ⅠB 族；

Zn   [Ar] $3d^{10} 4s^2$，第四周期，ⅡB 族；

Hg   [Xe] $4f^{14} 5d^{10} 6s^2$，第六周期，ⅡB 族；

As   [Ar] $3d^{10} 4s^2 4p^3$，第四周期，ⅤA 族；

Cd   [Kr] $4d^{10} 5s^2$，第五周期，ⅡB 族；

Cr   [Ar] $3d^5 4s^1$，第四周期，ⅥB 族。

13. 下列原子基态时电子构型若写为如下形式，各自违背了什么原理？请写出正确的电子构型。(1) 硼（B）$1s^2 2s^3$；(2) 氮（N）$1s^2 2s^2 2p_x^2 2p_y^1$；(3) 铍（Be）$1s^2 2p^2$。

解：(1) 违背了泡利不相容原理，硼（B）$1s^2 2s^2 2p^1$；

(2) 违背了洪特规则，氮（N）$1s^2 2s^2 2p_x^{\,1} 2p_y^{\,1} 2p_z^{\,1}$；

(3) 违背了能量最低原理，铍（Be）$1s^2 2s^2$。

14. 比较下列各组元素的原子半径、电离能、电负性：(1) Si、S；(2) Cl、Br。

解：原子半径 Si>S，Cl<Br；电离能 Si<S，Cl>Br；电负性 Si<S，Cl>Br。

15. 已知某稀有气体基态原子的最外层电子排布为 $4s^2 4p^6$，与之同周期的 A、B、C、D 四种元素的基态原子，最外层电子数分别为 2、2、1、5；A 的次外层电子数为 8，D 的次外层电子数为 18，B 的次外层 $l=2$ 的轨道具有半充满结构，而 C 的 $l=2$ 的轨道全充满。问 A、B、C、D 分别是哪些元素？写出各元素基态原子的价电子构型。

解：A. Ca，$4s^2$；B. Mn，$3d^54s^2$；C. Cu，$3d^{10}4s^1$；D. As，$4s^24p^3$。

16. 下列各组量子数合理的为：

（1）$n=2$，$l=1$，$m=0$，$m_s=+\dfrac{1}{2}$；

（2）$n=3$，$l=3$，$m=-1$，$m_s=-\dfrac{1}{2}$；

（3）$n=3$，$l=0$，$m=0$，$m_s=0$；

（4）$n=2$，$l=0$，$m=1$，$m_s=-\dfrac{1}{2}$。

解：（1）合理；（2）l 取值错误；（3）m_s 取值错误；（4）m 取值错误。

3.3　练习题

（一）判断题

（　）1. 宏观物质也有波粒二象性，只是不为人们觉察。

（　）2. 量子力学的一个轨道是指 n，l，m 一定且取值合理时的一个波函数。

（　）3. 基态氢原子中只有一个电子层。

（　）4. 当 $n=2$ 时，描述电子运动状态的四个量子数最多有四组。

（　）5. 磁量子数 $m=0$ 的原子轨道都是 s 轨道。

（　）6. 各族的金属原子失去外层电子后都形成与稀有气体相似的电子构型。

（　）7. 含有 d 电子的原子都是副族元素。

（　）8. 电子衍射实验证明电子运动具有波动性特征。

（　）9. 同一周期中，从左至右随着核电荷递增，第一电离能总是无例外的依次增大。

（　）10. 主族元素和副族元素的金属性和非金属性递变规律是相同的。

（　）11. As、Ca、O、S、P 等原子中电负性最大的是 O，最小的是 Ca。

（　）12. 氢原子中电子的各种波函数代表了该电子可能存在的各种运动状态。

（　）13. $|\psi|^2$ 代表电子在核外空间的概率分布。

（　）14. 氢原子的 ψ_{1s} 在核附近有最大值，故 1s 电子在核附近出现的概率最大。

（　）15. 原子的价电子数就是其元素在元素周期表中的族号数。

（　）16. $3d^1_{z^2}$ 电子的运动状态为 $n=3$，$l=1$，$m=0$，$m_s=+\dfrac{1}{2}$。

（　）17. 氢原子处在基态时，在距核 53 pm 的球面上电子出现的概率最大。

（　）18. 根据洪特规则，基态硅原子价电子构型为 $3s^13p^1_x3p^1_y3p^1_z$。

（　）19. 钻穿效应大的电子，相对地受到屏蔽作用小。

（　）20. 钠原子和钾原子中的 1s 轨道能量高低相同。

（　）21. 同一 p 亚层中的三个轨道波函数的径向部分 $R_{n,l}(r)$ 相同，而角度部分 $Y_{l,m}(\theta,\varphi)$

不同。

( ) 22. 一定的波函数虽然代表电子的一定运动状态，但并不能直接说明它的运动规律。

( ) 23. 原子失去电子变成离子时，最先失去的电子，一定是构成原子时最后进入的电子。

( ) 24. 除 s 轨道外，其他轨道角度分布是有方向性的。

( ) 25. 原子的电负性是指原子在分子中吸引成键电子的能力。

( ) 26. 在任何原子中，$(n-1)$d 轨道的能量总比 ns 轨道的能量高。

( ) 27. 元素的电离能可反映元素气态原子失去电子能力的大小。

( ) 28. Mn 的价电子构型是 $3d^5 4s^2$。

( ) 29. 锂的第一电离能和第二电离能的差值比铍的差值大。

( ) 30. 同一周期，一般说来，随 Z^*（有效核电荷）递增，原子半径递减。

( ) 31. 每周期应有的元素数等于相应能级组中所能容纳的最多电子数。

( ) 32. s 电子绕核运动的轨迹为一圆圈，而 p 电子是走"8"字形的。

( ) 33. 某元素的第三电子层最多可容纳 18 个电子。

( ) 34. 最外层电子构型为 $ns^{1~2}$ 的元素，都在 s 区，都是金属元素。

( ) 35. 通常情况下，元素的电子亲和能越大，表示该元素的气态原子获得电子生成负离子的倾向越大，即非金属性越强。

( ) 36. $n=3$ 的第三电子层最多可容纳 18 个电子。

( ) 37. $n=3$，$l=0$，$m=-1$，$m_s = +\dfrac{1}{2}$ 的电子运动状态是不存在的。

( ) 38. 氢原子中，4s 轨道能量高于 3d 轨道。

( ) 39. 原子轨道符号为 4d 时，说明该轨道有 5 种空间取向。

( ) 40. 第二周期中，从左至右，第一电离能依次增大。

( ) 41. 描述一确定的原子轨道需用 n，l，m 三个量子数。

( ) 42. 主量子数 n 为 3 时有 3s，3p，3d，3f 四条轨道。

( ) 43. 多电子原子核外电子排布原理对迄今发现的所有元素的原子都是适用的。

( ) 44. 处于同一亚层中磁量子数不同的各个原子轨道，其能量是相同的，这些原子轨道称为简并轨道。

( ) 45. B、O、C、N 四种元素，第一电离能最大的是 N，原子电负性最大的是 O，原子半径最大的是 B。

（二）选择题（单选）

( ) 1. 下列波函数中，对应于 $3p_z$ 原子轨道的是：

    A. $\psi_{3,0,0}$ B. $\psi_{3,2,1}$ C. $\psi_{3,1,0}$ D. $\psi_{3,2,0}$

( ) 2. 基态氢原子 2s 轨道能量 $E = -5.45 \times 10^{-19}$ J，则氢原子 2p 轨道的能量为：

    A. $-\dfrac{5.45}{2} \times 10^{-19}$ J   B. $-\dfrac{5.45}{4} \times 10^{-19}$ J

    C. -5.45×10^{-19} J   D. $-\dfrac{5.45}{3} \times 10^{-19}$ J

（　）3. 在各种不同的原子中 3d 和 4s 电子的能量相比：

A. 3d 一定大于 4s　　　　　　　　B. 4s 一定大于 3d

C. 3d 与 4s 几乎相等　　　　　　　D. 前三者都不完全正确

（　）4. 某电子的钻穿作用使该电子对其外层或同层电子的屏蔽程度：

A. 减弱　　　　　B. 增强　　　　　C. 不影响　　　　　D. 前三者都不正确

（　）5. 在多电子原子中，轨道能级与：

A. n 有关　　　　　　　　　　　　B. n，l 有关

C. n，l，m 有关　　　　　　　　D. n，l，m，m_s 都有关

（　）6. 某元素原子基态的电子构型为 $[Ar]3d^5 4s^2$，它在周期表中的位置是：

A. s 区 ⅡA　　　B. s 区 ⅤA　　　C. d 区 ⅡB　　　D. d 区 ⅦB

（　）7. 下列元素中氧化数只有"+2"的是：

A. Co　　　　　　B. Ca　　　　　　C. Cu　　　　　　D. Mn

（　）8. Ti^{2+} 离子中，不成对电子的个数是：

A. 0　　　　　　B. 4　　　　　　C. 3　　　　　　D. 2

（　）9. 铁系三元素组中还包括：

A. Co 和 Ni　　　B. Mg 和 Cr　　　C. Pd 和 Pt　　　D. Ba 和 Ti

（　）10. 哪一组元素在周期表中属于同一区：

A. Ca、Mg、Sr、Si　　　　　　　　B. He、K、C、P

C. Pr、Cu、Ag、Au　　　　　　　　D. Cr、Mn、Fe、Ti

（　）11. 第四周期元素原子中未成对电子数最多可达：

A. 3　　　　　　B. 5　　　　　　C. 7　　　　　　D. 6

（　）12. 298 K 及标准状态下，基态气态原子失去一个电子形成+1 价气态离子时所吸收的能量称为：

A. 元素的第一电离能　　　　　　　B. 元素的电负性

C. 元素的电子亲和能　　　　　　　D. 原子半径

（　）13. 下列各组元素原子的第一电离能递增顺序正确的是：

A. Si<P<As　　　B. B<C<N　　　C. Na<Mg<Al　　　D. He<Ne<Ar

（　）14. 某元素的三级电离能（$kJ \cdot mol^{-1}$）分别是 $I_1 = 733$、$I_2 = 1\,451$、$I_3 = 10\,540$，可判断该元素常见的氧化数是：

A. +1　　　　　　B. +2　　　　　　C. +3　　　　　　D. +4

（　）15. 下列元素第一电子亲和能最大的是：

A. H　　　　　　B. O　　　　　　C. B　　　　　　D. P

（　）16. 在一个多电子原子中，具有下列各组量子数（n，l，m，m_s）的电子，其中能量最大的电子具有的量子数是：

A. $(3, 2, +1, +\frac{1}{2})$　　　　　　B. $(2, 1, 1, -\frac{1}{2})$

C. $(3, 1, 0, -\frac{1}{2})$ D. $(3, 1, -1, +\frac{1}{2})$

( ) 17. 氢原子 3d 和 4s 能级的能量高低是：

     A. 3d>4s   B. 3d<4s   C. 3d=4s   D. 无法判断

( ) 18. Ar 基态原子中，符合量子数 $m=0$ 的电子数是：

     A. 6   B. 4   C. 8   D. 10

( ) 19. 主量子数 $n=4$ 的电子层中，原子轨道数目为：

     A. 4   B. 8   C. 16   D. 12

( ) 20. S 原子的两个不成对的 3p 电子，处于基态时，下列各组量子数中正确的是：

     A. $(3, 1, -1, +\frac{1}{2})$；$(3, 1, -1, -\frac{1}{2})$

     B. $(3, 1, +1, -\frac{1}{2})$；$(3, 1, +1, +\frac{1}{2})$

     C. $(3, 1, -1, +\frac{1}{2})$；$(3, 1, 0, -\frac{1}{2})$

     D. $(3, 1, -1, +\frac{1}{2})$；$(3, 1, +1, +\frac{1}{2})$

( ) 21. 对于 Rb（铷）来说，其基态最外层电子可能的一组量子数为：

     A. $(6, 0, 0, +\frac{1}{2})$ B. $(5, 1, 1, +\frac{1}{2})$

     C. $(5, 1, 1, +\frac{1}{2})$ D. $(5, 0, 0, +\frac{1}{2})$

( ) 22. 在下列符号表示的轨道中，不可能存在的是：

     A. 1s   B. 2d   C. 7p   D. 5f

( ) 23. 不合理的一组量子数 (n, l, m, m_s) 是：

     A. $(4, 0, 0, +\frac{1}{2})$ B. $(4, 0, -1, -\frac{1}{2})$

     C. $(4, 3, +3, -\frac{1}{2})$ D. $(4, 2, 0, +\frac{1}{2})$

( ) 24. 下列离子中外层 d 轨道达半充满状态的是：

     A. Cr^{3+} B. Fe^{3+} C. Co^{3+} D. Cu^+

( ) 25. 下列各组元素中，电负性大小次序正确的是：

     A. S<N<O<F   B. S<O<N<F

     C. Si<Na<Mg<Al   D. Br<H<Zn<Si

( ) 26. 下列说法中正确的是：

     A. 氮的原子半径小于氧的原子半径

     B. 氮的电负性小于氧的电负性

     C. 氮的第一电离能小于氧的第一电离能

D. 氮的得电子能力大于氧的得电子能力

( ) 27. 氢原子 $2p_x$、$2p_y$、$2p_z$ 三个轨道波函数：

    A. 径向部分与角度部分都相同　　　　B. 径向部分与角度部分都不同

    C. 径向部分相同，角度部分不同　　　　D. 径向部分不同，角度部分相同

( ) 28. $\psi_{2,1,0}$ 可表示为：

    A. ψ_{2s}　　　　　　B. ψ_{2p_z}　　　　　　C. ψ_{2p_y}　　　　　　D. ψ_{2p_x}

( ) 29. 下列哪一个轨道上的电子在 xy 平面上的概率密度为零：

    A. $3p_z$　　　　　　B. $3p_y$　　　　　　C. 3s　　　　　　D. $3p_x$

( ) 30. 任一原子的 s 轨道：

    A. 与 $\sin\theta$ 有关　　B. 与 $\cos\theta$ 有关　　C. 与角度无关　　D. 与 $\sin\theta\cos\theta$ 有关

( ) 31. 3d 轨道的主量子数和角量子数量为：

    A. 1，2　　　　　　B. 2，3　　　　　　C. 3，2　　　　　　D. 3，3

( ) 32. 概率密度 $|\psi|^2$ 表示：

    A. 电子在核外的概率分布情况

    B. 电子在核外经常出现的区域

    C. 电子在核外某区域单位体积空间中出现的概率

    D. 电子在核外某点出现的概率

( ) 33. 此图像代表的是：

    A. p_x 态轨道

    B. p_y 态轨道角度部分

    C. p_x 态轨道角度部分

    D. p_x 态电子云角度部分

( ) 34. 磁量子数 m 描述核外电子运动状态的：

    A. 电子能量高低　　　　　　　　B. 电子自旋方向

    C. 电子云空间伸展方向　　　　　　D. 电子云形状

( ) 35. 泡利原理的要点是：

    A. 需用四个不同量子数来描述原子中每个电子

    B. 在同一原子中，不可能有四个量子数完全相同的两个电子存在

    C. 每一个电子层，可容纳 8 个电子

    D. 在一个原子轨道中可容纳自旋平行的两个电子

( ) 36. 已知某元素 +3 价离子的电子构型为 $1s^2 2s^2 2p^6 3s^2 3p^6 3d^5$，该元素在周期表中的族号是：

    A. ⅤA　　　　　　B. ⅤB　　　　　　C. ⅢA　　　　　　D. Ⅷ

( ) 37. 47 号元素 +1 价基态离子的电子构型正确的是：

    A. $1s^2 2s^2 2p^6 3s^2 3p^6 3d^{10} 4s^2 4p^6 4d^{10}$

    B. $1s^2 2s^2 2p^6 3s^2 3p^6 3d^{10} 4s^2 4p^6 4d^8 5s^2$

    C. $1s^2 2s^2 2p^6 3s^2 3p^6 3d^{10} 4s^2 4p^6 4d^9 5s^1$

D. $1s^2 2s^2 2p^6 3s^2 3p^6 3d^{10} 4s^2 4p^6 4d^7 5s^2 5p^1$

( ) 38. 原子轨道角度分布图中，从原点到曲面的距离表示：

    A. φ 值的大小   B. r 值的大小

    C. $4\pi^2 r^2 R^2(r)$ 值的大小   D. $Y_{l,m}(\theta, \varphi)$ 值的大小

( ) 39. 下列离子的电子构型可以用 $[Ar]3d^6$ 表示的是：

    A. Mn^{2+} B. Fe^{3+} C. Ni^{2+} D. Co^{3+}

( ) 40. 下列电子层的结构(K, L, M, N, …)中不是卤素的为：

    A. 2, 5   B. 2, 7   C. 2, 8, 18, 7   D. 2, 8, 7

( ) 41. 以下离子中半径最小的是：

    A. Rb^+ B. Sc^{3+} C. Ti^{4+} D. Ti^{3+}

( ) 42. 当 $n=3$，l 的取值为：

    A. 1, 2, 3   B. −1, 0, +1   C. 0, 1, 2   D. 2, 3, 4

( ) 43. 已知某元素+2价离子的电子分布式为 $1s^2 2s^2 2p^6 3s^2 3p^6 3d^5$，该元素在周期表中属于：

    A. ⅤB族   B. ⅡA族   C. ⅦB族   D. ⅡB族

( ) 44. 性质最相似的两个元素是：

    A. Mg 和 Al   B. Zr 和 Hf   C. Cu 和 Au   D. Fe 和 Co

( ) 45. 在下列原子中第一电离能最大的是：

    A. B   B. C   C. Al   D. Si

( ) 46. 电子衍射实验说明：

    A. 电子能量是量子化的   B. 电子是带负电的微粒

    C. 电子具有波动性   D. 电子具有一定能量

( ) 47. 在薛定谔方程中，波函数 ψ 描述的是：

    A. 原子轨道   B. 概率密度

    C. 原子运动轨迹   D. 核外电子运动的规律

( ) 48. 下列有关电子运动状态的描述，正确的是：

    A. s电子绕核做圆周运动

    B. 原子中电子的运动状态可以用四个量子数确定

    C. p电子绕核走"8"字

    D. 电子在固定的轨道上不停地自旋

( ) 49. 近代原子结构理论中的原子轨道是指：

    A. 电子绕核运动的轨迹   B. 波函数的平方 $|\psi|^2$

    C. 电子云   D. 波函数 ψ

( ) 50. 主量子数为3的电子层中：

    A. 只有 s 和 p 轨道   B. 只有 s，p 和 d 轨道

    C. 只有 s 轨道   D. 有 s，p，d 和 f 轨道

( ) 51. $n=4$ 时 m 的最大取值为：

    A. 3   B. 4   C. 2   D. 0

( ) 52. 钠原子 1s 轨道能级 $E_{1s}(Na)$ 与氢原子 1s 轨道能级 $E_{1s}(H)$ 的相对高低为：

    A. $E_{1s}(Na) = E_{1s}(H)$ B. $E_{1s}(Na) < E_{1s}(H)$

    C. $E_{1s}(Na) > E_{1s}(H)$ D. 无法比较

( ) 53. 下列用量子数描述的，可以容纳电子数最多的电子亚层是：

    A. $n=2$, $l=1$ B. $n=3$, $l=2$ C. $n=4$, $l=3$ D. $n=5$, $l=0$

( ) 54. 一多电子原子中，能量最高的电子是：

    A. $(3, 1, +1, -\frac{1}{2})$ B. $(3, 1, 0, -\frac{1}{2})$

    C. $(4, 1, +1, -\frac{1}{2})$ D. $(4, 2, -2, -\frac{1}{2})$

( ) 55. 确定基态 C 原子中两个未成对电子运动状态的量子数是：

    A. $n=2$, $l=0$, $m=0$, $m_s=+\frac{1}{2}$; $n=2$, $l=0$, $m=0$, $m_s=-\frac{1}{2}$

    B. $n=2$, $l=1$, $m=+1$, $m_s=+\frac{1}{2}$; $n=2$, $l=1$, $m=+1$, $m_s=-\frac{1}{2}$

    C. $n=2$, $l=2$, $m=0$, $m_s=+\frac{1}{2}$; $n=2$, $l=2$, $m=+1$, $m_s=+\frac{1}{2}$

    D. $n=2$, $l=1$, $m=0$, $m_s=-\frac{1}{2}$; $n=2$, $l=1$, $m=-1$, $m_s=-\frac{1}{2}$

( ) 56. 在下列原子中第一电离能最大的是：

    A. He   B. Cl   C. O   D. F

( ) 57. 钼原子外层电子排布是 $4d^5 5s^1$，这样排布的主要依据是：

    A. 鲍林近似能级图   B. 洪特规则

    C. 泡利不相容原理   D. 能量最低原理

( ) 58. 某元素原子处于激发态的电子结构式为 $[Ar]3d^3 4s^2 4p^2$，则该元素在周期表中位于：

    A. s 区，ⅡA 族   B. p 区，ⅣA 族   C. d 区，ⅦB 族   D. d 区，ⅢB 族

( ) 59. 下列元素中，第一电子亲和能最大的是：

    A. P   B. S   C. Cl   D. Ar

( ) 60. 为表示一个基态原子在第三电子层上有 10 个电子可以写成：

    A. $3s^2 3p^3 3d^5$ B. $3d^{10}$ C. $3s^2 3p^6 3d^2$ D. $3s^2 3p^6 4s^2$

(三) 简答题

1. 什么是微观粒子的波粒二象性？

2. 海森堡不确定性原理的含义是什么？

3. 什么是原子轨道的能级分裂和能级交错现象？

4. 量子力学原子轨道概念与玻尔轨道的含义有何不同？

5. 电子等微观粒子有别于宏观物体的主要特征是什么？这些特征可由哪些实验事实证明？

6. 量子力学中用什么来描述微观粒子运动状态？$|\psi|^2$ 表示什么？

7. 根据量子数取值规则，第五层应该有多少亚层及原子轨道？能容纳多少个电子？

8. 写出下列轨道的符号：

（1）$n=5$，$l=0$；（2）$n=4$，$l=1$；（3）$n=3$，$l=2$；（4）$n=5$，$l=3$。

9. 指出下列各原子轨道相应的主量子数（n）和角量子数（l）是多少？

（1）2p；（2）3d；（3）4s；（4）5f。

10. 写出具有电子构型 $1s^2 2s^2 2p^6$ 的原子中，每个电子的量子数。

11. 写出下列各情况中的合理的量子数：

（1）$n=$? $l=2$ $m=0$ （2）$n=3$ $l=$? $m=1$

（3）$n=4$ $l=3$ $m=$?   （4）$n=2$ $l=0$ $m=$?

12. 指出具有下列电子层构型的元素在周期表中的位置：

（1）$5s^2 5p^6 6s^1$；（2）$3d^{10} 4s^2$；（3）$4s^2 4p^1$；（4）$3d^5 4s^1$；（5）$4s^2 4p^6$；（6）$4d^{10} 5s^1$。

13. 周期表中具有下列价电子构型的元素有哪些？

（1）$s^2 p^2$；（2）$d^6 s^2$；（3）s^1。

14. 位于氪前的某一元素，失去 2 个电子后，其 $l=2$ 的轨道上电子为半充满状态，试写出该元素的名称及其在周期表中的位置？

15. 写出符号下列条件的元素符号：

（1）次外层有 8 个电子，最外层电子构型为 $4s^1$；

（2）位于零族，但没有 p 电子；

（3）在 3p 轨道上有 5 个电子。

16. 根据元素原子的价电子构型可将元素周期表划分为哪几个区？各区的价电子构型的通式分别是什么？

17. 满足下列条件之一的是什么元素？

（1）+2 价阳离子和 Ar 的电子排布式相同；

（2）+3 价阳离子和 F^- 离子的电子排布式相同；

（3）+2 价阳离子的外层 3d 轨道为全充满。

18. 元素周期表中，周期和族都是依据什么划分的？主族与副族元素原子结构上的区别是什么？

19. 活泼金属主要集中于周期表中哪个区？惰性金属大都集中于周期表哪个区？

20. 判断下列各对原子哪个半径较大？并查表核对是否正确。

H 与 He；   Ba 与 Sr；   Sc 与 Ca；   Cu 与 Ni；   Y 与 La；   Ti 与 Zr；   Zr 与 Hf。

21. 玻尔氢原子结构理论的要点是什么？它对原子结构理论的发展有何贡献？缺陷何在？

22. 量子力学的原子轨道和玻尔轨道不同之处何在？

23. 原子轨道和电子云的角度分布图有哪些异同？

24. 什么是镧系收缩？什么是镧系收缩效应？

25. 第二周期中主族元素第一电离能变化规律是什么？并解释其原因。

练习题答案

（一）判断题

1. √	2. √	3. ×	4. ×
5. ×	6. ×	7. ×	8. √
9. ×	10. ×	11. √	12. √
13. ×	14. ×	15. ×	16. ×
17. √	18. ×	19. √	20. ×
21. √	22. √	23. ×	24. √
25. √	26. ×	27. √	28. √
29. √	30. √	31. √	32. ×
33. √	34. ×	35. √	36. √
37. √	38. √	39. √	40. ×
41. √	42. ×	43. ×	44. √
45. √			

（二）选择题（单选）

1. C	2. C	3. D	4. B
5. B	6. D	7. B	8. D
9. A	10. D	11. D	12. A
13. B	14. B	15. B	16. A
17. B	18. D	19. C	20. D
21. D	22. B	23. B	24. B
25. A	26. B	27. C	28. B
29. A	30. C	31. C	32. C
33. C	34. C	35. B	36. D
37. A	38. D	39. D	40. A
41. C	42. C	43. C	44. B
45. B	46. C	47. A	48. B
49. D	50. B	51. A	52. D
53. C	54. D	55. D	56. A
57. B	58. C	59. C	60. C

（三）简答题

1. 法国物理学家德布罗意在光具有的波粒二象性的启发下，指出电子等实物微粒除了具有明显的粒子性外，也具有波动性，即实物粒子具有波粒二象性，并在随后的实验中得到验证。波粒二象性是微观粒子与宏观物体运动的一个重要区别。

2. 海森堡指出，对于具有波粒二象性的微粒而言，不可能同时准确测定它们在某瞬间的位置和动量（或速度）。不确定性原理表明微观粒子与宏观物体具有完全不同的运动特点，电子的运动没有明确的、可预测性的运动轨道（或轨迹），其运动规律不再服从经典力学规律，而遵循测不准关系，只有一定的和波强度大小成正比的空间概率分布规律。

3. 对于多电子原子而言，当主量子数 n 相同，角量子数 l 不同时，原子轨道的能量随 l 的增大而升高，例如 $E_{ns}<E_{np}<E_{nd}<E_{nf}$，这种现象称为能级分裂；当主量子数 n 和角量子数 l 都不同时，原子轨道的能量还会出现 $E_{4s}<E_{3d}<E_{4p}$、$E_{5s}<E_{4d}<E_{5p}$、$E_{6s}<E_{4f}<E_{5d}<E_{6p}$ 等原子轨道能量"交错"现象，称为能级交错。

4. 玻尔轨道是根据普朗克量子论和爱因斯坦的光子学说提出的，是指具有确定半径和能量并符合量子化条件的某些特定电子运动轨道；而量子力学原子轨道是通过求解薛定谔方程得到的合理的数学函数式，并不是固定的轨道。其本身没有明确的直观的意义。

5. 电子等微观粒子具有波粒二象性，且电子运动具有量子化特征，可以用原子光谱和电子衍射实验等事实来证明。

6. 量子力学中用波函数 ψ 来描述微观粒子运动状态，$|\psi|^2$ 代表电子在空间某点 (r, θ, φ) 的波的强度，而波的强度与电子在空间某点 (r, θ, φ) 单位体积内处出现的概率（即概率密度）成正比，所以 $|\psi|^2$ 可用来代表电子的概率密度。

7. $n=5$ 时，l 可取 0、1、2、3、4，则共有 5 个亚层，25 个原子轨道，最多可容纳 50 个电子。

8. (1) 5s；(2) 4p；(3) 3d；(4) 5f。

9. (1) $n=2$　$l=1$；(2) $n=3$　$l=2$；(3) $n=4$　$l=0$；(4) $n=5$　$l=3$。

10. $\left(1, 0, 0, +\frac{1}{2}\right)\left(1, 0, 0, -\frac{1}{2}\right)$；$\left(2, 0, 0, +\frac{1}{2}\right)\left(2, 0, 0, -\frac{1}{2}\right)$；

$\left(2, 1, -1, +\frac{1}{2}\right)\left(2, 1, -1, -\frac{1}{2}\right)\left(2, 1, +1, +\frac{1}{2}\right)\left(2, 1, +1, -\frac{1}{2}\right)\left(2, 1, 0, +\frac{1}{2}\right)$

$\left(2, 1, 0, -\frac{1}{2}\right)$。

11. (1) $n=3$；(2) $l=1, 2$；(3) $m=0, \pm1, \pm2, \pm3$；(4) $m=0$。

12. (1) 第六周期ⅠA；　　　　(2) 第四周期ⅡB；　　　　(3) 第四周期ⅢA；

　(4) 第四周期ⅦB；　　　　(5) 第四周期零族；　　　　(6) 第五周期ⅠB。

13. (1) C、Si、Ge、Sn、Pb；(2) Fe、Os；(3) H、Li、Na、K、Rb、Cs。

14. 锰（Mn），第四周期ⅦB。

15. (1) K；(2) He；(3) Cl。

16. 可分为五个区：

s 区：$ns^{1\sim2}$；

p 区：$ns^2 np^{1\sim6}$；

d 区：$(n-1)d^{1\sim9}ns^{1\sim2}$（除 Pd 外）；

ds 区：$(n-1)d^{10}ns^{1\sim2}$；

f 区：$(n-2)\mathrm{f}^{1\sim14}(n-1)\mathrm{d}^{0\sim2}n\mathrm{s}^2$。

17. (1) Ca；(2) Al；(3) Zn。

18. 周期分别对应各自的能级组，是依据元素的原子结构随原子序数的增大而出现周期性变化的规律划分的；族是由价电子数相同、电子层结构相同或相近，仅主量子数不同的元素构成的。主族元素的最外层一般为 $n\mathrm{s}^{1\sim2}n\mathrm{p}^{0\sim5}$，次外层为全满结构；副族元素一般情况下最外层为 $n\mathrm{s}^{1\sim2}$，而次外层通常有 9~18 个电子。

19. 活泼金属主要集中于周期表中的 s 区，惰性金属大都集中于周期表的 d 区和 ds 区。

20. $r(\mathrm{H})<r(\mathrm{He})$；$r(\mathrm{Ba})>r(\mathrm{Sr})$；$r(\mathrm{Sc})<r(\mathrm{Ca})$；$r(\mathrm{Cu})>r(\mathrm{Ni})$；$r(\mathrm{Y})<r(\mathrm{La})$；$r(\mathrm{Ti})<r(\mathrm{Zr})$；$r(\mathrm{Zr})>r(\mathrm{Hf})$。

21. 玻尔氢原子结构理论的要点是：(1) 原子核外电子只能在符合玻尔量子化条件的、确定的半径和固定能量的轨道上运动，电子在这种固定轨道上运动时，既不能吸收能量也不能放出能量；(2) 电子在不同的原子轨道上运动具有不同的能量；(3) 电子在不同的轨道间跃迁时，才能发生能量的发射和吸收，发射或吸收的能量决定于两个轨道间的能量差。

玻尔理论在解释原子的稳定性和氢原子光谱方面，获得了初步成功。但它不能满意地用于较复杂(多电子原子)的原子光谱，也不能说明诸如谱线的强度和偏振等重要光谱现象。

22. 在量子力学中使用的"原子轨道"这个概念中，"轨道"的含义已不再是玻尔模型中所指的具有一定半径的圆周轨迹，而是代表电子的一种运动状态，是波函数的同义词。

23. 两者相同之处在于：(1) 两者在空间出现的极大值的位置和大小相同；(2) 两者在空间各个方向上的伸展趋势相似，即形状相似。

不同之处在于：(1) 原子轨道的角度分布图有正负之分，而电子云的角度分布图只有正值；(2) p、d 态电子云的角度分布图比原子轨道的角度分布图要瘦小些。

24. 镧系和锕系元素，从左至右，由于增加的电子填充到了原子内部的 $(n-2)\mathrm{f}$ 轨道，其对外层电子的屏蔽作用较大。因此，随着原子序数的增加，镧系原子半径减小非常缓慢，这种现象叫作镧系收缩。

虽然镧系元素原子半径减小缓慢，但镧系 14 种元素原子半径减小的累计值还是可观的。因此，第六周期副族元素的原子半径与相应的第五周期同族元素的原子半径十分接近，导致其性质也十分相似，这种现象叫作镧系收缩效应。

25. 总的趋势增大，但ⅡA 族的 Be 元素和ⅤA 族的 N 元素的第一电离能比相邻两族高。这是因为 Be 元素为 s 轨道全满、N 元素为 p 轨道半满结构，根据洪特规则较稳定。

第章
化学键和分子结构

本章主要讲述化学键和分子结构的基础知识。在中学结构化学知识基础上，进一步了解离子键形成和特点及常见离子的基本特征；结合原子轨道的概念，学习价键理论基本要点，理解共价键的特点、类型和键参数等概念。掌握杂化轨道理论基本要点，了解杂化轨道与分子空间构型的关系，能正确判断简单分子的空间构型。了解分子极性与键的极性间的关系及分子间力和氢键对化合物性质的影响。

4.1 本章概要

化学键主要有离子键、共价键和金属键三种基本类型。

4.1.1 离子键

4.1.1.1 离子键理论的主要论点

原子间因电子转移形成正、负离子，并通过静电作用而形成的化学键叫离子键。一般情况下，离子型化合物主要以晶体的形式存在，具有较高的熔点和沸点，在熔融状态或溶于水后均能导电。

离子键的本质是静电作用力，且无方向性和饱和性。离子的电荷越高，离子的核间距越小（在一定范围内），则离子间的引力越强。离子键的强度一般可用晶格能表示。

4.1.1.2 离子键的特征

离子键是由带正、负电荷的离子通过静电引力结合而成的，所以其本质是静电引力。而离子所带电荷的分布呈球形对称，在空间各个方向的静电效应相同，可以从任何一个方向吸引带相反电荷的离子，所以离子键无方向性。并且只要空间允许，每个离子均可能吸引尽量多的带相反电荷的离子，所以离子键无饱和性。

4.1.1.3 离子的特征

一般离子具有三个特征：离子的电荷、离子的电子构型和离子半径。

（1）离子的电荷

离子型化合物中，正离子的电荷数就是相应原子失掉的电子数，单原子负离子的电荷数就是相应原子获得的电子数。周期表中典型金属元素和典型非金属元素都有形成按原子序数离其最近的稀有气体原子结构的倾向。

（2）离子的电子构型

一般情况下，简单的负离子（如 F^-、O^{2-}、Cl^-、S^{2-} 等）通常是稳定的 8 电子构型。

正离子的电子构型有五种：

① 2 电子构型：如 Li^+、Be^{2+} 等。

② 8 电子构型：如 Ca^{2+}、K^+、Sc^{3+}、Ti^{4+} 等。

③ 9~17 电子构型：如 Cr^{3+}、Mn^{2+}、Fe^{2+}、Fe^{3+}、Cu^{2+} 等。

④ 18 电子构型：如 Cu^+、Ag^+、Zn^{2+}、Cd^{2+}、Hg^{2+}、Sn^{4+}、Pb^{4+} 等。

⑤ 18+2 电子构型：如 Sn^{2+}、Pb^{2+}、Sb^{3+}、Bi^{3+} 等。

（3）离子半径

离子半径近似反映离子的相对大小，具有如下大致规律：

① 在周期表中各主族元素中，由于自上而下电子层数依次增加，所以具有相同电荷数的同族离子的半径依次增大。

② 在同一周期中主族元素随着族数的递增，正离子的电荷数增大，离子半径依次减小。

③ 若同一种元素能形成几种不同电荷的正离子时，则高价离子的半径小于低价离子的半径。

④ 负离子的半径较大，为 130~250 pm；正离子的半径较小，为 10~170 pm。

4.1.2　共价键的价键理论

4.1.2.1　价键理论的基本要点

① 自旋相反的未成对电子相互靠近时能互相配对，即发生原子轨道重叠，使核间电子概率密度增大，可形成稳定的共价键。

② 原子轨道重叠时，满足最大重叠原理，总是沿着原子轨道重叠最多的方向。

4.1.2.2　共价键的类型与特点

共价键的本质是原子轨道的叠加，共价键具有饱和性和方向性。共价键有两种类型，即 σ 键和 π 键。

（1）σ 键

成键轨道沿着两核连线方向，以"头碰头"方式重叠形成的共价键称为 σ 键。σ 键的键能较大，稳定性较高。

（2）π 键

成键轨道沿两核连线方向靠拢，以"肩并肩"方式重叠形成的共价键称为 π 键。π 键中原子核对 π 电子的束缚力较小，电子流动性较大，所以通常 π 键没有 σ 键牢固，较易断裂。

两原子间的多重键一般"有且只有一个 σ 键"，其余的共价键为 π 键。

4.1.2.3 键参数

表征共价键性质的物理量称为键参数。

（1）键能

在 298.15 K 的标准状态下，将 1 mol 理想气体分子 AB 中的化学键拆开，成为气态中性 A、B 原子时所需的能量叫作 AB 的离解能。双原子分子的键能等于键的离解能。多原子分子的键能等于键的平均离解能。一般来说，键能越大，相应的共价键越牢固，组成的分子越稳定。

（2）键长

分子中两个成键原子的核间距离叫作键长(或核间距)。一般来说，两原子间形成的键越短，键越强、越牢固。

（3）键角

分子中键与键之间的夹角叫作键角。键角是决定分子空间构型的重要参数。

（4）键的极性

共价键分为极性共价键和非极性共价键。如果成键的两个原子的电负性相同，则形成非极性共价键；如果两成键原子的电负性不相同，但相差不大，则形成极性共价键。随着成键原子间的电负性差别越大，键的极性就越强。

4.1.3 杂化轨道理论

原子在形成分子时，为了形成更稳定的化学键，常将其不同类型的、能量相近的原子轨道，重新组合成与原来轨道形状不同的新轨道，这种过程称为轨道杂化。杂化后形成的新轨道叫作杂化轨道。

4.1.3.1 杂化轨道理论基本要点

① 在形成分子的过程中，中心原子通过原子轨道相互叠加杂化成成键能力更强的杂化轨道。

② 杂化轨道的数目与参加杂化的原子轨道的数目相同。

③ 杂化轨道之间尽可能采取最大夹角，满足斥力最小原则。

④ 杂化有利于形成牢固的共价键和稳定的分子。

4.1.3.2 杂化轨道基本类型与分子的空间构型

分子的空间构型主要取决于成键原子的杂化类型。若中心原子是主族元素的分子，通常情况下不可能有次外层 d 轨道参与杂化，一般可简单根据杂化轨道数目来确定杂化类型，进而判断分子的空间构型。

$$杂化轨道数 = σ 键数 + 孤电子对数$$

常见的 s-p 杂化轨道类型及相应的分子形状见表 4-1 所列。

表 4-1　常见的 s-p 杂化轨道类型及相应的分子形状

杂化类型	sp	sp^2		sp^3		
		等性	不等性	等性	不等性	不等性
分子形状	直线形	三角形	V 形	正四面体	三角锥	V 形
参与杂化的轨道	1 个 s，1 个 p	1 个 s，2 个 p		1 个 s，3 个 p		
杂化轨道数目	2	3		4		
孤对电子数目（参与杂化轨道中）	0	0	1	0	1	2
杂化轨道间夹角	180°	120°	<120°	109°28′	<109°28′	<109°28′
杂化轨道空间几何图形	直线形	三角形	三角形	正四面体	四面体	四面体
实例	BeX_2、CO_2、$HgCl_2$、C_2H_2	BX_3、NO_3^-、SO_3、C_2H_4	SO_2、NO_2、$PbCl_2$	CH_4、SiF_4、SO_4^{2-}、NH_4^+	NH_3、PCl_3、H_3O^+、NF_3	H_2O、H_2S、OF_2、SCl_2

4.1.4　分子的极性、分子间力和氢键

4.1.4.1　分子的极性

极性分子中正、负电中心不重合的，而非极性分子中正、负电中心相互重合。分子的极性大小可用偶极矩来衡量。

对于双原子分子来说，分子的极性与键的极性是一致的。对于复杂的多原子分子，分子的极性与共价键是否有极性以及分子的构型有关。一般情况下，分子里含有极性键，若分子结构对称，为非极性分子；若结构不对称，正、负电中心不重合，为极性分子。

4.1.4.2　分子间力

分子间力又称范德华力，是分子和分子存在的比化学键弱得多的相互作用力，它是决定物质的熔点、沸点、汽化热、熔化热及溶解度等物理性质的重要因素。

分子间力包括取向力、诱导力和色散力三部分。取向力存在于极性分子之间，分子的极性越强，取向力越大；诱导力存在极性分子之间及极性分子和非极性分子之间，极性分子的极性越大，非极性分子的变形性越大、诱导力越大。色散力存在于一切分子之间，分子的变形性越大，色散力越大。

一般情况下，色散力是分子间最主要的一种力，只有当分子的极性很大时（如 H_2O 分子之间）才以取向力为主。

4.1.4.3　氢键

以氢原子为中心，氢与键外原子间形成的 X—H…Y 键称为氢键，原子 X 和 Y 可以相同，也可不同，但都是电负性大、半径小的原子，如 N、O、F 等。氢键是一种可存在于分子间，也可存在于分子内部的作用力，它比化学键弱得多，但比范德华力稍强。

氢键具有饱和性和方向性。氢键的形成会影响物质的熔点、沸点、在不同溶剂中的溶解性、密度、酸碱性等。分子间氢键使分子间具有较强的结合力，导致一些氢化物的熔点、沸点升高，而分子内氢键形成，常使其熔点、沸点低于同类化合物。

4.2　例题

1. 指出下列化合物中，哪个化合物的键极性最大？哪个最小？

(1) HF、H_2O、NH_3、CH_4；(2) HF、HCl、HBr、HI。

解：(1) HF 极性最大，CH_4 极性最小；　(2) HF 极性最大，HI 极性最小。

2. 指出以下分子中的中心原子所采取的杂化轨道类型及分子的几何构型：

(1) BeH_2；(2) $HgCl_2$；(3) BCl_3；(4) PH_3；(5) OF_2；(6) $SiCl_4$；(7) C_2H_2；(8) $SiHCl_3$。

解：(1) sp 杂化，直线形；　　　　(2) sp 杂化，直线形；

(3) sp^2 杂化，三角形；　　　(4) 不等性 sp^3 杂化，三角锥；

(5) 不等性 sp^3 杂化，V 形；　(6) sp^3 杂化，正四面体；

(7) sp 杂化，直线形；　　　　(8) sp^3 杂化，四面体。

3. 下列分子中哪些有极性？哪些无极性？从分子的构型加以说明。

(1) SO_2；(2) SO_3；(3) CS_2；(4) NO_2；(5) $CHCl_3$；(6) SiH_4。

解：(1) SO_2 极性分子，分子呈 V 形不对称结构；

(2) SO_3 非极性分子，分子呈三角形对称结构；

(3) CS_2 非极性分子，分子呈直线形对称结构；

(4) NO_2 极性分子，分子呈 V 形不对称结构；

(5) $CHCl_3$ 极性分子，分子呈四面体不对称结构；

(6) SiH_4 非极性分子，分子呈正四面体对称结构。

4. 指出下列分子间存在着哪些作用力(包括氢键)？

(1) H_2—H_2；(2) HBr—H_2O；(3) H_2O—H_2O；(4) I_2—CCl_4；(5) NH_3—H_2O；(6) CH_3COOH—CH_3COOH；(7) C_6H_6—CCl_4；(8) C_2H_5OH—H_2O；(9) $NH_3(l)$；(10) $HCl(g)$。

解：(1) 色散力；　　　　　　　　(2) 取向力，诱导力，色散力；

(3) 取向力，诱导力，色散力，氢键；　(4) 色散力；

(5) 取向力，诱导力，色散力，氢键；　(6) 取向力，诱导力，色散力，氢键；

(7) 色散力；　　　　　　　　　　(8) 取向力，诱导力，色散力，氢键；

(9) 取向力，诱导力，色散力，氢键；　(10) 取向力，诱导力，色散力。

5. 选择题

(1) 下列各晶体熔化时，只需要克服色散力的是(　　　)。

A. CO_2　　　B. CH_3COOH　　　C. SiO_2　　　　D. $CHCl_3$　　　　E. CS_2

(2) 下列各分子中，中心原子在成键时以 sp^3 不等性杂化的是(　　)。

A. $BeCl_2$　　B. H_2O　　　　C. NH_3　　　　D. $CHCl_3$　　　　E. PH_3

(3) 下列各物质的化学键中，只存在 σ 键的是(　　)；同时存在 σ 键和 π 键的是(　　)。

A. PH_3　　　B. C_2H_2　　　　C. C_2H_6　　　D. SiO_2　　　E. N_2　　F. C_2H_4

(4) 下列哪个分子的杂化轨道中 p 成分占 2/3 (　　)。

A. NH_3　　　B. $HgCl_2$　　　C. H_2O　　　D. BF_3

(5) NH_3 溶于水后，分子间产生的作用力有(　　)。

A. 取向力和色散力　　　　　　B. 取向力和诱导力

C. 诱导力和色散力　　　　　　D. 取向力、诱导力、色散力和氢键

(6) 下列分子中键角最大的是(　　)。

A. H_2S　　　B. H_2O　　　　C. NH_3　　　D. CCl_4

(7) 在相同压力下，下列物质中沸点最高的是(　　)。

A. C_2H_5OH　　B. C_2H_5Cl　　　C. C_2H_5Br　　　D. C_2H_5I

解：(1) A，E　(2) B，C，E　(3) σ 键为：A，C，D；σ 和 π 键为：B，E，F

(4) D　(5) D　(6) D　(7) A

6. 判断题

(　)(1) 在杂化理论中一种原子可能形成的共价键数目，等于气态的该种原子的未成对的电子数。

(　)(2) BH_3 与 NH_3 分子的空间构型相同。

(　)(3) 只有 s 电子与 s 电子配对，才能形成 σ 键。

(　)(4) 与杂化轨道形成的键都是 σ 键。

(　)(5) 不存在离子性为 100% 的离子键。

(　)(6) 原子单独存在时，不会发生杂化，只有在与其他原子形成分子时，方可能发生杂化。

(　)(7) 诱导力仅存在于极性分子与非极性分子之间。

(　)(8) 具有极性键的分子一定是极性分子。

(　)(9) CO_2 和 SiO_2 都是共价型化合物，所以形成同种类型晶体。

(　)(10) 多原子分子中，键的极性越强，分子的极性也越强。

解：(1) ×　(2)×　(3)×　(4)√　(5)√　(6)√　(7)×　(8)×　(9)×　(10)×

7. 解释下列现象：

(1) 乙醇(C_2H_5OH)和二甲醚(CH_3OCH_3) 分子式相同，但前者的沸点为 78.5 ℃，后者却为 −23 ℃；

(2) 邻羟基苯甲酸在 CCl_4 中的溶解度比对羟基苯甲酸大。

解：(1)在乙醇分子间除了分子间作用力外，还有氢键，而二甲醚分子间不存在氢键，所以乙醇的沸点高于二甲醚。

(2)对羟基苯甲酸可以形成分子间氢键，邻羟基苯甲酸形成的是分子内氢键，溶质分子如

果形成分子内氢键，则分子的极性降低，在非极性溶剂中的溶解度增大。所以，邻羟基苯甲酸在 CCl_4 中的溶解度比对羟基苯甲酸大。

4.3   练习题

（一）判断题

（   ）1. 任何共价键都有方向性。

（   ）2. 若中心原子采用 sp^3 不等性杂化方式成键，成键后分子的空间构型是对称的。

（   ）3. 氢键具有方向性。

（   ）4. 影响离子型化合物性质的主要因素有离子电荷、离子半径和离子的电子构型。

（   ）5. 凡是含有氢的化合物的分子之间都能形成氢键。

（   ）6. 任何不同原子之间形成的化学键至少有弱极性。

（   ）7. sp^3 杂化轨道是由一个 s 轨道和三个 p 轨道混合形成的四个 sp^3 杂化轨道。

（   ）8. 氢键的键能大小与形成氢键的原子如 N、O、F 的电负性和半径有关。

（   ）9. 离子化合物 NaCl 固体中，不存在独立的 NaCl 分子。

（   ）10. 色散力仅存在于非极性分子之间。

（   ）11. 已知 OF_2 是极性分子，可判断其分子构型一定为 V 形。

（   ）12. 键的极性越强，分子的极性也越强。

（   ）13. 邻硝基苯酚比对硝基苯酚的沸点低。

（   ）14. HCl 是极性共价化合物。

（   ）15. 具有极性共价键的分子，一定是极性分子。

（   ）16. 化合物 C_2H_6、C_2H_5Cl、C_2H_5OH、$CH_3—O—CH_3$ 中沸点最高的是 C_2H_5OH。

（   ）17. Pb^{2+} 的电子构型是 18+2 电子构型。

（   ）18. 同种原子之间的化学键的键长越短，其键能越大，化学键也越稳定。

（   ）19. 一种原子形成的共价键数目，一定等于该种原子基态时的未成对电子数。

（   ）20. PH_3 与 NH_3 分子的空间几何构型相同。

（   ）21. 离子键没有方向性和饱和性。

（   ）22. 凡是含有氢和氧的化合物分子间都有氢键。

（   ）23. 通过 sp^3 杂化轨道形成的分子，其空间构型一定是正四面体。

（   ）24. 色散力存在于一切分子之间，取向力只存在于极性分子之间。

（   ）25. NH_4^+ 离子的几何构型同 CH_4 一样，是正四面体。

（   ）26. 极性分子之间，同时存在取向力、诱导力和色散力。

（   ）27. 只有 ds 区的元素才会形成 18 电子构型的阳离子。

（   ）28. 只有具有稀有气体电子构型的离子，才能稳定存在。

（   ）29. H_2O、NH_3、CH_4 分子中的中心原子，虽然都是 sp^3 杂化，但是它们的分子构型各不相同。

( ) 30. 离子的电荷越高，半径越小，则离子键就越强，晶格能越大。

( ) 31. "sp 杂化"是表示一个 s 电子和一个 p 电子间的杂化。

( ) 32. 相同原子之间，双键的键能是单键的 2 倍。

( ) 33. $CHCl_3$ 分子为四面体，这是因为中心 C 原子采用 sp^3 不等性杂化轨道成键的缘故。

( ) 34. 金属元素和非金属元素间所形成的化学键都是离子键。

( ) 35. 在离子化合物中，正离子最外层电子构型都是 s^2p^6 型。

( ) 36. $C\!=\!C$ 双键的键能大于 C—C 单键，小于 2 倍的 C—C 单键的键能。

( ) 37. 在 Br—CH=CH—Br 分子中，C—Br 间的共价键是通过 sp^2-p 轨道形成的。

( ) 38. 原子轨道 p_x-p_x 沿 x 轴方向成键时形成 σ 键。

( ) 39. 由一个 ns 轨道和三个 np 轨道可杂化形成的四个等同的 sp^3 杂化轨道。

( ) 40. 双原子分子中，键的极性和分子的极性是一致的。

( ) 41. 两成键原子间的多重键一般有且只有一个 σ 键。

( ) 42. 具有电子层结构相同的离子，阳离子半径总是大于阴离子半径。

( ) 43. CCl_4 分子间仅存在色散力。

( ) 44. 非极性分子的偶极矩为零。

( ) 45. N_2 分子中两 N 原子之间的共价键有一个 σ 键，两个 π 键。

(二) 选择题(单选)

( ) 1. PH_3 分子的空间构型可预期为：

    A. 平面三角形　　　B. T 形　　　　　C. 三角锥　　　　D. 正四面体

( ) 2. 不能独立存在的价键是：

    A. 极性键　　　　　B. 非极性键　　　　C. π 键　　　　　D. σ 键

( ) 3. C 为中心原子形成的分子中，不可能采用的杂化形式是：

    A. sp　　　　　　　B. sp^2　　　　　　C. sp^3　　　　　D. sp^3d

( ) 4. H_2S 和 SO_2 分子间存在的力是：

    A. 色散力　　　　　　　　　　　　B. 色散力、诱导力

    C. 色散力、取向力　　　　　　　　D. 色散力、诱导力、取向力

( ) 5. 直线形分子 HCN 是：

    A. 非极性分子　　　B. 极性分子　　　　C. 离子化合物　　D. 螯合物

( ) 6. Cl_2 溶于水后，所有分子间的作用力为：

    A. 取向力、色散力、氢键　　　　　B. 取向力、诱导力、氢键

    C. 诱导力、色散力和氢键　　　　　D. 取向力、色散力、诱导力和氢键

( ) 7. 下列分子中，与 NH_4^+ 杂化类型相同的是：

    A. NH_3　　　　　　B. SiH_4　　　　　C. $BeCl_2$　　　　D. H_2S

( ) 8. 中心原子采取 sp^3 杂化的分子是：

    A. BCl_3　　　　　　B. CO_2　　　　　　C. $HgCl_2$　　　　D. NH_3

（　）9. 下列分子中，两相邻共价键间夹角最小的是：

　　　A. H_2O　　　　　　B. BCl_3　　　　　　C. NH_3　　　　　　D. CCl_4

（　）10. 下列关于分子间作用力的说法正确的是：

　　　A. 含氢化合物中都存在氢键

　　　B. 分子型物质的沸点总是随着相对分子质量增加而增大

　　　C. 极性分子间只存在取向力

　　　D. 色散力存在于所有相邻分子间

（　）11. 由杂化轨道理论推测 $HgCl_2$ 的分子空间构型为：

　　　A. 三角形　　　　B. 正四面体　　　　C. 直线形　　　　D. 不能判断

（　）12. 下列分子中，既有 σ 键又有 π 键的是：

　　　A. N_2　　　　　　B. H_2O　　　　　　C. NH_4^+　　　　　　D. HCl

（　）13. Ba^{2+} 离子的电子构型是：

　　　A. 8 电子构型　　　　　　　　　　B. 18 电子构型

　　　C. 9~17 电子构型　　　　　　　　D. （18+2）电子构型

（　）14. 下列叙述正确的是：

　　　A. 因为 H_2O 的熔点比 HF 高，所以 O—H⋯O 氢键的键能大

　　　B. 在 C_2H_2、CO_2 分子中均有 σ 键、π 键

　　　C. 分子属于 AB_3 型，则分子的键角都是 120°

　　　D. 共价键的键长都等于成键原子共价半径之和

（　）15. 关于原子轨道的杂化，下列叙述中正确的是：

　　　A. 能量相近的轨道才能杂化

　　　B. 轨道杂化不需要能量

　　　C. 只有主量子数相同，角量子数不同的轨道才能杂化

　　　D. 轨道杂化以后能量低于原轨道

（　）16. 下列离子中属于 9~17 电子构型的是：

　　　A. K^+　　　　　　B. Fe^{3+}　　　　　　C. Ba^{2+}　　　　　　D. O^{2-}

（　）17. 下列离子半径最小的是：

　　　A. F^-　　　　　　B. Cl^-　　　　　　C. Na^+　　　　　　D. Mg^{2+}

（　）18. 乙醇的沸点比乙醚的沸点高得多，主要原因是：

　　　A. 由于乙醇摩尔质量大　　　　　　B. 由于乙醚存在分子内氢键

　　　C. 由于乙醇分子间存在氢键　　　　D. 由于乙醇分子间取向力强

（　）19. 下列化合物中，化学键极性最小的是：

　　　A. NaCl　　　　　　B. $AlCl_3$　　　　　　C. PCl_5　　　　　　D. SCl_6

（　）20. 在下列分子中，C 原子采用 sp^2 杂化方式的是：

　　　A. C_2H_2　　　　　　B. CH_4　　　　　　C. C_2H_4　　　　　　D. H_3COH

(　) 21. Cl⁻ 离子的电子构型是：

　　　A. 8 电子构型　　　　　　　　　B. 18 电子构型

　　　C. 9~17 电子构型　　　　　　　D. （18+2）电子构型

(　) 22. sp^3d 杂化的中心离子形成的配合物的空间构型为：

　　　A. 平面四边形　　B. 三角锥　　　C. 三角双锥　　D. 正四面体

(　) 23. 在乙烯分子（$H_2C{=}CH_2$）中，两 C 原子间的二重键是：

　　　A. 两个 σ 键　　　　　　　　　B. 两个 π 键

　　　C. 一个 σ 键一个 π 键　　　　　D. 两个 σ–π 杂化键

(　) 24. 乙炔分子（HC≡CH）中 C 原子采取的是何种杂化：

　　　A. sp　　　　　B. sp^2　　　　　C. sp^3　　　　D. sp^3d^2

(　) 25. 下列化合物中，分子间可存在氢键的是：

　　　　　　　　　　　　　　　　　　　　　O
　　　　　　　　　　　　　　　　　　　　　‖
　　　A. $CH_3{-}O{-}CH_3$　　　　　　B. CH_3CCH_3

　　　C. $CH_3{-}CH_2{-}OH$　　　　　D. $CH_3{-}CH_2{-}CH_3$

(　) 26. 下列分子哪一种是极性分子：

　　　A. $BeCl_2$　　　B. BF_3　　　　C. NF_3　　　　D. CF_4

(　) 27. 极性共价化合物的实例是：

　　　A. KCl　　　　　B. HCl　　　　　C. CCl_4　　　　D. BF_3

(　) 28. NO_3^- 离子的几何构型为：

　　　A. 三角锥　　　B. 四面体　　　C. V 形　　　　D. 平面正三角形

(　) 29. 下列化合物间，氢键最强的是：

　　　A. NH_3　　　　B. H_2S　　　　C. HCl　　　　D. HF

(　) 30. 下列分子哪个具有极性键而偶极矩为零：

　　　A. CO_2　　　　B. CH_2Cl_2　　C. CO　　　　D. H_2

(　) 31. 下列哪种说法是正确的：

　　　A. 非极性分子中没有极性键　　B. 键长不是固定的

　　　C. 非键电子对不影响分子的形状　D. 四个原子组成的分子一定是平面四边形

(　) 32. 下列各组不同的分子间的能形成氢键的是哪一组：

　　　A. CH_4，H_2O　　B. HBr，HI　　C. NH_3，CH_4　　D. NH_3，H_2O

(　) 33. CO_2 分子中 C 原子是采用何种轨道成键的：

　　　A. sp　　　　　B. sp^2　　　　　C. sp^3　　　　D. sp^3d^2

(　) 34. 在 CH≡CH 分子中，两 C 原子之间的三重键是：

　　　A. 三个 σ 键　　　　　　　　　B. 三个 π 键

　　　C. 两个 σ 键，一个 π 键　　　　D. 一个 σ 键，两个 π 键

(　) 35. 下列各物质中，沸点低于 $SiCl_4$ 的是：

　　　A. $GeCl_4$　　　B. $SiBr_4$　　　C. CCl_4　　　D. LiCl

（　）36. OF_2 的分子构型和中心原子杂化形式是：

    A. 直线形，sp 杂化   B. V 形，不等性 sp^2

    C. 直线形，sp^2 杂化   D. V 形，不等性 sp^3 杂化

（　）37. 下列离子中属于 18 电子构型的是：

    A. Li^+ B. Na^+ C. Ag^+ D. Fe^{3+}

（　）38. 下列离子中属于 18+2 电子构型的是：

    A. Al^{3+} B. Bi^{3+} C. Sn^{4+} D. Cd^{2+}

（　）39. 下列分子哪一种是极性分子：

    A. BeF_2 B. BF_3 C. NF_3 D. CF_4

（　）40. sp^3 杂化轨道由：

    A. 一条 ns 轨道和三条 np 轨道杂化而成

    B. 1s 轨道和 3p 轨道杂化而成

    C. 一个 s 电子与三个 p 电子杂化而成

    D. 一条 s 轨道与三条 2p 轨道杂化而成

（　）41. 下列物质中属于分子晶体的是：

    A. 金刚石   B. H_2S C. SiO_2 D. $NaCl$

（　）42. 在相同压力下，下列物质沸点最高的是：

    A. C_2H_5OH B. C_2H_5Cl C. C_2H_5Br D. C_2H_5I

（　）43. 下列分子或离子中，不具有孤对电子的是：

    A. OH^- B. H_2O C. NH_3 D. NH_4^+

（　）44. 下列哪种物质的沸点最高：

    A. NH_3 B. H_2O C. H_2S D. H_2Se

（　）45. 下列哪种物质只需克服色散力就能沸腾：

    A. HCl B. C   C. N_2 D. $MgCO_3$

（　）46. F、N 的氢化物（HF、NH_3）的熔点都比它们同族中其他氢化物的熔点高得多，这主要由于 HF、NH_3：

    A. 分子质量最小   B. 取向力最强   C. 都存在氢键   D. 诱导力强

（　）47. 下列分子中偶极矩等于零的是：

    A. $CHCl_3$ B. H_2S C. NH_3 D. CCl_4

（　）48. 下列各化学键中，极性最小的是：

    A. O—F   B. H—F   C. C—F   D. N—F

（　）49. 下列哪一个分子的空间构型为四面体，且偶极矩不为零：

    A. PCl_3 B. OF_2 C. SiH_4 D. $SiHCl_3$

（　）50. 下列分子中键有极性，分子也有极性的是：

    A. NF_3 B. SiF_4 C. BF_3 D. CO_2

（　）51. 下列杂化轨道中可能存在的是：

A. $n=1$ 的 sp   B. $n=2$ 的 sp^3d C. $n=2$ 的 sp^3 D. $n=3$ 的 sd

( ) 52. 水具有反常高的沸点，是因为分子间存在：

     A. 色散力   B. 诱导力   C. 取向力   D. 氢键

( ) 53. $CH_2{=}C{=}CH_2$ 分子中，中心原子 C 的杂化轨道类型依次是：

     A. sp^2、sp^3、sp^2 B. sp、sp^3、sp^2 C. sp^2、sp、sp^2 D. sp^2、sp^2、sp^2

( ) 54. C 为中心原子形成的分子中，不可能采用的杂化形式是：

     A. sp   B. sp^2 C. sp^3 D. sp^3d

（三）简答题

1. 以 KCl 为例简述离子键的形成过程。

2. 各举一例说明离子的电子构型有哪五种？

3. 键能和键离解能有何不同？

4. 什么叫极性共价键？什么叫极性分子？

5. 什么是分子间作用力？分子间作用力有何特点？分子间作用力有何种类型？

6. 试分析 Br_2 和 ICl 何者具有更高的沸点？

7. 将下列分子按化学键的极性大小依次排列，并说明原因。

（1）F_2；   （2）HF；   （3）HCl；   （4）HBr；   （5）HI。

8. 下列各对分子间存在的分子间作用力有哪些？是否存在氢键？

（1）H_2—H_2；   （2）H_2O—H_2O；   （3）NH_3—H_2O；   （4）CCl_4—H_2O。

9. 描述几何构型，指出是否有非零的偶极矩？

（1）H_2Se；   （2）CO_2；   （3）BCl_3；   （4）H_2O。

10. 在 $T=300\ K$、$p=100\ kPa$ 时，$HF(g)$ 的密度为 $3.22\ g \cdot L^{-1}$。计算其摩尔质量。计算结果与 $M(HF)$ 理论值是否相符？试解释原因。$[$已知 $M(HF)=20\ g \cdot mol^{-1}]$

11. 写出下列各种离子的外层电子构型，并指出它们的外层电子结构属于何种类型？

（1）Fe^{2+}；（2）Ti^{4+}；（3）Sn^{2+}；（4）Sn^{4+}；（5）Bi^{3+}；（6）Hg^{2+}；（7）I^-；（8）S^{2-}。

12. 分子间氢键和分子内氢键的形成对化合物的沸点和熔点有什么影响？举例并解释其原因。

13. 离子键的强度主要与哪些因素有关？

14. 共价键的成键条件是什么？

15. 共价键的本质是什么？

16. 分子间作用力有几种？分别存在于哪些分子之间？

17. 分子间作用力的本质是什么？其与物质的哪些性质有关？

18. 什么是氢键？有何特点？

练习题答案

(一) 判断题

1. ×	2. ×	3. √	4. √
5. ×	6. √	7. √	8. √
9. √	10. ×	11. √	12. ×
13. √	14. √	15. ×	16. √
17. √	18. √	19. √	20. √
21. √	22. ×	23. ×	24. √
25. √	26. √	27. ×	28. ×
29. √	30. √	31. ×	32. ×
33. ×	34. ×	35. ×	36. √
37. √	38. √	39. √	40. √
41. √	42. ×	43. √	44. √
45. √			

(二) 选择题

1. C	2. C	3. D	4. D
5. B	6. D	7. B	8. D
9. A	10. D	11. C	12. A
13. A	14. B	15. A	16. B
17. D	18. C	19. D	20. C
21. A	22. C	23. C	24. A
25. C	26. C	27. B	28. D
29. D	30. A	31. B	32. D
33. A	34. D	35. C	36. D
37. D	38. B	39. C	40. A
41. B	42. A	43. D	44. B
45. C	46. C	47. D	48. A
49. D	50. A	51. C	52. D
53. C	54. D		

(三) 简答题

1. (1) K 和 Cl 通过得失电子形成 K^+ 和 Cl^-；(2) 钾离子和氯离子通过静电作用力形成离子键。

2. Li^+ (2 电子构型)；Cl^- (8 电子构型)；Fe^{3+} (9~17 电子构型)；Zn^{2+} (18 电子构型)；Pb^{2+} (18+2 电子构型)。

3. 键能是衡量原子之间形成的化学键强度(键牢固程度)的键参数。在 298. 15 K 的标准状态下，将 1 mol 理想气体 AB 拆开，成为气态中性 A、B 原子时所需的能量，叫作 AB 的离解能。对双原子分子，键能就是键的离解能。对多原子分子，键能和键的离解能是不同的，因为断开每一个键所需要的能量是不同的，多原子分子的键能是各离解能的平均值。

4. 如果成键的两个原子的电负性不同，但相差不大，则形成极性共价键。分子中正、负电中心不重合，有正、负两极，这种分子叫作极性分子或偶极分子。

5. 分子和分子还存在着比化学键弱得多的相互作用力叫分子间力，也称为范德华力。因其比化学键弱得多，所以通常不影响物质的化学性质，但它是决定物质的熔点、沸点、汽化热、熔化热及溶解度等物理性质的重要因素。

分子间力特点：(1) 分子间力是永远存在的，且没有方向性和饱和性；(2) 分子间力是一种短程力，随分子间距离的增大而迅速地减小；(3) 分子间力是一种弱的作用力，分子间的作用力一般仅为几至几十千焦每摩尔，比化学键键能($100 \sim 600$ kJ $\cdot$ mol^{-1}) 小得多。

分子间力包括取向力、诱导力和色散力。

6. 这两种分子具有相同电子数，但 ICl 为极性分子，分子间有更强的作用力，所以 ICl 的沸点更高。在 101. 325 kPa 下 ICl 沸点为 97. 4 ℃，Br_2 为 58. 76 ℃。

7. F_2 为同核双原子分子，F 原子间形成的是非极性共价键；HF、HCl、HBr、HI 各物质从左至右，形成共价键的两原子的电负性差越来越小，共价键的极性也越来越小。所以其化学键的极性大小依次为：HF>HCl>HBr>HI>F_2。

8. (1) H_2—H_2，色散力；(2) H_2O—H_2O，取向力、诱导力、色散力和分子间氢键；(3) NH_3—H_2O，取向力、诱导力、色散力和分子间氢键；(4) CCl_4—H_2O，诱导力、色散力。

9. (1) H_2Se，不等性 sp^3 杂化，V 形，偶极矩非零；

(2) CO_2，sp 杂化，直线形，偶极矩为零；

(3) BCl_3，sp^2 杂化，平面三角形，偶极矩为零；

(4) H_2O，不等性 sp^3 杂化，V 形，偶极矩非零。

10. 根据公式　$pV = nRT = \dfrac{m}{M_B}RT$

$$M_B = \frac{m}{V}\frac{RT}{p} = \frac{\rho RT}{p} = \frac{3. 22 \times 10^3 \text{ g} \cdot \text{mL}^{-1} \times 8. 314 \text{ J} \cdot \text{mol}^{-1} \cdot \text{K}^{-1} \times 300 \text{ K}}{100 \times 10^3 \text{ Pa}}$$

$= 80. 3$ g $\cdot$ mol^{-1}

游离 HF 分子质量为 20 g $\cdot$ mol^{-1}，HF 分子间的氢键使 HF 缔合为 $(HF)_4$。

11. (1) Fe^{2+} 外层电子构型为 3s^{2}3p^{6}3d^6，为 9~17 电子构型；

(2) Ti^{4+} 外层电子构型为 3s^{2}3p^6，为 8 电子构型；

(3) Sn^{2+} 外层电子构型为 4s^{2}4p^{6}4d^{10}5s^2，为 18+2 电子构型；

(4) Sn^{4+} 外层电子构型为 4s^{2}4p^{6}4d^{10}，为 18 电子构型；

(5) Bi^{3+} 外层电子构型为 5s^{2}5p^{6}5d^{10}6s^2，为 18+2 电子构型；

(6) Hg^{2+} 外层电子构型为 5s^{2}5p^{6}5d^{10}，为 18 电子构型；

(7) I^-外层电子构型为 $5s^25p^6$，为 8 电子构型；

(8) S^{2-}外层电子构型为 $3s^23p^6$，为 8 电子构型。

12. 分子间氢键的形成使化合物的沸点和熔点升高。要使液体气化或使晶体熔化，必须破坏大部分分子间的氢键，这就需要较多的能量。因此，分子间具有氢键的化合物的沸点和熔点比同类无氢键的化合物都高。例如，H_2O 比 H_2S、H_2Se、H_2Te 的沸点、熔点都高。

分子内氢键的形成使化合物的沸点和熔点降低。由于分子内形成氢键，加强了分子的稳定性，使分子间的结合力有所减弱，沸点和熔点也相应降低。例如，邻硝基苯酚分子中具有分子内氢键，其熔点比对硝基苯酚的低。

13. 离子键的强度一般与离子的电荷、离子的电子构型和离子的半径有关。一般来说，成键离子的电荷越高，半径越小，离子键的强度越大；在离子的电荷和半径大致相同条件下，参与成键的阳离子的不同电子构型对离子键强度的影响有如下规律：

18 或 18+2 电子构型的离子>9~17 电子构型的离子>8 电子构型的离子

14. 共价键的形成必须满足下列两个条件：（1）成键原子必须有自旋相反，且未成对的电子；（2）成键原子尽可能沿着原子轨道最大重叠的方向形成共价键，满足最大重叠原理。

15. 价键理论认为，共价键的本质是原子相互接近时原子轨道发生重叠（或波函数叠加），原子间通过共用自旋相反的电子对而使能量降低成键的。

16. 分子间力有三种，即取向力、诱导力和色散力。取向力仅存在极性分子之间，诱导力存在于极性分子之间及极性分子和非极性分子之间，色散力存在于一切分子之间。

17. 分子间作用力的本质是一种静电力，且只有分子间相距很近时才起作用。分子间作用力的大小与物质的物理化学性质，如沸点、熔点、汽化热、溶化热、溶解度、黏度有关。

18. 氢键是指分子中与半径小、电负性高的原子（如 N、O、F）以共价键相连的氢原子，和另一分子中一个高电负性原子（如 N、O、F）之间所形成的一种弱键。氢键比化学键弱很多，但比范德华力稍强，其强弱和与氢直接作用原子的电负性和半径有关。氢键具有方向性和饱和性。

第5章

化学热力学

本章首先介绍热力学中的一些基本概念，包括系统与环境、状态函数、热力学能、功、热、焓变、熵变、自由能变等，然后重点介绍热力学第一定律、热力学第三定律及盖斯定律等，要求掌握化学反应热效应的基本计算方法及 $\Delta_r H_m^\ominus$、$\Delta_r S_m^\ominus$、$\Delta_r G_m^\ominus$ 的有关计算，能熟练运用吉布斯–亥姆霍兹方程进行计算，应用吉布斯自由能判据判断反应的自发方向。

5.1　本章概要

5.1.1　热力学的基本概念

5.1.1.1　系统与环境

在用热力学的方法研究问题时，根据研究的要求把被研究的那部分物质或空间称为热力学系统，和系统密切相关的其余物质或空间称为环境。根据系统与环境之间交换物质和能量的情况不同，把系统分为三种类型：

①敞开系统：系统和环境之间既有物质交换，又有能量交换。
②封闭系统：系统和环境之间只有能量交换，没有物质交换。
③孤立系统：系统和环境之间既无能量交换，也无物质交换。

5.1.1.2　状态与状态函数

状态：系统的物理性质和化学性质的综合表现。
状态函数：描述系统状态性质的宏观物理量称为状态函数。
状态函数分为两种类型：容量性质的状态函数和强度性质的状态函数。

5.1.1.3　过程与途径

过程：系统的状态发生了变化，可以说系统发生了一个过程。
途径：系统完成从始态到终态变化过程的具体步骤。

5.1.1.4   热和功

热(Q)：系统和环境之间由于温度的不同而传递的能量。

功(W)：除热以外，系统与环境间传递的能量。

热和功是与途径相关的物理量，是系统发生变化时与环境之间进行能量交换的两种形式。热和功不是系统本身具有的性质，因而不是状态函数。

5.1.1.5   热力学能

热力学能(U)：系统内所有微观粒子全部能量的总和，所以也称为内能。

5.1.1.6   热力学的标准状态

气体的标准态：气体在指定的温度 T，压力为 $p^{\ominus}$ 时的状态。在气体混合物中，各物质的分压力均为 $p^{\ominus}$，$p^{\ominus}=100$ kPa；

液体的标准态：在指定的温度 T，压力为 $p^{\ominus}$ 时的纯液体；

固体的标准态：在指定的温度 T，压力为 $p^{\ominus}$ 时的纯固体；

溶液中溶质的标准态：在指定的温度 T，压力为 $p^{\ominus}$，质量摩尔浓度 $b^{\ominus}$ 时溶质的状态。标准质量摩尔浓度 $b^{\ominus}=1$ mol $\cdot$ kg^{-1}。

5.1.2   化学反应的热效应

5.1.2.1   热力学第一定律

热力学第一定律就是能量守恒定律：自然界一切物质都具有能量，能量有各种不同的形式，可以从一种形式转化为另一种形式。从一个物体传递给另一个物体，在转化和传递的过程中能量总值保持不变。

$$\Delta U = U_2 - U_1 = Q + W$$

5.1.2.2   化学反应热

对于一个化学反应，只做体积功，当反应物和产物的温度相同时，系统所吸收或放出的热量称为化学反应热效应，简称反应热。

根据化学反应进行的具体过程不同，化学反应热可以分为：

（1）定容反应热(Q_V)

$$Q_V = \Delta U$$

（2）定压反应热(Q_p)

$$Q_p = \Delta H$$

（3）定容反应热与定压反应热的关系

①对于只有固态和/或液态物质参与的化学反应：$Q_p \approx Q_V$ 或 $\Delta H \approx \Delta U$。

② 对于有气态物质参与的化学反应：$Q_p = Q_V + \Delta nRT$ 或 $\Delta H = \Delta U + \Delta nRT$，其中 $\Delta n = \sum\limits_{B} \nu_B(B, g)$。

5.1.2.3　化学反应热的计算

（1）热化学定律——盖斯定律

一个化学反应，在定容或定压条件下，不管一步完成还是几步完成，其热效应是相等的。

盖斯定律是热化学的一条基本规律，对于一个不做非体积功的系统，H 和 U 都是状态函数，ΔH 和 ΔU 只与始态和终态有关，与反应途径无关；在定压条件下 $Q_p = \Delta H$，定容条件下 $Q_V = \Delta U$，所以反应的热效应 Q_p 和 Q_V 仅决定于反应的始态和终态，与反应途径无关。

（2）标准摩尔生成焓与化学反应热效应的计算

在指定温度及标准状态下，由元素最稳定的单质生成 1 mol 某物质时反应的焓变称为该物质的标准摩尔生成焓，用 $\Delta_f H_m^{\ominus}$ 表示。

由以上定义可知，元素的最稳定单质的标准摩尔生成焓为零。

对于任意一个化学反应 $a\text{A}+d\text{D} = g\text{G}+h\text{H}$

$$\Delta_r H_m^{\ominus} = g\Delta_f H_m^{\ominus}(G) + h\Delta_f H_m^{\ominus}(H) + (-a)\Delta_f H_m^{\ominus}(A) + (-d)\Delta_f H_m^{\ominus}(D)$$
$$= \sum\limits_{B} \nu_B \Delta_f H_m^{\ominus}(B)$$

（3）标准摩尔燃烧焓与化学反应热效应的计算

在指定温度及标准状态下，1 mol 物质完全燃烧生成稳定产物时反应的焓变称为该物质的标准摩尔燃烧焓，用符号 $\Delta_c H_m^{\ominus}$ 表示。

规定在指定温度及标准状态下，完全燃烧产物的标准摩尔燃烧焓为零。

对于任意一个化学反应 $a\text{A}+d\text{D}=g\text{G}+h\text{H}$

$$\Delta_r H_m^{\ominus} = a\Delta_c H_m^{\ominus}(A) + d\Delta_c H_m^{\ominus}(D) + (-g)\Delta_c H_m^{\ominus}(G) + (-h)\Delta_c H_m^{\ominus}(H)$$
$$= - \sum\limits_{B} \nu_B \Delta_c H_m^{\ominus}(B)$$

5.1.3　化学反应自发性

5.1.3.1　自发过程

在一定的条件下，不需要任何外力的推动就能进行的过程称为自发过程；系统 $\Delta H < 0$，$\Delta S > 0$ 为自发过程的推动力。

5.1.3.2　熵与熵变

熵(S)：系统内部质点混乱度的量度，是容量性质的状态函数。

标准摩尔熵($S_m^{\ominus}$)：标准绝对熵与系统内物质的量 n 的比值，是强度性质的状态函数。

对于任意一个化学反应 $a\text{A}+d\text{D} = g\text{G}+h\text{H}$ 的标准摩尔熵变($\Delta_r S_m^{\ominus}$)的计算：

$$\Delta_r S_m^{\ominus} = gS_m^{\ominus}(G) + hS_m^{\ominus}(H) + (-a)S_m^{\ominus}(A) + (-d)S_m^{\ominus}(D)$$

$$= \sum_B \nu_B S_m^\ominus(B)$$

5.1.3.3 热力学第二定律

在孤立系统中发生的任何变化，总是自发地向熵增加的方向进行，即向着 $\Delta S_{孤}>0$ 的方向进行的。而当达到平衡时 $\Delta S_{孤}=0$，此时系统的熵值达到最大。

5.1.3.4 吉布斯自由能

吉布斯自由能 (G) 定义式为 $G=H-TS$，G 是容量性质的状态函数。

5.1.3.5 吉布斯–亥姆霍兹(Gibbs–Helmholtz)公式

$$\Delta G=\Delta H-T\Delta S$$

定温定压下，只做体积功的系统自由能的判据是：

$\Delta G<0$，反应正向自发；

$\Delta G=0$，反应处于平衡态；

$\Delta G>0$，反应正向不能自发。

对于标准状态下发生的化学反应有 $\Delta_r G_m^\ominus = \Delta_r H_m^\ominus - T\Delta_r S_m^\ominus$

在定温定压下，任何不做非体积功的自发过程中，系统的自由能总是减小的，称为自由能减小原理。

5.1.3.6 标准摩尔生成自由能($\Delta_f G_m^\ominus$)

在指定温度及标准状态下，由元素最稳定单质生成 1 mol 处于标准状态下的化合物时的吉布斯自由能变，称为该化合物的标准摩尔生成吉布斯自由能(298 K 简写为 $\Delta_f G_m^\ominus$)。

在指定温度及标准状态下，元素最稳定单质的标准摩尔生成自由能为零。

对于任意一个化学反应 $aA+dD = gG+hH$，298 K 时的 $\Delta_f G_m^\ominus$ 的计算：

$$\Delta_r G_m^\ominus = g\Delta_f G_m^\ominus(G)+h\Delta_f G_m^\ominus(H)+(-a)\Delta_f G_m^\ominus(A)+(-d)\Delta_f G_m^\ominus(D)$$

$$= \sum_B \nu_B \Delta_f G_m^\ominus(B)$$

5.1.3.7 吉布斯–亥姆霍兹公式的应用

$\Delta_r G_m^\ominus(T) \approx \Delta_r H_m^\ominus(298\text{ K})-T\Delta_r S_m^\ominus(298\text{ K})$ (注：$\Delta_r H_m^\ominus$ 和 $\Delta_r S_m^\ominus$ 受温度影响较小，上式可用于任意温度时的 $\Delta_r G_m^\ominus$ 计算)

① 当反应的 $\Delta_r H_m^\ominus<0$，$\Delta_r S_m^\ominus>0$ 时，恒有 $\Delta_r G_m^\ominus(T)<0$，反应在任何温度下都能正向自发进行。

② 当反应的 $\Delta_r H_m^\ominus>0$，$\Delta_r S_m^\ominus<0$ 时，恒有 $\Delta_r G_m^\ominus(T)>0$，反应在任何温度下都不能正向自发进行。

③ 当反应的 $\Delta_r H_m^\ominus<0$，$\Delta_r S_m^\ominus<0$ 时，为使 $\Delta_r G_m^\ominus(T)<0$，需 $T<\Delta_r H_m^\ominus/\Delta_r S_m^\ominus$，反应才能正向

自发进行。

④ 当反应的 $\Delta_r H_m^{\ominus}>0$，$\Delta_r S_m^{\ominus}>0$ 时，为使 $\Delta_r G_m^{\ominus}(T)<0$，需 $T>\Delta_r H_m^{\ominus}/\Delta_r S_m^{\ominus}$，反应才能正向自发进行。

⑤ 由③④两种情况求得的温度可视为转向温度 $T_{转}=\Delta_r H_m^{\ominus}/\Delta_r S_m^{\ominus}$。

5.2 例题

1. 计算下列情况系统热力学能的变化。(1) 系统吸热 100 J，并且对环境做功 400 J；(2) 系统放热 300 J，环境对系统做功 650 J。

解：(1) 已知 $Q=100$ J，$W=-400$ J

$\Delta U=Q+W=100$ J$+(-400$ J$)=-300$ J

(2) 已知 $Q=-300$ J，$W=650$ J

$\Delta U=Q+W=(-300$ J$)+650$ J$=350$ J

2. 有一系统对外膨胀做功 101.2 J，其热力学能减少了 10 J，问此系统吸热还是放热？热量是多少？

解：已知 $W=-101.2$ J，$\Delta U=-10$ J

根据　$\Delta U=Q+W$

$Q=\Delta U-W=(-10$ J$)-(-101.2$ J$)=91.2$ J

Q 符号为正，表示系统吸收了热量，系统吸热 91.2 J。

3. 实验测得在 298 K 时 1 mol 的丙二酸[$CH_2(COOH)_2$]在弹式量热计中(体积恒定)完全燃烧，放出热量 865.68 kJ·mol^{-1}。求 1 mol 丙二酸完全燃烧时的 ΔU、Q_p、ΔH。

解：$CH_2(COOH)_2(s)+2O_2(g)=3CO_2(g)+2H_2O$ (l)

在量热计中测出的热效应是定容热效应，所以

$Q_V=\Delta U=-865.68$ kJ·mol^{-1}

$Q_p=Q_V+\Delta nRT=-865.68$ kJ·mol^{-1}+$[(3-2)\times 8.314\times 10^{-3}$ kJ·mol^{-1}·K$^{-1}\times 298$ K$]$

$\quad =-863.20$ kJ·mol^{-1}

$\Delta H=Q_p=-863.20$ kJ·mol^{-1}

4. 已知在温度为 298 K，压力为 100 kPa 下：

(1) $CH_3COOH(l)+2O_2(g)=2CO_2(g)+2H_2O(l)$　　$\Delta_r H_m^{\ominus}(1)=-870.3$ kJ·mol^{-1}

(2) $C(s)+O_2(g)=CO_2(g)$　　　　　　　　　　　　$\Delta_r H_m^{\ominus}(2)=-393.5$ kJ·mol^{-1}

(3) $H_2(g)+\dfrac{1}{2}O_2(g)=H_2O(l)$　　　　　　　$\Delta_r H_m^{\ominus}(3)=-285.8$ kJ·mol^{-1}

求反应(4) $2C(g)+2H_2(g)+O_2(g)\rightarrow CH_3COOH(l)$ 的 $\Delta_r H_m^{\ominus}(4)$。

解：反应(4)=2×反应(2)+2×反应(3)-反应(1)

由盖斯定律得

$$\Delta_r H_m^{\ominus}(4) = 2 \times \Delta_r H_m^{\ominus}(2) + 2 \times \Delta_r H_m^{\ominus}(3) - \Delta_r H_m^{\ominus}(1)$$
$$= 2 \times (-393.5 \text{ kJ} \cdot \text{mol}^{-1}) + 2 \times (-285.8 \text{ kJ} \cdot \text{mol}^{-1}) - (-870.3 \text{ kJ} \cdot \text{mol}^{-1})$$
$$= -488.3 \text{ kJ} \cdot \text{mol}^{-1}$$

5. 已知在 298 K，标准状态下列反应的 $\Delta_r H_m^{\ominus}$，计算 KCl(s) 的标准摩尔生成焓。

$$\frac{1}{2} H_2(g) + \frac{1}{2} Cl_2(g) = HCl(g) \qquad\qquad \Delta_r H_m^{\ominus}(1) = -92.31 \text{ kJ} \cdot \text{mol}^{-1} \qquad\qquad (1)$$

$$K(s) + HCl(g) = KCl(s) + \frac{1}{2} H_2(g) \qquad\qquad \Delta_r H_m^{\ominus}(2) = -343.5 \text{ kJ} \cdot \text{mol}^{-1} \qquad\qquad (2)$$

解： 生成 KCl(s) 的反应为

$$K(s) + \frac{1}{2} Cl_2(g) = KCl(s) \qquad\qquad\qquad\qquad (3)$$

反应(3) = 反应(1) + 反应(2)，因此

$$\Delta_f H_m^{\ominus}(KCl) = \Delta_r H_m^{\ominus}(1) + \Delta_r H_m^{\ominus}(2) = (-92.31) \text{ kJ} \cdot \text{mol}^{-1} + (-343.5) \text{ kJ} \cdot \text{mol}^{-1}$$
$$= -435.81 \text{ kJ} \cdot \text{mol}^{-1}$$

6. 已知化学反应 $4NH_3(g) + 5O_2(g) = 4NO(g) + 6H_2O(g)$，查表求在 298 K 时，此化学反应的标准摩尔焓变。

解： 从附录 5 中查得各物质的 $\Delta_f H_m^{\ominus}$ 如下

$$4NH_3(g) + 5O_2(g) = 4NO(g) + 6H_2O(g)$$

$\Delta_f H_m^{\ominus}/(\text{kJ} \cdot \text{mol}^{-1})$ -45.94 0 91.3 -241.826

$$\Delta_r H_m^{\ominus} = \sum_B \nu_B \Delta_f H_m^{\ominus}(B)$$
$$= 4 \times \Delta_f H_m^{\ominus}(NO) + 6 \times \Delta_f H_m^{\ominus}(H_2O) + (-4) \times \Delta_f H_m^{\ominus}(NH_3) + (-5) \times \Delta_f H_m^{\ominus}(O_2)$$
$$= 4 \times (91.3 \text{ kJ} \cdot \text{mol}^{-1}) + 6 \times (-241.826 \text{ kJ} \cdot \text{mol}^{-1}) + (-4) \times (-45.94 \text{ kJ} \cdot \text{mol}^{-1}) +$$
$$(-5) \times 0 \text{ kJ} \cdot \text{mol}^{-1}$$
$$= -901.996 \text{ kJ} \cdot \text{mol}^{-1}$$

7. 已知蔗糖 $(C_{12}H_{22}O_{11}, \text{s})$ 的 $\Delta_f H_m^{\ominus}(298 \text{ K}) = -2\,222.1 \text{ kJ} \cdot \text{mol}^{-1}$，其燃烧反应为 $C_{12}H_{22}O_{11}(s) + 12O_2(g) = 12CO_2(g) + 11H_2O(l)$，如果一个成年人每日约需要 1.0×10^4 kJ 的热量，折合成蔗糖，每人每日吃多少蔗糖才能满足需要？

解： 反应 $C_{12}H_{22}O_{11}(s) + 12O_2(g) = 12CO_2(g) + 11H_2O(l)$

由附录 5 查出有关热力学数据，代入下式，则有

$$\Delta_r H_m^{\ominus} = 12 \times \Delta_f H_m^{\ominus}(CO_2) + 11 \times \Delta_f H_m^{\ominus}(H_2O) + (-1) \times \Delta_f H_m^{\ominus}(C_{12}H_{22}O_{11}) + (-12) \times \Delta_f H_m^{\ominus}(O_2)$$
$$= 12 \times (-393.51 \text{ kJ} \cdot \text{mol}^{-1}) + 11 \times (-285.83 \text{ kJ} \cdot \text{mol}^{-1}) - (-2\,222.1 \text{ kJ} \cdot \text{mol}^{-1}) -$$
$$12 \times 0 \text{ kJ} \cdot \text{mol}^{-1}$$
$$= -5\,644.15 \text{ kJ} \cdot \text{mol}^{-1}$$

$M(C_{12}H_{22}O_{11}) = 342.296 \text{ g} \cdot \text{mol}^{-1}$

每人每日需要蔗糖

$$m = \frac{1.0 \times 10^4 \text{kJ}}{5\,644.15 \text{ kJ} \cdot \text{mol}^{-1}} \times 342.296 \text{ g} \cdot \text{mol}^{-1} = 0.61 \text{ kg}$$

8. 辛烷 $C_8H_{18}(l)$（汽油的主要成分）完全燃烧时放出热量$-5\,512.00\ kJ\cdot mol^{-1}$，计算辛烷的标准摩尔生成焓。

解：辛烷 $C_8H_{18}(l)$ 的燃烧反应为

$$C_8H_{18}(l)+\frac{25}{2}O_2(g)=8CO_2(g)+9H_2O(l) \qquad \Delta_r H_m^{\ominus}=-5\,512.00\ kJ\cdot mol^{-1}$$

由附录 5 查出有关热力学数据，代入下式，则有

$$\Delta_r H_m^{\ominus}=8\times\Delta_f H_m^{\ominus}(CO_2)+9\times\Delta_f H_m^{\ominus}(H_2O)+(-1)\times\Delta_f H_m^{\ominus}(C_8H_{18})+\left(-\frac{25}{2}\right)\times\Delta_f H_m^{\ominus}(O_2)$$

$$-5\,512.00\ kJ\cdot mol^{-1}=8\times(-393.51\ kJ\cdot mol^{-1})+9\times(-285.83\ kJ\cdot mol^{-1})-\Delta_f H_m^{\ominus}(C_8H_{18})-\frac{25}{2}\times$$

$0\ kJ\cdot mol^{-1}$

$$\Delta_f H_m^{\ominus}(C_8H_{18})=-208.55\ kJ\cdot mol^{-1}$$

9. 不查表，预测下列反应熵值是增加还是减少？

（1）$2CO(g)+O_2(g)=2CO_2(g)$；（2）$2O_3(g)=3O_2(g)$；（3）$2NH_3(g)=N_2(g)+3H_2(g)$。

解：（1）熵减，气体分子数减少；（2）熵增，气体分子数增加；（3）熵增，气体分子数增加。

10. 人类历史中，铜器时代先于铁器时代，这与人类原来只能使用木材作燃料（火焰温度约 700 K）有关。查表计算标准状态下，以下两反应得以正向自发的温度范围，说明以上历史现象。

（1）$2Fe_2O_3(s)+3C(s)=4Fe(s)+3CO_2(g)$ （2）$2CuO(s)+C(s)=2Cu(s)+CO_2(g)$

解：（1）$2Fe_2O_3(s)+3C(s)=4Fe(s)+3CO_2(g)$

$$\begin{aligned}\Delta_r H_m^{\ominus}&=3\times\Delta_f H_m^{\ominus}(CO_2)+(-2)\times\Delta_f H_m^{\ominus}(Fe_2O_3)\\&=3\times(-393.51\ kJ\cdot mol^{-1})+(-2)\times(-824.2\ kJ\cdot mol^{-1})\\&=467.87\ kJ\cdot mol^{-1}\end{aligned}$$

$$\begin{aligned}\Delta_r S_m^{\ominus}&=4\times S_m^{\ominus}(Fe)+3\times S_m^{\ominus}(CO_2)+(-2)\times S_m^{\ominus}(Fe_2O_3)+(-3)\times S_m^{\ominus}(C)\\&=4\times27.3\ J\cdot mol^{-1}\cdot K^{-1}+3\times213.79\ J\cdot mol^{-1}\cdot K^{-1}-2\times87.40\ J\cdot mol^{-1}\cdot K^{-1}-\\&\quad 3\times5.74\ J\cdot mol^{-1}\cdot K^{-1}\\&=558.55\ J\cdot mol^{-1}\cdot K^{-1}\end{aligned}$$

反应正向自发，则要求：

$$\Delta_r G_m^{\ominus}(T\ K)\approx\Delta_r H_m^{\ominus}(298\ K)-T\Delta_r S_m^{\ominus}(298\ K)<0$$

$$467.87\times10^3\ J\cdot mol^{-1}-T\times558.55\ J\cdot mol^{-1}\cdot K^{-1}<0$$

因此，只有 $T>838\ K$ 时，反应正向自发。

（2）$2CuO(s)+C(s)=2Cu(s)+CO_2(g)$

$$\begin{aligned}\Delta_r H_m^{\ominus}&=\Delta_f H_m^{\ominus}(CO_2)+(-2)\times\Delta_f H_m^{\ominus}(CuO)\\&=(-393.51\ kJ\cdot mol^{-1})+(-2)\times(-157.3\ kJ\cdot mol^{-1})=-78.91\ kJ\cdot mol^{-1}\end{aligned}$$

$$\Delta_r S_m^{\ominus}=2\times S_m^{\ominus}(Cu)+S_m^{\ominus}(CO_2)+(-2)\times S_m^{\ominus}(CuO)+(-1)\times S_m^{\ominus}(C)$$

$$= 2 \times 33.15 \ \text{J} \cdot \text{mol}^{-1} \cdot \text{K}^{-1} + 213.79 \ \text{J} \cdot \text{mol}^{-1} \cdot \text{K}^{-1} - 2 \times 42.6 \ \text{J} \cdot \text{mol}^{-1} \cdot \text{K}^{-1} -$$

$$5.74 \ \text{J} \cdot \text{mol}^{-1} \cdot \text{K}^{-1}$$

$$= 189.15 \ \text{J} \cdot \text{mol}^{-1} \cdot \text{K}^{-1}$$

此反应 $\Delta_r H_m^{\ominus} < 0$，$\Delta_r S_m^{\ominus} > 0$，在任意温度下均自发，而还原 Fe_2O_3 温度需高于 838 K，故铜器时代先于铁器时代。

11. 查附录 5 计算下列反应正向自发的温度条件，并判断工业中能否用 C 或 CO 作还原剂来冶炼铝？（1）$2Al_2O_3(s) + 3C(s) = 4Al(s) + 3CO_2(g)$；（2）$Al_2O_3(s) + 3CO(g) = 2Al(s) + 3CO_2(g)$；（3）$Al_2O_3(s) + 3C(s) = 2Al(s) + 3CO(g)$。

解： 对于反应（1）$2Al_2O_3(s) + 3C(s) = 4Al(s) + 3CO_2(g)$

$$\Delta_r H_m^{\ominus} = 3 \times \Delta_f H_m^{\ominus}(CO_2) + (-2) \times \Delta_f H_m^{\ominus}(Al_2O_3)$$

$$= 3 \times (-393.51 \ \text{kJ} \cdot \text{mol}^{-1}) + (-2) \times (-1\ 675.7 \ \text{kJ} \cdot \text{mol}^{-1}) = 2\ 170.9 \ \text{kJ} \cdot \text{mol}^{-1}$$

$$\Delta_r S_m^{\ominus} = 4 \times S_m^{\ominus}(Al) + 3 \times S_m^{\ominus}(CO_2) + (-2) \times S_m^{\ominus}(Al_2O_3) + (-3) \times S_m^{\ominus}(C)$$

$$= 4 \times 28.30 \ \text{J} \cdot \text{mol}^{-1} \cdot \text{K}^{-1} + 3 \times 213.79 \ \text{J} \cdot \text{mol}^{-1} \cdot \text{K}^{-1} - 2 \times 50.92 \ \text{J} \cdot \text{mol}^{-1} \cdot \text{K}^{-1} -$$

$$3 \times 5.74 \ \text{J} \cdot \text{mol}^{-1} \cdot \text{K}^{-1}$$

$$= 635.51 \ \text{J} \cdot \text{mol}^{-1} \cdot \text{K}^{-1}$$

$$\Delta_r G_m^{\ominus}(T) \approx \Delta_r H_m^{\ominus} - T\Delta_r S_m^{\ominus} < 0$$

$$2\ 170.87 \times 10^3 \ \text{J} \cdot \text{mol}^{-1} - T \times 635.51 \ \text{J} \cdot \text{mol}^{-1} \cdot \text{K}^{-1} < 0$$

因此，当 $T > 3\ 416$ K 时，反应正向自发。

对于反应（2）$Al_2O_3(s) + 3CO(g) = 2Al(s) + 3CO_2(g)$

$$\Delta_r H_m^{\ominus} = 3 \times \Delta_f H_m^{\ominus}(CO_2) + (-1) \times \Delta_f H_m^{\ominus}(Al_2O_3) + (-3) \times \Delta_f H_m^{\ominus}(CO)$$

$$= 3 \times (-393.51 \ \text{kJ} \cdot \text{mol}^{-1}) - (-1\ 675.7 \ \text{kJ} \cdot \text{mol}^{-1}) - 3 \times (-110.53 \ \text{kJ} \cdot \text{mol}^{-1})$$

$$= 826.76 \ \text{kJ} \cdot \text{mol}^{-1}$$

$$\Delta_r S_m^{\ominus} = 2 \times S_m^{\ominus}(Al) + 3 \times S_m^{\ominus}(CO_2) + (-1) \times S_m^{\ominus}(Al_2O_3) + (-3) \times S_m^{\ominus}(CO)$$

$$= 2 \times 28.30 \ \text{J} \cdot \text{mol}^{-1} \cdot \text{K}^{-1} + 3 \times 213.79 \ \text{J} \cdot \text{mol}^{-1} \cdot \text{K}^{-1} - 50.92 \ \text{J} \cdot \text{mol}^{-1} \cdot \text{K}^{-1} -$$

$$3 \times 197.66 \ \text{J} \cdot \text{mol}^{-1} \cdot \text{K}^{-1}$$

$$= 54.07 \ \text{J} \cdot \text{mol}^{-1} \cdot \text{K}^{-1}$$

$$\Delta_r G_m^{\ominus}(T \ \text{K}) \approx \Delta_r H_m^{\ominus} - T\Delta_r S_m^{\ominus} < 0$$

$$826.75 \times 10^3 \ \text{J} \cdot \text{mol}^{-1} - T \times 53.94 \ \text{J} \cdot \text{mol}^{-1} \cdot \text{K}^{-1} < 0$$

因此，当 $T > 15\ 290$ K 时，反应正向自发。

对于反应（3）$Al_2O_3(s) + 3C(s) = 2Al(s) + 3CO(g)$

$$\Delta_r H_m^{\ominus} = 3 \times \Delta_f H_m^{\ominus}(CO) + (-1) \times \Delta_f H_m^{\ominus}(Al_2O_3)$$

$$= 3 \times (-110.53 \ \text{kJ} \cdot \text{mol}^{-1}) - (-1\ 675.7 \ \text{kJ} \cdot \text{mol}^{-1}) = 1\ 344.11 \ \text{kJ} \cdot \text{mol}^{-1}$$

$$\Delta_r S_m^{\ominus} = 2 \times S_m^{\ominus}(Al) + 3 \times S_m^{\ominus}(CO) + (-1) \times S_m^{\ominus}(Al_2O_3) + (-3) \times S_m^{\ominus}(C)$$

$$= 2 \times 28.30 \ \text{J} \cdot \text{mol}^{-1} \cdot \text{K}^{-1} + 3 \times 197.66 \ \text{J} \cdot \text{mol}^{-1} \cdot \text{K}^{-1} - 50.92 \ \text{J} \cdot \text{mol}^{-1} \cdot \text{K}^{-1} - 3 \times$$

$$5.74 \ \text{J} \cdot \text{mol}^{-1} \cdot \text{K}^{-1}$$

$$= 581.44 \ \text{J} \cdot \text{mol}^{-1} \cdot \text{K}^{-1}$$

$$\Delta_r G_m^\ominus (T\ \text{K}) \approx \Delta_r H_m^\ominus - T\Delta_r S_m^\ominus < 0$$

$1\ 344.13 \times 10^3\ \text{J} \cdot \text{mol}^{-1} - T \times 581.54\ \text{J} \cdot \text{mol}^{-1} \cdot \text{K}^{-1} < 0$

因此，当 $T > 2\ 312$ K 时，反应正向自发。

故用 C 作还原剂冶炼铝较好。

12. 已知 298 K，标准态时下面反应的有关数据如下：

$$4CuO(s) = 2Cu_2O(s) + O_2(g)$$

$\Delta_f H_m^\ominus / (\text{kJ} \cdot \text{mol}^{-1})$	−157.3	−168.6	0
$S_m^\ominus / (\text{J} \cdot \text{mol}^{-1} \cdot \text{K}^{-1})$	42.6	93.14	205.15

（1）求在 298 K，标准态下该反应能否自发进行；

（2）估算在标准状态下该反应自发进行的最低温度。

解：（1）根据有关公式

$$\Delta_r H_m^\ominus = 2 \times \Delta_f H_m^\ominus (Cu_2O) + \Delta_f H_m^\ominus (O_2) + (-4) \times \Delta_f H_m^\ominus (CuO)$$

$$= 2 \times (-168.6\ \text{kJ} \cdot \text{mol}^{-1}) + (0\ \text{kJ} \cdot \text{mol}^{-1}) - 4 \times (-157.3\ \text{kJ} \cdot \text{mol}^{-1})$$

$$= 292.0\ \text{kJ} \cdot \text{mol}^{-1}$$

$$\Delta_r S_m^\ominus = 2 \times S_m^\ominus (Cu_2O) + S_m^\ominus (O_2) + (-4) \times S_m^\ominus (CuO)$$

$$= 2 \times 93.14\ \text{J} \cdot \text{mol}^{-1} \cdot \text{K}^{-1} + 205.15\ \text{J} \cdot \text{mol}^{-1} \cdot \text{K}^{-1} - 4 \times 42.6\ \text{J} \cdot \text{mol}^{-1} \cdot \text{K}^{-1}$$

$$= 221.03\ \text{J} \cdot \text{mol}^{-1} \cdot \text{K}^{-1}$$

$$\Delta_r G_m^\ominus = \Delta_r H_m^\ominus - T\Delta_r S_m^\ominus$$

$$= 292.0\ \text{kJ} \cdot \text{mol}^{-1} - 298\ \text{K} \times 221.03 \times 10^{-3}\ \text{kJ} \cdot \text{mol}^{-1} \cdot \text{K}^{-1}$$

$$= 226.13\ \text{kJ} \cdot \text{mol}^{-1} > 0$$

故在 298 K 标准状态下，反应不能自发进行。

（2）设在温度 T 时反应可自发进行，则

$$\Delta_r G_m^\ominus (T\ \text{K}) \approx \Delta_r H_m^\ominus - T\Delta_r S_m^\ominus < 0$$

$292.0\ \text{kJ} \cdot \text{mol}^{-1} - T \times 221.03 \times 10^{-3}\ \text{kJ} \cdot \text{mol}^{-1} \cdot \text{K}^{-1} < 0$

$T > 1\ 321$ K

在标准状态下，该反应自发进行的最低温度是 1 321 K。

5.3　练习题

（一）判断题

（　）1. 在 298 K 及标准状态下，稳定单质的 $\Delta_f H_m^\ominus$、$\Delta_f G_m^\ominus$、$S_m^\ominus$ 都为零。

（　）2. 状态函数都具有容量性质。

（　）3. 对于任何化学反应，$\Delta_r G_m^\ominus$ 值越负，在标准状态下其正反应方向的自发倾向越大。

（　）4. 对于 $\Delta_r H_m^\ominus > 0$、$\Delta_r S_m^\ominus < 0$ 的反应，在任何温度下，其正向反应都是非自发进行的。

（　）5. $\Delta_r H_m^\ominus < 0$ 的反应都是自发反应。

（　　）6. 在 373 K 和 100 kPa 下，1 mol $H_2O(g)$ 与 1 mol $H_2O(l)$ 的焓值相等。

（　　）7. 自发进行的反应，其焓值总是下降的。

（　　）8. 孤立系统内发生的任何自发过程都是向熵增加的方向进行。

（　　）9. 某系统经过一系列的变化，每一步骤系统与环境之间均有能量交换，但变化的最终态与初始态相同，由此可以判定总过程热的吸收或放出为零。

（　　）10. 下面两反应的标准摩尔焓变应该是相同的。$H_2(g) + \dfrac{1}{2}O_2(g) = H_2O(l)$；$2H_2(g) + O_2(g) = 2H_2O(l)$

（　　）11. 金钢石的燃烧热为 -395.4 kJ·mol^{-1}，石墨的燃烧热为 -393.5 kJ·mol^{-1}，由此可以判定由石墨生成金钢石应该是吸热的。

（　　）12. 某一在等温条件进行的反应，如果 $\Delta_r H_m^{\ominus}$ 和 $\Delta_r S_m^{\ominus}$ 都很小，那么 $\Delta_r G_m^{\ominus}$ 也一定很小。

（　　）13. 如果某一反应在一定条件下，$\Delta_r G_m^{\ominus} > 0$，说明该反应在任何条件下都不能正向进行。

（　　）14. 若成键反应的 $\Delta_r H^{\ominus}$ 为负值，则其逆反应断键反应的 $\Delta_r H^{\ominus}$ 为正值。

（　　）15. 孤立系统的热力学能是守恒的。

（　　）16. 等温等压且不做非体积功的条件下，一切放热且熵增大的反应均自发进行。

（　　）17. 对于一个反应，如果 $\Delta_r H_m^{\ominus} > \Delta_r G_m^{\ominus}$，则该反应必是熵增大的反应。

（　　）18. 系统经一系列变化又回到始态，此过程中系统的一切状态函数的变化量都为 0。

（　　）19. 对于一个反应，当温度发生改变，通常对 $\Delta_r S_m^{\ominus}$ 和 $\Delta_r H_m^{\ominus}$ 影响较小，而对 $\Delta_r G_m^{\ominus}$ 值影响较大。

（　　）20. 不做非体积功的定压热 Q_p 与具体的变化途径无关，因此 Q_p 是状态函数。

（　　）21. 化学反应的 $\Delta_r H_m^{\ominus}$ 和 $\Delta_r S_m^{\ominus}$ 与方程式的写法相关。

（　　）22. 系统的焓变就是系统的热量。

（　　）23. 气体的标准状况与物质的标准态是同一含义。

（　　）24. 体积是系统的容量性质，但摩尔体积却是系统的强度性质。

（　　）25. 单质的标准摩尔生成焓均为零。

（　　）26. 若生成物的分子数比反应物的分子数多，则该反应的 $\Delta_r S_m^{\ominus}$ 一定大于零。

（　　）27. 在标准状态，绝对零度时，任何纯物质的完美晶体的熵值都等于零。

（　　）28. 体积和温度都是系统的状态函数，都具有容量性质。

（　　）29. 热力学标准态下的纯气体的分压为 100 kPa，温度为 298 K。

（　　）30. 热是系统和环境之间因温度不同而传递的能量，受过程的制约，不是系统自身的性质，所以不是状态函数。

（　　）31. 对于封闭系统、不做非体积功条件下，定压热与途径无关，故 Q_p 是状态函数。

（　　）32. 任何纯净物质的标准摩尔生成焓都等于零。

（　　）33. 反应 $C(石墨) + O_2(g) = CO_2(g)$ 的 $\Delta_r H_m^{\ominus} = -393.5$ kJ·mol^{-1}，这个 $\Delta_r H_m^{\ominus}$ 是 CO_2 的标准摩尔生成焓。

（　　）34. 放热反应均是自发进行的。

（　　）35. $\Delta_r S_m^{\ominus}<0$ 的反应都不能自发正向进行。

（　　）36. 反应进度与反应式的写法有关。

（　　）37. 若生成物的分子数比反应物的分子数多，则该反应的 $\Delta_r S_m^{\ominus}<0$。

（　　）38. 在标准状态下，反应 $CO(g)+\dfrac{1}{2}O_2(g)=CO_2(g)$，$\Delta_r H_m^{\ominus}=-283.0\ kJ\cdot mol^{-1}$，由此可知，$CO_2$ 的标准摩尔生成焓 $\Delta_f H_m^{\ominus}=-283.0\ kJ\cdot mol^{-1}$。

（　　）39. $CaCO_3$ 在高温下可以发生分解反应，故该反应为吸热 $\Delta_r H_m^{\ominus}<0$。

（　　）40. 定温定压且不做非体积功的条件下，一切放热且熵增大的反应均能自发进行。

（　　）41. $\Delta_r G_m^{\ominus}<0$ 的反应必能自发进行。

（　　）42. 在 298 K 时，反应 $O_2(g)+S(g)=SO_2(g)$ 的 $\Delta_r G_m^{\ominus}$、$\Delta_r H_m^{\ominus}$、$\Delta_r S_m^{\ominus}$ 分别等于 $SO_2(g)$ 的 $\Delta_f G_m^{\ominus}$、$\Delta_f H_m^{\ominus}$、$S_m^{\ominus}$。

（二）选择题（单选）

（　　）1. 绝热保温瓶内盛满热水，并将瓶口用绝热塞塞紧，瓶内是：

　　　　A. 单相孤立系统　　　　　　　　B. 多相孤立系统

　　　　C. 单相封闭系统　　　　　　　　D. 多相封闭系统

（　　）2. 在 298 K 时石墨的标准生成热 $\Delta_f H_m^{\ominus}$：

　　　　A. >0　　　　B. <0　　　　C. $=0$　　　　D. 无法确定

（　　）3. 化学反应 $C(s)+CO_2(g)=2CO(g)$ 的熵变 $\Delta_r S_m^{\ominus}$：

　　　　A. >0　　　　B. <0　　　　C. $=0$　　　　D. 无法确定

（　　）4. 化学反应 $C(石墨)\rightarrow C(金刚石)$ 的 $\Delta_r H_m^{\ominus}=1.9\ kJ\cdot mol^{-1}$，$\Delta_r G_m^{\ominus}=2.9\ kJ\cdot mol^{-1}$，金刚石与石墨相比，无序性更高的是：

　　　　A. 石墨　　　　B. 金刚石　　　　C. 两者都一样　　　　D. 无法确定

（　　）5. 同一温度下，反应 $Zn+2H^+=Zn^{2+}+H_2$ 的反应热为 $\Delta_r H_m^{\ominus}(1)$，反应 $\dfrac{1}{2}Zn+H^+=\dfrac{1}{2}Zn^{2+}+\dfrac{1}{2}H_2$ 的反应热为 $\Delta_r H_m^{\ominus}(2)$，则 $\Delta_r H_m^{\ominus}(1)$ 与 $\Delta_r H_m^{\ominus}(2)$ 的关系是：

　　　　A. $\Delta_r H_m^{\ominus}(1)=\Delta_r H_m^{\ominus}(2)$　　　　　　B. $\Delta_r H_m^{\ominus}(1)=\dfrac{1}{2}\Delta_r H_m^{\ominus}(2)$

　　　　C. $\dfrac{1}{2}\Delta_r H_m^{\ominus}(1)=\Delta_r H_m^{\ominus}(2)$　　　　D. 无法确定

（　　）6. 热力学第一定律数学表达式适用于：

　　　　A. 敞开系统　　　B. 封闭系统　　　C. 孤立系统　　　D. 任何系统

（　　）7. 某系统由状态 A 变化到状态 B 时，吸热 2.15 kJ，同时环境对系统做功 1.88 kJ，此系统状态变化后的热力学能的改变值为：

　　　　A. 0.27 kJ　　　B. -0.27 kJ　　　C. 4.03 kJ　　　D. -4.03 kJ

（　　）8. 某系统发生变化后，混乱度加大，由此可判定此系统的熵值：

　　　　A. 增大　　　　B. 减小　　　　C. 不变　　　　D. 混乱度与熵值无关

( ) 9. 在恒温恒压下，某系统只做膨胀功，当此系统处于平衡状态时：

    A. $\Delta_r G_m > 0$ B. $\Delta_r G_m = 0$ C. $\Delta_r G_m < 0$ D. 无法确定

( ) 10. 化学反应 $2H_2(g) + O_2(g) = 2H_2O(l)$ 的熵变：

    A. 增加   B. 减少   C. 不变   D. 无法确定

( ) 11. 下列过程 $\Delta_r S_m^\ominus > 0$ 的是：

    A. 碘的升华

    B. 水结成冰

    C. $SnO_2(s) + 2H_2(g) = Sn(s) + 2H_2O(l)$

    D. 乙烯 (C_2H_4) 聚合成聚乙烯 $(C_2H_4)_n$

( ) 12. 在 298 K 和 100 kPa 下，反应 $2H_2(g) + O_2(g) = 2H_2O(l)$ 的 $\Delta_r H_m^\ominus = -572 \text{ kJ} \cdot \text{mol}^{-1}$，则 $H_2O(l)$ 的 $\Delta_f H_m^\ominus$ 为：

    A. $572 \text{ kJ} \cdot \text{mol}^{-1}$ B. $-572 \text{ kJ} \cdot \text{mol}^{-1}$

    C. $286 \text{ kJ} \cdot \text{mol}^{-1}$ D. $-286 \text{ kJ} \cdot \text{mol}^{-1}$

( ) 13. 已知 $HF(g)$ 的标准生成焓 $\Delta_f H_m^\ominus = -273.30 \text{ kJ} \cdot \text{mol}^{-1}$，则反应 $H_2(g) + F_2(g) = 2HF(g)$ 的 $\Delta_r H_m^\ominus$ 为：

    A. $273.30 \text{ kJ} \cdot \text{mol}^{-1}$ B. $-273.30 \text{ kJ} \cdot \text{mol}^{-1}$

    C. $546.60 \text{ kJ} \cdot \text{mol}^{-1}$ D. $-546.60 \text{ kJ} \cdot \text{mol}^{-1}$

( ) 14. 用熵变 $\Delta_r S_m^\ominus$ 判断反应的自发性，只适用于：

    A. 理想气体   B. 封闭系统   C. 孤立系统   D. 敞开系统

( ) 15. 在恒温恒压下，已知反应 $A = 2B$ 的反应热为 $\Delta_r H_m^\ominus(1)$；反应 $2A = C$ 的反应热为 $\Delta_r H_m^\ominus(2)$，则反应 $C = 4B$ 的反应热 $\Delta_r H_m^\ominus(3)$ 为：

    A. $\Delta_r H_m^\ominus(1) + \Delta_r H_m^\ominus(2)$ B. $2\Delta_r H_m^\ominus(1) + \Delta_r H_m^\ominus(2)$

    C. $2\Delta_r H_m^\ominus(1) - \Delta_r H_m^\ominus(2)$ D. $\Delta_r H_m^\ominus(1) - 2\Delta_r H_m^\ominus(2)$

( ) 16. 在恒温恒压条件下，已知反应 $B = A$ 的反应热为 $\Delta_r H_m^\ominus(1)$，反应 $B = C$ 的反应热为 $\Delta_r H_m^\ominus(2)$，则反应 $A = C$ 的反应热 $\Delta_r H_m^\ominus(3)$ 为：

    A. $\Delta_r H_m^\ominus(1) + \Delta_r H_m^\ominus(2)$ B. $\Delta_r H_m^\ominus(1) - \Delta_r H_m^\ominus(2)$

    C. $\Delta_r H_m^\ominus(1) + 2\Delta_r H_m^\ominus(2)$ D. $\Delta_r H_m^\ominus(2) - \Delta_r H_m^\ominus(1)$

( ) 17. 已知 $CH_3COOH(l)$、$CO_2(g)$、$H_2O(l)$ 的标准生成热 $\Delta_f H_m^\ominus (\text{kJ} \cdot \text{mol}^{-1})$ 分别为 -484.5、-393.5、-285.8，则 $CH_3COOH(l)$ 的标准燃烧热 $\Delta_c H_m^\ominus (\text{kJ} \cdot \text{mol}^{-1})$ 为：

    A. 874.1   B. -874.1 C. 194.8   D. -194.8

( ) 18. 已知 298 K 时，$C_2H_4(g)$、$H_2(g)$、$C_2H_6(g)$ 的标准燃烧热 $\Delta_c H_m^\ominus (\text{kJ} \cdot \text{mol}^{-1})$ 分别为 $-1\,411$、-285.8、$-1\,560$，则反应 $C_2H_4(g) + H_2(g) = C_2H_6(g)$ 的反应热 $\Delta_r H_m^\ominus$：

    A. $-136.8 \text{ kJ} \cdot \text{mol}^{-1}$ B. $136.8 \text{ kJ} \cdot \text{mol}^{-1}$

    C. $-3\,257 \text{ kJ} \cdot \text{mol}^{-1}$ D. $3\,257 \text{ kJ} \cdot \text{mol}^{-1}$

( ) 19. 已知温度 T 时各反应的 $\Delta_r H_m^\ominus$ 如下：

$$2C(s) + H_2(g) = C_2H_2(g) \qquad \Delta_r H_m^{\ominus}(1) = 226.8 \text{ kJ} \cdot \text{mol}^{-1}$$

$$H_2(g) + \frac{1}{2}O_2(g) = H_2O(1) \qquad \Delta_r H_m^{\ominus}(2) = -285.8 \text{ kJ} \cdot \text{mol}^{-1}$$

$$C(s) + O_2(g) = CO_2(g) \qquad \Delta_r H_m^{\ominus}(3) = -393.5 \text{ kJ} \cdot \text{mol}^{-1}$$

$$CH_3CHO(1) + \frac{5}{2}O_2(g) = 2CO_2(g) + 2H_2O(1) \qquad \Delta_r H_m^{\ominus}(4) = -1\,167 \text{ kJ} \cdot \text{mol}^{-1}$$

则反应 $C_2H_2(g) + H_2O(1) \rightarrow CH_3CHO(1)$ 的 $\Delta_r H_m^{\ominus}$ 为:

　　A. -526.3 kJ $\cdot$ mol^{-1} 　　　　　　B. -132.6 kJ $\cdot$ mol^{-1}

　　C. 526.3 kJ $\cdot$ mol^{-1} 　　　　　　D. 132.6 kJ $\cdot$ mol^{-1}

( ) 20. 已知下列反应:

$$Zn(s) + \frac{1}{2}O_2(g) = ZnO(s) \qquad \Delta_r H_m^{\ominus}(1) = -350.46 \text{ kJ} \cdot \text{mol}^{-1}$$

$$Hg(1) + \frac{1}{2}O_2(g) = HgO(s) \qquad \Delta_r H_m^{\ominus}(2) = -90.79 \text{ kJ} \cdot \text{mol}^{-1}$$

则反应 $Zn(s) + HgO(s) = ZnO(s) + Hg(1)$ 的 $\Delta_r H_m^{\ominus}$ 为:

　　A. -441.25 kJ $\cdot$ mol^{-1} 　　　　　B. 441.25 kJ $\cdot$ mol^{-1}

　　C. -259.67 kJ $\cdot$ mol^{-1} 　　　　　D. 259.67 kJ $\cdot$ mol^{-1}

( ) 21. 一种反应在任何温度下都能自发进行的条件是:

　　A. $\Delta_r H_m^{\ominus} > 0$, $\Delta_r S_m^{\ominus} > 0$ 　　　　B. $\Delta_r H_m^{\ominus} < 0$, $\Delta_r S_m^{\ominus} < 0$

　　C. $\Delta_r H_m^{\ominus} > 0$, $\Delta_r S_m^{\ominus} < 0$ 　　　　D. $\Delta_r H_m^{\ominus} < 0$, $\Delta_r S_m^{\ominus} > 0$

( ) 22. 盖斯定律所表明的规律:

　　A. 只适用于 $\Delta_r H_m^{\ominus}$ 　　　　　　B. 适用于 $\Delta_r H_m^{\ominus}$、Q

　　C. 适用于 $\Delta_r H_m^{\ominus}$、$\Delta_r S_m^{\ominus}$、$\Delta_r G_m^{\ominus}$ 　　　D. 适用于所有的状态函数

( ) 23. 以下各函数不是由状态所决定的是:

　　A. U 　　　　　B. Q 　　　　　C. S 　　　　　D. G

( ) 24. 下列反应均为放热反应, 其中在任何温度下都能自发进行的是:

　　A. $2H_2(g) + O_2(g) = 2H_2O(g)$

　　B. $2CO(g) + O_2(g) = 2CO_2(g)$

　　C. $2C_4H_{10}(g) + 13O_2(g) = 8CO_2(g) + 10H_2O(g)$

　　D. $N_2(g) + 3H_2(g) = 2NH_3(g)$

( ) 25. 在下列各反应中, 哪一个反应的反应热是反应物的燃烧热:

　　A. $C(s) + \frac{1}{2}O_2(g) = CO(g)$

　　B. $C_2H_5OH(1) + 3O_2(g) = 2CO_2(g) + 3H_2O(1)$

　　C. $2C(石墨) + 3H_2(g) = C_2H_6(g)$

　　D. $Fe(s) + \frac{1}{2}O_2(g) = FeO(g)$

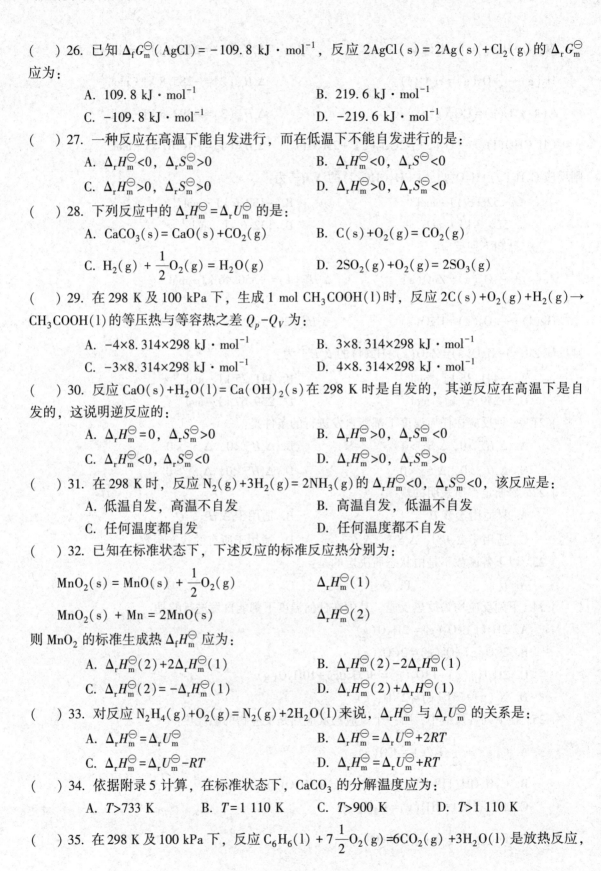

（　）26. 已知 $\Delta_f G_m^{\ominus}(AgCl) = -109.8 \ kJ \cdot mol^{-1}$，反应 $2AgCl(s) = 2Ag(s) + Cl_2(g)$ 的 $\Delta_r G_m^{\ominus}$ 应为：

　　　　A. $109.8 \ kJ \cdot mol^{-1}$　　　　　　　B. $219.6 \ kJ \cdot mol^{-1}$

　　　　C. $-109.8 \ kJ \cdot mol^{-1}$　　　　　　D. $-219.6 \ kJ \cdot mol^{-1}$

（　）27. 一种反应在高温下能自发进行，而在低温下不能自发进行的是：

　　　　A. $\Delta_r H_m^{\ominus}<0$，$\Delta_r S_m^{\ominus}>0$　　　　B. $\Delta_r H_m^{\ominus}<0$，$\Delta_r S^{\ominus}<0$

　　　　C. $\Delta_r H_m^{\ominus}>0$，$\Delta_r S_m^{\ominus}>0$　　　　D. $\Delta_r H_m^{\ominus}>0$，$\Delta_r S_m^{\ominus}<0$

（　）28. 下列反应中的 $\Delta_r H_m^{\ominus} = \Delta_r U_m^{\ominus}$ 的是：

　　　　A. $CaCO_3(s) = CaO(s) + CO_2(g)$　　　　B. $C(s) + O_2(g) = CO_2(g)$

　　　　C. $H_2(g) + \dfrac{1}{2}O_2(g) = H_2O(g)$　　　D. $2SO_2(g) + O_2(g) = 2SO_3(g)$

（　）29. 在 298 K 及 100 kPa 下，生成 1 mol $CH_3COOH(l)$ 时，反应 $2C(s) + O_2(g) + H_2(g) \rightarrow$ $CH_3COOH(l)$ 的等压热与等容热之差 $Q_p - Q_V$ 为：

　　　　A. $-4 \times 8.314 \times 298 \ kJ \cdot mol^{-1}$　　　B. $3 \times 8.314 \times 298 \ kJ \cdot mol^{-1}$

　　　　C. $-3 \times 8.314 \times 298 \ kJ \cdot mol^{-1}$　　　D. $4 \times 8.314 \times 298 \ kJ \cdot mol^{-1}$

（　）30. 反应 $CaO(s) + H_2O(l) = Ca(OH)_2(s)$ 在 298 K 时是自发的，其逆反应在高温下是自发的，这说明逆反应的：

　　　　A. $\Delta_r H_m^{\ominus} = 0$，$\Delta_r S_m^{\ominus}>0$　　　　B. $\Delta_r H_m^{\ominus}>0$，$\Delta_r S_m^{\ominus}<0$

　　　　C. $\Delta_r H_m^{\ominus}<0$，$\Delta_r S_m^{\ominus}<0$　　　　D. $\Delta_r H_m^{\ominus}>0$，$\Delta_r S_m^{\ominus}>0$

（　）31. 在 298 K 时，反应 $N_2(g) + 3H_2(g) = 2NH_3(g)$ 的 $\Delta_r H_m^{\ominus}<0$，$\Delta_r S_m^{\ominus}<0$，该反应是：

　　　　A. 低温自发，高温不自发　　　　　　B. 高温自发，低温不自发

　　　　C. 任何温度都自发　　　　　　　　　D. 任何温度都不自发

（　）32. 已知在标准状态下，下述反应的标准反应热分别为：

　　　　$MnO_2(s) = MnO(s) + \dfrac{1}{2}O_2(g)$　　　　　$\Delta_r H_m^{\ominus}(1)$

　　　　$MnO_2(s) + Mn = 2MnO(s)$　　　　　　　　$\Delta_r H_m^{\ominus}(2)$

则 MnO_2 的标准生成热 $\Delta_f H_m^{\ominus}$ 应为：

　　　　A. $\Delta_r H_m^{\ominus}(2) + 2\Delta_r H_m^{\ominus}(1)$　　　　B. $\Delta_r H_m^{\ominus}(2) - 2\Delta_r H_m^{\ominus}(1)$

　　　　C. $\Delta_r H_m^{\ominus}(2) = -\Delta_r H_m^{\ominus}(1)$　　　　D. $\Delta_r H_m^{\ominus}(2) + \Delta_r H_m^{\ominus}(1)$

（　）33. 对反应 $N_2H_4(g) + O_2(g) = N_2(g) + 2H_2O(l)$ 来说，$\Delta_r H_m^{\ominus}$ 与 $\Delta_r U_m^{\ominus}$ 的关系是：

　　　　A. $\Delta_r H_m^{\ominus} = \Delta_r U_m^{\ominus}$　　　　　　　B. $\Delta_r H_m^{\ominus} = \Delta_r U_m^{\ominus} + 2RT$

　　　　C. $\Delta_r H_m^{\ominus} = \Delta_r U_m^{\ominus} - RT$　　　　　D. $\Delta_r H_m^{\ominus} = \Delta_r U_m^{\ominus} + RT$

（　）34. 依据附录 5 计算，在标准状态下，$CaCO_3$ 的分解温度应为：

　　　　A. $T>733 \ K$　　　B. $T = 1\ 110 \ K$　　　C. $T>900 \ K$　　　　D. $T>1\ 110 \ K$

（　）35. 在 298 K 及 100 kPa 下，反应 $C_6H_6(l) + 7\dfrac{1}{2}O_2(g) = 6CO_2(g) + 3H_2O(l)$ 是放热反应，

则其恒容热 Q_V 和恒压热 Q_p 是:

      A. 恒容放热多   B. 恒压放热多   C. 两者相等   D. 无法确定

( ) 36. 若某一系统从一始态出发经过一循环过程又回到始态, 则系统热力学能的增量是:

      A. $\Delta_r U_m^{\ominus} = 0$ B. 无法判断   C. $\Delta_r U_m^{\ominus} > 0$ D. $\Delta_r U_m^{\ominus} < 0$

( ) 37. 判断下列反应 $CH_4(g) + 2O_2(g) = CO_2(g) + 2H_2O(l)$ 的熵变:

      A. $\Delta_r S_m^{\ominus} = 0$ B. 无法判断   C. $\Delta_r S_m^{\ominus} > 0$ D. $\Delta_r S_m^{\ominus} < 0$

( ) 38. 某一系统经不同途径从始态到相同的终态, 则下列关系一定成立的是:

      A. $Q(1) = Q(2)$ B. $W(1) = W(2)$

      C. $Q(1) + W(1) = Q(2) + W(2)$ D. $\Delta U(1) < \Delta U(2)$

( ) 39. 在 298 K 及标准状态下, 1.00 g 铝燃烧生成 $Al_2O_3(s)$ 会放热 30.92 kJ, 则 $Al_2O_3(s)$ 的 $\Delta_f H_m^{\ominus}$ 为:

      A. 30.92 kJ $\cdot$ mol^{-1} B. -27×30.92 kJ $\cdot$ mol^{-1}

      C. -54×30.92 kJ $\cdot$ mol^{-1} D. 27×30.92 kJ $\cdot$ mol^{-1}

( ) 40. 已知 $\Delta_f H_m^{\ominus}($金刚石$) > \Delta_f H_m^{\ominus}($石墨$)$, 则 $\Delta_c H_m^{\ominus}($金刚石$)$:

      A. $\Delta_c H_m^{\ominus}($金刚石$) = \Delta_f H_m^{\ominus}(CO_2)$ B. $\Delta_c H_m^{\ominus}($金刚石$) > \Delta_f H_m^{\ominus}(CO_2)$

      C. $\Delta_c H_m^{\ominus}($金刚石$) < \Delta_f H_m^{\ominus}(CO_2)$ D. 不能确定

( ) 41. 下列情况属于封闭系统的是:

      A. 加热烧杯中的水至沸腾

      B. 氢气在密闭、绝热、无形变的容器中燃烧

      C. 煤在炉灶中的燃烧

      D. 铅蓄电池的充电过程

( ) 42. 下列变量中不属于状态函数变化量的是:

      A. ΔS B. ΔU C. ΔG D. ΔQ

( ) 43. 如果系统经过一系列变化, 最后又回到起始状态, 则以下关系均能成立的是:

      A. $Q = 0$, $W = 0$, $\Delta U = 0$, $\Delta H = 0$ B. $Q \neq 0$, $W \neq 0$, $\Delta U = 0$, $\Delta H = Q$

      C. $Q = -W$, $\Delta U = Q + W$, $\Delta H = 0$ D. $Q \neq W$, $\Delta U = Q + W$, $\Delta H = 0$

( ) 44. 标准状态下进行的气相反应, 是指:

      A. 各反应物和各生成物的浓度都是 1 mol $\cdot$ L^{-1}

      B. 各反应物和各生成物的分压都是 100 kPa

      C. 反应物和生成物的总浓度为 1 mol $\cdot$ L^{-1}

      D. 反应物和生成物的总压力为 100 kPa

( ) 45. 定温定压下, 反应 $A(s) + B(g) = 2C(g)$ 为放热反应, 则反应系统的:

      A. $\Delta H > 0$, $W > 0$ B. $\Delta H > 0$, $W < 0$ C. $\Delta H < 0$, $W < 0$ D. $\Delta H < 0$, $W > 0$

( ) 46. 在 298 K 时, 碘单质在下列哪种状态下的标准摩尔生成焓 $\Delta_f H_m^{\ominus}$ 为零:

      A. $I_2(g)$ B. $I_2(s)$ C. $I_2(aq)$ D. 都不是

( ) 47. 已知反应 $A + B = C + D$ 的 $\Delta_r H_m^{\ominus} = 10$ kJ $\cdot$ mol^{-1}, 反应 $C + D = E$ 的 $\Delta_r H_m^{\ominus} = 5$ kJ $\cdot$ mol^{-1},

则反应 A+B＝E 的，$\Delta_r H_m^{\ominus}$ 是：

    A. 5 kJ·mol^{-1} B. −15 kJ·mol^{-1} C. −5 kJ·mol^{-1} D. 15 kJ·mol^{-1}

( ) 48. 已知如下条件：

(1) C(石墨)+O$_2$(g)＝CO$_2$(g) $\Delta_r H_m^{\ominus}$(298 K)＝−393.5 kJ·mol^{-1}

(2) Mg(s)+$\frac{1}{2}$O$_2$(g)＝MgO(s) $\Delta_r H_m^{\ominus}$(298 K)＝−601.6 kJ·mol^{-1}

(3) Mg(s)+C(s)+$\frac{3}{2}$O$_2$(g)＝MgCO$_3$(s) $\Delta_r H_m^{\ominus}$(298 K)＝−1 095.8 kJ·mol^{-1}

反应 MgO(s)+CO$_2$(g)＝MgCO$_3$(s)的 $\Delta_r H_m^{\ominus}$(298 K)为：

    A. −100.7 kJ·mol^{-1} B. 2 091 kJ·mol^{-1}

    C. −887.7 kJ·mol^{-1} D. −314 kJ·mol^{-1}

( ) 49. 相同温度下，下列物质中标准摩尔熵最小的是：

    A. 碘水   B. I$_2$(s)   C. I$_2$(g)   D. KI(aq)

( ) 50. 已知化学反应 CH$_4$(g)+2O$_2$(g)＝CO$_2$(g)+2H$_2$O(l) 的标准摩尔生成焓 $\Delta_r H_m^{\ominus}$<0，则该反应是：

    A. 任意温度下自发进行   B. 任意温度下非自发进行

    C. 高温度下自发进行   D. 低温度下自发进行

( ) 51. 下列物理量中，可以确定其绝对值的是：

    A. H B. U C. G D. S

( ) 52. 若下列反应都在 25 ℃下进行，反应的 $\Delta_r H_m^{\ominus}$ 与生成物的 $\Delta_f H_m^{\ominus}$ 相等的是：

    A. H$_2$(g)+I$_2$(g)＝2HI(g)   B. HCl(g)+NH$_3$(g)＝NH$_4$Cl(s)

    C. H$_2$(g)+$\frac{1}{2}$O$_2$(g)＝H$_2$O(g)   D. C(金刚石)+O$_2$(g)＝CO$_2$(g)

( ) 53. 对于定温定压不做非体积功的系统，若在非标准状态下自发进行，则下列表示正确的是：

    A. $\Delta_r H_m^{\ominus}(T)$<0 B. $\Delta_r S_m^{\ominus}(T)$<0 C. $\Delta_r G_m^{\ominus}(T)$<0 D. $\Delta_r G_m(T)$<0

( ) 54. 一定温度下，下列过程中，$\Delta_r S_m^{\ominus}(T)$<0 的是：

    A. NH$_4$Cl(s)＝NH$_3$(g)+HCl(g)

    B. H$_2$O(l)＝H$_2$O(g)

    C. H$_2$(g)+$\frac{1}{2}$O$_2$(g)＝H$_2$O(l)

    D. Na$_2$CO$_3$·10 H$_2$O(s)＝Na$_2$CO$_3$(s)+10 H$_2$O(l)

( ) 55. 1 mol 纯液体在其正常沸点汽化过程中，下列说法正确的是：

    A. $\Delta_r S_m^{\ominus}$>0，$\Delta_r G_m^{\ominus}$＝0   B. $\Delta_r S_m^{\ominus}$>0，$\Delta_r G_m^{\ominus}$<0

    C. $\Delta_r S_m^{\ominus}$>0，$\Delta_r H_m^{\ominus}$<0   D. $\Delta_r G_m^{\ominus}$>0，$\Delta_r H_m^{\ominus}$<0

( ) 56. 在定温和定压条件下，某反应的 $\Delta_r G_m^{\ominus}$＝11.6 kJ·mol^{-1}，表明该反应：

    A. 一定自发   B. 一定不自发

C. 是否自发还须具体分析　　　　　　D. 达到平衡

(　) 57. 下列叙述错误的是：

    A. 298 K 时，$\Delta_f G_m^{\ominus}[C(石墨)]=0$

    B. 298 K 时，$\Delta_f H_m^{\ominus}[C(石墨)]=0$

    C. 298 K 时，$S_m^{\ominus}[C(石墨)]=0$

    D. 298 K 时，$S_m^{\ominus}(NaCl)=\dfrac{\Delta_f H_m^{\ominus}(NaCl)-\Delta_f G_m^{\ominus}(NaCl)}{T}$

(　) 58. 已知 $\Delta_f G_m^{\ominus}(CuO, 298\ K)=-129.7\ kJ\cdot mol^{-1}$，$\Delta_f H_m^{\ominus}(CuO, 298\ K)=-157.3\ kJ\cdot mol^{-1}$，则由 CuO 分解为 Cu(s) 和 $1/2O_2(g)$ 时反应的 $\Delta_r S_m^{\ominus}(298\ K)$ 及反应自发进行的温度条件为：

    A. $-92.62\ J\cdot mol^{-1}\cdot K^{-1}$，1 698 K　　B. $0.092\ 62\ J\cdot mol^{-1}\cdot K^{-1}$，1 698 K

    C. $92.62\ J\cdot mol^{-1}\cdot K^{-1}$，1 698 K　　D. $0.185\ 0\ J\cdot mol^{-1}\cdot K^{-1}$，5 890 K

(三) 简答题

1. 什么叫状态函数？它有何特点？试举出五个以上状态函数。Q、W、H、U、S、G 中哪些是状态函数？哪些不是状态函数？

2. 什么叫热力学能？热力学第一定律的数学表达式是什么？它适用于什么系统？物理意义是什么？

3. 熵增加原理的内容是什么？

4. 简述自由能改变 $\Delta_r G_m^{\ominus}$ 的物理意义。

5. 化学热力学中，系统与环境是如何划分的？系统分为哪几类？

6. 化学热力学中，系统与环境之间传递的能量有几种？定义分别是什么？

7. 什么是化学反应的热效应？化学反应的热效应分几种？都是什么？它们之间的关系如何？

8. 盖斯定律的基本内容是什么？哪些热力学状态函数可以应用？

9. 什么是自发过程？它有何特点？

10. 热力学第三定律的基本内容是什么？

11. 如何应用 $\Delta_r G_m^{\ominus}$ 判断反应的自发方向？

12. 利用吉布斯-亥姆霍兹方程，简述在标准状态下，温度对化学反应自发方向的影响。

(四) 计算题

1. 计算下列情况系统热力学能的变化：

(1) 系统吸热 150 J，并且系统对环境做功 180 J；

(2) 系统放热 300 J，并且系统对环境做功 750 J；

(3) 系统吸热 280 J，并且环境对系统做功 460 J；

(4) 系统放热 280 J，并且环境对系统做功 540 J。

2. 在标准状态时，冰在 0 ℃ 时的熔化热为 6.02 kJ·mol^{-1}，在 100 ℃ 时的汽化热为 40.63 kJ·mol^{-1}。求 1 mol 的固态水在融化时和 1 mol 液态水在汽化时的熵变 $\Delta_r S_m^{\ominus}$。

3. 依据附录 5 相关参数，计算在 298 K 及 100 kPa 下，反应 $4NH_3(g) + 5O_2(g) = 4NO(g) + 6H_2O(l)$ 的反应热。

4. 已知 298 K 及标准状态下，$\Delta_f H_m^{\ominus}(C_3H_6, g) = 20.42 \text{ kJ} \cdot \text{mol}^{-1}$，$\Delta_f H_m^{\ominus}(C_3H_8, g) = -103.80 \text{ kJ} \cdot \text{mol}^{-1}$。求 $CH_2CHCH_3(g) + H_2(g) = CH_3CH_2CH_3(g)$ 恒压下的 $\Delta_r H_m^{\ominus}$ 和 $\Delta_r U_m^{\ominus}$。

5. 在 100 kPa 下，试通过附录 5 相关参数计算说明反应 $H_2O(l) = H_2(g) + \dfrac{1}{2} O_2(g)$ 在什么温度下能正向自发进行。(假设 $\Delta_r S_m^{\ominus}$ 和 $\Delta_r H_m^{\ominus}$ 随温度的变化忽略不计)

6. 已知化学反应中涉及的相关参数如下：

$$C(s) + H_2O(g) = CO(g) + H_2(g)$$

$\Delta_f G_m^{\ominus}/(\text{kJ} \cdot \text{mol}^{-1})$ 0 -228.57 -137.17 0

$S_m^{\ominus}/(\text{J} \cdot \text{mol}^{-1} \cdot \text{K}^{-1})$ 5.74   188.835   197.66   130.68

(1) 仅用所给参数计算说明在 298 K 和 100 kPa 下，反应能否正向自发进行？

(2) 仅用所给参数计算 $\Delta_r H_m^{\ominus}$。

7. 在 298 K 及 100 kPa 下，$C_2H_4(g)$ 的 $\Delta_f H_m^{\ominus} = 226.7 \text{ kJ} \cdot \text{mol}^{-1}$，其余参数参考附录 5。计算 10 g 乙烯完全燃烧所产生的热量。

8. 根据下列的反应及其反应热数据：

$Fe_2O_3(s) + 3CO(g) = 2Fe(s) + 3CO_2(g)$ $\Delta_r H_m^{\ominus}(1) = -24.8 \text{ kJ} \cdot \text{mol}^{-1}$

$3Fe_2O_3(s) + CO(g) = 2Fe_3O_4(s) + CO_2(g)$ $\Delta_r H_m^{\ominus}(2) = -47.1 \text{ kJ} \cdot \text{mol}^{-1}$

$Fe_3O_4(s) + CO(g) = 3FeO(s) + CO_2(g)$ $\Delta_r H_m^{\ominus}(3) = 19.4 \text{ kJ} \cdot \text{mol}^{-1}$

求反应 $FeO(s) + CO(g) = Fe(s) + CO_2(g)$ 的反应热。

9. 在 298 K 时，依据下述反应及其反应热求 $C_2H_5OH(l)$ 的 $\Delta_f H_m^{\ominus}$。

$C_2H_5OH(l) + 3O_2(g) = 2CO_2(g) + 3H_2O(l)$ $\Delta_r H_m^{\ominus}(1) = -1\,366.8 \text{ kJ} \cdot \text{mol}^{-1}$

$C(s) + O_2(g) = CO_2(g)$ $\Delta_r H_m^{\ominus}(2) = -393.51 \text{ kJ} \cdot \text{mol}^{-1}$

$H_2(g) + \dfrac{1}{2} O_2(g) = H_2O(l)$ $\Delta_r H_m^{\ominus}(3) = -285.8 \text{ kJ} \cdot \text{mol}^{-1}$

10. 298 K 时，$C_{12}H_{22}O_{11}(s)$ 的 $\Delta_f H_m^{\ominus} = -2\,222.1 \text{ kJ} \cdot \text{mol}^{-1}$。计算 1 g 蔗糖在机体内氧化为 $CO_2(g)$ 及 $H_2O(l)$ 时，可为机体提供多少热量？(假设热效应与温度无关)

11. 白云石的化学式可写作 $CaCO_3 \cdot MgCO_3$，其性质可看作是 $CaCO_3$ 和 $MgCO_3$ 的混合物。试用热力学数据推论在 600 K 和 1 200 K 分解产物各是什么？

12. 已知在 298 K 时，NaCl 溶于水反应有关热力学数据如下：

$$NaCl(s) = Na^+(aq) + Cl^-(aq)$$

$\Delta_f G_m^{\ominus}/(\text{kJ} \cdot \text{mol}^{-1})$ -384.14 -261.98 -131.26

$S_m^{\ominus}/(\text{J} \cdot \text{mol}^{-1} \cdot \text{K}^{-1})$ 72.13   58.45   56.60

仅依据所给数据，求 NaCl 的溶解热。

13. 一热力学系统在定温定容的条件下发生变化时，放热 15 kJ，同时做电功 35 kJ。假若系统在发生变化时，不做非体积功(其他条件不变)，计算系统能放出多少热？

14. 在 373 K 和 100 kPa 下，2.0 mol 的 H_2 和 1.0 mol 的 O_2 反应，生成 2.0 mol 的水蒸气，放热 484 kJ。求该反应的 $\Delta_r U_m^{\ominus}$。

15. 已知在 298 K，100 kPa 下，

(1) $2C(石墨) + O_2(g) = 2CO(g)$ $\Delta_r H_m^{\ominus}(1) = -221.06 \text{ kJ} \cdot \text{mol}^{-1}$

(2) $3Fe(s) + 2O_2(g) = Fe_3O_4(s)$ $\Delta_r H_m^{\ominus}(2) = -1\ 118.4 \text{ kJ} \cdot \text{mol}^{-1}$

求反应(3) $Fe_3O_4(s) + 4C(石墨) = 3Fe(s) + 4CO(g)$ 在 298 K 时的反应热 $\Delta_r H_m^{\ominus}(3)$。

16. 生物体内有机物的分级氧化对菌体的生长、营养的消耗十分重要。如醋酸杆菌可通过乙醇氧化反应获得所需要的能量，其过程分两步完成：$CH_3CH_2OH \rightarrow CH_3CHO \rightarrow CH_3COOH$，请根据下列反应及其反应热计算生物体内乙醇被氧化成乙醛及乙醛被进一步氧化成乙酸的反应热。

(1) $CH_3CH_2OH(l) + 3O_2(g) = 2CO_2(g) + 3H_2O(l)$ $\Delta_r H_m^{\ominus} = -1\ 371 \text{ kJ} \cdot \text{mol}^{-1}$

(2) $CH_3CHO(l) + \dfrac{5}{2} O_2(g) = 2CO_2(g) + 2H_2O(l)$ $\Delta_r H_m^{\ominus} = -1\ 168 \text{ kJ} \cdot \text{mol}^{-1}$

(3) $CH_3COOH(l) + 2O_2(g) = 2CO_2(g) + 2H_2O(l)$ $\Delta_r H_m^{\ominus} = -876 \text{ kJ} \cdot \text{mol}^{-1}$

17. 已知 $CO_2(g)$ 的 $\Delta_f H_m^{\ominus} = -393.51 \text{ kJ} \cdot \text{mol}^{-1}$，$H_2O(l)$ 的 $\Delta_f H_m^{\ominus} = -285.83 \text{ kJ} \cdot \text{mol}^{-1}$，测定苯的燃烧焓为 $\Delta_c H_m^{\ominus} = -3\ 267.5 \text{ kJ} \cdot \text{mol}^{-1}$。计算苯的标准摩尔生成焓。

18. 已知在 298 K，标准状态下 $CH_3OCH_3(l) + 3O_2(g) = 2CO_2(g) + 3H_2O(l)$，$\Delta_r H_m^{\ominus} = -1\ 461 \text{ kJ} \cdot \text{mol}^{-1}$。依据附表 5 相关参数计算 $\Delta_f H_m^{\ominus}(CH_3OCH_3)$。

19. 依据附录 5，查表计算 298 K 及标准状态下，反应 $2CO(g) + O_2(g) = 2CO_2(g)$ 的熵变和焓变，并分析它们对于反应自发性的贡献。

20. 已知 298 K 时，下面反应的热力学数据：

$$CaCO_3(s) = CaO(s) + CO_2(g)$$

	$CaCO_3(s)$	$CaO(s)$	$CO_2(g)$
$\Delta_f G_m^{\ominus}/(\text{kJ} \cdot \text{mol}^{-1})$	$-1\ 128.79$	-603.3	-394.36
$S_m^{\ominus}/(\text{J} \cdot \text{mol}^{-1} \cdot \text{K}^{-1})$	92.9	38.1	213.785

仅依据上面热力学数据计算回答下列问题：

(1) 标准状态下，298 K 时，反应能否自发进行？

(2) 标准状态下，1 600 K 时，反应能否自发进行？

21. 一百多年前的一个严冬，一批俄国紧急运往西伯利亚的军装上白锡制的纽扣，在运抵后全部变为粉末状的灰锡，成了轰动一时的新闻。试根据锡的两种不同晶型的热力学数据 (298 K)，估算标准状态下使用锡器的温度条件，并简要解释上述现象。有关热力学数据如下：

$$Sn(s, 白) = Sn(s, 灰)$$

	$Sn(s, 白)$	$Sn(s, 灰)$
$\Delta_f H_m^{\ominus}/(\text{kJ} \cdot \text{mol}^{-1})$	0.0	-2.1
$S_m^{\ominus}/(\text{J} \cdot \text{mol}^{-1} \cdot \text{K}^{-1})$	51.5	44.1

22. 仅依据以下列出热力学数据计算在 298 K 标准状态下，反应 $2SO_3(g) = O_2(g) + 2SO_2(g)$ 的 $\Delta_r G_m^{\ominus}$，并说明反应方向，计算反应自发进行的最低温度。

$$2SO_3(g) = O_2(g) + 2SO_2(g)$$

$\Delta_f H_m^{\ominus}/(kJ \cdot mol^{-1})$	-395.72	0	-296.81
$\Delta_f G_m^{\ominus}/(kJ \cdot mol^{-1})$	-371.06	0	-300.19

23. 当煤燃烧时，会产生 SO_3 或 SO_2，已知反应 $CaO(s)+SO_3(g)=CaSO_4(s)$。问在什么温度范围，能用 CaO 来吸收 SO_3 以减少污染？相关热力学数据参考附录5。

24. 已知反应 $MgCO_3(s) = MgO(s)+CO_2(g)$，相关热力学数据参考附录5。

(1)计算 298 K，标准状态下该反应的 $\Delta_r H_m^{\ominus}$、$\Delta_r S_m^{\ominus}$、$\Delta_r G_m^{\ominus}$。

(2)在 100 kPa，500 K 时反应能否自发进行？

(3)在 100 kPa 压力下，$MgCO_3(s)$ 分解的最低温度是多少？

25. 室温下暴露在空气中的金属铜，表面会因生成 CuO(黑)而失去光泽，将金属铜加热到一定温度 T_1 时，黑色 CuO 转化为红色 Cu_2O，在继续加热至温度升至 T_2 时，金属表面氧化物消失，写出上述后两个反应的方程式，并估计 T_1 与 T_2 的取值范围。相关热力学数据参考附录5。

练习题答案

(一) 判断题

1. ×	2. ×	3. √	4. √
5. ×	6. ×	7. ×	8. √
9. ×	10. ×	11. √	12. ×
13. ×	14. √	15. √	16. ×
17. √	18. √	19. √	20. ×
21. √	22. ×	23. √	24. √
25. ×	26. ×	27. √	28. ×
29. ×	30. √	31. ×	32. ×
33. √	34. ×	35. ×	36. √
37. ×	38. ×	39. ×	40. √
41. ×	42. ×		

(二) 选择题(单选)

1. A	2. C	3. A	4. A
5. C	6. B	7. C	8. A
9. B	10. B	11. A	12. D
13. D	14. C	15. C	16. D
17. B	18. A	19. B	20. C
21. D	22. D	23. B	24. C

25. B	26. B	27. C	28. B
29. C	30. D	31. A	32. B
33. C	34. D	35. B	36. A
37. D	38. C	39. C	40. C
41. D	42. D	43. C	44. B
45. C	46. B	47. D	48. A
49. B	50. D	51. D	52. C
53. D	54. C	55. A	56. C
57. C	58. C		

（三）简答题

1. 系统的性质是由系统的状态确定的，这些用来确定系统所处状态的宏观物理量叫状态函数。

状态函数的特点：（1）系统状态一定，状态函数有确定值，状态变化，状态函数也变化；（2）状态函数之间是相互联系的；（3）状态函数的改变量只取决于变化的始态和终态，与变化所经过的途径无关。

常见的状态函数有 H、p、V、T、S 等。H、U、S、G 是状态函数，Q、W 不是状态函数。

2. 系统内所有微观粒子全部能量的总和称为系统的热力学能。

数学表达式为 $\Delta U = Q + W$，它适用于封闭系统，其物理意义是封闭系统以热和功的形式传递的能量之和，等于系统热力学能的变化。

3. 在孤立系统中发生的任何变化，总是自发地向熵增加的方向进行，即向着 $\Delta S_{孤} > 0$ 的方向进行的。当达到平衡时 $\Delta S_{孤} = 0$，此时熵值达到最大。

4. $\Delta_r G_m^{\ominus}$ 的物理意义是系统做最大有用功的那部分能量。

5. 热力学中，将研究的对象称为系统。系统之外与系统密切相关的周围部分称为环境。

按系统和环境之间是否存在物质交换和能量交换，可将系统分为三类，即敞开系统（系统和环境之间既有物质交换又有能量交换）、封闭系统（系统和环境之间没有物质交换只有能量交换）、孤立系统（系统和环境之间既无物质交换又无能量交换）。

6. 两种。一种是热（系统和环境之间由于温度的不同而传递的能量）；另一种是功（除热以外，系统和环境之间传递的能量）。

7. 反应过程中只做体积功，反应物和产物的温度相同时，系统所吸收或放出的热量称为化学反应热效应，简称反应热。反应热分定容反应热（Q_V）和定压反应热（Q_p），两者之间的关系为 $Q_p = Q_V + p\Delta V$

8. 在定容或定压条件下，只做体积功的任意化学反应，不管是一步完成还是分几步完成，其反应的热效应相同。或者说：化学反应的热效应只与反应的始态和终态有关，而与其变化的途径无关。H、U、S、G 都可以应用盖斯定律计算其变化量。

9. 在一定条件下，不靠任何外力的做功就能自动进行的过程叫自发过程。自发过程的特点：（1）自发过程是单向的（具有方向性）；（2）自发过程有一定的限度；（3）进行自发过程的系统具有做有用功（非体积功）的能力；（4）自发过程与变化速率无关。

10. 任何纯净物质的完美晶体在 0 K 时，其熵值为零。

11. 对于在标准状态下，定温、定压、只做体积功的系统：

$\Delta_r G_m^{\ominus} < 0$，正向自发；

$\Delta_r G_m^{\ominus} > 0$，逆向自发；

$\Delta_r G_m^{\ominus} = 0$，平衡状态。

12. 吉布斯-亥姆霍兹方程的数学表达式 $\Delta_r G_m^{\ominus} = \Delta_r H_m^{\ominus} - T\Delta_r S_m^{\ominus}$

由公式可得出，当 $\Delta_r H_m^{\ominus}$ 与 $\Delta_r S_m^{\ominus}$ 异号时，温度不影响反应自发方向；$\Delta_r H_m^{\ominus}$ 与 $\Delta_r S_m^{\ominus}$ 同号时，温度对反应自发方向有影响；当 $\Delta_r H_m^{\ominus} > 0$ ，$\Delta_r S_m^{\ominus} > 0$ 时，高温自发，低温非自发；当 $\Delta_r H_m^{\ominus} < 0$，$\Delta_r S_m^{\ominus} < 0$ 时，低温自发，高温非自发。

(四)计算题

1. 解：(1) 已知 $Q = 150$ J，$W = -180$ J，$\Delta U = Q + W = 150$ J$+(-180$ J$) = -30$ J；

(2) 已知 $Q = -300$ J，$W = -750$ J，$\Delta U = Q + W = -300$ J$+(-750$ J$) = -1\,050$ J；

(3) 已知 $Q = 280$ J，$W = 460$ J，$\Delta U = Q + W = 280$ J$+460$ J$= 740$ J；

(4) 已知 $Q = -280$ J，$W = 540$ J，$\Delta U = Q + W = -280$ J$+540$ J$= 260$ J。

2. 解：(1) 已知 $H_2O(s) = H_2O(l)$，$\Delta_r H_m^{\ominus} = 6.02$ kJ $\cdot$ mol^{-1}

273 K 时水的固相和液相共存，处于平衡状态，故有：

$\Delta_r G_m^{\ominus}(273$ K$) = 0$ kJ $\cdot$ mol^{-1}

$\Delta_r G_m^{\ominus}(T) = \Delta_r H_m^{\ominus} - T\Delta_r S_m^{\ominus}$

$\Delta_r S_m^{\ominus} = \Delta_r H_m^{\ominus}/273$ K $= 6.02 \times 10^3$ J $\cdot$ mol^{-1}/273 K $= 22.05$ J $\cdot$ mol^{-1} $\cdot$ K^{-1}

1 mol 的固态水在融化时 $\Delta_r S_m^{\ominus} = 22.05$ J $\cdot$ mol^{-1} $\cdot$ K^{-1}

(2) $H_2O(l) = H_2O(g)$，$\Delta_r H_m^{\ominus} = 40.63$ kJ $\cdot$ mol^{-1}

373 K 时水的气相和液相共存，处于平衡状态，故有：

$\Delta_r G_m^{\ominus}(373$ K$) = 0$ kJ $\cdot$ mol^{-1}

$\Delta_r S_m^{\ominus} = \Delta_r H_m^{\ominus}/373$ K $= 40.63 \times 10^3$ J $\cdot$ mol^{-1}/373 K $= 108.93$ J $\cdot$ mol^{-1} $\cdot$ K^{-1}

1 mol 液态水在汽化时的熵变 $\Delta_r S_m^{\ominus} = 108.93$ J $\cdot$ mol^{-1} $\cdot$ K^{-1}

3. 解：$4NH_3(g) + 5O_2(g) = 4NO(g) + 6H_2O(l)$

$\Delta_r H_m^{\ominus} = 4 \times \Delta_f H_m^{\ominus}(NO) + 6 \times \Delta_f H_m^{\ominus}(H_2O) + (-4) \times \Delta_f H_m^{\ominus}(NH_3) + (-5) \times \Delta_f H_m^{\ominus}(O_2)$

$\qquad = 4 \times 91.3$ kJ $\cdot$ mol^{-1} $+ 6 \times (-285.83$ kJ $\cdot$ mol$^{-1}) - 4 \times (-45.94$ kJ $\cdot$ mol$^{-1}) - 5 \times 0$ kJ $\cdot$ mol^{-1}

$\qquad = -1\,166.02$ kJ $\cdot$ mol^{-1}

4. 解：$\Delta_r H_m^{\ominus} = \Delta_f H_m^{\ominus}(C_3H_8, g) + (-1) \times \Delta_f H_m^{\ominus}(C_3H_6, g) + (-1) \times \Delta_f H_m^{\ominus}(H_2)$

$\qquad = -103.80$ kJ $\cdot$ mol^{-1} -20.42 kJ $\cdot$ mol^{-1} -0 kJ $\cdot$ mol^{-1}

$\qquad = -124.22$ kJ $\cdot$ mol^{-1}

$\Delta_r H_m^{\ominus} = \Delta_r U_m^{\ominus} + \Delta nRT$

-124.22 kJ $\cdot$ mol$^{-1} = \Delta_r U_m^{\ominus} - 1 \times 8.314 \times 10^{-3}$ kJ $\cdot$ mol^{-1} $\cdot$ K$^{-1} \times 298$ K

$\Delta_r U_m^{\ominus} = -121.74 \text{ kJ} \cdot \text{mol}^{-1}$

5. 解：$\Delta_r H_m^{\ominus} = \Delta_f H_m^{\ominus}(H_2, \text{ g}) + \dfrac{1}{2} \times \Delta_f H_m^{\ominus}(O_2, \text{ g}) + (-1) \times \Delta_f H_m^{\ominus}(H_2O, \text{ l})$

$\qquad = 0 \text{ kJ} \cdot \text{mol}^{-1} + \dfrac{1}{2} \times 0 \text{ kJ} \cdot \text{mol}^{-1} - (-285.83 \text{ kJ} \cdot \text{mol}^{-1})$

$\qquad = 285.83 \text{ kJ} \cdot \text{mol}^{-1}$

$\Delta_r S_m^{\ominus} = S_m^{\ominus}(H_2, \text{ g}) + \dfrac{1}{2} \times S_m^{\ominus}(O_2, \text{ g}) + (-1) \times S_m^{\ominus}(H_2O, \text{ l})$

$\qquad = 130.68 \text{ J} \cdot \text{mol}^{-1} \cdot \text{K}^{-1} + \dfrac{1}{2} \times 205.152 \text{ J} \cdot \text{mol}^{-1} \cdot \text{K}^{-1} - 69.95 \text{ J} \cdot \text{mol}^{-1} \cdot \text{K}^{-1}$

$\qquad = 163.306 \text{ J} \cdot \text{mol}^{-1} \cdot \text{K}^{-1}$

$T \geqslant \dfrac{\Delta_r H_m^{\ominus}}{\Delta_r S_m^{\ominus}} = \dfrac{285.83 \times 10^3 \text{ J} \cdot \text{mol}^{-1}}{163.306 \text{ J} \cdot \text{mol}^{-1} \cdot \text{K}^{-1}} = 1\,750 \text{ K}$

6. 解：(1) $\Delta_r G_m^{\ominus} = \Delta_f G_m^{\ominus}(CO) + \Delta_f G_m^{\ominus}(H_2) + (-1) \times \Delta_f G_m^{\ominus}(C) + (-1) \times \Delta_f G_m^{\ominus}(H_2O)$

$\qquad = (-137.17 \text{ kJ} \cdot \text{mol}^{-1}) + 0 \text{ kJ} \cdot \text{mol}^{-1} - 0 \text{ kJ} \cdot \text{mol}^{-1} - (-228.57 \text{ kJ} \cdot \text{mol}^{-1})$

$\qquad = 91.40 \text{ kJ} \cdot \text{mol}^{-1}$

298 K，100 kPa 下不能自发进行。

(2) $\Delta_r S_m^{\ominus} = S_m^{\ominus}(CO) + S_m^{\ominus}(H_2) + (-1) \times S_m^{\ominus}(C) + (-1) \times S_m^{\ominus}(H_2O)$

$\qquad = 197.66 \text{ J} \cdot \text{mol}^{-1} \cdot \text{K}^{-1} + 130.68 \text{ J} \cdot \text{mol}^{-1} \cdot \text{K}^{-1} - 5.74 \text{ J} \cdot \text{mol}^{-1} \cdot \text{K}^{-1} -$

$\qquad 188.835 \text{ J} \cdot \text{mol}^{-1} \cdot \text{K}^{-1}$

$\qquad = 133.765 \text{ J} \cdot \text{mol}^{-1} \cdot \text{K}^{-1}$

$\Delta_r G_m^{\ominus}(T) = \Delta_r H_m^{\ominus} - T \Delta_r S_m^{\ominus}$

$\Delta_r H_m^{\ominus} = \Delta_r G_m^{\ominus}(T) + T \Delta_r S_m^{\ominus}$

$\qquad = 91.40 \text{ kJ} \cdot \text{mol}^{-1} + 298 \text{ K} \times 133.765 \text{ J} \cdot \text{mol}^{-1} \cdot \text{K}^{-1} \times 10^{-3}$

$\qquad = 131.26 \text{ kJ} \cdot \text{mol}^{-1}$

7. 解：$C_2H_4(\text{g}) + 3O_2(\text{g}) = 2CO_2(\text{g}) + 2H_2O(\text{l})$

$\Delta_r H_m^{\ominus} = 2 \times \Delta_f H_m^{\ominus}(CO_2) + 2 \times \Delta_f H_m^{\ominus}(H_2O) + (-1) \times \Delta_f H_m^{\ominus}(C_2H_4) + (-3) \times \Delta_f H_m^{\ominus}(O_2)$

$\qquad = 2 \times (-393.51 \text{ kJ} \cdot \text{mol}^{-1}) + 2 \times (-285.83 \text{ kJ} \cdot \text{mol}^{-1}) - 226.7 \text{ kJ} \cdot \text{mol}^{-1} -$

$\qquad 3 \times 0 \text{ kJ} \cdot \text{mol}^{-1}$

$\qquad = -1\,585.38 \text{ kJ} \cdot \text{mol}^{-1}$

$-1\,585.38 \text{ kJ} \cdot \text{mol}^{-1} / 28 \text{ g} \cdot \text{mol}^{-1} \times 10 \text{ g} = 566.2 \text{ kJ}$

8. 依据盖斯定律(4) = (1)/2 - (2)/6 - (3)/3

$\Delta_r H_m^{\ominus}(4) = \Delta_r H_m^{\ominus}(1)/2 - \Delta_r H_m^{\ominus}(2)/6 - \Delta_r H_m^{\ominus}(3)/3$

$\qquad = (-24.8 \text{ kJ} \cdot \text{mol}^{-1})/2 - (-47.1 \text{ kJ} \cdot \text{mol}^{-1})/6 - (19.4 \text{ kJ} \cdot \text{mol}^{-1})/3$

$\qquad = -11.0 \text{ kJ} \cdot \text{mol}^{-1}$

9. 解：$2C(\text{s}) + 3H_2(\text{g}) + \dfrac{1}{2}O_2(\text{g}) = C_2H_5OH(\text{l})$

依据盖斯定律(4)=2×(2)+3×(3)−(1)

$\Delta_r H_m^\ominus(4)=2\times\Delta_r H_m^\ominus(2)+3\times\Delta_r H_m^\ominus(3)-\Delta_r H_m^\ominus(1)$

$\qquad = 2\times(-393.5\ kJ\cdot mol^{-1})+3\times(-285.8\ kJ\cdot mol^{-1})-(-2\,366.8\ kJ\cdot mol^{-1})$

$\qquad = -277.6\ kJ\cdot mol^{-1}$

10. 解：$C_{12}H_{22}O_{11}(s)+12O_2(g)=12CO_2(g)+11H_2O(l)$

$\Delta_r H_m^\ominus=12\times\Delta_f H_m^\ominus(CO_2)+11\times\Delta_f H_m^\ominus(H_2O)+(-1)\times\Delta_f H_m^\ominus(C_{12}H_{22}O_{11})+(-12)\times\Delta_f H_m^\ominus(O_2)$

$\qquad = 12\times(-393.51\ kJ\cdot mol^{-1})+11\times(-285.83\ kJ\cdot mol^{-1})-(-2\,222.1\ kJ\cdot mol^{-1})$

$\qquad = -5\,644.15\ kJ\cdot mol^{-1}$

1 g 蔗糖的热量为$-5\,644.14\ kJ\cdot mol^{-1}/342.30\ g\cdot mol^{-1}=-16.49\ kJ\cdot g^{-1}$

11. 解：$MgCO_3$ 的分解反应 $MgCO_3(s)=CO_2(g)+MgO(s)$，查表计算：

$\Delta_r H_m^\ominus=\Delta_f H_m^\ominus(CO_2)+\Delta_f H_m^\ominus(MgO)+(-1)\times\Delta_f H_m^\ominus(MgCO_3)$

$\qquad = (-393.51\ kJ\cdot mol^{-1}-601.6\ kJ\cdot mol^{-1})-(-1\,095.8\ kJ\cdot mol^{-1})$

$\qquad = 100.69\ kJ\cdot mol^{-1}$

$\Delta_r S_m^\ominus=S_m^\ominus(CO_2)+S_m^\ominus(MgO)+(-1)\times S_m^\ominus(MgCO_3)$

$\qquad = 213.79\ J\cdot mol^{-1}\cdot K^{-1}+26.95\ J\cdot mol^{-1}\cdot K^{-1}-65.7\ J\cdot mol^{-1}\cdot K^{-1}$

$\qquad = 175.04\ J\cdot mol^{-1}\cdot K^{-1}$

$T\geqslant\Delta_r H_m^\ominus/\Delta_r S_m^\ominus=(100.69\times10^3\ J\cdot mol^{-1})/(175.04\ J\cdot mol^{-1}\cdot K^{-1})=575\ K$

温度高于 575 K 时，$MgCO_3$ 会发生分解。

$CaCO_3$ 的分解反应 $CaCO_3(s)=CO_2(g)+CaO(s)$，查表计算：

$\Delta_r H_m^\ominus=\Delta_f H_m^\ominus(CO_2)+\Delta_f H_m^\ominus(CaO)+(-1)\times\Delta_f H_m^\ominus(CaCO_3)$

$\qquad = (-393.51\ kJ\cdot mol^{-1}-634.92\ kJ\cdot mol^{-1})-(-1\,206.92\ kJ\cdot mol^{-1})$

$\qquad = 178.49\ kJ\cdot mol^{-1}$

$\Delta_r S_m^\ominus=S_m^\ominus(CO_2)+S_m^\ominus(CaO)+(-1)\times S_m^\ominus(CaCO_3)$

$\qquad = 213.79\ J\cdot mol^{-1}\cdot K^{-1}+38.1\ J\cdot mol^{-1}\cdot K^{-1}-92.9\ J\cdot mol^{-1}\cdot K^{-1}$

$\qquad = 158.99\ J\cdot mol^{-1}\cdot K^{-1}$

$T\geqslant\Delta_r H_m^\ominus/\Delta_r S_m^\ominus=(178.49\times10^3\ J\cdot mol^{-1})/(158.99\ J\cdot mol^{-1}\cdot K^{-1})=1\,123\ K$

温度高于 1 123 K 时，$CaCO_3$ 会发生分解。

因此，在 600 K 时分解产物为 MgO 和 CO_2；1 200 K 分解产物为 MgO，CaO 和 CO_2。

12. 解：$\Delta_r G_m^\ominus=\Delta_f G_m^\ominus(Na^+)+\Delta_f G_m^\ominus(Cl^-)+(-1)\times\Delta_f G_m^\ominus(NaCl)$

$\qquad\qquad = (-261.98\ kJ\cdot mol^{-1})+(-131.26\ kJ\cdot mol^{-1})-(-384.14\ kJ\cdot mol^{-1})$

$\qquad\qquad = -9.10\ kJ\cdot mol^{-1}$

$\Delta_r S_m^\ominus=S_m^\ominus(Na^+)+S_m^\ominus(Cl^-)-S_m^\ominus(NaCl)$

$\qquad = 58.45\ J\cdot mol^{-1}\cdot K^{-1}+56.60\ J\cdot mol^{-1}\cdot K^{-1}-72.13\ J\cdot mol^{-1}\cdot K^{-1}$

$\qquad = 42.92\ J\cdot mol^{-1}\cdot K^{-1}$

$\Delta_r G_m^\ominus(T)=\Delta_r H_m^\ominus-T\Delta_r S_m^\ominus$

$$\Delta_r H_m^{\ominus} = \Delta_r G_m^{\ominus}(T) + T\Delta_r S_m^{\ominus}$$

$$= -9.10 \text{ kJ} \cdot \text{mol}^{-1} + 298 \text{ K} \times 42.92 \times 10^{-3} \text{ kJ} \cdot \text{mol}^{-1} \cdot \text{K}^{-1}$$

$$= 3.69 \text{ kJ} \cdot \text{mol}^{-1}$$

13. 解：由题意知，$Q = -15$ kJ，$W = -35$ kJ

$$\Delta U = Q + W = -15 \text{ kJ} + (-35 \text{ kJ}) = -50 \text{ kJ}$$

等温定容，不做非体积功，则

$$Q_V = \Delta U = -50 \text{ kJ}$$

14. 解：因反应 $2H_2(g) + O_2(g) = 2H_2O(g)$ 是在定压条件下进行的，所以

$$\Delta_r H_m^{\ominus} = Q_p = -484 \text{ kJ} \cdot \text{mol}^{-1}$$

$$\Delta_r U_m^{\ominus} = \Delta_r H_m^{\ominus} - \Delta n RT$$

$$= -484 \text{ kJ} \cdot \text{mol}^{-1} - [2 - (2+1)] \times 8.314 \times 10^{-3} \text{ kJ} \cdot \text{mol}^{-1} \cdot \text{K}^{-1} \times 373 \text{ K}$$

$$= -481 \text{ kJ} \cdot \text{mol}^{-1}$$

15. 解：由盖斯定律知 $(3) = 2 \times (1) - (2)$

$$\Delta_r H_m^{\ominus}(3) = 2 \times \Delta_r H_m^{\ominus}(1) - \Delta_r H_m^{\ominus}(2)$$

$$= 2 \times (-221.06 \text{ kJ} \cdot \text{mol}^{-1}) - (-1\,118.4 \text{ kJ} \cdot \text{mol}^{-1})$$

$$= 676.3 \text{ kJ} \cdot \text{mol}^{-1}$$

16. 解：由方程式 $(1) - (2)$ 得

$$CH_3CH_2OH(l) + \frac{1}{2}O_2(g) = CH_3CHO(l) + H_2O(l)$$

$$\Delta_r H_m^{\ominus} = \Delta_r H_m^{\ominus}(1) - \Delta_r H_m^{\ominus}(2)$$

$$= -1\,371 \text{ kJ} \cdot \text{mol}^{-1} - (-1\,168 \text{ kJ} \cdot \text{mol}^{-1})$$

$$= -203 \text{ kJ} \cdot \text{mol}^{-1}$$

由方程式 $(2) - (3)$ 得

$$CH_3CHO(l) + \frac{1}{2}O_2(g) = CH_3COOH(l)$$

$$\Delta_r H_m^{\ominus} = \Delta_r H_m^{\ominus}(2) - \Delta_r H_m^{\ominus}(3)$$

$$= -1\,168 \text{ kJ} \cdot \text{mol}^{-1} - (-876 \text{ kJ} \cdot \text{mol}^{-1})$$

$$= -292 \text{ kJ} \cdot \text{mol}^{-1}$$

17. 解：反应及数据如下

$$C_6H_6(l) \quad + \quad 7\frac{1}{2}O_2(g) = 6CO_2(g) \quad + \quad 3H_2O(l)$$

$\Delta_f H_m^{\ominus}/(\text{kJ} \cdot \text{mol}^{-1})$?   0 -393.51 -285.83

$\Delta_c H_m^{\ominus}/(\text{kJ} \cdot \text{mol}^{-1})$ $-3\,267.5$ 0   0   0

$$\Delta_r H_m^{\ominus} = \Delta_c H_m^{\ominus}(C_6H_6) = -3\,267.5 \text{ kJ} \cdot \text{mol}^{-1}$$

$$\Delta_r H_m^{\ominus} = 3\Delta_f H_m^{\ominus}(H_2O) + 6\Delta_f H_m^{\ominus}(CO_2) + (-1) \times \Delta_f H_m^{\ominus}(C_6H_6)$$

$$-3\,267.5 \text{ kJ} \cdot \text{mol}^{-1} = 3 \times (-285.83) \text{kJ} \cdot \text{mol}^{-1} + 6 \times (-393.51) \text{kJ} \cdot \text{mol}^{-1} - \Delta_f H_m(C_6H_6)$$

$\Delta_f H_m^{\ominus}(C_6H_6) = 48.95 \text{ kJ} \cdot \text{mol}^{-1}$

18. 解：$\Delta_r H_m^{\ominus} = 3\Delta_f H_m^{\ominus}(H_2O) + 2\Delta_f H_m^{\ominus}(CO_2) + (-1) \times \Delta_f H_m^{\ominus}(CH_3OCH_3) + (-3) \times$
$\qquad \Delta_f H_m^{\ominus}(O_2)$

$\Delta_f H_m^{\ominus}(CH_3OCH_3) = 3 \times \Delta_f H_m^{\ominus}(H_2O) + 2 \times \Delta_f H_m^{\ominus}(CO_2) - 3 \times \Delta_f H_m^{\ominus}(O_2) - \Delta_r H_m^{\ominus}$
$\qquad\qquad = 3 \times (-285.83 \text{ kJ} \cdot \text{mol}^{-1}) + 2 \times (-393.51 \text{ kJ} \cdot \text{mol}^{-1}) -$
$\qquad\qquad \quad 0 \text{ kJ} \cdot \text{mol}^{-1} + 1\,461 \text{ kJ} \cdot \text{mol}^{-1}$
$\qquad\qquad = -183.51 \text{ kJ} \cdot \text{mol}^{-1}$

19. 解：$\Delta_r S_m^{\ominus} = 2S_m^{\ominus}(CO_2) + (-2) \times S_m^{\ominus}(CO) + (-1)S_m^{\ominus}(O_2)$
$\qquad\qquad = 2 \times 213.79 \text{ J} \cdot \text{mol}^{-1} \cdot \text{K}^{-1} - 2 \times 197.66 \text{ J} \cdot \text{mol}^{-1} \cdot \text{K}^{-1} - 205.15 \text{ J} \cdot \text{mol}^{-1} \cdot \text{K}^{-1}$
$\qquad\qquad = -172.89 \text{ J} \cdot \text{mol}^{-1} \cdot \text{K}^{-1}$

$\Delta_r S_m^{\ominus} < 0 \text{ J} \cdot \text{mol}^{-1} \cdot \text{K}^{-1}$，对反应的自发性起阻碍作用。

$\Delta_r H_m^{\ominus} = 2\Delta_f H_m^{\ominus}(CO_2) + (-2) \times \Delta_f H_m^{\ominus}(CO) + (-1) \times \Delta_f H_m^{\ominus}(O_2)$
$\qquad\qquad = 2 \times (-393.51 \text{ kJ} \cdot \text{mol}^{-1}) - 2 \times (-110.53 \text{ kJ} \cdot \text{mol}^{-1}) - 0 \text{ kJ} \cdot \text{mol}^{-1}$
$\qquad\qquad = -565.96 \text{ kJ} \cdot \text{mol}^{-1}$

$\Delta_r H_m^{\ominus} < 0 \text{ kJ} \cdot \text{mol}^{-1}$，对反应的自发性起推动作用。

20. 解：$\Delta_r G_m^{\ominus} = \Delta_f G_m^{\ominus}(CaO) + \Delta_f G_m^{\ominus}(CO_2) + (-1) \times \Delta_f G_m^{\ominus}(CaCO_3)$
$\qquad\qquad = (-603.3 \text{ kJ} \cdot \text{mol}^{-1}) + (-394.36 \text{ kJ} \cdot \text{mol}^{-1}) - (-1\,128.79 \text{ kJ} \cdot \text{mol}^{-1})$
$\qquad\qquad = 131.13 \text{ kJ} \cdot \text{mol}^{-1}$

$\Delta_r G_m^{\ominus}(298 \text{ K}) > 0$，故在 298 K 时该反应不能自发进行。

$\Delta_r S_m^{\ominus} = S_m^{\ominus}(CO_2) + S_m^{\ominus}(CaO) + (-1) \times S_m^{\ominus}(CaCO_3)$
$\qquad\qquad = 213.785 \text{ J} \cdot \text{mol}^{-1} \cdot \text{K}^{-1} + 38.1 \text{ J} \cdot \text{mol}^{-1} \cdot \text{K}^{-1} - 92.9 \text{ J} \cdot \text{mol}^{-1} \cdot \text{K}^{-1}$
$\qquad\qquad = 158.985 \text{ J} \cdot \text{mol}^{-1} \cdot \text{K}^{-1}$

$\Delta_r G_m^{\ominus} = \Delta_r H_m^{\ominus} - T\Delta_r S_m^{\ominus}$

$131.13 \text{ kJ} \cdot \text{mol}^{-1} = \Delta_r H_m^{\ominus} - 298 \text{ K} \times 158.985 \times 10^{-3} \text{ kJ} \cdot \text{mol}^{-1} \cdot \text{K}^{-1}$

$\Delta_r H_m^{\ominus} = 178.51 \text{ kJ} \cdot \text{mol}^{-1}$

$\Delta_r G_m^{\ominus}(1\,600 \text{ K}) \approx \Delta_r H_m^{\ominus} - 1\,600 \text{ K} \times \Delta_r S_m^{\ominus}$
$\qquad\qquad = 178.51 \text{ kJ} \cdot \text{mol}^{-1} - 1\,600 \text{ K} \times 158.985 \times 10^{-3} \text{ kJ} \cdot \text{mol}^{-1} \cdot \text{K}^{-1}$
$\qquad\qquad = -75.87 \text{ kJ} \cdot \text{mol}^{-1}$

$\Delta_r G_m^{\ominus}(1\,600 \text{ K}) < 0$，故在 1\,600 K 时该反应能自发进行。

21. 解：$\Delta_r H_m^{\ominus} = \Delta_f H_m^{\ominus}(Sn, 灰) + (-1) \times \Delta_f H_m^{\ominus}(Sn, 白)$
$\qquad\qquad = -2.1 \text{ kJ} \cdot \text{mol}^{-1} - 0.0 \text{ kJ} \cdot \text{mol}^{-1}$
$\qquad\qquad = -2.1 \text{ kJ} \cdot \text{mol}^{-1}$

$\Delta_r S_m^{\ominus} = S_m^{\ominus}(Sn, 灰) - S_m^{\ominus}(Sn, 白)$
$\qquad\qquad = 44.1 \text{ J} \cdot \text{mol}^{-1} \cdot \text{K}^{-1} - 51.5 \text{ J} \cdot \text{mol}^{-1} \cdot \text{K}^{-1}$
$\qquad\qquad = -7.4 \text{ J} \cdot \text{mol}^{-1} \cdot \text{K}^{-1}$

$\Delta_r H_m^{\ominus} < 0$，$\Delta_r S_m^{\ominus} < 0$，故此过程低温自发高温非自发。

$\Delta_r G_m^{\ominus} = \Delta_r H_m^{\ominus} - T\Delta_r S_m^{\ominus} \leqslant 0$

$T \leqslant \dfrac{\Delta_r H_m^{\ominus}}{\Delta_r S_m^{\ominus}} = \dfrac{2.1 \times 10^3 \text{ J} \cdot \text{mol}^{-1}}{7.4 \text{ J} \cdot \text{mol}^{-1} \cdot \text{K}^{-1}} = 283 \text{ K}$

当温度低于 283 K 即 10 ℃时白锡自发地转化成灰锡，而室温 25 ℃时白锡稳定。

22. 解：$\Delta_r G_m^{\ominus} = \Delta_f G_m^{\ominus}(O_2) + 2 \times \Delta_f G_m^{\ominus}(SO_2) + (-2) \times \Delta_f G_m^{\ominus}(SO_3)$

$\qquad = 2 \times (-300.19 \text{ kJ} \cdot \text{mol}^{-1}) - 2 \times (-371.06 \text{ kJ} \cdot \text{mol}^{-1})$

$\qquad = 141.74 \text{ kJ} \cdot \text{mol}^{-1}$

$\Delta_r G_m^{\ominus} > 0 \text{ kJ} \cdot \text{mol}^{-1}$，标准状态下，正向非自发进行。

$\Delta_r H_m^{\ominus} = \Delta_f H_m^{\ominus}(O_2) + 2\Delta_f H_m^{\ominus}(SO_2) + (-2) \times \Delta_f H_m^{\ominus}(SO_3)$

$\qquad = 2 \times (-296.81 \text{ kJ} \cdot \text{mol}^{-1}) - 2 \times (-395.72 \text{ kJ} \cdot \text{mol}^{-1})$

$\qquad = 197.82 \text{ kJ} \cdot \text{mol}^{-1}$

$\Delta_r G_m^{\ominus} = \Delta_r H_m^{\ominus} - T\Delta_r S_m^{\ominus}$

$\Delta_r S_m^{\ominus} = \dfrac{\Delta_r H_m^{\ominus} - \Delta_r G_m^{\ominus}}{T} = \dfrac{(197.82 - 141.74) \times 10^3 \text{ J} \cdot \text{mol}^{-1}}{298 \text{ K}} = 188.19 \text{ J} \cdot \text{mol}^{-1} \cdot \text{K}^{-1}$

$T = \dfrac{\Delta_r H_m^{\ominus}}{\Delta_r S_m^{\ominus}} = \dfrac{197.82 \times 10^3 \text{ J} \cdot \text{mol}^{-1}}{188.19 \text{ J} \cdot \text{mol}^{-1} \cdot \text{K}^{-1}} = 1\ 051 \text{ K}$

当 $T > 1\ 051$ K 时，反应正向自发进行。

23. 解：$\Delta_r H_m^{\ominus} = \Delta_f H_m^{\ominus}(CaSO_4) + (-1) \times \Delta_f H_m^{\ominus}(CaO) + (-1) \times \Delta_f H_m^{\ominus}(SO_3)$

$\qquad = -1\ 434.5 \text{ kJ} \cdot \text{mol}^{-1} - (-634.92 \text{ kJ} \cdot \text{mol}^{-1}) - (-395.72 \text{ kJ} \cdot \text{mol}^{-1})$

$\qquad = -403.86 \text{ kJ} \cdot \text{mol}^{-1}$

$\Delta_r S_m^{\ominus} = S_m^{\ominus}(CaSO_4) + (-1) \times S_m^{\ominus}(CaO) + (-1) \times S_m^{\ominus}(SO_3)$

$\qquad = 106.5 \text{ J} \cdot \text{mol}^{-1} \cdot \text{K}^{-1} - 38.1 \text{ J} \cdot \text{mol}^{-1} \cdot \text{K}^{-1} - 256.76 \text{ J} \cdot \text{mol}^{-1} \cdot \text{K}^{-1}$

$\qquad = -188.36 \text{ J} \cdot \text{mol}^{-1} \cdot \text{K}^{-1}$

因 $\Delta_r H_m^{\ominus} < 0 \text{ kJ} \cdot \text{mol}^{-1}$，$\Delta_r S_m^{\ominus} < 0 \text{ J} \cdot \text{mol}^{-1} \cdot \text{K}^{-1}$，

所以正向反应低温自发，高温非自发。

$T = \dfrac{\Delta_r H_m^{\ominus}}{\Delta_r S_m^{\ominus}} = \dfrac{-403.86 \times 10^3 \text{ J} \cdot \text{mol}^{-1}}{-188.36 \text{ J} \cdot \text{mol}^{-1} \cdot \text{K}^{-1}} = 2\ 144 \text{ K} = 1\ 871 \text{ ℃}$

当温度低于 1 871 ℃，能用 CaO 来吸收 SO_3 以减少污染。

24. 解：(1) $MgCO_3$ 的分解反应 $MgCO_3(s) = CO_2(g) + MgO(s)$，查表计算：

$\Delta_r H_m^{\ominus} = \Delta_f H_m^{\ominus}(CO_2) + \Delta_f H_m^{\ominus}(MgO) + (-1) \times \Delta_f H_m^{\ominus}(MgCO_3)$

$\qquad = -393.51 \text{ kJ} \cdot \text{mol}^{-1} - 601.6 \text{ kJ} \cdot \text{mol}^{-1} - (-1\ 095.8 \text{ kJ} \cdot \text{mol}^{-1})$

$\qquad = 100.69 \text{ kJ} \cdot \text{mol}^{-1}$

$\Delta_r S_m^{\ominus} = S_m^{\ominus}(CO_2) + S_m^{\ominus}(MgO) + (-1) \times S_m^{\ominus}(MgCO_3)$

$\qquad = 213.79 \text{ J} \cdot \text{mol}^{-1} \cdot \text{K}^{-1} + 26.95 \text{ J} \cdot \text{mol}^{-1} \cdot \text{K}^{-1} - 65.7 \text{ J} \cdot \text{mol}^{-1} \cdot \text{K}^{-1}$

$$= 175.04 \; J \cdot mol^{-1} \cdot K^{-1}$$

$$\Delta_r G_m^{\ominus} = \Delta_f G_m^{\ominus}(CO_2) + \Delta_f G_m^{\ominus}(MgO) + (-1) \times \Delta_f G_m^{\ominus}(MgCO_3)$$

$$= -394.36 \; kJ \cdot mol^{-1} + (-569.43 \; kJ \cdot mol^{-1}) - (-1\,012.1 \; kJ \cdot mol^{-1})$$

$$= 48.31 \; kJ \cdot mol^{-1}$$

$(2) \; \Delta_r G_m^{\ominus}(T) \approx \Delta_r H_m^{\ominus} - T \Delta_r S_m^{\ominus}$

$$\Delta_r G_m^{\ominus}(500 \; K) \approx 100.69 \; kJ \cdot mol^{-1} - 500 \; K \times 175.04 \times 10^{-3} \; kJ \cdot mol^{-1} \cdot K^{-1}$$

$$= 13.17 \; kJ \cdot mol^{-1} > 0$$

所以，该温度下反应不能自发进行。

$(3) \; T \geqslant \Delta_r H_m^{\ominus}/\Delta_r S_m^{\ominus} = 100.69 \times 10^3 \; J \cdot mol^{-1}/175.04 \; J \cdot mol^{-1} \cdot K^{-1} = 575 \; K$

所以，$T \geqslant 575 \; K$ 时反应可自发进行。

$MgCO_3(s)$ 分解的最低温度是 575 K。

25. 解：反应 (1) $\qquad 2CuO(s) = Cu_2O(s) + \dfrac{1}{2} O_2(g)$

$$\Delta_r H_m^{\ominus}(1) = \Delta_f H_m^{\ominus}(Cu_2O) + (-2) \times \Delta_f H_m^{\ominus}(CuO)$$

$$= -168.6 \; kJ \cdot mol^{-1} - 2 \times (-157.3 \; kJ \cdot mol^{-1})$$

$$= 146.0 \; kJ \cdot mol^{-1}$$

$$\Delta_r S_m^{\ominus}(1) = \dfrac{1}{2} \times S_m^{\ominus}(O_2) + S_m^{\ominus}(Cu_2O) + (-2) \times S_m^{\ominus}(CuO)$$

$$= \dfrac{1}{2} \times 205.15 \; J \cdot mol^{-1} \cdot K^{-1} + 93.14 \; J \cdot mol^{-1} \cdot K^{-1} - 2 \times 42.6 \; J \cdot mol^{-1} \cdot K^{-1}$$

$$= 110.51 \; J \cdot mol^{-1} \cdot K^{-1}$$

$$T(1) = \dfrac{\Delta_r H_m^{\ominus}(1)}{\Delta_r S_m^{\ominus}(1)} = \dfrac{146.0 \times 10^3 \; J \cdot mol^{-1}}{110.51 \; J \cdot mol^{-1} \cdot K^{-1}} = 1\,321 \; K$$

反应 (2) $\qquad Cu_2O(s) = 2Cu(s) + \dfrac{1}{2} O_2(g)$

$$\Delta_r H_m^{\ominus}(2) = 2\Delta_f H_m^{\ominus}(Cu) + (-1) \times \Delta_f H_m^{\ominus}(Cu_2O)$$

$$= 2 \times 0 \; kJ \cdot mol^{-1} - (-168.6 \; kJ \cdot mol^{-1})$$

$$= 168.6 \; kJ \cdot mol^{-1}$$

$$\Delta_r S_m^{\ominus}(2) = \dfrac{1}{2} S_m^{\ominus}(O_2) + 2S_m^{\ominus}(Cu) + (-1) \times S_m^{\ominus}(Cu_2O)$$

$$= \dfrac{1}{2} \times 205.15 \; J \cdot mol^{-1} \cdot K^{-1} + 2 \times 33.15 \; J \cdot mol^{-1} \cdot K^{-1} - 93.14 \; J \cdot mol^{-1} \cdot K^{-1}$$

$$= 75.74 \; J \cdot mol^{-1} \cdot K^{-1}$$

$$T(2) = \dfrac{\Delta_r H_m^{\ominus}(2)}{\Delta_r S_m^{\ominus}(2)} = \dfrac{168.6 \times 10^3 \; J \cdot mol^{-1}}{75.74 \; J \cdot mol^{-1} \cdot K^{-1}} = 2\,226 \; K$$

当 $1\,321 \; K < T < 2\,226 \; K$ 时，黑色 CuO 转化为红色 Cu_2O；当 $T > 2\,226 \; K$ 时，红色 Cu_2O 转化为 Cu。

第6章
化学平衡

本章首先介绍化学平衡的概念及化学平衡的基本特征，然后重点阐述标准平衡常数 $K^{\ominus}$ 的意义，$K^{\ominus}$ 与 $\Delta_r G_m^{\ominus}$ 的定量关系。本章说明多重平衡系统的特点，并且通过具体例题，重点讲解多重平衡反应 $K^{\ominus}$ 的计算方法，浓度、压力、温度对化学平衡移动的影响。

6.1 本章概要

6.1.1 化学平衡状态的特点

① 平衡后各组分浓度不再变化：在一定的条件下，反应物和生成物的浓度都不再随时间而变化。这是建立平衡的宏观标志。

② 化学平衡是动态平衡：从宏观上看化学反应似乎处于停止状态，但从微观角度讲，反应仍在进行。只不过正逆反应速率相等。

③ 化学平衡是相对的，有条件的平衡：当与平衡有关的外界条件发生变化时，化学平衡发生移动，直到建立新的平衡。

6.1.2 标准平衡常数

对任一可逆的化学反应：$a\mathrm{A}+d\mathrm{D} = g\mathrm{G}+h\mathrm{H}$

若反应为液相化学反应

$$K^{\ominus} = \frac{[c(\mathrm{G})/c^{\ominus}]^g \cdot [c(\mathrm{H})/c^{\ominus}]^h}{[c(\mathrm{A})/c^{\ominus}]^a \cdot [c(\mathrm{D})/c^{\ominus}]^d}（其中 c^{\ominus}=1.0\ \mathrm{mol \cdot L^{-1}}，为标准浓度）$$

若反应为气相化学反应

$$K^{\ominus} = \frac{[p(\mathrm{G})/p^{\ominus}]^g \cdot [p(\mathrm{H})/p^{\ominus}]^h}{[p(\mathrm{A})/p^{\ominus}]^a \cdot [p(\mathrm{D})/p^{\ominus}]^d}（其中 p^{\ominus}=100\ \mathrm{kPa}，为标准压力）$$

6.1.3 使用标准平衡常数表达式的注意事项

①在反应式中若有纯固体或纯液体，因为它们的浓度可视为常数，故不写在平衡常数表达式中。

② 稀溶液中进行的反应，若有水参加，则水的浓度看作常数，不必写在平衡常数表达式中；但在非水溶液中反应时，若有水参加时，水的浓度不能看作常数，必须写在平衡常数表达式中。

③ 若某反应可以表示成几个反应的总和，则总反应的平衡常数等于各个分步反应平衡常数的乘积，这种关系称为多重平衡原则：$K^{\ominus}(总) = K_1^{\ominus} K_2^{\ominus} \cdots$

④对于同一化学反应，平衡常数与反应式的写法有关。

反应①	$a\text{A}+d\text{D}=g\text{G}+h\text{H}$	$K_1^{\ominus}$
反应②	$n(a\text{A}+d\text{D}=g\text{G}+h\text{H})$	$K_2^{\ominus}$
则有	$K_2^{\ominus}=(K_1^{\ominus})^n$	
且	$K^{\ominus}(正) \cdot K^{\ominus}(逆)=1$	

6.1.4 化学反应等温式

对任意一个化学反应：$a\text{A}+d\text{D}=g\text{G}+h\text{H}$，有

$$\Delta_r G_m = \Delta_r G_m^{\ominus} + RT\ln Q = RT\ln \frac{Q}{K^{\ominus}}$$

当 $Q<K^{\ominus}$ 时，$Q/K^{\ominus}<1$，$\Delta_r G_m<0$，正反应自发进行；

当 $Q>K^{\ominus}$ 时，$Q/K^{\ominus}>1$，$\Delta_r G_m>0$，逆反应自发进行；

当 $Q=K^{\ominus}$ 时，$Q/K^{\ominus}=1$，$\Delta_r G_m=0$，反应处于平衡状态。

Q 为反应商，反应商中的相对浓度和相对分压均指任意态的，而平衡常数表达式中的特指平衡态的。

$$Q(液相) = \frac{[c(\text{G})/c^{\ominus}]^g \cdot [c(\text{H})/c^{\ominus}]^h}{[c(\text{A})/c^{\ominus}]^a \cdot [c(\text{D})/c^{\ominus}]^d} \qquad Q(气相) = \frac{[p(\text{G})/p^{\ominus}]^g \cdot [p(\text{H})/p^{\ominus}]^h}{[p(\text{A})/p^{\ominus}]^a \cdot [p(\text{D})/p^{\ominus}]^d}$$

6.1.5 转化率

转化率是指反应达平衡时反应物已转化的量(或浓度)占初始量(浓度)的百分率。

某反应物的转化率

$$\alpha = \frac{该反应物已转化的量}{该反应物初始量} \times 100\%$$

6.1.6 平衡移动的影响因素

(1) 浓度对化学平衡的影响

在温度和压力不变的条件下，增加反应物的浓度(或分压)或减少产物的浓度(或分压)，平衡正向移动。减少反应物的浓度(或分压)或增加产物的浓度(或分压)，平衡逆向移动。

(2) 压力对化学平衡的影响

增加系统总压时，平衡向气体物质的量减少的方向移动；减小系统的总压时，平衡向气体物质的量增多的方向移动。

(3) 加入惰性气体对化学平衡移动的影响

恒容时加入惰性气体，系统的总压增大，但系统中各气态物质的分压不变，平衡不移动；恒压时加入惰性气体，平衡向气体物质的量增多的方向移动，对反应物和产物气体物质的量相等的反应，平衡不会移动。

(4) 温度对化学平衡移动的影响

浓度和压力的变化不引起 $K^{\ominus}$ 的改变，温度的变化会使 $K^{\ominus}$ 发生改变。

据范特霍夫方程　$\ln \dfrac{K_2^{\ominus}}{K_1^{\ominus}} = \dfrac{\Delta_r H_m^{\ominus}}{R} \left(\dfrac{1}{T_1} - \dfrac{1}{T_2} \right)$

当 $\Delta_r H_m^{\ominus} < 0$ 时，升高温度，即 $T_2 > T_1$ 时，$K_2^{\ominus} < K_1^{\ominus}$，平衡向逆反应方向移动；降低温度，即 $T_2 < T_1$ 时，$K_2^{\ominus} > K_1^{\ominus}$，平衡向正反应方向移动。

当 $\Delta_r H_m^{\ominus} > 0$ 时，升高温度，即 $T_2 > T_1$ 时，$K_2^{\ominus} > K_1^{\ominus}$，平衡向正反应方向移动；降低温度，即 $T_2 < T_1$ 时，$K_2^{\ominus} < K_1^{\ominus}$，平衡向逆反应方向移动。

总之，升高温度，平衡向吸热方向移动；降低温度，平衡向放热方向移动。

6.1.7　勒·夏特列原理(平衡移动原理)

假如系统平衡的条件之一，如温度、压力或浓度发生改变，平衡将沿着减弱这个改变的方向移动。勒·夏特列原理只适用于已平衡的化学反应系统。

6.2　例题

1. 写出温度 T 时下列反应的标准平衡常数表达式，并确定反应(1)(2)和(3)的 $K_1^{\ominus}$、$K_2^{\ominus}$ 和 $K_3^{\ominus}$ 的数学关系式。

(1) $CH_4(g) + H_2O(g) = CO(g) + 3H_2(g)$ 　　　　　　　　　　　$K_1^{\ominus}$

(2) $\dfrac{1}{2} CH_4(g) + \dfrac{1}{2} H_2O(g) = \dfrac{1}{2} CO(g) + \dfrac{3}{2} H_2(g)$ 　　　　　$K_2^{\ominus}$

(3) $2CO(g) + 6H_2(g) = 2CH_4(g) + 2 H_2O(g)$ 　　　　　　　　$K_3^{\ominus}$

(4) $2MnO_4^-(aq) + 3H_2O_2 = 2MnO_2(s) + 3O_2(g) + 2H_2O(l) + 2OH^-(aq)$ 　$K_4^{\ominus}$

解：(1) $K_1^{\ominus} = \dfrac{[p(CO)/p^{\ominus}] \cdot [p(H_2)/p^{\ominus}]^3}{[p(CH_4)/p^{\ominus}] \cdot [p(H_2O)/p^{\ominus}]}$

(2) $K_2^{\ominus} = \dfrac{[p(CO)/p^{\ominus}]^{\frac{1}{2}} \cdot [p(H_2)/p^{\ominus}]^{\frac{3}{2}}}{[p(CH_4)/p^{\ominus}]^{\frac{1}{2}} \cdot [p(H_2O)/p^{\ominus}]^{\frac{1}{2}}}$

(3) $K_3^{\ominus} = \dfrac{[p(CH_4)/p^{\ominus}]^2 \cdot [p(H_2O)/p^{\ominus}]^2}{[p(CO)/p^{\ominus}]^2 \cdot [p(H_2)/p^{\ominus}]^6}$

(4) $K_4^{\ominus} = \dfrac{[p(O_2)/p^{\ominus}]^3 \cdot [c(OH^-)/c^{\ominus}]^2}{[c(MnO_4^-)/c^{\ominus}]^2 \cdot [c(H_2O_2)/c^{\ominus}]^3}$

$K_1^{\ominus}$、$K_2^{\ominus}$ 和 $K_3^{\ominus}$ 的数学关系式：

$$K_1^{\ominus} = (K_2^{\ominus})^2 = \frac{1}{\sqrt{K_3^{\ominus}}}$$

2. $GeWO_4(g)$是一种不常见的化合物，可在高温下由相应氧化物生成：$2GeO(g) + W_2O_6(g) = 2GeWO_4(g)$，某容器中充有 $GeO(g)$ 与 $W_2O_6(g)$ 的混合气体。反应开始前，它们的分压均为 100.0 kPa。在等温等容下达到平衡时，$GeWO_4(g)$的分压为 98.0 kPa。试确定平衡时 $GeO(g)$ 和 $W_2O_6(g)$ 的分压及该反应的标准平衡常数。

解：达到平衡：$p(GeWO_4) = 98.0$ kPa，$p(GeO) = 2.0$ kPa，$p(W_2O_6) = 51.0$ kPa

$$K^{\ominus} = \frac{[p(GeWO_4)/p^{\ominus}]^2}{[p(GeO)/p^{\ominus}]^2 \cdot [p(W_2O_6)/p^{\ominus}]} = \frac{(98.0\ \text{kPa}/100\ \text{kPa})^2}{(2.0\ \text{kPa}/100\ \text{kPa})^2 \times (51.0\ \text{kPa}/100\ \text{kPa})}$$
$$= 4.7 \times 10^3$$

3. 常压下，$CH_4(g) + H_2O(g) = CO(g) + 3H_2(g)$ 在 700 K 时的标准平衡常数 $K^{\ominus} = 7.40$，经测定此时各物质的分压如下：$p(CH_4) = 0.20$ MPa；$p(H_2O) = 0.20$ MPa；$p(CO) = 0.30$ MPa；$p(H_2) = 0.10$ MPa。此条件下甲烷的转化反应能否进行？

解：$Q = \dfrac{[p(CO)/p^{\ominus}] \cdot [p(H_2)/p^{\ominus}]^3}{[p(CH_4)/p^{\ominus}] \cdot [p(H_2O)/p^{\ominus}]} = \dfrac{(300\ \text{kPa}/100\ \text{kPa}) \times (100\ \text{kPa}/100\ \text{kPa})^3}{(200\ \text{kPa}/100\ \text{kPa}) \times (200\ \text{kPa}/100\ \text{kPa})}$
$$= 0.75$$

$Q < K^{\ominus}$，反应正向移动，甲烷的转化反应能够进行。

4. 在 $p^{\ominus}$ 时，某一密闭容器中进行如下反应：$2SO_2(g) + O_2(g) = 2SO_3(g)$，$SO_2$ 的起始物质的量为 0.4 mol，而 O_2 的起始物质的量为 1 mol，当80%的 SO_2 转化为 SO_3 时反应即达到平衡。求平衡时三种气体的分压和标准平衡常数。

解：

	$2SO_2(g)$	$+$	$O_2(g)$	$=$	$2SO_3(g)$
起始时 n/mol	0.4		1		0
平衡时 n/mol	$0.4 \times 20\%$		$1 - \dfrac{0.4 \times 80\%}{2}$		$0.4 \times 80\%$

$$p(SO_2) = \frac{n(SO_2)}{n(总)} \cdot p(总) = \frac{0.08\ \text{mol}}{1.24\ \text{mol}} \cdot p^{\ominus} = 6.5\ \text{kPa}$$

$$p(O_2) = \frac{n(O_2)}{n(总)} \cdot p(总) = \frac{0.84\ \text{mol}}{1.24\ \text{mol}} \cdot p^{\ominus} = 67.7\ \text{kPa}$$

$$p(SO_3) = \frac{n(SO_3)}{n(总)} \cdot p(总) = \frac{0.32\ \text{mol}}{1.24\ \text{mol}} \cdot p^{\ominus} = 25.8\ \text{kPa}$$

$$K^{\ominus} = \frac{[p(SO_3)/p^{\ominus}]^2}{[p(SO_2)/p^{\ominus}]^2 \cdot [p(O_2)/p^{\ominus}]} = \frac{(25.8\ \text{kPa}/100\ \text{kPa})^2}{(6.5\ \text{kPa}/100\ \text{kPa})^2 \times (67.7\ \text{kPa}/100\ \text{kPa})} = 23.27$$

5. 某温度下，反应 $A_2(g) + B_2(g) = 2AB(g)$ 达到平衡时，测得系统中 $n(A_2) = n(B_2) = 0.5$ mol，$n(AB) = 1.23$ mol。如果反应系统中各物质的量为 $n(A_2) = n(B_2) = 0.5$ mol，$n(AB) = 0.6$ mol。问：(1)此时反应方向如何？(2)重新达到平衡时各物质的量是多少？

解： $K^{\ominus} = \dfrac{\left[\dfrac{n(AB)}{n(总)} \cdot \dfrac{p(总)}{p^{\ominus}}\right]^2}{\left[\dfrac{n(A_2)}{n(总)} \cdot \dfrac{p(总)}{p^{\ominus}}\right] \cdot \left[\dfrac{n(B_2)}{n(总)} \cdot \dfrac{p(总)}{p^{\ominus}}\right]}$

$K^{\ominus} = \dfrac{\left[\dfrac{1.23\ \text{mol}}{2.23\ \text{mol}} \cdot \dfrac{p(总)}{p^{\ominus}}\right]^2}{\left[\dfrac{0.5\ \text{mol}}{2.23\ \text{mol}} \cdot \dfrac{p(总)}{p^{\ominus}}\right] \cdot \left[\dfrac{0.5\ \text{mol}}{2.23\ \text{mol}} \cdot \dfrac{p(总)}{p^{\ominus}}\right]} = 6.05$

（1）$n(A_2) = n(B_2) = 0.5\ \text{mol}$，$n(AB) = 0.6\ \text{mol}$ 时

$Q = \dfrac{\left[\dfrac{n(AB)}{n(总)} \cdot \dfrac{p(总)}{p^{\ominus}}\right]^2}{\left[\dfrac{n(A_2)}{n(总)} \cdot \dfrac{p(总)}{p^{\ominus}}\right] \cdot \left[\dfrac{n(B_2)}{n(总)} \cdot \dfrac{p(总)}{p^{\ominus}}\right]}$

$= \dfrac{\left[\dfrac{0.6\ \text{mol}}{1.6\ \text{mol}} \cdot \dfrac{p(总)}{p^{\ominus}}\right]^2}{\left[\dfrac{0.5\ \text{mol}}{1.6\ \text{mol}} \cdot \dfrac{p(总)}{p^{\ominus}}\right] \cdot \left[\dfrac{0.5\ \text{mol}}{1.6\ \text{mol}} \cdot \dfrac{p(总)}{p^{\ominus}}\right]} = 1.44$

$Q < K^{\ominus}$，所以反应正向移动。

（2）重新达到平衡时，设有 x mol A_2 和 B_2 反应生成 AB

$$\begin{array}{cccc} & A_2(g) & + \quad B_2(g) & = \quad 2AB(g) \\ \text{平衡时}\ n/\text{mol} & 0.5-x & 0.5-x & 0.6+2x \end{array}$$

$K^{\ominus} = \dfrac{\left[\dfrac{0.6 + 2x\ \text{mol}}{1.6\ \text{mol}} \cdot \dfrac{p(总)}{p^{\ominus}}\right]^2}{\left[\dfrac{0.5 - x\ \text{mol}}{1.6\ \text{mol}} \cdot \dfrac{p(总)}{p^{\ominus}}\right] \cdot \left[\dfrac{0.5 - x\ \text{mol}}{1.6\ \text{mol}} \cdot \dfrac{p(总)}{p^{\ominus}}\right]} = 6.05$

$x = 0.14\ \text{mol}$

重新达到平衡时 $n(A_2) = n(B_2) = 0.36\ \text{mol}$，$n(AB) = 0.88\ \text{mol}$。

6. CO 的转化反应：$CO(g) + H_2O(g) = CO_2(g) + H_2(g)$，在 797 K 时的平衡常数 $K^{\ominus} = 0.5$。若在该温度下使 2.0 mol CO 和 3.0 mol $H_2O(g)$ 在密闭容器中反应，计算 CO 在此条件下的最大转化率（平衡转化率）。

解： 设有 x mol CO 转化

$$\begin{array}{ccccc} & CO(g) & + \quad H_2O(g) & = \quad CO_2(g) & + \quad H_2(g) \\ \text{起始时}\ n/\text{mol} & 2.0 & 3.0 & 0.0 & 0.0 \\ \text{平衡时}\ n/\text{mol} & 2.0-x & 3.0-x & x & x \end{array}$$

$K^{\ominus} = \dfrac{[p(CO_2)/p^{\ominus}] \cdot [p(H_2)/p^{\ominus}]}{[p(CO)/p^{\ominus}] \cdot [p(H_2O)/p^{\ominus}]} = \dfrac{\left[\dfrac{xRT}{V}/p^{\ominus}\right]^2}{\left[\dfrac{(2.0-x)RT}{V}/p^{\ominus}\right] \cdot \left[\dfrac{(3.0-x)RT}{V}/p^{\ominus}\right]}$

$$0.5 = \frac{x^2}{(2.0 - x) \times (3.0 - x)}$$

解方程得 $x = 1.0$ mol

CO 在此条件下的转化率 $= 1.0$ mol $/2.0$ mol $= 50\%$

7. 已知反应 $\frac{1}{2} H_2(g) + \frac{1}{2} Cl_2(g) = HCl(g)$，在 298 K 时 $K_1^{\ominus} = 4.9 \times 10^{16}$，$\Delta_r H_m^{\ominus} = -92.307$ kJ $\cdot$ mol^{-1}。求在 500 K 时的 $K_2^{\ominus}$ 值。(假定 $\Delta_r H_m^{\ominus}$ 随温度变化可忽略)

解：$\ln = \frac{K_2^{\ominus}}{K_1^{\ominus}} = \frac{\Delta_r H_m^{\ominus}}{R} \left(\frac{1}{T_1} - \frac{1}{T_2} \right)$

$$\ln \frac{K_2^{\ominus}}{4.9 \times 10^{16}} = \frac{-92.307 \times 10^3 \text{ J} \cdot \text{mol}^{-1}}{8.314 \text{ J} \cdot \text{mol}^{-1} \cdot \text{K}^{-1}} \left(\frac{1}{298 \text{ K}} - \frac{1}{500 \text{ K}} \right)$$

$K_2^{\ominus} = 1.42 \times 10^{10}$

8. 将 1.20 mol SO_2 和 2.00 mol O_2 的混合气体，在 800 K 和 100 kPa 的总压力下，缓慢通过 V_2O_5 催化剂使生成 SO_3，在恒温恒压下达到平衡后，测得混合物中生成的 SO_3 为 1.10 mol。试利用上述实验数据求该温度下反应 $SO_2(g) + \frac{1}{2} O_2(g) = 2SO_3(g)$ 的 $K^{\ominus}$、$\Delta_r G_m^{\ominus}(T)$ 及 SO_2 的转化率。

解：

	$SO_2(g)$	$+ \frac{1}{2} O_2(g)$	$= SO_3(g)$
起始时 $n/$mol	1.20	2.00	0.0
平衡时 $n/$mol	0.10	1.45	1.10

$$K^{\ominus} = \frac{\dfrac{1.10 \text{ mol}}{2.65 \text{ mol}} \times \dfrac{p(总)}{p^{\ominus}}}{\left[\dfrac{1.45 \text{ mol}}{2.65 \text{ mol}} \times \dfrac{p(总)}{p^{\ominus}} \right]^{\frac{1}{2}} \cdot \left[\dfrac{0.10 \text{ mol}}{2.65 \text{ mol}} \times \dfrac{p(总)}{p^{\ominus}} \right]} = 14.9$$

$\Delta_r G_m^{\ominus} = -RT\ln K^{\ominus} = -18.0$ kJ $\cdot$ mol^{-1}

SO_2 在此条件下的转化率 $= 1.10$ mol$/1.20$ mol $= 91.7\%$

6.3 练习题

(一) 判断题

( ) 1. 化学平衡状态是正逆反应都停止的状态。

( ) 2. 影响化学平衡常数的因素有：催化剂、反应物浓度、总浓度和温度。

( ) 3. 反应 $Fe(s) + 2H^+(aq) = Fe^{2+}(aq) + H_2(g)$ 的 $K^{\ominus}$ 表达式：$K^{\ominus} = \dfrac{[p(H_2)/p^{\ominus}] \cdot [c(Fe^{2+})/c^{\ominus}]}{[c(H^+)/c^{\ominus}]^2}$。

（　　）4. 可逆反应的正反应与逆反应的平衡常数之积为1。

（　　）5. $\Delta_r G_m^{\ominus}(T) = -RT\ln K^{\ominus}$，故 T 升高，$K^{\ominus}$ 一定减小。

（　　）6. 一定温度时，化学平衡发生移动，其 $K^{\ominus}$ 增大。

（　　）7. 若化学反应的 $Q > K^{\ominus}$，则反应逆向自发进行。

（　　）8. 根据反应的化学计量方程式可以写出该反应的标准平衡常数表达式。

（　　）9. 升高温度，吸热反应的标准平衡常数增大；降低温度，放热反应的标准平衡常数增大。

（　　）10. 平衡常数和转化率都能表示反应进行的程度，其数值都与反应物的起始浓度有关。

（　　）11. 定容过程平衡状态时，向系统内加入惰性气体，不会引起化学平衡移动。

（　　）12. 相同温度下，两反应的 $\Delta_r G_m^{\ominus}$ 之间的关系为 $\Delta_r G_m^{\ominus}(1) = 2\Delta_r G_m^{\ominus}(2)$，则两反应标准平衡常数间关系为 $K_2^{\ominus} = (K_1^{\ominus})^2$。

（　　）13. $\Delta_r H_m^{\ominus} < 0$ 的反应，温度越高，$K^{\ominus}$ 就越小，故 $\Delta_r G_m^{\ominus}$ 越大。

（　　）14. 反应 $N_2(g) + O_2(g) = 2NO(g)$ 和 $\frac{1}{2}N_2(g) + \frac{1}{2}O_2(g) = NO(g)$ 代表同一反应，所以标准平衡常数 $(K^{\ominus})$ 的值相等。

（　　）15. 对于反应 $C(s) + H_2O(g) = CO(g) + H_2(g)$，当系统压力改变时，反应平衡不受影响。

（　　）16. 一定温度下，化学反应的平衡常数可因加入催化剂而增大。

（　　）17. 向平衡系统添加某一反应物，会提高这一物质的转化率。

（　　）18. 在系统中加入正催化剂，反应达到平衡所需的时间缩短。

（　　）19. 温度升高 10 K，放热反应的平衡常数将减小。

（　　）20. 反应的标准平衡常数大，反应物的转化率一定高。

（　　）21. 吸热反应的平衡常数随温度的升高而增大。

（　　）22. 对于 $A(g) + B(g) = 2D(g)$，在其他条件相同下，加入催化剂可得到更多的 D。

（　　）23. 多步反应的总平衡常数等于各分步反应的平衡常数之积。

（　　）24. 一个反应达平衡后，测定各反应物质浓度得平衡常数 $K_1^{\ominus}$，加入一些产物，在相同温度下，重新达到平衡之后，再测定各物质的浓度，得到 $K_2^{\ominus}$，这两次结果应该相同，即 $K_1^{\ominus} = K_2^{\ominus}$。

（　　）25. 平衡常数和转化率都能表示反应进行的程度，但平衡常数与反应物初始浓度无关，而转化率则与初始浓度有关。

（　　）26. 合成氨反应 $N_2(g) + 3H_2(g) = 2NH_3(g)$ 为放热反应，因此为提高 NH_3 的产率，单从 $\Delta_r H_m^{\ominus}$ 方面考虑，应该在较低温度下进行。

（　　）27. 可逆反应达平衡时，各反应物浓度与生成物浓度均相等。

（　　）28. 一可逆反应，其反应的 $\Delta_r H_m^{\ominus}$ 为正，而逆反应的 $\Delta_r H_m^{\ominus}$ 为负，则正反应的平衡常数将随温度升高而增大。

（　　）29. 可逆反应达平衡后，若所有的平衡条件都不变，各反应物和生成物的浓度不再随时间改变。

（　　）30. 反应 $A + B = C + D$ 的 $\Delta_r H_m^{\ominus} > 0$，升高温度时平衡向右移动，这是因为温度升高时，正

反应速率 v_1 升高，逆反应速率 v_2 降低造成的。

(   ) 31. 任何可逆反应都只有一个平衡常数。

(   ) 32. 平衡常数和转化率都能表示反应进行的程度，所以二者本质相同，只是不同的术语。

(   ) 33. $\Delta_r G_m^{\ominus}$ 的正值越大，则 $K^{\ominus}$ 越小，表示标准态下，正向反应进行的程度越小。

(   ) 34. 平衡常数 $K^{\ominus}$ 值可以由反应的 $\Delta_r G_m^{\ominus}$ 值求得。

(   ) 35. 生产中往往使一种反应物过量，是为了提高另一种反应物的转化率。

(   ) 36. 反应 $C(s)+CO_2(g)=2CO(g)$ 的 $\Delta_r H_m^{\ominus}<0$，T ℃时达到平衡。降低温度，正、逆反应速度都减慢，但平衡向右移动。

(   ) 37. 化学反应 $2A(aq)+B(aq)=2D(aq)$ 的平衡常数 $K^{\ominus}=\dfrac{[c(D)/c^{\ominus}]^2}{[c(A)/c^{\ominus}]^2 \cdot [c(B)/c^{\ominus}]}$，因为随反应的进行 $c(D)$ 不断增大，而 $c(A)$ 与 $c(B)$ 不断减少，故 $K^{\ominus}$ 不断增大。

(   ) 38. 对于某一给定的反应，$K^{\ominus}$ 值将取决于起始浓度。

(   ) 39. 对于 $\Delta_r H_m^{\ominus}$ 为负值的任何反应，可以预期它的 $K^{\ominus}$ 值随温度升高而增大。

(   ) 40. 对于某一给定的反应，转化率和起始浓度有很大关系。

(   ) 41. 对于可逆反应，其正反应与逆反应的平衡常数之和为1。

(   ) 42. 恒定系统总压不变的情况下加入惰性气体，不会引起平衡移动。

(   ) 43. 一个放热反应达平衡后，测定各反应物质浓度得平衡常数 $K_1^{\ominus}$，升高温度后，测得各反应物质浓度得平衡常数 $K_2^{\ominus}$，则 $K_1^{\ominus}>K_2^{\ominus}$。

(   ) 44. 反应 $N_2(g)+3H_2(g)=2NH_3(g)$ 的 $\Delta_r H_m^{\ominus}<0$，增大压力，可提高 NH_3 的产率。

(   ) 45. 可逆反应 $A(g)+2B(g)=2D(g)$，减少压力，平衡向左移动。

(   ) 46. 反应 $A(g)+2B(g)=2D(g)$ 总压不变，加入惰性气体时，平衡向右移动。

(   ) 47. 反应的温度越高，其平衡常数值越大。

(   ) 48. 对反应 $FeO(s)+C(s)=CO(g)+Fe(s)$，由于化学方程式两边物质的化学计量系数之和相等，故改变总压对平衡无影响。

(   ) 49. 相同温度时，$\Delta_r H_m^{\ominus}$ 绝对值越大，则温度对其平衡常数的影响越小。

(   ) 50. 一个化学平衡系统，各状态函数都确定。当改变系统压力时，平衡发生移动，在移动过程中，各状态函数也全部发生变化。

(二)选择题(单选)

(   ) 1. 一个反应达到平衡的标志是：

      A. 各反应物和生成物的浓度等于常数   B. 各反应物和生成物的浓度相等

      C. 各物质浓度不随时间的改变而改变   D. $\Delta_r G_m^{\ominus}=0$

(   ) 2. 下列关于反应商 Q 的叙述中，错误的是：

      A. Q 与 $K^{\ominus}$ 的数值始终相等   B. Q 即可能大于 $K^{\ominus}$，也可能小于 $K^{\ominus}$

      C. Q 有时等于 $K^{\ominus}$ D. Q 的数值随反应的进行而变化

(   ) 3. 要使某反应正向进行，下列说法中正确的是：

      A. $K^{\ominus}>0$ B. $\Delta_r G_m<0$ C. $\Delta_r G_m^{\ominus}<0$ D. $Q>K^{\ominus}$

( ) 4. 密闭容器中，A、B、C 三种气体建立了化学平衡，反应是 A(g)+B(g)=C(g)，在相同温度下，如体积缩小 2/3，则平衡常数 $K^{\ominus}$ 为原来的:

    A. 3 倍   B. 2 倍   C. 9 倍   D. 相同值

( ) 5. 对于可逆反应 $2NO(g)=N_2(g)+O_2(g)$，$\Delta_r H_m^{\ominus}=-180.5 \text{ kJ} \cdot \text{mol}^{-1}$。下列说法正确的是:

    A. $K^{\ominus}$ 与温度无关   B. 增加 NO 的浓度，$K^{\ominus}$ 值增大

    C. 温度升高时 $K^{\ominus}$ 值减小   D. 温度升高时 $K^{\ominus}$ 值增大

( ) 6. 384 K 时，反应 $2A(g)=B(g)$，$K^{\ominus}=3.9\times10^{-2}$，同温度下反应 $A(g)=\dfrac{1}{2}B(g)$ 的 $K^{\ominus}$ 应为:

    A. $\dfrac{1}{3.9}\times10^{-2}$ B. 1.95×10^{-2} C. 3.9×10^{-2} D. $\sqrt{3.9\times10^{-2}}$

( ) 7. 在某温度下，反应(1)(2)和(3)的标准平衡常数分别为 $K_1^{\ominus}$、$K_2^{\ominus}$、$K_3^{\ominus}$，则反应(4)的 $K^{\ominus}$ 等于:

    (1) $CoO(s)+CO(g)=Co(s)+CO_2(g)$ (2) $CO_2(g)+H_2(g)=CO(g)+H_2O(l)$

    (3) $H_2O(l)=H_2O(g)$ (4) $CoO(s)+H_2(g)=Co(s)+H_2O(g)$

    A. $K_1^{\ominus}+K_2^{\ominus}+K_3^{\ominus}$ B. $K_1^{\ominus}-K_2^{\ominus}-K_3^{\ominus}$

    C. $K_1^{\ominus}K_2^{\ominus}K_3^{\ominus}$ D. $K_1^{\ominus}K_2^{\ominus}/K_3^{\ominus}$

( ) 8. 可逆反应 $NO(g)+CO(g)=CO_2(g)+\dfrac{1}{2}N_2(g)$ 为放热反应。欲提高有害气体 NO、CO 的转化率，应采用的条件为:

    A. 低温低压   B. 高温高压   C. 低温高压   D. 高温低压

( ) 9. 已知 298 K 时，HAc 的离解平衡常数 $K_a^{\ominus}=1.76\times10^{-5}$，反应 $HAc(1 \text{ mol} \cdot \text{L}^{-1})=H^+(0.05 \text{ mol} \cdot \text{L}^{-1})+Ac^-(0.02 \text{ mol} \cdot \text{L}^{-1})$

    A. 正向自发   B. 逆向自发   C. 处于平衡状态   D. 无法确定

( ) 10. 300 K 时真空容器中 $N_2O_4(g)$ 分解 $N_2O_4(g)=2NO_2(g)$，达平衡时总压为 100 kPa，N_2O_4 有 20% 分解为 NO_2，则反应的 $K^{\ominus}$ 为:

    A. 0.27   B. 0.05   C. 0.20   D. 0.17

( ) 11. 一定温度下，恒容条件下，反应 $3H_2(g)+N_2(g)=2NH_3(g)$ 达平衡后，增大 N_2 的分压，则平衡移动的结果是:

    A. 增大 H_2 的分压   B. 减小 N_2 的分压

    C. 增大 NH_3 的分压   D. 减小平衡常数

( ) 12. 298 K，反应 $BaCl_2 \cdot H_2O(s)=BaCl_2(s)+H_2O(g)$ 达到平衡时，$p(H_2O)=320 \text{ kPa}$，则反应的 $\Delta_r G_m^{\ominus}$ 为:

    A. $-2.88 \text{ kJ} \cdot \text{mol}^{-1}$ B. $2.88 \text{ kJ} \cdot \text{mol}^{-1}$

    C. $143 \text{ kJ} \cdot \text{mol}^{-1}$ D. $-143 \text{ kJ} \cdot \text{mol}^{-1}$

（　）13. 某温度下反应 $2NO(g)+O_2(g)=2NO_2(g)$ 的 $K^{\ominus}=2.4$，当 $p(NO)=200\ kPa$，$p(NO_2)=250\ kPa$，$p(O_2)=150\ kPa$ 时，该反应：

  A. 正向自发   B. 逆向自发   C. 处于平衡状态 D. 无法确定

（　）14. 根据公式 $\Delta_r G_m = RT\ln\dfrac{Q}{K^{\ominus}}$，在定温下反应能向正反应方向自发进行的条件是：

  A. $Q<K^{\ominus}$ B. $Q=K^{\ominus}$ C. $Q>K^{\ominus}$ D. 无法判断

（　）15. 已知某反应 $K^{\ominus}(298\ K)>K^{\ominus}(373\ K)$，则：

  A. $\Delta_r G_m^{\ominus}<0$ B. $\Delta_r G_m^{\ominus}>0$ C. $\Delta_r H_m^{\ominus}<0$ D. $\Delta_r H_m^{\ominus}>0$

（　）16. 已知 $\Delta_f G_m^{\ominus}(Ag_2O, s)=-11.2\ kJ\cdot mol^{-1}$，反应 $2Ag_2O(s)=4Ag(s)+O_2(g)$ 在 298 K 达到平衡，O_2 的分压最接近于：

  A. $10^{-4}\ p^{\ominus}$ B. $10^{4}\ p^{\ominus}$ C. $10^{2}\ p^{\ominus}$ D. $10^{-2}\ p^{\ominus}$

（　）17. 下列哪种情况达到平衡所需时间最少：

  A. $K^{\ominus}$ 很小 B. $K^{\ominus}$ 很大 C. $K^{\ominus}$ 接近于1 D. 无法判断

（　）18. 某可逆反应达到平衡时，反应物(1)的转化率达到30%，当其他条件不变，加入催化剂时，反应物(1)的转化率：

  A. >30%   B. =30%   C. <30%   D. 无法确定

（　）19. 水在5 000 m 高山上沸腾，反应为 $H_2O(l)=H_2O(g)$，平衡时反应的：

  A. $\Delta_r G_m^{\ominus}=0$ B. $\Delta_r G_m^{\ominus}>0$ C. $\Delta_r G_m^{\ominus}<0$ D. $\Delta_r G_m=0$

（　）20. 反应 $2SO_2(g)+O_2(g)=2SO_3(g)$ 的 $\Delta_r H_m^{\ominus}<0$，在 300 ℃ 时的标准平衡常数为 $K_1^{\ominus}$，500 ℃ 时的标准平衡常数为 $K_2^{\ominus}$，则：

  A. $K_1^{\ominus}<K_2^{\ominus}$ B. $K_1^{\ominus}>K_2^{\ominus}$ C. $K_1^{\ominus}=K_2^{\ominus}$ D. 无法判断

（　）21. 化合物 AB 与 CD 按下式进行反应 $AB(g)+CD(g)=AD(g)+BC(g)$，若开始时 AB 与 CD 各为 1 mol，而平衡时 AB 和 CD 均有 3/4 转化为产物，假设体积不变，则平衡常数为：

  A. 9/16   B. 1/9   C. 16/9   D. 9

（　）22. 在 800 ℃ 时，反应 $CaO(s)+CO_2(g)=CaCO_3(s)$ 的 $K^{\ominus}=277$，则 CO_2 的相对分压为：

  A. 277   B. $\sqrt{277}$ C. 1/277   D. 277^2

（　）23. 反应 $CO_2(g)+H_2(g)=CO(g)+H_2O(g)$ 的 $\Delta_r H_m^{\ominus}>0$，若要提高 CO 的产率，可采取的方法是：

  A. 增加总压力 B. 加入催化剂 C. 提高温度 D. 降低温度

（　）24. 影响化学平衡常数的因素是：

  A. 催化剂   B. 反应物浓度 C. 总浓度   D. 温度

（　）25. 对于任何化学反应，欲使其平衡时的产物产量增加，可行的措施是：

  A. 升高温度   B. 增加压力

  C. 增加起始反应物浓度   D. 加入催化剂

（　）26. 在封闭系统中其反应的 $\Delta_r G_m<0$，它能：

  A. 自发进行到底   B. 不能进行

C. 逆反应自发进行   D. 自发进行到平衡态

( ) 27. 平衡状态不会因容器大小改变而受到明显影响的是：

   A. $H_2(g)+I_2(s)=2HI(g)$ B. $N_2(g)+O_2(g)=2NO(g)$

   C. $N_2(g)+3H_2(g)=2NH_3(g)$ D. $H_2O_2(l)=H_2O(l)+\frac{1}{2}O_2(g)$

( ) 28. 对于反应 $AgCl(s)+2NH_3(aq)=Ag(NH_3)_2^+(aq)+Cl^-(aq)$，$K^\ominus$ 的形式是：

   A. $\dfrac{\{c[Ag(NH_3)_2^+]/c^\ominus\}\cdot[c(Cl^-)/c^\ominus]}{[c(AgCl)/c^\ominus]\cdot[c(NH_3)/c^\ominus]^2}$ B. $\dfrac{\{c[Ag(NH_3)_2^+]/c^\ominus\}\cdot[c(Cl^-)/c^\ominus]}{[c(NH_3)/c^\ominus]^2}$

   C. $[c(Ag^+)/c^\ominus]\cdot[c(Cl^-)/c^\ominus]$ D. $\dfrac{c[Ag(NH_3)_2^+]/c^\ominus}{[c(NH_3)/c^\ominus]^2}$

( ) 29. 反应 $C(s)+CO_2(g)=2CO(g)$ 的 $K^\ominus$ 的形式是：

   A. $\dfrac{[p(CO)/p^\ominus]^2}{[p(C)/p^\ominus]\cdot[p(CO_2)/p^\ominus]}$ B. $\dfrac{p(CO)/p^\ominus}{p(CO_2)/p^\ominus}$

   C. $\dfrac{p(CO)/p^\ominus}{[p(C)/p^\ominus]\cdot[p(CO_2)/p^\ominus]}$ D. $\dfrac{[p(CO)/p^\ominus]^2}{p(CO_2)/p^\ominus}$

( ) 30. 某温度时，反应 $\frac{1}{2}N_2(g)+\frac{3}{2}H_2(g)=NH_3(g)$ 的 $K^\ominus=\sqrt{8\times10^5}$，则在相同温度下，反应 $2NH_3(g)=N_2(g)+3H_2(g)$ 的 $K^\ominus$ 为：

   A. $\sqrt{8\times10^5}$ B. 1.25×10^{-6} C. 8×10^5 D. $(8\times10^5)^2$

( ) 31. 某温度下反应 $H_2(g)+Br_2(g)=2HBr(g)$ 的 $K^\ominus=4.0\times10^{-2}$，则反应 $HBr=\frac{1}{2}H_2(g)+\frac{1}{2}Br_2(g)$ 的 $K^\ominus$ 在该温度下为：

   A. 4.0×10^{-2} B. 2.0×10^{-1} C. 5.0   D. 25

( ) 32. 下列反应及其平衡常数 $H_2(g)+S(s)=H_2S(g)$ 为 $K_1^\ominus$，$S(s)+O_2(g)=SO_2(g)$ 为 $K_2^\ominus$，则反应 $H_2(g)+SO_2(g)=O_2(g)+H_2S(g)$ 的平衡常数 $K^\ominus$ 是：

   A. $K_1^\ominus+K_2^\ominus$ B. $K_1^\ominus-K_2^\ominus$ C. $K_1^\ominus K_2^\ominus$ D. $K_1^\ominus/K_2^\ominus$

( ) 33. 在一定条件下，一可逆反应其正反应的平衡常数与逆反应的平衡常数关系是：

   A. 它们总是相等   B. 它们的和等于1

   C. 它们的积等于1   D. 它们没有关系

( ) 34. 某反应在 T_1 时达到平衡，测得平衡常数 $K_1^\ominus$，温度下降到 T_2 后达平衡，测得 $K_1^\ominus>K_2^\ominus$，此反应的 $\Delta_r H_m^\ominus$ 是：

   A. $=0$ B. >0 C. <0 D. 由 $\Delta_r S_m^\ominus$ 决定

( ) 35. 1 000 K 时反应 $2SO_2(g)+O_2(g)=2SO_3(g)$ 的 $\Delta_r H_m^\ominus<0$，其平衡常数 $K^\ominus=1$，若在该温度下，$p(SO_2)=0.2\,p^\ominus$，$p(SO_3)=0.3\,p^\ominus$，欲使平衡状态不变，则 $p(O_2)$ 应为：

   A. $0.225\,p^\ominus$ B. $2.25\,p^\ominus$ C. $22.5\,p^\ominus$ D. $225\,p^\ominus$

( ) 36. 某反应 $A(s) + D^{2+}(aq) = A^{2+}(aq) + D(s)$ 的 $K^{\ominus} = 10$，当 $c(D^{2+}) = 0.5\ mol \cdot L^{-1}$，$c(A^{2+}) = 0.1\ mol \cdot L^{-1}$ 时，此反应为：

    A. 平衡状态   B. 逆反应自发   C. 正反应自发   D. 无法判定

( ) 37. 于 25 ℃时，反应 $N_2(g) + 3H_2(g) = 2NH_3(g)$ 的 $\Delta_r H_m^{\ominus} < 0$，在密闭容器中该反应达到平衡时，若体积恒定加入惰性气体，则：

    A. 平衡右移，氨产量增加   B. 平衡左移，氨产量减少

    C. 平衡状态不变   D. 正反应速率加快

( ) 38. 一定温度下，某化学反应的平衡常数：

    A. 恒为常数   B. 由反应式决定

    C. 随平衡浓度而变   D. 随平衡压力而变

( ) 39. 若 850 ℃时反应 $CaCO_3(s) = CaO(s) + CO_2(g)$ 的 $K^{\ominus} = 0.498$，则平衡时 CO_2 的分压为：

    A. 50.5 kPa   B. 49.8 kPa   C. 71.5 kPa   D. 取决于 $CaCO_3$ 的量

( ) 40. 下列可逆反应中，恒压加热，平衡移动受其影响最大的是：

    A. $CaCO_3(s) = CaO(s) + CO_2(g)$ $\Delta_r H_m^{\ominus} = 177.9\ kJ \cdot mol^{-1}$

    B. $N_2O_4(g) = 2NO_2(g)$ $\Delta_r H_m^{\ominus} = 58\ kJ \cdot mol^{-1}$

    C. $2SO_2(g) + O_2(g) = 2SO_3(g)$ $\Delta_r H_m^{\ominus} = -198.2\ kJ \cdot mol^{-1}$

    D. $2HI(g) = H_2(g) + I_2(s)$ $\Delta_r H_m^{\ominus} = -52\ kJ \cdot mol^{-1}$

( ) 41. 在 20 ℃时下列反应 $NH_3(l) = NH_3(g)$ 达到平衡时，若系统的氨蒸气压为 $8.57 \times 10^5\ Pa$，则其 $K^{\ominus}$ 为：

    A. 8.46   B. 8.57   C. 8.57×10^5 D. 0.118

( ) 42. 在 800 ℃时下列反应 $CO(g) + H_2O(g) = CO_2(g) + H_2(g)$ 的 $K^{\ominus} = 1.0$。在最初含有 $1.0\ mol\ CO(g)$ 和 $1.0\ mol\ H_2O(g)$ 的混合物经反应达到平衡时，CO 物质的量及其转化率各为：

    A. 0.50 mol 和 50%   B. 0.67 mol 和 67%

    C. 0.25 mol 和 25%   D. 0.33 mol 和 33%

( ) 43. 某反应 $A(g) + B(g) = C(g)$ 的 $K^{\ominus} = 10^{-12}$，这意味着：

    A. 反应物 A 和 B 的初始浓度太低

    B. 正向反应不可能进行，产物不存在

    C. 该反应是可逆反应，且两个方向进行的机会相等

    D. 正向反应能进行，但进行的程度很小

( ) 44. 在碱性溶液中，下列前两个反应的平衡常数分别为 12.0 和 13.0，则第三个反应的平衡常数等于：

    ①$S(s) + S^{2-}(aq) = S_2^{2-}(aq)$ ②$2S(s) + S^{2-}(aq) = S_3^{2-}(aq)$ ③$S(s) + S_2^{2-}(aq) = S_3^{2-}(aq)$

    A. 156   B. 0.92   C. 1.56×10^5 D. 1.08

( ) 45. 反应 $N_2(g) + 3H_2(g) = 2NH_3(g)$ 的 $\Delta_r H_m^{\ominus} < 0$，密闭容器中该反应达平衡时，加入催化剂，平衡将：

A. 不变　　　　　　　B. 向左移动　　　　　C. 向右移动　　　　　D. 无法判断

（　）46. 某反应在一定条件下的平衡转化率为 25.3%，当有一催化剂存在时，其转化率为多少:

A. >25.3%　　　　　B. = 25.3%　　　　　C. <25.3%　　　　　D. 100%

（　）47. 在反应 $CO_2(g)+C(s)=2CO(g)$ 的 $\Delta_r H_m^{\ominus}<0$，采用下列哪种方法能使平衡向右移动:

A. 降低压力，降低温度　　　　　　　　B. 降低压力，增加温度

C. 增加压力，增加温度　　　　　　　　D. 增加压力，降低温度

（　）48. 在 $4NH_3(g)+5O_2(g)=4NO(g)+6H_2O(g)$ 平衡中，用铂网作催化剂，当系统达平衡时，如果增加催化剂的量，下面所述那种情况正确的是:

A. 更多的 NO 和 H_2O 生成　　　　　　B. 生成更多的 NH_3 和 O_2

C. 反应物和生成物都增加　　　　　　　D. 不变化

（　）49. 下列反应系统恒温压缩体积，平衡移动受其影响最大的是:

A. $PbBr_2(s)=Pb(s)+Br_2(l)$

B. $C(s)+CO_2(g)=2CO(g)$

C. $(NH_4)_2CO_3(s)=2NH_3(g)+CO_2(g)+H_2O(g)$

D. $N_2(g)+3H_2(g)=2NH_3(g)$

（　）50. 为了提高 CO 在 $CO(g)+H_2O(g)=CO_2(g)+H_2(g)$ 反应中的转化率，可以:

A. 增加 CO 的分压　　　　　　　　　　B. 增加 H_2O 的分压

C. 增加 CO 和 H_2O 的分压　　　　　　D. 三种方法都行

（三）简答题

1. 什么是可逆反应的平衡状态(试从热力学和动力学角度分析)?

2. $K^{\ominus}$ 与 Q 在形式上是一样的，具体含义有什么区别?

3. 为什么说反应热较大的化学反应，在升高温度时，其标准平衡常数变化较大?

4. 反应 $N_2(g)+3H_2(g)=2NH_3(g)$ 的 $\Delta_r H_m^{\ominus}<0$，利用化学平衡原理，说明如何改变条件提高 NH_3 的产率。

5. 写出化学反应等温式，并说明如何利用化学反应等温式判断化学平衡移动的方向?

6. 已知下列反应在指定温度下的 $\Delta_r G_m^{\ominus}$ 和 $K^{\ominus}$:

（1）$N_2(g)+\dfrac{1}{2}O_2(g)=N_2O(g)$

（2）$N_2O_4(g)=2NO_2(g)$

（3）$\dfrac{1}{2}N_2(g)+O_2(g)=NO_2(g)$

推出反应（4）$2N_2O(g)+3O_2(g)=2N_2O_4(g)$ 的 $\Delta_r G_m^{\ominus}$ 和 $K^{\ominus}$。

7. $K^{\ominus}$ 值变了，平衡是否移动? 平衡移动了，$K^{\ominus}$ 值是否改变?

8. 什么是平衡移动及勒·夏特列原理?

9. 简述当化学反应处于平衡状态时，增大系统压力对反应系统的影响。

10. 简述某一反应的 $K^{\ominus}$ 与转化率的关系。

11. 为什么升高温度，平衡向吸热反应方向移动？反之，则平衡向放热反应方向移动？以化学平衡 A = B 的 $\Delta_r H_m^\ominus < 0$ 为例来说明上述问题。

12. 以反应 $aA(g) + bB(g) = cC(g) + dD(g)$ 为例，说明压力对化学平衡移动的影响。

13. 说明恒定系统总压条件下，加入惰性气体对化学平衡的影响。以反应 $aA(g) + bB(g) = cC(g) + dD(g)$ 为例，且假设加入惰性气体后各物质的分压减少为平衡分压的 $1/m$ $(m > 1)$。

14. 以 $N_2(g) + 3H_2(g) = 2NH_3(g)$ 为例，说明在恒定容积时加入惰性气体对平衡移动的影响。

（四）计算题

1. 已知 $\Delta_f G_m^\ominus(N_2O_4) = 97.8 \text{ kJ} \cdot \text{mol}^{-1}$，$\Delta_f G_m^\ominus(NO_2) = 51.31 \text{ kJ} \cdot \text{mol}^{-1}$。计算反应 $2NO_2(g) = N_2O_4(g)$ 在 25 ℃时的平衡常数 $K^\ominus$ 为多少？

2. Ag_2CO_3 遇热分解：$Ag_2CO_3(s) = Ag_2O(s) + CO_2(g)$，383 K 时，$\Delta_r G_m^\ominus = 14.8 \text{ kJ} \cdot \text{mol}^{-1}$。问此条件下烘干时，空气中含有多少 CO_2 可避免 Ag_2CO_3 分解？

3. 已知反应 C(石墨)$+CO_2(g) = 2CO(g)$，若反应开始前混合气体中 CO_2 与 CO 物质的量的比为 7：3，反应在 1 000 K 及 100 kPa 下进行(已知 1 000 K 时该反应的 $K^\ominus$ 为 1.37)。(1) 确定反应进行的方向；(2) 计算平衡时各物质的分压及 CO_2 的转化率。

4. 计算反应 $CO(g) + H_2O(g) = CO_2(g) + H_2(g)$ 在 298 K 及 850 K 时的标准平衡常数 $K^\ominus$。已知反应式及各物质的标准热力学数据如下：

	CO(g)	+	H₂O(g)	=	CO₂(g)	+	H₂(g)
$\Delta_f H_m^\ominus/(\text{kJ} \cdot \text{mol}^{-1})$	−110.53		−241.826		−393.51		0
$S_m^\ominus/(\text{J} \cdot \text{mol}^{-1} \cdot \text{K}^{-1})$	197.66		188.835		213.785		130.68

5. 根据有关热力学数据，近似计算 CCl_4 在 101.3 kPa 压力下和 20 kPa 压力下的沸腾温度。

已知

	CCl₄(l)	=	CCl₄(g)
$\Delta_f H_m^\ominus/(\text{kJ} \cdot \text{mol}^{-1})$	−135.4		−102.93
$S_m^\ominus/(\text{J} \cdot \text{mol}^{-1} \cdot \text{K}^{-1})$	216.4		309.74

6. 已知 $FeO(s) + CO(g) = Fe(s) + CO_2(g)$ 的 $K^\ominus = 0.5$ (1 273 K)，若起始浓度 $c(CO) = 0.05 \text{ mol} \cdot \text{L}^{-1}$，$c(CO_2) = 0.01 \text{ mol} \cdot \text{L}^{-1}$。问：(1) 反应物、产物的平衡浓度各是多少？(2) CO 的转化率是多少？(3) 增加 FeO 的量，对平衡有何影响？

7. 298 K 时，磷酸葡萄糖变位酶催化以下反应：

$$1\text{-磷酸葡萄糖} \Longleftrightarrow 6\text{-磷酸葡萄糖苷} \quad \Delta_r G_m^\ominus = -7.28 \text{ kJ} \cdot \text{mol}^{-1}$$

同时，6-磷酸葡萄糖苷可被磷酸葡萄糖异构化酶催化转变为 6-磷酸果糖，其反应为：

$$6\text{-磷酸葡萄糖苷} \Longleftrightarrow 6\text{-磷酸果糖} \quad \Delta_r G_m^\ominus = 2.09 \text{ kJ} \cdot \text{mol}^{-1}$$

如果 1-磷酸葡萄糖的初始浓度为 $0.1 \text{ mol} \cdot \text{L}^{-1}$，在平衡时混合物的成分各是多少？

8. 查表得 $Br_2(g)$ 的 $\Delta_f H_m^\ominus(Br_2, g)$，$\Delta_f G_m^\ominus(Br_2, g)$。(1) 计算液态溴在 298 K 时的蒸气压；(2) 近似计算标准状态下液态溴的沸点。

9. 已知某反应在 1 000 K 时平衡常数为 20，在 800 K 时平衡常数为 30。求该反应在 900 K 时 $\Delta_r G_m^{\ominus}$，$\Delta_r H_m^{\ominus}$ 和 $\Delta_r S_m^{\ominus}$。

10. 写出反应 $O_2(g) = O_2(aq)$ 的标准平衡常数表达式，已知 20 ℃，$p(O_2) = 101$ kPa 时，氧气在水中的溶解度为 1.38×10^{-3} mol·L^{-1}。计算以上反应在 20 ℃ 时的 $K^{\ominus}$，并计算 20 ℃ 时与 101 kPa 大气平衡的水中氧的浓度 $c(O_2)$，已知大气中 $p(O_2) = 21.0$ kPa。

11. 在一密闭容器中，$T = 373$ K 条件下进行如下反应 $CO(g) + Cl_2(g) = COCl_2(g)$，开始时，$p(CO) = 108.50$ kPa，$p(Cl_2) = 83.70$ kPa，$p(COCl_2) = 0$ kPa。反应达到平衡时，CO 的平衡转化率为 77.1%。计算 $K^{\ominus}(373$ K$)$ 及反应达到平衡时各物质的分压。

12. 已知反应 $H_2(g) + I_2(g) = 2HI(g)$ 在 628 K 时的 $K^{\ominus} = 54.4$，现混合 H_2 和 I_2 的量各为 2 mol，并在该温度和 5.10 kPa 下达到平衡。求 I_2 的转化率。

13. 在 1 500 K 时，$CaCO_3$ 分解反应为 $CaCO_3(s) = CaO(s) + CO_2(g)$，标准平衡常数 $K^{\ominus} = 0.50$。10 L 真空容器中置入 1 mol $CaCO_3(s)$，平衡时 $CaCO_3$ 部分分解，且生成的 CO_2 分解反应为 $CO_2(g) = CO(g) + \frac{1}{2}O_2(g)$，平衡时容器中 O_2 的分压为 15 kPa。求 1 500 K 时 CO_2 分解反应的标准平衡常数和 $CaCO_3$ 的分解率。

14. 298 K 时，反应：

(1) $HF(aq) + OH^-(aq) = H_2O(l) + F^-(aq)$ $\Delta_r G_m^{\ominus} = -61.86$ kJ·mol^{-1}

(2) $H_2O(l) = H^+(aq) + OH^-(aq)$ $\Delta_r G_m^{\ominus} = 79.89$ kJ·mol^{-1}

计算 HF 在水中解离反应(3)$HF(aq) = H^+(aq) + F^-(aq)$ 的 $\Delta_r G_m^{\ominus}$，若 $c(HF) = c(F^-) = 0.1$ mol·L^{-1} 时，HF 在水中解离反应正向自发，介质 pH 值应在何范围？

15. 反应：甘油+磷酸=甘油磷酸酯+水，在 298 K 时 $\Delta_r G_m^{\ominus}$ 为 11.09 kJ·mol^{-1}。如果开始时用 1 mol·L^{-1} 的甘油和 0.5 mol·L^{-1} 的磷酸，在平衡时甘油磷酸酯的浓度是多少？

16. 某吸热反应 $\Delta_r H_m^{\ominus} = 16.2$ kJ·mol^{-1}，在 127 ℃ 时，$K^{\ominus} = 10$，在 227 ℃ 时 $K^{\ominus}$ 是多少？

17. 反应 $H_2(g) + I_2(g) = 2HI(g)$，在 698 K 时测得平衡分压 $p(H_2) = 9.43$ kPa，$p(I_2) = 5.61$ kPa，$p(HI) = 54.2$ kPa。(1) 计算该反应的平衡常数；(2) 计算反应 $2HI(g) = H_2(g) + I_2(g)$ 的平衡常数；(3) 计算反应 $HI(g) = \frac{1}{2}H_2(g) + \frac{1}{2}I_2(g)$ 的平衡常数。

18. 反应 $\frac{1}{2}N_2(g) + \frac{1}{2}O_2(g) = NO(g)$ 在 1 800 K 时平衡常数为 1.11×10^{-2}，在 2 000 K 时平衡常数为 2.02×10^{-2}。计算 2 000 K 时的 $\Delta_r G_m^{\ominus}$，并通过两个常数求出反应的 $\Delta_r H_m^{\ominus}$。（假定 $\Delta_r H_m^{\ominus}$ 与温度无关）

19. 在 250 ℃ 及 1.0×10^5 Pa 压力时，PCl_5 有 80% 离解为 PCl_3 和 Cl_2。如果温度不变而压力为 2×10^5 Pa，PCl_5 的离解率又是多少？

20. 计算 25 ℃ 下 $CaCO_3$ 热分解反应 $CaCO_3(s) = CaO(s) + CO_2(g)$ 的 $\Delta_r H_m^{\ominus}$、$\Delta_r S_m^{\ominus}$ 和 $\Delta_r G_m^{\ominus}$ 及 $K^{\ominus}$，判断此反应能否自发进行？

21. 在 523 K 时，欲使 PCl_5 有 0.30 分解为 PCl_3 和 Cl_2，问反应的总压力为多少？（已知

$K^{\ominus}=1.85$)

22. 在 1 133 K 时某恒温容器中，CO 和 H_2 混合并发生如下反应 $CO(g)+3H_2(g)=CH_4(g)+H_2O(g)$，已知开始时 $p(CO)=100$ kPa，$p(H_2)=200$ kPa；平衡时 $p(CH_4)=13$ kPa。假定没有其他反应发生，求该反应该温度下的平衡常数。

23. 容积为 3.00 L 的密闭容器中，装入 1.50 mol 的 $CO_2(g)$ 和 4.50 mol 的 $H_2(g)$，发生下列反应并建立平衡 $CO_2(g)+H_2(g)=CO(g)+H_2O(g)$。已知在 1 123 K 时，$K^{\ominus}=1.00$。求：(1)各物质的平衡分压；(2) $CO_2(g)$ 的转化率；(3)如果在上述系统中再加入 4.87 mol 的 $H_2(g)$，温度保持不变，计算 $CO_2(g)$ 的转化率。

练习题答案

(一) 判断题

1. ×	2. ×	3. √	4. √
5. ×	6. ×	7. √	8. √
9. √	10. ×	11. √	12. ×
13. ×	14. ×	15. ×	16. ×
17. ×	18. √	19. √	20. ×
21. √	22. ×	23. √	24. √
25. √	26. √	27. ×	28. √
29. √	30. ×	31. √	32. ×
33. √	34. √	35. √	36. √
37. ×	38. ×	39. √	40. √
41. ×	42. ×	43. √	44. √
45. √	46. ×	47. √	48. ×
49. ×	50. ×		

(二) 选择题 (单选)

1. C	2. A	3. B	4. D
5. C	6. D	7. C	8. C
9. B	10. D	11. C	12. A
13. A	14. A	15. C	16. A
17. D	18. B	19. D	20. B
21. D	22. C	23. C	24. D
25. C	26. D	27. B	28. B
29. D	30. B	31. C	32. D
33. C	34. B	35. B	36. C
37. C	38. B	39. B	40. C
41. B	42. A	43. D	44. D
45. A	46. B	47. A	48. D

49. C　　　　50. B

（三）简答题

1. 从热力学角度看，当反应物的吉布斯自由能的总和大于产物的吉布斯自由能总和时（即 $\Delta_r G_m < 0$）反应自发进行，随着反应的进行，反应物的吉布斯自由能的总和不断减小，而产物的吉布斯自由能的总和不断增大。当两者相等（即 $\Delta_r G_m = 0$），反应达到了平衡。

从动力学角度看，反应开始时反应物浓度较大，产物浓度较小，所以正反应速率大于逆反应速率，随着反应的进行，反应物浓度不断减小，产物浓度不断增加，所以正反应速率不断减小，逆反应速率不断增大，当正逆反应速率相等时，系统中各物质的浓度不再随时间发生变化，反应达到了平衡。

2. $K^\ominus$ 为标准平衡常数，是在指定温度下达到平衡时，产物和反应物浓度相对值的乘幂之比。其中的相对浓度（或相对分压）必须是平衡态的。Q 为反应商，表示产物和反应物浓度相对值的乘幂之比，其中的相对浓度（或相对分压）可以是任意态的。

3. 从公式 $\ln \dfrac{K_2^\ominus}{K_1^\ominus} = \dfrac{\Delta_r H_m^\ominus}{R} \left(\dfrac{T_2 - T_1}{T_2 T_1} \right)$ 可看出，相同温度下，$\Delta_r H_m^\ominus$ 越大，$\ln \dfrac{K_2^\ominus}{K_1^\ominus}$ 越大。所以说在升高温度时，其平衡常数变化较大。

4. （1）增加 N_2、H_2 的浓度（或分压）或减少 NH_3 的浓度（或分压）；（2）降低温度；（3）增加系统的总压力。

5. 化学反应等温式：

$$\Delta_r G_m = \Delta_r G_m^\ominus + RT\ln Q = RT\ln \dfrac{Q}{K^\ominus}$$

当 $Q < K^\ominus$ 时，$Q/K^\ominus < 1$，$\Delta_r G_m < 0$，正反应自发进行；

当 $Q > K^\ominus$ 时，$Q/K^\ominus > 1$，$\Delta_r G_m > 0$，逆反应自发进行；

当 $Q = K^\ominus$ 时，$Q/K^\ominus = 1$，$\Delta_r G_m = 0$，反应处于平衡状态。

6. 由于 $(4) = 4 \times (3) - 2 \times (1) - 2 \times (2)$，则

$$\Delta_r G_m^\ominus (4) = 4 \times \Delta_r G_m^\ominus (3) - 2 \times \Delta_r G_m^\ominus (1) - 2 \times \Delta_r G_m^\ominus (2)$$

根据多重平衡规则得

$$K^\ominus = \dfrac{(K_3^\ominus)^4}{(K_1^\ominus)^2 (K_2^\ominus)^2}$$

7. 平衡常数 $K^\ominus$ 是在定温定压条件下达到化学平衡后，系统中各种物质浓度之间所保持的一种关系，即产物和反应物浓度相对值的乘幂之比。若 $K^\ominus$ 值变了，平衡移动。平衡常数 $K^\ominus$ 是温度的函数，若温度保持不变，只是系统压力、反应物或产物的浓度改变等原因使平衡发生了移动，则 $K^\ominus$ 值不变。

8. 外界条件（浓度、压力或温度）改变时，可逆反应中原已达平衡状态的各物质浓度发生变化，叫作平衡移动。假如改变平衡系统的条件之一，如温度、压力或浓度，平衡向能减弱这个改变的方向移动，这一规律叫作勒·夏特列原理。

9. 压力的变化对固体、液体的体积影响很小，所以压力的变化只对有气态物质参与的反应可能引起平衡的移动。当增加系统压力时，对于反应前后气体物质的量不相等的化学反应，平衡向气体物质的量减少的方向移动。

10. 通常反应的 $K^{\ominus}$ 大，转化率较高。在一定温度下（$K^{\ominus}$ 不变），对于同一反应，反应物的投料比不同，转化率不同，即转化率与反应物的浓度有关。

11. $A = B$ $\quad \Delta_r H_m^{\ominus} < 0$

根据范特霍夫方程 $\quad \ln \dfrac{K_2^{\ominus}}{K_1^{\ominus}} = \dfrac{\Delta_r H_m^{\ominus}}{R}\left(\dfrac{1}{T_1} - \dfrac{1}{T_2}\right)$

如果温度升高（$T_2 > T_1$），$\Delta_r H_m^{\ominus} < 0$，则方程右边小于 0，所以 $K_2^{\ominus} < K_1^{\ominus}$，表示生成物浓度减少，即平衡向左移动（吸热反应方向移动），反之则平衡向右移动。

12. 反应 $a\mathrm{A(g)} + b\mathrm{B(g)} = c\mathrm{C(g)} + d\mathrm{D(g)}$ 达平衡时，各种物质分压分别是 $p(\mathrm{A})$、$p(\mathrm{B})$、$p(\mathrm{C})$、$p(\mathrm{D})$，平衡常数表达式是

$$K^{\ominus} = \dfrac{[p(\mathrm{C})/p^{\ominus}]^c \cdot [p(\mathrm{D})/p^{\ominus}]^d}{[p(\mathrm{A})/p^{\ominus}]^a \cdot [p(\mathrm{B})/p^{\ominus}]^b}$$

若将系统的总压力增大 1 倍，各物质的分压也相应增大 1 倍，即

$p(\mathrm{A})' = 2p(\mathrm{A})$、$p(\mathrm{B})' = 2p(\mathrm{B})$、$p(\mathrm{C})' = 2p(\mathrm{C})$、$p(\mathrm{D})' = 2p(\mathrm{D})$

$$Q = \dfrac{[p(\mathrm{C})'/p^{\ominus}]^c \cdot [p(\mathrm{D})'/p^{\ominus}]^d}{[p(\mathrm{A})'/p^{\ominus}]^a \cdot [p(\mathrm{B})'/p^{\ominus}]^b} = \dfrac{[2p(\mathrm{C})/p^{\ominus}]^c \cdot [2p(\mathrm{D})/p^{\ominus}]^d}{[2p(\mathrm{A})/p^{\ominus}]^a \cdot [2p(\mathrm{B})/p^{\ominus}]^b} = 2^{(a+b)-(c+d)} \cdot K^{\ominus}$$

若 $c+d > a+b$，则 $Q > K^{\ominus}$，$\Delta_r G_m > 0$ 平衡向逆反应方向移动，即向气态物质化学分子数小的一侧移动。

若 $c+d < a+b$，则 $Q < K^{\ominus}$，$\Delta_r G_m < 0$ 平衡向正反应方向移动，也是向气态物质化学分子数小的一侧移动。

若 $c+d = a+b$，则 $Q = K^{\ominus}$，$\Delta_r G_m = 0$ 平衡不移动。

同理可证，减小压力平衡向气态物质化学计量数大的一侧移动。计量系数相等的平衡不移动。

13. 反应 $a\mathrm{A(g)} + b\mathrm{B(g)} = c\mathrm{C(g)} + d\mathrm{D(g)}$ 达到平衡时，

$$K^{\ominus} = \dfrac{[p(\mathrm{C})/p^{\ominus}]^c \cdot [p(\mathrm{D})/p^{\ominus}]^d}{[p(\mathrm{A})/p^{\ominus}]^a \cdot [p(\mathrm{B})/p^{\ominus}]^b}$$

加入惰性气体后，

$p(\mathrm{A})' = \dfrac{1}{m}p(\mathrm{A})$、$p(\mathrm{B})' = \dfrac{1}{m}p(\mathrm{B})$、$p(\mathrm{C})' = \dfrac{1}{m}p(\mathrm{C})$、$p(\mathrm{D})' = \dfrac{1}{m}p(\mathrm{D})$

$$Q = \dfrac{[p(\mathrm{C})'/p^{\ominus}]^c \cdot [p(\mathrm{D})'/p^{\ominus}]^d}{[p(\mathrm{A})'/p^{\ominus}]^a \cdot [p(\mathrm{B})'/p^{\ominus}]^b} = \dfrac{\left[\dfrac{1}{m}p(\mathrm{C})/p^{\ominus}\right]^c \cdot \left[\dfrac{1}{m}p(\mathrm{D})/p^{\ominus}\right]^d}{\left[\dfrac{1}{m}p(\mathrm{A})/p^{\ominus}\right]^a \cdot \left[\dfrac{1}{m}p(\mathrm{B})/p^{\ominus}\right]^b}$$

$$= \left(\dfrac{1}{m}\right)^{(a+b)-(c+d)} \cdot K^{\ominus}$$

当 $c+d > a+b$ 时，因为 $m > 1$，所以 $Q < K^{\ominus}$，$\Delta_r G_m < 0$，平衡向正反应方向移动，即向气态物质分子多的一侧移动。

当 $c+d < a+b$ 时，因为 $m > 1$，所以 $Q > K^{\ominus}$，$\Delta_r G_m > 0$，平衡向逆反应方向移动，即向气态物质分子数多的一侧移动。

当 $c+d=a+b$ 时，$Q=K^{\ominus}$，$\Delta_r G_m=0$，反应处于平衡态，平衡不移动。

14. 反应 $N_2(g)+3H_2(g)=2NH_3$ 达到平衡时，

$$K^{\ominus}=\frac{[p(NH_3)/p^{\ominus}]^2}{[p(N_2)/p^{\ominus}]\cdot[p(H_2)/p^{\ominus}]^3}$$

加入惰性气体后，由于体积恒定，各物质的量不变；所以各物质的分压不变，即 $p(NH_3)'=p(NH_3)$，$p(N_2)'=p(N_2)$，$p(H_2)'=p(H_2)$

$$Q=\frac{[p(NH_3)'/p^{\ominus}]^2}{[p(N_2)'/p^{\ominus}]\cdot[p(H_2)'/p^{\ominus}]^3}=\frac{[p(NH_3)/p^{\ominus}]^2}{[p(N_2)/p^{\ominus}]\cdot[p(H_2)/p^{\ominus}]^3}=K^{\ominus}$$

所以 $\Delta_r G_m=0$，反应处于平衡态，平衡不移动。

(四)计算题

1. 解：$\Delta_r G_m^{\ominus}=\Delta_f G_m^{\ominus}(N_2O_4)+(-2)\times\Delta_f G_m^{\ominus}(NO_2)=-4.82\ kJ\cdot mol^{-1}$

$\Delta_r G_m^{\ominus}(298\ K)=-RT\ln K^{\ominus}$

$$\ln K^{\ominus}=-\frac{\Delta_r G_m^{\ominus}}{RT}=-\frac{-4.82\times10^3\ J\cdot mol^{-1}}{8.314\ J\cdot mol^{-1}\cdot K^{-1}\times298\ K}=1.95$$

$K^{\ominus}=7.03$

2. 解：$Ag_2CO_3(s)=Ag_2O(s)+CO_2(g)$，383 K 时，

$\Delta_r G_m^{\ominus}=-RT\ln K^{\ominus}=14.8\ kJ\cdot mol^{-1}$

$$K^{\ominus}=\frac{p(CO_2)}{p^{\ominus}}=9.56\times10^{-3}$$

$p(CO_2)=0.956\ kPa$

383 K 烘干时，空气中 CO_2 分压大于 0.956 kPa 可避免 Ag_2CO_3 分解。

3. 解：(1) $\quad$ C(石墨) $\quad+\quad CO_2(g)\ =\ 2CO(g)$

开始时 n/mol $\qquad\qquad$ 7 $\qquad$ 3

根据道尔顿分压定律 $\quad p(CO)=0.3\times p(总)$，$p(CO_2)=0.7\times p(总)$，$p(总)=p^{\ominus}$

$$Q=\frac{\left[0.3\times\frac{p(总)}{p^{\ominus}}\right]^2}{0.7\times\frac{p(总)}{p^{\ominus}}}=0.13$$

$Q=0.13<K^{\ominus}=1.37$，反应向正反应方向进行。

(2) $\quad$ C(石墨) $\quad+\quad CO_2(g)\ =\ 2CO(g)$

开始时 n/mol $\qquad\qquad$ 7 $\qquad$ 3

平衡时 n/mol $\qquad$ $7-x$ $\qquad$ $3+2x$

$$K^{\ominus}=\frac{\left[\frac{3+2x}{7-x+3+2x}\times\frac{p(总)}{p^{\ominus}}\right]^2}{\frac{7-x}{7-x+3+2x}\times\frac{p(总)}{p^{\ominus}}}=1.37$$

解得 $x=2.8$

$$p(CO) = \frac{3 + 2x}{7 - x + 3 + 2x} \times p(总) = 67 \text{ kPa}$$

$$p(CO_2) = \frac{7 - x}{7 - x + 3 + 2x} \times p(总) = 33 \text{ kPa}$$

CO_2 转化率 $= 2.8/7 \times 100\% = 40\%$

4. 解：$\Delta_r H_m^{\ominus} = [-393.51 + 0 - (-110.53 - 241.826)] \text{kJ} \cdot \text{mol}^{-1} = -41.154 \text{ kJ} \cdot \text{mol}^{-1}$

$\Delta_r S_m^{\ominus} = (213.785 + 130.68 - 197.66 - 188.835) \text{J} \cdot \text{mol}^{-1} \cdot \text{K}^{-1} = -42.03 \text{ J} \cdot \text{mol}^{-1} \cdot \text{K}^{-1}$

298 K 时，$\Delta_r G_m^{\ominus}(298 \text{ K}) = \Delta_r H_m^{\ominus} - T\Delta_r S_m^{\ominus} = -28.6 \text{ kJ} \cdot \text{mol}^{-1}$

根据 $\Delta_r G_m^{\ominus} = -RT\ln K^{\ominus}$

$$\ln K^{\ominus} = -\frac{\Delta_r G_m^{\ominus}}{RT} = -\frac{-28.63 \times 10^3 \text{ J} \cdot \text{mol}^{-1}}{8.314 \text{ J} \cdot \text{mol}^{-1} \cdot \text{K}^{-1} \times 298 \text{ K}} = 11.56$$

$K^{\ominus}(298 \text{ K}) = 1.05 \times 10^5$

850 K 时，$\Delta_r G_m^{\ominus}(850 \text{ K}) = \Delta_r H_m^{\ominus} - T\Delta_r S_m^{\ominus} = -5.43 \text{ kJ} \cdot \text{mol}^{-1}$

$$\ln K^{\ominus}(850 \text{ K}) = -\frac{\Delta_r G_m^{\ominus}(850 \text{ K})}{RT} = -\frac{-5.43 \times 10^3 \text{ J} \cdot \text{mol}^{-1}}{8.314 \text{ J} \cdot \text{mol}^{-1} \cdot \text{K}^{-1} \times 850 \text{ K}} = 0.768 \, 3$$

$K^{\ominus}(850 \text{ K}) = 2.16$

5. 解：$\Delta_r H_m^{\ominus} = \Delta_f H_m^{\ominus}(CCl_4, \text{ g}) - \Delta_f H_m^{\ominus}(CCl_4, \text{ l}) = 32.47 \text{ kJ} \cdot \text{mol}^{-1}$

$\Delta_r S_m^{\ominus} = S_m^{\ominus}(CCl_4, \text{ g}) - S_m^{\ominus}(CCl_4, \text{ l}) = 0.093 \, 34 \text{ kJ} \cdot \text{mol}^{-1} \cdot \text{K}^{-1}$

所以，CCl_4 的正常沸点为

$$T = \frac{\Delta_r H_m^{\ominus}}{\Delta_r S_m^{\ominus}} = \frac{32.47 \text{ kJ} \cdot \text{mol}^{-1}}{0.093 \, 34 \text{ kJ} \cdot \text{mol}^{-1} \cdot \text{K}^{-1}} = 348 \text{ K}$$

根据克劳修斯-克拉贝龙方程 $\quad \ln\frac{p_2}{p_1} = \frac{\Delta_{vap} H_m^{\ominus}}{R}\left(\frac{T_2 - T_1}{T_2 T_1}\right)$

$$\ln\frac{20 \text{ kPa}}{101.3 \text{ kPa}} = \frac{32.47 \times 10^3 \text{ J} \cdot \text{mol}^{-1}}{8.314 \text{ J} \cdot \text{mol}^{-1} \cdot \text{K}^{-1}}\left(\frac{T_2 - 348 \text{ K}}{T_2 \times 348 \text{ K}}\right)$$

解得 $T_2 = 304 \text{ K}$

6. 解：(1) 设平衡时生成 CO_2 的浓度为 $x \text{ mol} \cdot \text{L}^{-1}$，则平衡时

$$FeO(s) + CO(g) = Fe(s) + CO_2(g)$$

开始时 $c/(\text{mol} \cdot \text{L}^{-1}) \qquad\qquad 0.05 \qquad\qquad\qquad 0.01$

平衡时 $c/(\text{mol} \cdot \text{L}^{-1}) \qquad\qquad 0.05-x \qquad\qquad\quad 0.01+x$

$$K^{\ominus}(850 \text{ K}) = \frac{p(CO_2)/p^{\ominus}}{p(CO)/p^{\ominus}} = \frac{\dfrac{c(CO_2)V}{n(总)} \cdot \dfrac{p(总)}{p^{\ominus}}}{\dfrac{c(CO)V}{n(总)} \cdot \dfrac{p(总)}{p^{\ominus}}} = \frac{c(CO_2)}{c(CO)}$$

$$0.5 = \frac{0.01 \text{ mol} \cdot \text{L}^{-1} + x \text{ mol} \cdot \text{L}^{-1}}{0.05 \text{ mol} \cdot \text{L}^{-1} - x \text{ mol} \cdot \text{L}^{-1}}$$

解得 $x = 0.01 \text{ mol} \cdot \text{L}^{-1}$

因此，平衡时 $c(\text{CO}) = 0.04 \text{ mol} \cdot \text{L}^{-1}$，$c(\text{CO}_2) = 0.02 \text{ mol} \cdot \text{L}^{-1}$。

（2）CO 的转化率 $= \dfrac{\text{平衡时已转化的 CO 量}}{\text{CO 的投入量}} \times 100\% = \dfrac{0.01 \text{ mol} \cdot \text{L}^{-1}}{0.05 \text{ mol} \cdot \text{L}^{-1}} \times 100\% = 20\%$

（3）增加 FeO 的量，对平衡无影响。

7. 解：设平衡时混合物中 6-磷酸葡萄糖苷浓度为 x mol·L^{-1}，6-磷酸果糖浓度为 y mol·L^{-1}，上述反应可表示为

$$1\text{-磷酸葡萄糖} \rightleftharpoons 6\text{-磷酸葡萄糖苷} \rightleftharpoons 6\text{-磷酸果糖}$$

开始时 $c/(\text{mol} \cdot \text{L}^{-1})$ 0.1   0   0

平衡时 $c/(\text{mol} \cdot \text{L}^{-1})$ $0.1-x-y$ x y

根据 $\Delta_r G_m^{\ominus} = -RT\ln K^{\ominus}$

$$\ln K_1^{\ominus} = -\frac{\Delta_r G_m^{\ominus}(1)}{RT} = -\frac{-7.28 \times 10^3 \text{ J} \cdot \text{mol}^{-1}}{8.314 \text{ J} \cdot \text{mol}^{-1} \cdot \text{K}^{-1} \times 298 \text{ K}} = 2.938\,4$$

解得 $K_1^{\ominus} = 18.885$

$$\ln K_2^{\ominus} = -\frac{\Delta_r G_m^{\ominus}(2)}{RT} = -\frac{2.09 \times 10^3 \text{ J} \cdot \text{mol}^{-1}}{8.314 \text{ J} \cdot \text{mol}^{-1} \cdot \text{K}^{-1} \times 298 \text{ K}} = -0.843\,6$$

解得 $K_2^{\ominus} = 0.430\,2$

$$K_1^{\ominus} = \frac{x \text{ mol} \cdot \text{L}^{-1}}{0.1 \text{ mol} \cdot \text{L}^{-1} - x \text{ mol} \cdot \text{L}^{-1} - y \text{ mol} \cdot \text{L}^{-1}} = 18.885$$

$$K_2^{\ominus} = \frac{y \text{ mol} \cdot \text{L}^{-1}}{x \text{ mol} \cdot \text{L}^{-1}} = 0.430\,2$$

$x = 0.067\,45 \text{ mol} \cdot \text{L}^{-1}$，$y = 0.029\,02 \text{ mol} \cdot \text{L}^{-1}$

故平衡时，混合物中 6-磷酸葡萄糖苷浓度为 0.067 45 mol·L^{-1}，6-磷酸果糖 0.029 02 mol·L^{-1}，$c(1\text{-磷酸葡萄糖}) = 0.1-x-y = 0.003\,53 \text{ mol} \cdot \text{L}^{-1}$。

8. 解： $\text{Br}_2(l) = \text{Br}_2(g)$

$\Delta_f H_m^{\ominus}/(\text{kJ} \cdot \text{mol}^{-1})$ 0   30.91

$\Delta_f G_m^{\ominus}/(\text{kJ} \cdot \text{mol}^{-1})$ 0   3.110

（1）$\Delta_r H_m^{\ominus} = \Delta_f H_m^{\ominus}(\text{Br}_2, \text{ g}) - \Delta_f H_m^{\ominus}(\text{Br}_2, \text{ l}) = 30.91 \text{ kJ} \cdot \text{mol}^{-1}$

$\Delta_r G_m^{\ominus} = \Delta_f G_m^{\ominus}(\text{Br}_2, \text{ g}) - \Delta_f G_m^{\ominus}(\text{Br}_2, \text{ l}) = 3.110 \text{ kJ} \cdot \text{mol}^{-1}$

$$\ln K^{\ominus} = -\frac{\Delta_r G_m^{\ominus}}{RT} = -\frac{3.110 \times 10^3 \text{ J} \cdot \text{mol}^{-1}}{8.314 \text{ J} \cdot \text{mol}^{-1} \cdot \text{K}^{-1} \times 298 \text{ K}} = -1.26$$

解得 $K^{\ominus}(298 \text{ K}) = 0.28$

$K^{\ominus} = p(\text{Br}_2)/p^{\ominus}$

$p(\text{Br}_2) = K^{\ominus}(298 \text{ K}) \, p^{\ominus} = 0.28 \times 100 \text{ kPa} = 28 \text{ kPa}$

（2）$\Delta_r S_m^{\ominus} = \dfrac{\Delta_r H_m^{\ominus} - \Delta_r G_m^{\ominus}}{T} = \dfrac{(30.91 - 3.11) \times 10^3 \text{ J} \cdot \text{mol}^{-1}}{298 \text{ K}} = 93.29 \text{ J} \cdot \text{mol}^{-1} \cdot \text{K}^{-1}$

$$T = \frac{\Delta_r H_m^{\ominus}}{\Delta_r S_m^{\ominus}} = \frac{30.91 \times 10^3 \text{ J} \cdot \text{mol}^{-1}}{93.29 \text{ J} \cdot \text{mol}^{-1} \cdot \text{K}^{-1}} = 331 \text{ K}$$

9. 解：$\ln \dfrac{K_2^{\ominus}}{K_1^{\ominus}} = \dfrac{\Delta_r H_m^{\ominus}}{R}\left(\dfrac{1}{T_1} - \dfrac{1}{T_2}\right)$

$$\ln \frac{30}{20} = \frac{\Delta_r H_m^{\ominus}}{8.314 \text{ J} \cdot \text{mol}^{-1} \cdot \text{K}^{-1}} \times \left(\frac{1}{800 \text{ K}} - \frac{1}{1\,000 \text{ K}}\right)$$

解得 $\Delta_r H_m^{\ominus} = -13.48 \text{ kJ} \cdot \text{mol}^{-1}$

$$\ln \frac{K_3^{\ominus}}{20} = \frac{13.48 \times 10^3 \text{ J} \cdot \text{mol}^{-1}}{8.314 \text{ J} \cdot \text{mol}^{-1} \cdot \text{K}^{-1}} \times \left(\frac{1}{900 \text{ K}} - \frac{1}{1\,000 \text{ K}}\right)$$

解得 $K_3^{\ominus} = 24$

$\Delta_r G_m^{\ominus}(900 \text{ K}) = -RT\ln K_3^{\ominus} = -23.78 \text{ kJ} \cdot \text{mol}^{-1}$

$\Delta_r G_m^{\ominus}(900 \text{ K}) = \Delta_r H_m^{\ominus} - T\Delta_r S_m^{\ominus}$

$-23.78 \text{ kJ} \cdot \text{mol}^{-1} = -13.48 \text{ kJ} \cdot \text{mol}^{-1} - 900 \text{ K} \times \Delta_r S_m^{\ominus}$

解得 $\Delta_r S_m^{\ominus} = 11.4 \text{ J} \cdot \text{mol}^{-1} \cdot \text{K}^{-1}$

10. 解：反应 $O_2(g) = O_2(aq)$

$$K^{\ominus} = \frac{c(O_2)/c^{\ominus}}{p(O)/p^{\ominus}} = \frac{1.38 \times 10^{-3}}{101 \text{ kPa}/100 \text{ kPa}} = 1.37 \times 10^{-3}$$

大气中 $p(O_2) = 21.0 \text{ kPa}$ 时，

$$K^{\ominus} = \frac{c(O_2)/c^{\ominus}}{p(O)/p^{\ominus}} = \frac{c(O_2)/c^{\ominus}}{21 \text{ kPa}/100 \text{ kPa}} = 1.37 \times 10^{-3}$$

$c(O_2) = 2.88 \times 10^{-4} \text{ mol} \cdot \text{L}^{-1}$

11. 解：根据题意 $\quad CO(g) + Cl_2(g) = COCl_2(g)$

起始时 p/kPa $\quad\quad$ 108.50 $\quad$ 83.70 $\quad\quad$ 0

平衡时 p/kPa $\quad\quad$ 24.85 $\quad$ 0.05 $\quad\quad$ 83.65

$$K^{\ominus} = \frac{p(COCl_2)/p^{\ominus}}{[p(CO)/p^{\ominus}] \cdot [p(Cl_2)/p^{\ominus}]} = \frac{83.65 \text{ kPa}/100 \text{ kPa}}{(24.85 \text{ kPa}/100 \text{ kPa}) \times (0.05 \text{ kPa}/100 \text{ kPa})}$$

$\quad\quad = 6.73 \times 10^{-3}$

平衡时各物质的分压为 $p(CO) = 24.85 \text{ kPa}$，$p(Cl_2) = 0.05 \text{ kPa}$，$p(COCl) = 83.65 \text{ kPa}$。

12. 解：设平衡时，I_2 反应了 x mol

$$H_2(g) + I_2(g) = 2HI(g)$$

起始时 n/mol $\quad\quad$ 2 $\quad\quad$ 2 $\quad\quad$ 0

平衡时 n/mol $\quad\quad$ $2-x$ $\quad$ $2-x$ $\quad$ $2x$

$$K^{\ominus} = \frac{[p(HI)/p^{\ominus}]^2}{[p(H_2)/p^{\ominus}] \cdot [p(I_2)/p^{\ominus}]} = \frac{\left(\dfrac{2x}{4} \times 5.10 \text{ kPa}/100 \text{ kPa}\right)^2}{\left(\dfrac{2-x}{4} \times 5.10 \text{ kPa}/100 \text{ kPa}\right)^2} = 54.4$$

$x = 1.57$ mol

I_2 的转化率 $= \dfrac{1.57 \text{ mol}}{2} \times 100\% = 78.5\%$

13. 解：平衡时系统中 CO_2 的分压为 $p(CO_2)$，满足 $CaCO_3$ 的分解平衡。

$K^{\ominus} = p(CO_2)/p^{\ominus} = 0.50$

$p(CO_2) = 50$ kPa

平衡时 O_2 的分压 $p(O_2) = 15$ kPa

则平衡时 CO 的分压为

$p(CO) = 2 \times p(O_2) = 2 \times 15 \text{ kPa} = 30 \text{ kPa}$

$CO_2(g) = CO(g) + \dfrac{1}{2} O_2(g)$

$K^{\ominus} = \dfrac{[p(CO)/p^{\ominus}] \cdot [p(O_2)/p^{\ominus}]^{\frac{1}{2}}}{p(CO_2)/p^{\ominus}} = 0.23$

依据理想气体状态方程 $p(CO_2)V = n(CO_2)RT$

$n(CO_2) = 50 \times 10^3 \text{ Pa} \times 10 \times 10^{-3} \text{ m}^3/(8.314 \text{ J} \cdot \text{mol}^{-1} \cdot \text{K}^{-1} \times 1\,500 \text{ K}) = 0.040$ mol

依据 $pV = nRT$ 可知

$p(O_2)V = n(O_2)RT$

$n(O_2) = 15 \times 10^3 \text{ Pa} \times 10 \times 10^{-3} \text{ m}^3/(8.314 \text{ J} \cdot \text{mol}^{-1} \cdot \text{K}^{-1} \times 1\,500 \text{ K}) \times 1\,500 \text{ K}$
$\qquad = 0.012$ mol

则已分解的 $CO_2(g)$ 为

$0.012 \text{ mol} \times 2 = 0.024$ mol

平衡时 $CaCO_3$ 分解的量

$n(CaCO_3) = 0.040 \text{ mol} + 0.024 \text{ mol} = 0.064$ mol

$CaCO_3$ 的分解率 $= 0.064 \text{ mol}/1 \text{ mol} = 6.4\%$

14. 解：（1）+（2）得（3）

$HF(aq) = H^+(aq) + F^-(aq)$

$\Delta_r G_m^{\ominus}(3) = \Delta_r G_m^{\ominus}(1) + \Delta_r G_m^{\ominus}(2) = -61.86 \text{ kJ} \cdot \text{mol}^{-1} + 79.89 \text{ kJ} \cdot \text{mol}^{-1}$
$\qquad = 18.03 \text{ kJ} \cdot \text{mol}^{-1}$

根据题意，HF 在水中的解离反应正向自发，即 $\Delta_r G_m < 0$，则

$\Delta_r G_m = \Delta_r G_m^{\ominus} + RT\ln Q < 0$

$RT\ln \dfrac{[c(H^+)/c^{\ominus}] \cdot [c(F^-)/c^{\ominus}]}{c(HF)/c^{\ominus}} < \Delta_r G_m^{\ominus}$

$8.314 \text{ J} \cdot \text{mol}^{-1} \cdot \text{K}^{-1} \times 298 \text{ K} \times \ln \dfrac{c(H^+)/c^{\ominus} \times 0.1}{0.1} < -18\,030 \text{ J} \cdot \text{mol}^{-1}$

$c(H^+) < 6.9 \times 10^{-4} \text{ mol} \cdot \text{L}^{-1}$

pH > 3.16

15. 解：设平衡时甘油磷酸酯的浓度是 x mol $\cdot$ L^{-1}。

$$\text{甘油} + \text{磷酸} \ = \ \text{甘油磷酸酯} \ + \ \text{水}$$

开始时 $c/(\text{mol} \cdot \text{L}^{-1})$ 1   0.5

平衡时 $c/(\text{mol} \cdot \text{L}^{-1})$ $1-x$ $0.5-x$ x

$$\Delta_r G_m^{\ominus} = -RT\ln K^{\ominus}$$

$$\ln K^{\ominus} = -\frac{\Delta_r G_m^{\ominus}}{RT} = -\frac{11.09 \times 10^3 \text{ J} \cdot \text{mol}^{-1}}{8.314 \text{ J} \cdot \text{mol}^{-1} \cdot \text{K}^{-1} \times 298 \text{ K}} = -4.4762$$

$$K^{\ominus} = 0.01138$$

平衡时 $\dfrac{x}{(0.5-x) \times (1-x)} = 0.01138$

$x = 0.0056$ mol $\cdot$ L^{-1}

在平衡时甘油磷酸酯的浓度是 0.0056 mol $\cdot$ L^{-1}。

16. 解：$\ln \dfrac{K_2^{\ominus}}{K_1^{\ominus}} = \dfrac{\Delta_r H_m^{\ominus}}{R}\left(\dfrac{1}{T_1} - \dfrac{1}{T_2}\right)$

$$\ln \frac{10}{K_1^{\ominus}} = \frac{16.2 \times 10^3 \text{ J} \cdot \text{mol}^{-1}}{8.314 \text{ J} \cdot \text{mol}^{-1} \cdot \text{K}^{-1}}\left(\frac{1}{500 \text{ K}} - \frac{1}{400 \text{ K}}\right)$$

解得 $K_1^{\ominus} = 26.5$

17. 解：

$$K_1^{\ominus} = \frac{[p(\text{HI})/p^{\ominus}]^2}{[p(\text{H}_2)/p^{\ominus}] \cdot [p(\text{I}_2)/p^{\ominus}]} = \frac{(54.2 \text{ kPa}/100 \text{ kPa})^2}{(9.43 \text{ kPa}/100 \text{ kPa}) \times (5.61 \text{ kPa}/100 \text{ kPa})} = 55.5$$

$$K_2^{\ominus} = \frac{1}{K_1^{\ominus}} = 1.81 \times 10^{-2}$$

$$K_3^{\ominus} = \sqrt{K_2^{\ominus}} = 0.134$$

18. 解：$\Delta_r G_m^{\ominus} = -RT\ln K^{\ominus}$

     $= -8.314 \text{ J} \cdot \text{mol}^{-1} \cdot \text{K}^{-1} \times 2\,000 \text{ K} \times \ln(2.02 \times 10^{-2})$

     $= 64.9 \text{ kJ} \cdot \text{mol}^{-1}$

$$\ln \frac{K_2^{\ominus}}{K_1^{\ominus}} = \frac{\Delta_r H_m^{\ominus}}{R}\left(\frac{1}{T_1} - \frac{1}{T_2}\right)$$

$$\ln \frac{2.02 \times 10^{-2}}{1.11 \times 10^{-2}} = \frac{\Delta_r H_m^{\ominus}}{8.314 \text{ J} \cdot \text{mol}^{-1} \cdot \text{K}^{-1}}\left(\frac{1}{1\,800 \text{ K}} - \frac{1}{2\,000 \text{ K}}\right)$$

解得 $\Delta_r H_m^{\ominus} = 89.6$ kJ $\cdot$ mol^{-1}

19. 解： $\text{PCl}_5(\text{g}) \ = \ \text{PCl}_3(\text{g}) \ + \ \text{Cl}_2(\text{g})$

开始时 n/mol 1   0   0

平衡时 n/mol $1-0.80$ 0.80   0.80

$p(\text{总}) = 1.0 \times 10^5$ Pa

$$K^{\ominus} = \frac{\left[\dfrac{0.8 \text{ mol}}{(1-0.8) \text{ mol} + 0.8 \text{ mol} + 0.8 \text{ mol}} \times \dfrac{p(\text{总})}{p^{\ominus}}\right]^2}{\dfrac{(1-0.8) \text{ mol}}{(1-0.8) \text{ mol} + 0.8 \text{ mol} + 0.8 \text{ mol}} \times \dfrac{p(\text{总})}{p^{\ominus}}} = 1.78 \text{ mol}$$

设平衡时 PCl_3 为 x mol，则

$$PCl_5(g) \quad = \quad PCl_3(g) \quad + \quad Cl_2(g)$$

开始时 n/mol 1   0   0

平衡时 n/mol $1-x$ x x

$p(\text{总}) = 2.0 \times 10^5$ Pa

$$K^{\ominus} = \frac{\left[\dfrac{x \text{ mol}}{(1-x) \text{ mol} + x \text{ mol} + x \text{ mol}} \times \dfrac{p(\text{总})}{p^{\ominus}}\right]^2}{\dfrac{(1-x) \text{ mol}}{(1-x) \text{ mol} + x \text{ mol} + x \text{ mol}} \times \dfrac{p(\text{总})}{p^{\ominus}}} = 1.78 \text{ mol}$$

解得 $x = 0.686$

20. 解：$\Delta_r H_m^{\ominus} = \sum \nu_B \Delta_f H_m^{\ominus}(B)$

查表 $\Delta_r H_m^{\ominus} = -634.92 \text{ kJ} \cdot \text{mol}^{-1} - 393.51 \text{ kJ} \cdot \text{mol}^{-1} - (-1\,206.92 \text{ kJ} \cdot \text{mol}^{-1})$

$\qquad\qquad = 178.49 \text{ kJ} \cdot \text{mol}^{-1}$

$\Delta_r S_m^{\ominus} = \sum \nu_B S_m^{\ominus}(B)$

$\qquad = 38.1 \text{ J} \cdot \text{mol}^{-1} \cdot \text{K}^{-1} + 213.785 \text{ J} \cdot \text{mol}^{-1} \cdot \text{K}^{-1} - 92.9 \text{ J} \cdot \text{mol}^{-1} \cdot \text{K}^{-1}$

$\qquad = 158.985 \text{ J} \cdot \text{mol}^{-1} \cdot \text{K}^{-1}$

$\Delta_r G_m^{\ominus} = \Delta_r H_m^{\ominus} - T\Delta_r S_m^{\ominus}$

$\qquad = 178.49 \text{ kJ} \cdot \text{mol}^{-1} - 298 \text{ K} \times 158.985 \times 10^{-3} \text{ kJ} \cdot \text{mol}^{-1} \cdot \text{K}^{-1}$

$\qquad = 131.1 \text{ kJ} \cdot \text{mol}^{-1}$

由 $\quad \Delta_r G_m^{\ominus} = -RT\ln K^{\ominus} \quad$ 可知

$K^{\ominus} = 1.05 \times 10^{-23}$

故 25 ℃时不能自发。

21. 解：$\qquad\qquad PCl_5(g) = PCl_3(g) + Cl_2(g)$

开始时 n/mol 1   0   0

平衡时 n/mol $1-0.3$ 0.3 0.3

$$K^{\ominus} = \frac{\left[\dfrac{0.3 \text{ mol}}{(1-0.3) \text{ mol} + 0.3 \text{ mol} + 0.3 \text{ mol}} \times \dfrac{p(\text{总})}{p^{\ominus}}\right]^2}{\dfrac{(1-0.3) \text{ mol}}{(1-0.3) \text{ mol} + 0.3 \text{ mol} + 0.3 \text{ mol}} \times \dfrac{p(\text{总})}{p^{\ominus}}} = 1.85 \text{ mol}$$

解得 $p(\text{总}) = 1\,870 \text{ kPa}$

22. 解：密闭容器中根据道尔顿分压定律物质的量之比等于分压之比

$$CO(g) \quad + \quad 3H_2(g) \quad = \quad CH_4(g) + H_2O(g)$$

开始时 p/kPa 100   200   0   0

平衡时 p/kPa $100-13$ $200-13 \times 3$ 13   13

$$K^{\ominus} = \cfrac{\left(\cfrac{13\ kPa}{p^{\ominus}}\right)^2}{\cfrac{87\ kPa}{p^{\ominus}} \times \left(\cfrac{161\ kPa}{p^{\ominus}}\right)^3} = 4.65 \times 10^{-3}$$

23. 解：设反应消耗 CO_2 x mol，则

$$CO_2(g) + H_2(g) = CO(g) + H_2O(g)$$

开始时 n/mol 1.5   4.5   0   0

平衡时 n/mol 1.5−x 4.5−x x x

$$K^{\ominus} = \cfrac{\left[\cfrac{x\ \text{mol}}{(1.5-x)\text{mol} + (4.5-x)\text{mol} + 2x\ \text{mol}} \times \cfrac{p(\text{总})}{p^{\ominus}}\right]^2}{\left[\cfrac{(1.5-x)\text{mol}}{(1.5-x)\text{mol} + (4.5-x)\text{mol} + 2x\ \text{mol}} \times \cfrac{p(\text{总})}{p^{\ominus}}\right] \times \left[\cfrac{(4.5-x)\text{mol}}{(1.5-x)\text{mol} + (4.5-x)\text{mol} + 2x\ \text{mol}} \times \cfrac{p(\text{总})}{p^{\ominus}}\right]}$$

$= 1.00$ mol

解得 $x = 1.125$ mol

$pV = nRT$

$p(\text{总}) = nRT/V = 6.0\ \text{mol} \times 8.314\ \text{J} \cdot \text{mol}^{-1} \cdot \text{K}^{-1} \times 1\ 123\ \text{K}/3\ \text{L} = 18\ 673.244$ kPa

(1) $p(CO) = p(H_2O) = p(\text{总}) \times 1.125\ \text{mol}/6\ \text{mol} = 3.50 \times 10^3$ kPa

$p(CO_2) = p(\text{总}) \times 0.375\ \text{mol}/6\ \text{mol} = 1.17 \times 10^3$ kPa

$p(H_2) = P(\text{总}) \times 3.375\ \text{mol}/6\ \text{mol} = 1.05 \times 10^4$ kPa

(2) 此时，CO_2 转化率 $= 1.125/1.5 \times 100\% = 75\%$

(3) 设反应消耗 CO_2 x' mol，则

$$CO_2(g) + H_2(g) = CO(g) + H_2O(g)$$

开始时 n/mol 0.375   3.375   1.125   1.125

平衡时 n/mol 0.375−x' 3.375+4.87−x' 1.125+x' 1.125+x'

平衡时 $n(\text{总}) = (0.375-x')\text{mol} + (3.375+4.87-x')\text{mol} + (1.125+x')\text{mol} + (1.125+x')\text{mol}$

     $= 10.87$ mol

$$K^{\ominus} = \cfrac{\left[\cfrac{(1.125+x')\text{mol}}{10.87\ \text{mol}} \times \cfrac{p(\text{总})}{p^{\ominus}}\right]^2}{\left[\cfrac{(0.375-x')\text{mol}}{10.87\ \text{mol}} \times \cfrac{p(\text{总})}{p^{\ominus}}\right] \times \left[\cfrac{(8.245-x')\text{mol}}{10.87\ \text{mol}} \times \cfrac{p(\text{总})}{p^{\ominus}}\right]} = 1.00$$

解得 $x' = 0.169$ mol

此时，CO_2 转化率 $= (1.125\ \text{mol} + 0.169\ \text{mol})/1.5\ \text{mol} \times 100\% = 86.26\%$

第7章
化学动力学初步

　　本章主要介绍各种类型的化学反应速率及反应机理，研究影响化学反应速率的主要因素。主要内容包括：确定化学反应的速率及温度、压力、催化剂、溶剂和光照等外界因素对反应速率的影响；研究化学反应机理，揭示化学反应速率本质；探求物质结构与反应能力之间的关系和规律。

　　通过化学动力学的研究，可以知道如何控制反应条件，提高主反应的速率，增加产品产量，抑制副反应的速率，减少原料消耗、副产物，提高纯度和产品质量。化学动力学也研究如何避免危险品的爆炸、材料的腐蚀、产品的变质与老化等问题。所以，化学动力学的研究有理论与实践上的重大意义。

7.1　本章概要

7.1.1　化学反应速率

　　化学反应速率是指在定容反应器中，用反应物或生成物浓度随时间的变化来表示化学反应进行的快慢程度。反应速率的常用单位为 $mol \cdot L^{-1} \cdot s^{-1}$。

　　以 N_2O_5 在 CCl_4 中分解反应为例：

$$2N_2O_5 \xuardown{CCl_4} 4NO_2 + O_2$$

平均速率：
$$\bar{v} = \frac{\Delta c(N_2O_5)}{2\Delta t} = \frac{\Delta c(NO_2)}{4\Delta t} = \frac{\Delta c(O_2)}{\Delta t}$$

瞬时速率：
$$v = -\frac{1}{2}\frac{dc(N_2O_5)}{dt} = \frac{1}{4}\frac{dc(NO_2)}{dt} = \frac{dc(O_2)}{dt}$$

7.1.2　反应速率理论简介

7.1.2.1　碰撞理论

　　对于气相双分子反应 A+B→C，反应物分子 A 与 B 必须相互碰撞才能发生反应，但并非

A、B 分子间的每一次碰撞都能发生化学反应。只有能量足够大，达到或超过某一能量低限 E_a 的一对 A、B 分子间，采取合适的空间碰撞取向时，才有可能发生化学反应。

碰撞理论中将能发生化学反应的碰撞称为有效碰撞，能量低限 E_a 称为反应的活化能，能量高于或等于 E_a 的分子称为活化分子。

7.1.2.2　过渡态理论

在反应过程中，反应物必须吸收能量，经过一个过渡状态，再转化为生成物。在此过程中存在着化学键的重新排布和能量的重新分配。对于反应 A+BC→AB+C，其实际过程可简要表示如下：

$$A+BC \xrightarrow{\text{快}} [\,A\cdots B\cdots C\,] \xrightarrow{\text{慢}} AB+C$$

7.1.3　影响化学反应速率的因素

7.1.3.1　浓度对化学反应速率的影响

增加反应物浓度时，单位体积内活化分子总数增加，从而增加了单位时间内在该系统中反应物分子有效碰撞的频率，因此反应速率加大。

对于化学反应　　　　　　　　$aA+dB \rightarrow$ 产物

速率方程　　　　　　　　$v=k \cdot c^{\alpha}(A) \cdot c^{\beta}(B)$

式中，k 为速率常数，k 的大小与反应物的本性和温度有关，与反应物的浓度无关。在不同反应级数的速率方程中，反应速率常数 k 的单位不一样。α、β 为反应级数，反应级数可以是整数，也可以是分数或是零。

基元反应：$\alpha=a$、$\beta=d$，速率方程为 $v=k \cdot c^{a}(A) \cdot c^{d}(B)$，此定量关系称为质量作用定律。

复杂反应：α、β 由实验确定。

7.1.3.2　温度对化学反应速率的影响

升高反应体系温度，反应体系中分子的能量普遍增加，活化分子增多，从而增加了在该系统中反应物分子有效碰撞的频率。因此，升高温度可使大多数反应的速率加快。

（1）范特霍夫(van't Hoff)规则

$$\frac{k_{(t+10)}}{k_t}=\gamma=2 \sim 4 \qquad \frac{k_{(t+n10)}}{k_t}=\gamma^{n}$$

式中，γ 为温度系数。

（2）阿伦尼乌斯公式

$$k=Ae^{-\frac{E_a}{RT}}$$

$$\ln\frac{k_2}{k_1}=\frac{E_a}{R}\left(\frac{1}{T_1}-\frac{1}{T_2}\right)$$

利用上式，可根据不同温度下测得的 k 值求算反应的活化能；也可利用一个温度下的反应速率常数求另一温度下的速率常数等。

7.1.3.3 催化剂对化学反应速率的影响

催化剂参与反应，并改变反应的历程，降低反应活化能，但不改变反应系统的热力学状态，不影响化学平衡。

7.2 例题

1. 在 660 K 时，反应 $2NO(g)+O_2(g)=2NO_2(g)$，NO 和 O_2 的初始浓度 $c(NO)$ 和 $c(O_2)$ 以及反应初始时 $v(NO)$ 的实验数据如下：

$c(NO)/(mol \cdot L^{-1})$	$c(O_2)/(mol \cdot L^{-1})$	$v(NO)/(mol \cdot L^{-1} \cdot s^{-1})$
0.10	0.10	3.0×10^{-2}
0.10	0.20	6.0×10^{-2}
0.30	0.20	0.54

(1)求反应级数并计算 660 K 时的速率常数；（2）写出反应的速率方程；（3）计算 660 K 及 $c(NO)=c(O_2)=0.15 \ mol \cdot L^{-1}$ 时的反应速率。

解：设速率方程为 $v=k \cdot c^{\alpha}(NO) \cdot c^{\beta}(O_2)$

(1) 将各组数据代入速率方程得

$$3.0 \times 10^{-2} = k \times 0.10^{\alpha} \times 0.10^{\beta} \qquad ①$$

$$6.0 \times 10^{-2} = k \times 0.10^{\alpha} \times 0.20^{\beta} \qquad ②$$

$$0.54 = k \times 0.30^{\alpha} \times 0.20^{\beta} \qquad ③$$

式②/式①得

$$2=2^{\beta}, \ \beta=1$$

式③/式②得

$$9=3^{\alpha}, \ \alpha=2$$

$$反应级数 = \alpha+\beta=2+1=3$$

将 $\alpha=2$，$\beta=1$ 代入式③得

$$0.54=k \times (0.30 \ mol \cdot L^{-1})^2 \times 0.20 \ mol \cdot L^{-1}$$

$$k=30 \ mol^{-2} \cdot L^2 \cdot s^{-1}$$

(2) $v=k \cdot c^2(NO) \cdot c(O_2)$

(3) $v=k \cdot c^2(NO) \cdot c(O_2)=30 \ mol^{-2} \cdot L^2 \cdot s^{-1} \times (0.15 \ mol \cdot L^{-1})^3=0.101 \ mol \cdot L^{-1} \cdot s^{-1}$

2. 气体 A 的分解反应 $A(g)=H(g)+G(g)$，当 A 的浓度为 $0.50 \ mol \cdot L^{-1}$ 时，反应速率为 $0.014 \ mol \cdot L^{-1} \cdot s^{-1}$。如该反应为：(1) 零级反应；(2) 一级反应；(3) 二级反应；当 A 的浓

度为 $1.0\ mol\cdot L^{-1}$ 时，反应速率分别是多少？

解：（1）零级反应

$v=v'=k=0.014\ mol\cdot L^{-1}\cdot s^{-1}$

（2）一级反应

$v=k\cdot c(A)=k\times0.50\ mol\cdot L^{-1}=0.014\ mol\cdot L^{-1}\cdot s^{-1}$

$v'=k\cdot c'(A)=k\times1.0\ mol\cdot L^{-1}=2v=0.028\ mol\cdot L^{-1}\cdot s^{-1}$

（3）二级反应

$v=k\cdot c^2(A)=k\times(0.50\ mol\cdot L^{-1})^2=0.014\ mol\cdot L^{-1}\cdot s^{-1}$

$v'=k\cdot c'^2(A)=k\times(1.0\ mol\cdot L^{-1})^2=4v=0.056\ mol\cdot L^{-1}\cdot s^{-1}$

3. 某反应在 20 ℃ 及 30 ℃ 时的速率常数分别是 $1.3\times10^{-5}\ mol^{-1}\cdot L\cdot s^{-1}$ 和 $3.5\times10^{-5}\ mol^{-1}\cdot L\cdot s^{-1}$。（1）计算反应的活化能；（2）根据范特霍夫规则估算 50 ℃ 时的速率常数。

解：（1）$\ln\dfrac{k_2}{k_1}=\dfrac{E_a}{R}\left(\dfrac{1}{T_1}-\dfrac{1}{T_2}\right)$

$\ln\dfrac{3.5\times10^{-5}\ mol^{-1}\cdot L\cdot s^{-1}}{1.3\times10^{-5}\ mol^{-1}\cdot L\cdot s^{-1}}=\dfrac{E_a}{8.314\ J\cdot mol^{-1}\cdot K^{-1}}\left(\dfrac{1}{293\ K}-\dfrac{1}{303\ K}\right)$

$E_a=7.31\times10^4\ J\cdot mol^{-1}$

（2）$\dfrac{k(303\ K)}{k(293\ K)}=\gamma=\dfrac{3.5\times10^{-5}\ mol^{-1}\cdot L\cdot s^{-1}}{1.3\times10^{-5}\ mol^{-1}\cdot L\cdot s^{-1}}=2.69$

$\dfrac{k(323\ K)}{k(293\ K)}=\gamma^3=19.5$

$k(323\ K)=1.3\times10^{-5}\ mol^{-1}\cdot L\cdot s^{-1}\times19.5=2.53\times10^{-4}\ mol^{-1}\cdot L\cdot s^{-1}$

4. 在一定温度下的基元反应 $2A(g)+B(g)=C(g)$，将 2 mol A、1 mol B 通入体积为 1 L 的反应容器中。求：（1）当 A、B 在反应中各用掉 1/2 时，反应速率为起始反应速率的多少倍？（2）当 A、B 在反应中各用掉 2/3 时，反应速率为起始反应速率的多少倍？（3）恒温下，当总压力增加（体积减小至原来的 1/3）至原来的 3 倍时，反应速率为起始反应速率的多少倍？

解：速率方程为 $v=k\cdot c^2(A)\cdot c(B)$

（1）$v'=k\cdot c'^2(A)\cdot c'(B)=k\cdot[c(A)/2]^2\cdot[c(B)/2]=v/8$

（2）$v'=k\cdot c'^2(A)\cdot c'(B)=k\cdot[c(A)/3]^2\cdot[c(B)/3]=v/27$

（3）$v'=k\cdot c'^2(A)\cdot c'(B)=k\cdot[3c(A)]^2\cdot[3c(B)]=27v$

5. 已知 $HCl(g)$ 的 $\Delta_f H_m^{\ominus}=-92.3\ kJ\cdot mol^{-1}$，反应 $\dfrac{1}{2}H_2(g)+\dfrac{1}{2}Cl_2(g)=HCl(g)$ 的 $E_a=113\ kJ\cdot mol^{-1}$。求逆反应的活化能。

解：$\Delta_r H_m^{\ominus}=E_a(正)-E_a(逆)$

$E_a(逆)=E_a(正)-\Delta_r H_m^{\ominus}=113\ kJ\cdot mol^{-1}-(-92.3\ kJ\cdot mol^{-1})=205.3\ kJ\cdot mol^{-1}$

6. 反应 $C_2H_5I(l)+OH^-(aq)=C_2H_5OH(l)+I^-(aq)$，在 298 K 时 $k=5.03\times10^{-2}\ mol^{-1}\cdot L\cdot s^{-1}$，而在 333 K 时的 $k=6.71\ mol^{-1}\cdot L\cdot s^{-1}$。计算该反应在 350 K 时的速率常数 k。

解: $\ln\dfrac{k_2}{k_1}=\dfrac{E_a}{R}\left(\dfrac{1}{T_1}-\dfrac{1}{T_2}\right)$

$\ln\dfrac{6.71\ \text{mol}^{-1}\cdot\text{L}\cdot\text{s}^{-1}}{5.03\times10^{-2}\ \text{mol}^{-1}\cdot\text{L}\cdot\text{s}^{-1}}=\dfrac{E_a}{8.314\ \text{J}\cdot\text{mol}^{-1}\cdot\text{K}^{-1}}\left(\dfrac{1}{298\ \text{K}}-\dfrac{1}{333\ \text{K}}\right)$

解得 $E_a=1.15\times10^5\ \text{J}\cdot\text{mol}^{-1}$

$\ln\dfrac{k(350\ \text{K})}{5.03\times10^{-2}\ \text{mol}^{-1}\cdot\text{L}\cdot\text{s}^{-1}}=\dfrac{1.15\times10^5\ \text{J}\cdot\text{mol}^{-1}}{8.314\ \text{J}\cdot\text{mol}^{-1}\cdot\text{K}^{-1}}\left(\dfrac{1}{298\ \text{K}}-\dfrac{1}{350\ \text{K}}\right)$

解得 $k(350\ \text{K})=50.41\ \text{mol}^{-1}\cdot\text{L}\cdot\text{s}^{-1}$

7. 若某反应的温度系数 $\gamma=2$，则反应温度由 20 ℃升高到 50 ℃时，反应速率增大了多少倍？

解: $\dfrac{k(323\ \text{K})}{k(293\ \text{K})}=\gamma^3=8$

反应速率增大了 8 倍。

8. 温度为 503 K 时，某反应在没有催化剂时的活化能为 184.1 kJ·mol^{-1}；若以 Au 为催化剂，则活化能为 104.6 kJ·mol^{-1}。计算使用催化剂的反应速率比不使用催化剂的反应速率增大约多少倍？

解: $k=A\text{e}^{-\frac{E_a}{RT}}$

$\ln\dfrac{k_2}{k_1}=\dfrac{E_{a_2}-E_{a_1}}{RT}=\dfrac{184.1\ \text{kJ}\cdot\text{mol}^{-1}-104.6\ \text{kJ}\cdot\text{mol}^{-1}}{8.314\ \text{J}\cdot\text{mol}^{-1}\cdot\text{K}^{-1}\times503\ \text{K}}=19.0$

解得 $\dfrac{k_2}{k_1}=1.80\times10^8$

7.3 练习题

（一）判断题

( ) 1. 知道了化学反应方程式，就可知道反应的级数。

( ) 2. 催化剂能改变化学反应速率，但不能改变物质的转化率。

( ) 3. 化学反应中发生碰撞的分子，不一定都是活化分子。

( ) 4. 某反应，当温度从 0 ℃升高到 10 ℃时，反应速率变为原来的 4 倍，若从 0 ℃升高到 100 ℃，则反应速率变为原来的 40 倍。

( ) 5. 确定的化学反应，温度越高，其速率常数越大。

( ) 6. 加热大体上不影响反应的活化能，但却能显著提高活化分子的比例。

( ) 7. 反应级数越高，反应速率越大。

( ) 8. 催化剂提高了反应的活化能。

( ) 9. 反应的 $\Delta_r G_m^{\ominus}$ 如果是很大的负值，说明此反应进行程度很大，其反应速率必定很高。

（　　）10. 加热会加快反应速率，因为反应的活化能降低了。

（　　）11. 气体反应 3A+3B→2D+3E 的反应速率一定是 $v = k \cdot c^3(A) \cdot c^3(B)$。

（　　）12. 催化剂在反应前后，自身的化学组成和质量都没改变，说明催化剂不参与化学反应历程。

（　　）13. 放热反应的反应速率都快。

（　　）14. 升温可增大反应速率，所以可获得更多的产物。

（　　）15. 在化学反应中使用催化剂提高反应速率，是因为使正反应的速率常数增大而逆反应速率常数减小。

（　　）16. 二级反应的速率一定比一级反应快。

（　　）17. 只有活化分子间的碰撞才可能是有效碰撞。

（　　）18. 增大反应物浓度，则反应速率常数将随之增大。

（　　）19. 反应的活化能越大，平衡常数越小。

（　　）20. 复杂反应是由若干基元反应组成的。

（　　）21. 凡速率方程式中各物质浓度的指数等于反应方程式中其化学式前的系数时，此反应必为基元反应。

（　　）22. 可逆反应，如果其 $E_a(正) > E_a(逆)$，则正反应必有较大的温度系数。

（　　）23. 一反应系统中加入催化剂后，虽然降低了反应的 E_a，但反应的 $\Delta_r G_m^{\ominus}$ 不变。

（　　）24. 当反应物 A 的浓度加倍时，若此反应速率也加倍，这个反应对 A 必定是一级反应。

（　　）25. 反应的自由能降低越多，则反应的自发性越大，但反应不一定进行的越快。

（　　）26. 自由能降低很多的化学反应，根本用不着使用催化剂。

（　　）27. 加热可以增大吸热反应的速率而降低放热反应的速率。

（　　）28. 某反应平衡常数越大，则说明反应速率越快。

（　　）29. 化学反应速率很快，则反应的活化能一定很小。

（　　）30. 反应级数反映了反应物浓度对反应速率的影响程度，当反应物浓度增加时，反应级数越大，反应速率增加越大。

（　　）31. 反应 $2SO_3(g) = 2SO_2(g) + O_2(g)$，$\Delta_r H_m^{\ominus} = 57.07 \ \text{kJ} \cdot \text{mol}^{-1}$，正反应的 E_a 必大于逆反应的 E_a。

（　　）32. 溴的反应活性很高，所以有溴参加的反应，活化能都低。

（　　）33. 活化能高的反应，当反应温度升高时，反应速率增加较快。

（　　）34. 某反应 $\Delta_r H_m^{\ominus} < 0$，$E_a(正) = 60 \ \text{kJ} \cdot \text{mol}^{-1}$，则 $E_a(逆) < 60 \ \text{kJ} \cdot \text{mol}^{-1}$。

（　　）35. 某反应当温度由 0 ℃ 升高到 30 ℃，反应速率增大为原来的 27 倍，则反应的温度系数为 9。

（　　）36. 在反应 $2SO_2(g) + O_2(g) = 2SO_3(g)$ 中使用 V_2O_5 为催化剂，可加快 SO_3 的生成速率，降低 SO_3 的分解速率。

（　　）37. 某反应的正向 $\Delta_r G_m > 0$，加催化剂后降低了反应活化能，则正向可自发。

（　　）38. 根据碰撞理论，只要分子发生碰撞，就可以生成产物。

（　　）39. 某反应是一个放热反应，升高温度不利于反应的正向进行，因此反应速率会大幅减慢。

（　）40. 对于可逆反应 A+B＝C，$\Delta_r H_m^{\ominus} > 0$，升高温度使 v（正）增大，v（逆）减小，故平衡向右移动。

（　）41. 对于所有的零级反应来说，反应速率常数均为零。

（　）42. 升高温度，反应速率加快的原因是由于反应物活化分子的百分数增加的缘故。

（　）43. 反应 $H_2(g)+I_2(g) = 2HI(g)$ 的速率方程为 $v = k \cdot c(H_2) \cdot c(I_2)$，则该反应是基元反应。

（　）44. 反应速率常数的大小即反应速率的大小。

（　）45. 基元反应中反应物的反应级数与其化学计量数的绝对值相同。

（　）46. 某化学反应的反应速率常数的单位是 $mol \cdot L^{-1} \cdot s^{-1}$ 时，则该反应的反应级数是零级。

（　）47. 对于绝大多数化学反应，温度越高，其速率常数越大。

（　）48. 反应 2A+B＝2D+3E 的速率方程一定是 $v = k \cdot c^2(A) \cdot c(B)$。

（　）49. "一个反应体系的速率有一致的确定值"就是说进行合成氨反应时，氮气消耗的速率与氨气生成的速率相等。

（　）50. 活化分子之间的碰撞都是有效碰撞。

（　）51. 活化能是指活化分子所具有的最低限能量与系统中分子的平均能量之差值。

（　）52. 对于反应 A+B＝D，在其他条件相同下，加入催化剂可得到更多的 D。

（　）53. 增大反应物浓度，正反应速率增大；减小生成物浓度，正反应速率增大。

（　）54. 升高温度，吸热反应的速率增大；降低温度，放热反应的速率增大。

（　）55. 在化学反应中加入催化剂后，降低了反应的 E_a，但不改变反应的 $\Delta_r G_m^{\ominus}$。

（　）56. 使用催化剂可以改变反应速率。

（二）选择题（单选）

（　）1. 有一化学反应 $aA+bB \rightarrow cD+dD$，则反应的反应级数是：

    A. 一定等于 $a+b$ B. 等于 $(a+b)-(c+d)$

    C. 有可能等于 $a+b$ D. 不可能等于 $a+b$

（　）2. 升高温度反应速率增大的原因是：

    A. 分子的活化能提高了   B. 反应的 E_a 降低了

    C. 活化分子数增多了   D. 该反应是吸热反应

（　）3. 化学反应 A+B＝C+D 是一基元反应，则它的速率表达式：

    A. $v = \dfrac{dc(A)}{dt} = k \cdot c(A) \cdot c(B)$ B. $v = -\dfrac{dc(D)}{dt} = k \cdot c(A) \cdot c(B)$

    C. $v = \dfrac{dc(D)}{dt} = k \cdot c(C) \cdot c(D)$ D. $v = -\dfrac{dc(A)}{dt} = k \cdot c(A) \cdot c(B)$

（　）4. 某反应温度系数为 3，当反应系统升高到 100 ℃时，反应速率是 0 ℃时的：

    A. 30 倍   B. 100 倍   C. 3^{10} 倍   D. 90 倍

（　）5. 已知 $2NO+Cl_2 = 2NOCl$ 是基元反应，则该反应的速率方程和总反应级数分别为：

A. $v=k \cdot c(NO) \cdot c(Cl_2)$，二级   B. $v=k \cdot c^2(NO) \cdot c(Cl_2)$，三级

C. $v=k \cdot c^2(NO) \cdot c^2(Cl_2)$，四级   D. $v=c(Cl_2)$，一级

( ) 6. 某连续反应 A $\xrightarrow{k_1}$ B $\xrightarrow{k_2}$ C，并且 $k_1 \gg k_2$，则主要决定反应速率的是：

A. k_2 B. k_1 C. k_1+k_2 D. $k_1 k_2$

( ) 7. 在合成氨反应中，测得 N_2 的转化率为 0.20，若采用一新的催化剂，可使该反应速率提高 1 倍，则 N_2 的转化率为：

A. 0.10   B. 0.40   C. 0.20   D. 不可知

( ) 8. 某一反应的速率常数 k 很高，则：

A. 反应速率一定很高   B. 反应速率必定很低

C. 反应速率高或低不一定   D. 前三者都错

( ) 9. 反应 $3Cu+8HNO_3=3Cu(NO_3)_2+2NO+4H_2O$ 正反应的速率方程为：

A. $v=k \cdot c^3(Cu) \cdot c^8(HNO_3)$ B. $v=c^8(HNO_3)$

C. $v=k \cdot c^3(Cu)$ D. 没有实验根据不能确定

( ) 10. 已知 A→B+C 是一简单反应：

A. 它是一级反应   B. 它是二级反应

C. 反应速率和 $c^2(A)$ 成正比   D. 反应速率与 $c(A)$ 无关

( ) 11. 臭氧的分解机理认为是 $O_3=O+O_2$(快)，$O+O_3 \rightarrow 2O_2$(慢)，当 $c(O_2)$ 增加时，反应速率：

A. 加快   B. 减慢   C. 保持不变   D. 无法确定

( ) 12. 反应 $A(g)+B(g) \rightarrow C(g)$ 的反应速率常数的单位为：

A. $L \cdot s^{-1}$ B. $L \cdot mol^{-1} \cdot s^{-1}$ C. $L^2 \cdot mol^{-2} \cdot s^{-1}$ D. 不能确定

( ) 13. 某反应在 60 ℃时需 1 h 完成，50 ℃时 2 h 完成，则在 40 ℃时需多少小时：

A. 3   B. 4   C. 5   D. 6

( ) 14. 某可逆反应，正反应的活化能为 75.5 $kJ \cdot mol^{-1}$，则逆反应活化能：

A. $-75.5 \ kJ \cdot mol^{-1}$ B. $>75.5 \ kJ \cdot mol^{-1}$

C. $<75.5 \ kJ \cdot mol^{-1}$ D. 不能确定

( ) 15. 低温下，反应 $CO(g)+NO_2(g)=CO_2(g)+NO(g)$ 经实验测得为二级反应，其速率方程为 $v=k \cdot c^2(NO_2)$，则下列反应历程中，与此速率方程一致的是：

A. $CO+NO_2=CO_2+NO$

B. $2NO=N_2O_4$(快) $N_2O_4+2CO=2CO_2+2NO$(慢)

C. $2NO_2=2NO+O_2$(慢) $2CO+O_2=2CO_2$(快)

D. $2NO_2=2NO+O_2$(快) $2CO+O_2=2CO_2$(慢)

( ) 16. 合成氨反应中使用催化剂的目的：

A. 减小反应的可逆性   B. 降低反应的 $\Delta_r H_m$

C. 提高 NH_3 的转化率   D. 缩短生产周期

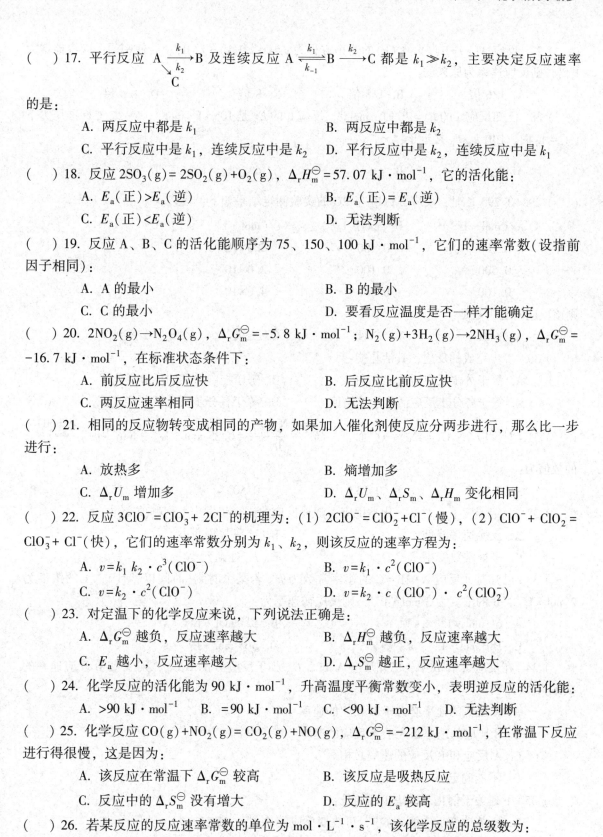

（　　）17. 平行反应 $A \xrightarrow[k_2]{k_1} \overset{B}{\underset{C}{}}$ 及连续反应 $A \underset{k_{-1}}{\overset{k_1}{\rightleftharpoons}} B \xrightarrow{k_2} C$ 都是 $k_1 \gg k_2$，主要决定反应速率

的是：

    A. 两反应中都是 k_1 B. 两反应中都是 k_2

    C. 平行反应中是 k_1，连续反应中是 k_2 D. 平行反应中是 k_2，连续反应中是 k_1

（　　）18. 反应 $2SO_3(g) = 2SO_2(g) + O_2(g)$，$\Delta_r H_m^{\ominus} = 57.07 \ kJ \cdot mol^{-1}$，它的活化能：

    A. $E_a(\text{正}) > E_a(\text{逆})$ B. $E_a(\text{正}) = E_a(\text{逆})$

    C. $E_a(\text{正}) < E_a(\text{逆})$ D. 无法判断

（　　）19. 反应 A、B、C 的活化能顺序为 75、150、100 $kJ \cdot mol^{-1}$，它们的速率常数（设指前因子相同）：

    A. A 的最小   B. B 的最小

    C. C 的最小   D. 要看反应温度是否一样才能确定

（　　）20. $2NO_2(g) \rightarrow N_2O_4(g)$，$\Delta_r G_m^{\ominus} = -5.8 \ kJ \cdot mol^{-1}$；$N_2(g) + 3H_2(g) \rightarrow 2NH_3(g)$，$\Delta_r G_m^{\ominus} = -16.7 \ kJ \cdot mol^{-1}$，在标准状态条件下：

    A. 前反应比后反应快   B. 后反应比前反应快

    C. 两反应速率相同   D. 无法判断

（　　）21. 相同的反应物转变成相同的产物，如果加入催化剂使反应分两步进行，那么比一步进行：

    A. 放热多   B. 熵增加多

    C. $\Delta_r U_m$ 增加多   D. $\Delta_r U_m$、$\Delta_r S_m$、$\Delta_r H_m$ 变化相同

（　　）22. 反应 $3ClO^- = ClO_3^- + 2Cl^-$ 的机理为：（1）$2ClO^- = ClO_2^- + Cl^-$（慢），（2）$ClO^- + ClO_2^- = ClO_3^- + Cl^-$（快），它们的速率常数分别为 k_1、k_2，则该反应的速率方程为：

    A. $v = k_1 k_2 \cdot c^3(ClO^-)$ B. $v = k_1 \cdot c^2(ClO^-)$

    C. $v = k_2 \cdot c^2(ClO^-)$ D. $v = k_2 \cdot c(ClO^-) \cdot c^2(ClO_2^-)$

（　　）23. 对定温下的化学反应来说，下列说法正确是：

    A. $\Delta_r G_m^{\ominus}$ 越负，反应速率越大   B. $\Delta_r H_m^{\ominus}$ 越负，反应速率越大

    C. E_a 越小，反应速率越大   D. $\Delta_r S_m^{\ominus}$ 越正，反应速率越大

（　　）24. 化学反应的活化能为 90 $kJ \cdot mol^{-1}$，升高温度平衡常数变小，表明逆反应的活化能：

    A. >90 $kJ \cdot mol^{-1}$ B. =90 $kJ \cdot mol^{-1}$ C. <90 $kJ \cdot mol^{-1}$ D. 无法判断

（　　）25. 化学反应 $CO(g) + NO_2(g) = CO_2(g) + NO(g)$，$\Delta_r G_m^{\ominus} = -212 \ kJ \cdot mol^{-1}$，在常温下反应进行得很慢，这是因为：

    A. 该反应在常温下 $\Delta_r G_m^{\ominus}$ 较高   B. 该反应是吸热反应

    C. 反应中的 $\Delta_r S_m^{\ominus}$ 没有增大   D. 反应的 E_a 较高

（　　）26. 若某反应的反应速率常数的单位为 $mol \cdot L^{-1} \cdot s^{-1}$，该化学反应的总级数为：

    A. 0   B. 1   C. 2   D. 3

( ) 27. 反应 $A(g)+B(g) \rightarrow C(g)$ 的速率方程为 $v=k \cdot c^2(A) \cdot c(B)$，若使密闭反应容器增大 1 倍，则反应速率为原来的：

    A. 1/6 倍   B. 1/8 倍   C. 8 倍   D. 1/4 倍

( ) 28. 已知反应 a 的 $E_a = 75 \text{ kJ} \cdot \text{mol}^{-1}$，反应 b 的 E_a 是 $105 \text{ kJ} \cdot \text{mol}^{-1}$，在 27 ℃标准压力下（$A_a = A_b$ 时）比值 k_a/k_b 接近于：

    A. 2   B. $\dfrac{1}{2}$ C. e^2 D. e^{12}

( ) 29. 在 295 K 时，反应 $2A+B_2 \rightarrow 2C$ 的实验测定结果如下：

$A/(\text{mol} \cdot \text{L}^{-1})$	$B/(\text{mol} \cdot \text{L}^{-1})$	$v/(\text{mol} \cdot \text{L}^{-1} \cdot \text{s}^{-1})$
0.100	0.100	8.0×10^{-3}
0.500	0.100	2.0×10^{-1}
0.100	0.500	4.0×10^{-2}

则该反应的总级数是：

    A. 一级   B. 二级   C. 三级   D. 零级

( ) 30. 多步完成的反应，其活化能：

    A. 等于分步反应活化能之和   B. 等于控制步骤的反应活化能

    C. 等于各分步反应活化能平均值   D. 等于各分步反应活化能之积

( ) 31. 对反应 $2N_2O_5 = 4NO_2 + O_2$ 而言，当 $\dfrac{dc(N_2O_5)}{dt} = 0.25 \text{ mol} \cdot \text{L}^{-1} \cdot \text{min}^{-1}$ 时，$\dfrac{dc(NO_2)}{dt}$ 的数值为：

    A. 0.06   B. 0.13   C. 0.50   D. 0.25

( ) 32. 一定温度下，对某一化学反应，随着反应的进行将发生下列哪项变化：

    A. 反应速率降低   B. 速率常数变小

    C. 平衡常数变小   D. E_a 逐渐变小

( ) 33. 已知基元反应 $A+2B=C$ 的速率常数为 k，若某个时刻（时间以秒计），A 的浓度为 $2 \text{ mol} \cdot \text{L}^{-1}$，B 的浓度为 $3 \text{ mol} \cdot \text{L}^{-1}$，则反应初速率为：

    A. $6k \text{ mol} \cdot \text{L}^{-1} \cdot \text{s}^{-1}$ B. $12k \text{ mol} \cdot \text{L}^{-1} \cdot \text{s}^{-1}$

    C. $18k \text{ mol} \cdot \text{L}^{-1} \cdot \text{s}^{-1}$ D. $36k \text{ mol} \cdot \text{L}^{-1} \cdot \text{s}^{-1}$

( ) 34. 在反应 A 和 B 中，已知反应 A 的 $\Delta_r G_m$ 小于反应 B 的 $\Delta_r G_m$，则 A 和 B 反应速率的关系为：

    A. A 反应的速率必大于 B 反应的速率

    B. B 反应的速率必大于 A 反应的速率

    C. A 反应和 B 反应的速率必相等

    D. 不能确定

( ) 35. 下列关于催化剂说法正确的是：

    A. 不能改变反应的 $\Delta_r G_m^{\ominus}$，可改变反应的 $\Delta_r H_m^{\ominus}$、$\Delta_r U_m^{\ominus}$、$\Delta_r S_m^{\ominus}$

    B. 不能改变反应的 $\Delta_r G_m^{\ominus}$、$\Delta_r S_m^{\ominus}$，可改变反应的 $\Delta_r H_m^{\ominus}$、$\Delta_r U_m^{\ominus}$

C. 不能改变反应的 $\Delta_r H_m^{\ominus}$、$\Delta_r U_m^{\ominus}$、$\Delta_r S_m^{\ominus}$，可改变反应的 $\Delta_r G_m^{\ominus}$

D. 不能改变反应的 $\Delta_r G_m^{\ominus}$、$\Delta_r H_m^{\ominus}$、$\Delta_r U_m^{\ominus}$、$\Delta_r S_m^{\ominus}$

（ ）36. 在下列几种反应条件的改变中，不能引起反应速率常数变化的是：

　　A. 改变反应系统的温度　　　　　　B. 改变反应系统所使用的催化剂

　　C. 改变反应物的浓度　　　　　　　D. 改变反应的途径

（ ）37. 某基元反应 $2A(g)+B(g)=C(g)$，将 2 mol A(g) 和 1 mol B(g) 放在 1 L 容器中混合，问 A 与 B 开始反应的反应速率是 A、B 都消耗一半时反应速率的多少倍：

　　A. 0.25　　　　　B. 4　　　　　C. 8　　　　　D. 1

（ ）38. 反应速率常数是一个：

　　A. 无量纲的参数　　　　　　　　　B. 量纲为 s^{-1} 的参数

　　C. 量纲为 $mol^{-1} \cdot L \cdot s^{-1}$ 的参数　　D. 量纲不定的参数

（ ）39. 要降低反应的活化能，可以采用的手段是：

　　A. 升高温度　　　B. 使用催化剂　　　C. 移去产物　　　D. 降低温度

（ ）40. 对于一个化学反应而言，下列说法正确的是：

　　A. $\Delta_r H_m^{\ominus}$ 的负值越大，其反应速率越快

　　B. $\Delta_r G_m^{\ominus}$ 的负值越大，其反应速率越快

　　C. 活化能越大，其反应速率越快

　　D. 活化能越小，其反应速率越快

（ ）41. 下列叙述中正确的是：

　　A. 活化能的大小不一定能表示一个反应的快慢，但可以表示一反应受温度的影响是显著还是不显著

　　B. 任意一种化学反应的反应速率都与反应物浓度的乘积成正比

　　C. 任意两个反应相比，反应速率常数较大的反应，其反应速率必较大

　　D. 根据阿伦尼乌斯公式，两个不同反应只要活化能相同，在一定的温度下，其反应速率常数一定相同

（ ）42. 关于基元反应 $A(g)+B(g)=D(g)$，下列说法正确的是：

　　A. 其速率方程可写为 $v=k \cdot c(A) \cdot c(B)$，是二级反应

　　B. 反应方程式两边同乘 2 得 $2A+2B=2D$，则速率方程可写为 $v=k \cdot c^2(A) \cdot c^2(B)$

　　C. 无法确定其速率方程

　　D. 以上说法都不对

（ ）43. 温度一定时，A 和 B 两种气体发生反应，$c(A)$ 增加 1 倍时，反应速率增加 100%，$c(B)$ 增加 1 倍时，反应速率增加 300%，该反应的速率方程式为：

　　A. $v=k \cdot c(A) \cdot c(B)$　　　　　B. $v=k \cdot c^2(A) \cdot c(B)$

　　C. $v=k \cdot c(A) \cdot c^2(B)$　　　　D. 以上都不对

（ ）44. 反应的 $2SO_2(g)+O_2(g)=2SO_3(g)$ 反应速率可以表示为：

　　A. $v = \dfrac{2dc(SO_2)}{dt}$　　　　　B. $v = -\dfrac{dc(SO_2)}{2dt}$

$$C. \quad v = \dfrac{dc(O_2)}{dt} \qquad\qquad D. \quad v = \dfrac{dc(SO_3)}{dt}$$

（　）45. 反应 A+B=AB 的速率方程为 $v = k \cdot c(A) \cdot c(B)$，则此反应：

    A. 一定是基元反应　　　　　　　　B. 一定不是基元反应

    C. 对 A 来说是零级反应　　　　　　D. 无法确定是不是基元反应

（　）46. 以下说法正确的是：

    A. 反应级数可以是整数、分数和小数　B. 反应级数是参加反应的分子数

    C. 反应级数是各反应物系数之和　　　D. 反应级数和反应方程式无关

（　）47. 恒温下增加反应物浓度，化学反应速率加快的原因是：

    A. 化学反应速率常数增大

    B. 反应物活化分子百分数增加

    C. 反应的活化能下降

    D. 反应物活化分子数目增加，分子间有效碰撞频率增加

（　）48. 根据碰撞理论，下列叙述正确的是：

（1）升高温度使反应速率加快的原因是温度升高增加了活化分子的百分数

（2）基元反应就是一次碰撞完成的反应

（3）化学反应焓变值等于 E_a（逆）$- E_a$（正）

    A.（1）　　　　B.（2）和（3）　　　C.（1）和（2）　　　D.（1）（2）和（3）

（　）49. 下列哪个因素从本质上决定了化学反应的反应速率的大小：

    A. E_a　　　　　B. $\Delta_r G_m^{\ominus}$　　　　　C. $K^{\ominus}$　　　　　D. $\Delta_r S_m^{\ominus}$

（　）50. 升高同样的温度，一般化学反应速率增大倍数较多的是：

    A. 吸热反应　　　　　　　　　　　B. 放热反应

    C. 活化能较大的反应　　　　　　　D. 活化能较小的反应

（　）51. 催化剂能改变反应速率，主要是因为催化剂可以改变反应的：

    A. $\Delta_r G_m^{\ominus}$　　　　B. $K^{\ominus}$　　　　C. $\Delta_r H_m^{\ominus}$　　　　D. E_a

（三）简答题

1. 为什么说"对于同一反应，升高相同温度，低温区的温度系数大于高温区的温度系数"？

2. 什么是反应的速率常数？它的大小与浓度、温度、催化剂等因素有什么关系？

3. 说"活化能越高的反应，其反应速率越慢"，又说"活化能较高的反应，温度上升时反应速率增加较快"。有没有矛盾？

4. 什么是反应级数？如何确定反应级数？

5. 什么叫作反应机理（反应历程）？如何用反应速率方程验证反应机理？

6. 从活化分子和活化能角度分析浓度、温度和催化剂对反应速率有何影响？

7. 有人认为："温度对反应速率常数 k 的影响关系式与温度对标准平衡常数 $K^{\ominus}$ 的影响关系式有着相似的形式，因此这两个关系式有类似的意义。"这个推论是否确切？

8. 下面的各种说法是否正确？如果不正确，错在哪里？简要说明。

（1）某一反应的速率常数很高，所以反应速率一定很高；

（2）某催化剂用于合成氨，N_2 的转化率为 0.20，现有一新催化剂使反应速率常数提高 1 倍，所以转化率将提高到 0.40；

（3）某反应是二级反应，所以它是二分子反应。

9. 如何理解反应级数？反应级数一定是整数吗？

10. 何谓均相催化和多相催化？

（四）计算题

1. 在 660 K 时反应 $2NO+O_2 \rightarrow 2NO_2$。NO 和 O_2 的初始浓度 $c(NO)$ 和 $c(O_2)$ 及反应的初始速率 v 的实验数据为：

$c(NO)/(mol \cdot L^{-1})$	$c(O_2)/(mol \cdot L^{-1})$	$v/(mol \cdot L^{-1} \cdot s^{-1})$
0.10	0.10	0.030
0.10	0.20	0.060
0.20	0.20	0.240

（1）写出反应的速率方程；

（2）求反应的级数和速率常数；

（3）求 $c(NO)=c(O_2)=0.15\ mol \cdot L^{-1}$ 时的反应速率。

2. 已知 $HCl(g)$ 的 $\Delta_f H_m^{\ominus} = -92.3\ kJ \cdot mol^{-1}$，反应 $\frac{1}{2}H_2(g) + \frac{1}{2}Cl_2(g) = HCl(g)$ 的 $E_a = 113\ kJ \cdot mol^{-1}$，求逆反应的活化能。

3. 某反应活化能为 180 kJ·mol^{-1}，800 K 时反应速率常数为 k_1。求 $k_2 = 2k_1$ 时的反应温度。

4. 反应 $C_2H_5Br(g) = C_2H_4(g) + HBr(g)$ 的活化能为 226 kJ·mol^{-1}，650 K 时 $k = 1.3 \times 10^{-5}\ s^{-1}$。计算 600 K 时的速率常数。

5. 反应 $N_2O_5(g) = N_2O_4(g) + \frac{1}{2}O_2(g)$，在 298 K 时速率常数 $k_1 = 3.4 \times 10^{-5}\ s^{-1}$，在 328 K 时速率常数 $k_2 = 1.5 \times 10^{-3}\ s^{-1}$。求：（1）反应的活化能和指前因子 A；（2）该反应为几级反应。

6. 气体反应 A+B=C，对反应物 A、B 来说都是一级反应，该反应的活化能 $E_a = 163\ kJ \cdot mol^{-1}$，温度为 380 K 时的反应速率常数 $k = 6.30 \times 10^{-3}\ L \cdot mol^{-1} \cdot s^{-1}$，反应开始时由等量 A 和 B（$n_A = n_B$）组成的气体混合物总压力为 100 kPa。求温度在 400 K 时的反应初速率。

7. 在加有淀粉的 0.004 mol·L^{-1} HIO_3 溶液中，加入等体积的 0.004 mol·L^{-1} H_2SO_4 溶液，若反应温度为 10 ℃，溶液混合至变蓝的时间为 30 s。若该反应的温度系数为 2，在其他反应条件不变时，估算 20 ℃ 和 30 ℃ 时溶液分别变蓝的时间。

8. 根据实验，在一定的温度范围内，反应 $2NO(g) + Cl_2(g) = 2NOCl(g)$ 符合质量作用定律。求：（1）该反应的反应速率方程式；（2）该反应的总级数；（3）其他条件不变，将容器的体积增大到原来的 2 倍，反应速率如何变化？（4）如果容器体积不变，将 NO 的浓度增加到原来的 3 倍，反应速率如何变化？

9. 某反应 25 ℃ 时速率常数为 $1.3 \times 10^{-3}\ s^{-1}$，35 ℃ 时速率常数为 $3.6 \times 10^{-3}\ s^{-1}$。根据范特

霍夫规则，估算该反应 55 ℃时的速率常数。

10. 蔗糖的催化水解反应 $C_{12}H_{22}O_{11}+H_2O = C_6H_{12}O_6+C_6H_{12}O_6$ 是一级反应，在 25 ℃时，其反应速率常数为 5.7×10^{-5} s^{-1}。问：若反应活化能是 110 kJ·mol^{-1}，那么在什么温度时反应速率是 25 ℃时的 1/10？

11. 反应 $HI(g)+CH_3I(g) = CH_4(g)+I_2(g)$ 的活化能是 139 kJ·mol^{-1}，157 ℃时的速率常数为 1.7×10^{-5} L·mol^{-1}·s^{-1}。求 227 ℃时的速率常数为多少？

练习题答案

（一）判断题

1. ×	2. √	3. √	4. ×
5. √	6. √	7. ×	8. ×
9. ×	10. ×	11. ×	12. ×
13. ×	14. ×	15. ×	16. ×
17. √	18. ×	19. ×	20. √
21. ×	22. √	23. √	24. √
25. √	26. √	27. √	28. ×
29. ×	30. √	31. √	32. ×
33. √	34. ×	35. ×	36. ×
37. ×	38. ×	39. ×	40. ×
41. ×	42. √	43. ×	44. ×
45. √	46. √	47. √	48. ×
49. ×	50. ×	51. ×	52. ×
53. ×	54. ×	55. √	56. √

（二）选择题

1. C	2. C	3. D	4. C
5. B	6. A	7. C	8. C
9. D	10. A	11. B	12. D
13. B	14. D	15. C	16. D
17. C	18. A	19. D	20. D
21. D	22. B	23. C	24. A
25. D	26. A	27. B	28. D
29. C	30. B	31. C	32. A
33. C	34. D	35. D	36. C
37. C	38. D	39. B	40. D

41. A	42. A	43. C	44. B
45. D	46. A	47. D	48. A
49. A	50. C	51. D	

(三) 简答题

1. 根据 $\ln\dfrac{k_2}{k_1} = \dfrac{E_a}{R}\left(\dfrac{1}{T_1} - \dfrac{1}{T_2}\right)$，其中 $\dfrac{k_2}{k_1}$ 为反应的温度系数。对于同一反应，E_a 相同，若反应分别在低温和高温时升高相同温度，则两者的 $T_2 - T_1$ 相同，但高温时的 T_2T_1 大于低温时的 T_2T_1，所以说低温区的温度系数大于高温区的温度系数。

2. 速率常数为速率方程中的比例常数，在数值上等于反应物浓度均为 $1\ \text{mol}\cdot\text{L}^{-1}$ 时的反应速率，其单位随反应级数的不同而不同。速率常数与浓度无关。对于活化能大于零的反应，温度越高，速率常数越大；活化能越大，速率常数越小。催化剂可以降低反应的活化能，根据阿仑尼乌斯公式 $k = Ae^{-\frac{E_a}{RT}}$，反应的速率常数变大。

3. 不矛盾，因 $k = Ae^{-\frac{E_a}{RT}}$，E_a 越大，则速率常数越小，化学反应速率越小；但根据 $\ln\dfrac{k_2}{k_1} = \dfrac{E_a}{R}\left(\dfrac{1}{T_1} - \dfrac{1}{T_2}\right)$，在升高温度时，$E_a$ 越大，$\dfrac{k_2}{k_1}$ 越大，反应速率增加较快。

4. 速率方程中反应物浓度的幂指数称为该反应物的反应级数，其大小代表了浓度对反应速率影响的程度。基元反应的反应级数可由反应物的化学系数确定，而复杂反应的反应级数大小需用实验来确定，或由实验机理推定。

5. 根据实验现象，从理论上推测复杂反应的各步反应(各个基元反应)叫作反应机理。所以说反应机理即指组成一个复杂反应的基元反应序列。

用反应速率方程验证反应机理时，将多步反应中的慢反应速率看作与总反应速率完全相等，并将此慢反应当作基元反应处理，然后用反应物浓度来表示反应中间体浓度，如果所得方程与反应速率方程一致，则所述反应机理可能是正确的。

6. 增大浓度，也就增大了系统中单位体积内活化分子总数，故反应速率增大；升高温度，将增加系统中活化分子百分数，故反应速率增大；使用催化剂会降低系统的活化能，增大系统活化分子百分数，故反应速率增大。

7. 温度对反应速率常数的影响关系式为 $\ln\dfrac{k_2}{k_1} = \dfrac{E_a}{R}\left(\dfrac{1}{T_1} - \dfrac{1}{T_2}\right)$，其中活化能一般大于零，因此由上式可以分析出温度升高，反应速率常数增大。

而温度对标准平衡常数的影响关系式为 $\ln\dfrac{K_2^{\ominus}}{K_1^{\ominus}} = \dfrac{\Delta_r H_m^{\ominus}}{R}\left(\dfrac{1}{T_1} - \dfrac{1}{T_2}\right)$，其中反应热效应的值可正可负，因此温度升高，标准平衡常数有可能增大，也可能减小。因此该推论不确切。

8. (1) 不正确。反应的速率常数高，反应速率不一定高，因为反应速率还与浓度有关。

(2) 不正确。转化率不变，只是生产周期变短。

(3) 不正确。对于复杂反应来说，二级反应不一定是二分子反应。

9. 反应级数是通过实验测定的化学反应速率与反应物和生成物瞬时浓度具有什么方式的关系。反应级数通过质量作用定律确定：

零级反应：$v = k$

一级反应：$v = k \cdot c$

二级反应：$v = k \cdot c^2 = k \cdot c(A) \cdot c(B)$

三级反应：$v = k \cdot c^3 = k \cdot c(A) \cdot c(B) \cdot c(C)$

根据经验确定的反应速度，在许多情况下，是几个单元反应的结果，这就表示有非整数的反应级数。

10. 反应物和催化剂均为同一相的催化反应称为均相催化。催化剂与反应物处于不同相的反应称为多相催化反应，简称多相催化。

(四) 计算题

1. 解：(1) 设速率方程为 $v = k \cdot c^{\alpha}(NO) \cdot c^{\beta}(O_2)$，将数据带入速率方程得

$0.030 \text{ mol} \cdot \text{L}^{-1} \cdot \text{s}^{-1} = k \times (0.10 \text{ mol} \cdot \text{L}^{-1})^{\alpha} \times (0.10 \text{ mol} \cdot \text{L}^{-1})^{\beta}$

$0.060 \text{ mol} \cdot \text{L}^{-1} \cdot \text{s}^{-1} = k \times (0.10 \text{ mol} \cdot \text{L}^{-1})^{\alpha} \times (0.20 \text{ mol} \cdot \text{L}^{-1})^{\beta}$

$0.240 \text{ mol} \cdot \text{L}^{-1} \cdot \text{s}^{-1} = k \times (0.20 \text{ mol} \cdot \text{L}^{-1})^{\alpha} \times (0.20 \text{ mol} \cdot \text{L}^{-1})^{\beta}$

解得 $\alpha = 2$，$\beta = 1$

速率方程为 $v = k \cdot c^2(NO) \cdot c(O_2)$

(2) 反应级数为 $2 + 1 = 3$

将任一组实验数据带入速率方程，可得

$0.03 \text{ mol} \cdot \text{L}^{-1} \cdot \text{s}^{-1} = k \times (0.10 \text{ mol} \cdot \text{L}^{-1})^2 \times (0.10 \text{ mol} \cdot \text{L}^{-1})$

$k = 30 \text{ mol}^{-2} \cdot \text{L}^2 \cdot \text{s}^{-1}$

(3) 将 $c(NO) = c(O_2) = 0.15 \text{ mol} \cdot \text{L}^{-1}$ 代入速率方程，得

$v = k \cdot c^2(NO) \cdot c(O_2)$

$= 30 \text{ mol}^{-2} \cdot \text{L}^2 \cdot \text{s}^{-1} \times (0.15 \text{ mol} \cdot \text{L}^{-1})^2 \times (0.15 \text{ mol} \cdot \text{L}^{-1})$

$= 0.101 \text{ mol} \cdot \text{L}^{-1} \cdot \text{s}^{-1}$

2. 解：$\Delta_r H_m^{\ominus} = \Delta_f H_m^{\ominus}(HCl) + (-1) \times \Delta_f H_m^{\ominus}(H_2) + (-1) \times \Delta_f H_m^{\ominus}(Cl_2)$

$= -92.3 \text{ kJ} \cdot \text{mol}^{-1} - 0 \text{ kJ} \cdot \text{mol}^{-1} - 0 \text{ kJ} \cdot \text{mol}^{-1}$

$= -92.3 \text{ kJ} \cdot \text{mol}^{-1}$

$\Delta_r H_m^{\ominus} = E_a(\text{正}) - E_a(\text{逆})$

$-92.3 \text{ kJ} \cdot \text{mol}^{-1} = 113 \text{ kJ} \cdot \text{mol}^{-1} - E_a(\text{逆})$

$E_a(\text{逆}) = 205.3 \text{ kJ} \cdot \text{mol}^{-1}$

3. 解：$\ln \dfrac{k_2}{k_1} = \dfrac{E_a}{R}\left(\dfrac{1}{T_1} - \dfrac{1}{T_2}\right)$

$\ln 2 = \dfrac{180 \times 10^3 \text{ J} \cdot \text{mol}^{-1}}{8.314 \text{ J} \cdot \text{mol}^{-1} \cdot \text{K}^{-1}} \times \left(\dfrac{T_2 - 800 \text{ K}}{800 \text{ K} \times T_2}\right)$

$T_2 = 821 \text{ K}$

4. 解: $\ln \dfrac{k_2}{k_1} = \dfrac{E_a}{R}\left(\dfrac{1}{T_1} - \dfrac{1}{T_2}\right)$

$\ln \dfrac{1.3 \times 10^{-5} \text{ s}^{-1}}{k_1} = \dfrac{226 \times 10^3 \text{ J} \cdot \text{mol}^{-1}}{8.314 \text{ J} \cdot \text{mol}^{-1} \cdot \text{K}^{-1}} \times \dfrac{50 \text{ K}}{650 \text{ K} \times 600 \text{ K}}$

$k_1 = 4.0 \times 10^{-7} \text{ s}^{-1}$

5. 解: (1) $\ln \dfrac{k_2}{k_1} = \dfrac{E_a}{R}\left(\dfrac{1}{T_1} - \dfrac{1}{T_2}\right)$

$\ln \dfrac{1.5 \times 10^{-5} \text{s}^{-1}}{3.4 \times 10^{-5} \text{s}^{-1}} = \dfrac{E_a}{8.314 \text{ J} \cdot \text{mol}^{-1} \cdot \text{K}^{-1}} \times \dfrac{30 \text{ K}}{298 \text{ K} \times 328 \text{ K}}$

$E_a = 1.03 \times 10^5 \text{ J} \cdot \text{mol}^{-1}$

$k = A \mathrm{e}^{-\frac{E_a}{RT}}$

$3.4 \times 10^{-5} \text{ s}^{-1} = A \mathrm{e}^{-\frac{1.03 \times 10^5 \text{ J} \cdot \text{mol}^{-1}}{8.314 \text{ J} \cdot \text{mol}^{-1} \cdot \text{K}^{-1} \times 298 \text{ K}}}$

$A = 3.98 \times 10^{13} \text{ s}^{-1}$

(2) 反应为一级反应。

6. 解: $\ln \dfrac{k_2}{k_1} = \dfrac{E_a}{R}\left(\dfrac{1}{T_1} - \dfrac{1}{T_2}\right)$

$\ln \dfrac{k_2}{6.3 \times 10^{-3} \text{ L} \cdot \text{mol}^{-1} \cdot \text{s}^{-1}} = \dfrac{163 \times 10^3 \text{ J} \cdot \text{mol}^{-1}}{8.314 \text{ J} \cdot \text{mol}^{-1} \cdot \text{K}^{-1}} \times \dfrac{20 \text{ K}}{380 \text{ K} \times 400 \text{ K}}$

$k_2 = 0.083\ 1 \text{ L} \cdot \text{mol}^{-1} \cdot \text{s}^{-1}$

根据道尔顿分压定律

$p_i = x_i p(总) = \dfrac{1}{2} \times 100 \text{ kPa} = 50 \text{ kPa}$

$p_A = p_B = 50 \text{ kPa}$

因为 $pV = nRT$

所以 $p_i = c_i RT$

$c(A) = c(B) = 0.015 \text{ mol} \cdot \text{L}^{-1}$

$v = k_2 \cdot c(A) \cdot c(B)$

$\quad = 0.083\ 1 \text{ L} \cdot \text{mol}^{-1} \cdot \text{s}^{-1} \times 0.015 \text{ mol} \cdot \text{L}^{-1} \times 0.015 \text{ mol} \cdot \text{L}^{-1}$

$\quad = 1.9 \times 10^{-5} \text{ mol} \cdot \text{L} \cdot \text{s}^{-1}$

7. 解: $\dfrac{k_{(10+1\times 10)}}{k_{(10)}} = 2$

假设初始浓度相等, 则

$\dfrac{v_1}{v_2} = \dfrac{k_1}{k_2} = \dfrac{1}{2}$

而 $v = \dfrac{\mathrm{d}c}{\mathrm{d}t}$, 相同浓度时 $\mathrm{d}c$ 相同

所以 $\dfrac{v_1}{v_2} = \dfrac{1/\mathrm{d}t_1}{1/\mathrm{d}t_2} = \dfrac{1}{2}$

$\dfrac{\mathrm{d}t_2}{30} = \dfrac{1}{2}$

$t_2 = 15$ s

同理 $t_2 = 7.5$ s

8. 解：(1) $v = k \cdot c^2(\mathrm{NO}) \cdot c(\mathrm{Cl_2})$

(2) $2+1=3$，该反应为三级反应。

(3) 容器体积扩大至原来的 2 倍，则 $c(\mathrm{NO})$、$c(\mathrm{Cl_2})$ 都减少到原来的 1/2，此时 $v = k \cdot [c(\mathrm{NO})/2]^2 \cdot [c(\mathrm{Cl_2})/2] = 1/8k \cdot c^2(\mathrm{NO}) \cdot c(\mathrm{Cl_2})$，即反应速率减小到原来的 1/8 倍。

(4) NO 的浓度增加到原来的 3 倍，则此时 $v = k \cdot [3c(\mathrm{NO})]^2 \cdot c(\mathrm{Cl_2}) = 9k \cdot c^2(\mathrm{NO}) \cdot c(\mathrm{Cl_2})$，即反应速率增大到原来的 9 倍。

9. 解：$k(35\ ℃)/k(25\ ℃) = \gamma = 2.77$

$k(55\ ℃)/k(35\ ℃) = \gamma^2$

$k(55\ ℃) = \gamma^2 \cdot k(35\ ℃) = 2.77^2 \times 3.6 \times 10^{-3}\ \mathrm{s^{-1}} = 27.6 \times 10^{-3}\ \mathrm{s^{-1}}$

10. 解：$\ln \dfrac{k_2}{k_1} = \dfrac{E_a}{R}\left(\dfrac{1}{T_1} - \dfrac{1}{T_2}\right)$

$\ln \dfrac{k_1/10}{k_1} = \dfrac{110 \times 10^3\ \mathrm{J \cdot mol^{-1}}}{8.314\ \mathrm{J \cdot mol^{-1} \cdot K^{-1}}} \times \dfrac{T_2 - 298\ \mathrm{K}}{298\ \mathrm{K} \times T_2}$

得 $T_2 = 283$ K

11. 解：$\ln \dfrac{k_2}{k_1} = \dfrac{E_a}{R}\left(\dfrac{1}{T_1} - \dfrac{1}{T_2}\right) = \dfrac{139 \times 10^3\ \mathrm{J \cdot mol^{-1}}}{8.314\ \mathrm{J \cdot mol^{-1} \cdot K^{-1}}} \times \dfrac{500\ \mathrm{K} - 430\ \mathrm{K}}{430\ \mathrm{K} \times 500\ \mathrm{K}}$

$\dfrac{k_2}{k_1} = 230$

$k_2 = 3.9 \times 10^{-3}\ \mathrm{L \cdot mol^{-1} \cdot s^{-1}}$

第8章

酸碱平衡

本章介绍强电解质溶液理论和离子活度概念，质子酸碱理论及酸碱强度与结构的关系。重点介绍弱酸碱的离解平衡，酸碱水溶液酸度和有关离子浓度的近似计算。本章分别从同离子效应、盐效应和介质酸度等方面，分析影响酸碱离解平衡移动的各种因素及介质酸度对弱酸碱存在型体的影响，并详细介绍缓冲溶液的性质、组成、酸度的近似计算和缓冲溶液的配制方法。

8.1 本章概要

8.1.1 酸碱质子理论

8.1.1.1 酸碱概念

酸：在反应中给出质子的分子或离子，如 HAc、NH_4^+、H_3O^+ 等都是酸；

碱：在反应中接受质子的分子或离子，如 NH_3、CO_3^{2-}、OH^-、Ac^- 等都是碱；

酸碱两性物质：既能给出质子，又能接受质子的物质，如 H_2O、$H_2PO_4^-$ 等。

8.1.1.2 酸碱反应

（1）酸碱反应的实质

酸碱反应的实质是两个共轭酸碱对之间的质子传递反应。

（2）水的质子自递反应和水的质子自递常数

水的质子自递反应：$H_2O + H_2O = H_3O^+ + OH^-$

简化为：$H_2O = H^+ + OH^-$

水的离子积公式：$K_w^\ominus = [c(H^+)/c^\ominus] \cdot [c(OH^-)/c^\ominus]$

$K_w^\ominus$ 称为水的离子积。若反应在室温下进行，$K_w^\ominus$ 一般取值 1.0×10^{-14}。

8.1.2 水溶液中重要的酸碱反应

8.1.2.1 一元弱酸弱碱的离解平衡

(1) 离解常数的概念

以乙酸的离解为例:

$HAc+H_2O = H_3O^+ + Ac^-$ 可简写为 $HAc = H^+ + Ac^-$

根据化学平衡原理:

$$K_a^\ominus = \frac{[c(H^+)/c^\ominus] \cdot [c(Ac^-)/c^\ominus]}{c(HAc)/c^\ominus} \quad (K_a^\ominus \text{ 称为弱酸的离解常数})$$

同理, 离子碱 Ac^- 与 H_2O 之间的离解平衡及其离解常数 $K_b^\ominus$ 的表达式为

$$Ac^- + H_2O = HAc+OH^- \quad K_b^\ominus = \frac{[c(HAc)/c^\ominus] \cdot [c(OH^-)/c^\ominus]}{c(Ac^-)/c^\ominus}$$

共轭酸碱对的离解常数之间关系如下: $K_a^\ominus(HAc)K_b^\ominus(Ac^-) = K_w^\ominus$

弱质子碱与其共轭酸之间也存在上述关系, 如 $K_a^\ominus(NH_4^+)K_b^\ominus(NH_3) = K_w^\ominus$

(2) 离解常数和离解度的关系

离解常数 $K^\ominus$ 与离解度 α 都代表弱酸(或弱碱)的离解程度, 但离解常数 $K^\ominus$ 仅表示离解时弱电解质离解为离子的趋势大小, 并不直接代表反应物中有多少变为生成物。离解度 α 直接表示了达平衡时反应物转化了多少。

当 $\dfrac{c/c^\ominus}{K_a^\ominus} \geqslant 400$ (或 $\alpha \leqslant 5\%$) 时, 离解常数 $K^\ominus$ 与离解度 α 存在下列关系:

弱酸的水溶液:

$$K_a^\ominus = c\alpha^2/c^\ominus \quad \text{或} \quad \alpha = \sqrt{\frac{K_a^\ominus}{c/c^\ominus}}$$

弱碱的水溶液:

$$K_b^\ominus = c\alpha^2/c^\ominus \quad \text{或} \quad \alpha = \sqrt{\frac{K_b^\ominus}{c/c^\ominus}}$$

上式说明: 同一弱电解质的溶液越稀, 离解度越大; 相同浓度的不同弱电解质的离解常数越大, 离解度也越大。

8.1.2.2 多元弱酸弱碱的离解

多元弱酸(碱)是分级离解的, 如果 $K_{a_1}^\ominus \gg K_{a_2}^\ominus \gg K_{a_3}^\ominus$ 时, 则 H^+ 主要来源于一级离解, 可作为一元弱酸(碱)处理。

当 $\dfrac{c/c^\ominus}{K_a^\ominus} \geqslant 400$ 时, 则可用最简式计算, 即

$$c(\mathrm{H}^+)/c^{\ominus} = \sqrt{K_{a_1}^{\ominus} c/c^{\ominus}}$$

8.1.3 酸碱平衡的移动

8.1.3.1 同离子效应

在弱电解质溶液中加入与弱电解质具有相同离子的强电解质时，使弱电解质的离解度降低的现象称为同离子效应。

8.1.3.2 介质酸度对平衡移动的影响

以一元弱酸乙酸为例，$HAc = H^+ + Ac^-$

根据离解平衡关系式可知介质酸度与共轭酸碱对 HAc、Ac^- 浓度比值的关系如下：

当 $pH = pK_a^{\ominus}$ 时，$\dfrac{c(HAc)}{c(Ac^-)} = 1$，此时共轭酸碱浓度相等；

当 $pH < pK_a^{\ominus}$ 时，$\dfrac{c(HAc)}{c(Ac^-)} > 1$，此时主要存在型体为 HAc；

当 $pH > pK_a^{\ominus}$ 时，$\dfrac{c(HAc)}{c(Ac^-)} < 1$，此时主要存在型体为 Ac^-。

8.1.3.3 盐效应

在弱电解质溶液中，加入不含有与弱电解质相同离子的强电解质，而使弱电解质的离解度略有增大的现象，称为盐效应。

8.1.4 酸碱缓冲溶液

8.1.4.1 缓冲溶液的组成及作用原理

能够抵抗外加少量强酸、强碱，而保持自身 pH 值基本不变的作用叫作缓冲作用。具有缓冲作用的溶液叫作缓冲溶液。

弱酸及其共轭碱(如 $HAc-Ac^-$，$HCO_3^--CO_3^{2-}$ 等)或弱碱及其共轭酸(如 $NH_3-NH_4^+$ 等)组成时，都可构成缓冲溶液。

8.1.4.2 缓冲溶液 pH 值的计算

以 c_a 表示弱酸的初始浓度，c_b 表示其共轭碱的初始浓度，则

$$pH = pK_a^{\ominus} - \lg \frac{c_a}{c_b} \quad \text{或} \quad pOH = pK_b^{\ominus} - \lg \frac{c_b}{c_a}$$

8.1.4.3 缓冲容量和缓冲范围

使一定量缓冲溶液 pH 值改变 1 个单位所需要加入酸或碱的量称为缓冲容量。缓冲容量越

大，缓冲能力越强；缓冲容量越小，缓冲能力越弱。

缓冲溶液缓冲能力的大小首先取决于缓冲对的浓度。浓度越大，缓冲容量越大。缓冲能力的大小在浓度一定时，还与缓冲比（即 c_a/c_b 或 c_b/c_a）有关，当缓冲比等于 1 时，缓冲能力最强，缓冲容量最大。

8.1.4.4　缓冲溶液的配制

配制一定 pH 值的缓冲溶液，首先，应选择合适的缓冲对。选择缓冲对的原则是配制缓冲溶液的 pH 值与缓冲对中的 $pK_a^\ominus$（或 pOH 值与缓冲对中的 $pK_b^\ominus$）越接近越好。一般情况下，要求 $pH=pK_a^\ominus\pm1$（或 $pOH=pK_b^\ominus\pm1$）。其次，用缓冲溶液的 pH 值计算公式确定缓冲对的浓度比。最后，按要求计算出共轭酸碱的具体浓度。

8.1.5　强电解质溶液简介

强酸、强碱及绝大多数酸碱离解理论中的盐在水溶液中是完全离解的，其离解度应是 100%，但在实际测定时，离解度都小于 100%，这种离解度称为表观离解度。强电解质的离解度与弱电解质的离解度有着完全不同的意义，弱电解质的离解度表示离解了的分子的百分数，而强电解质的表观离解度仅反映溶液中离子间相互牵制作用的强弱程度。溶液中离子浓度越大，则离子间的牵制作用越强。

为了定量地描述强电解质溶液中离子间的牵制作用大小，路易斯提出了活度的概念。离子活度是离子在反应中发挥作用的有效浓度。离子活度 $a=fc$，其中 c 表示离子的浓度，f 表示活度系数。活度系数 f 反映了电解质溶液中离子间相互牵制作用的大小，溶液越浓，离子电荷越高，离子间的牵制作用越大，f 越小，活度和浓度间的差距也就越大，反之亦然。

对弱电解质溶液，当浓度不大时，离子间相互影响可以忽略，认为 $f\approx1$，即 $a\approx c$。

8.2　例题

1. 奴弗卡因（一元弱酸，$K_a^\ominus=7\times10^{-6}$）是一种局部麻醉剂。计算 $c=0.020\ mol\cdot L^{-1}$ 奴弗卡因水溶液的 pH 值。

解：$c(H^+)/c^\ominus=\sqrt{K_a^\ominus c/c^\ominus}=\sqrt{7\times10^{-6}\times0.020}=3.74\times10^{-4}$

$c(H^+)=3.74\times10^{-4}\ mol\cdot L^{-1}$

$pH=3.43$

2. 在 $0.30\ mol\cdot L^{-1}$ HCl 溶液中通入 H_2S 气体至饱和（$0.10\ mol\cdot L^{-1}$），求此溶液中 S^{2-}(aq)浓度。

解：$\dfrac{[c(H^+)/c^\ominus]^2\cdot[c(S^{2-})/c^\ominus]}{c(H_2S)/c^\ominus}=K_{a_1}^\ominus K_{a_2}^\ominus$

$$c(S^{2-}) = \frac{[c(H_2S)/c^{\ominus}]K_{a_1}^{\ominus}K_{a_2}^{\ominus}}{[c(H^+)/c^{\ominus}]^2}c^{\ominus} = \frac{0.10 \times 9.1 \times 10^{-8} \times 1.1 \times 10^{-12}}{0.30^2} \times 1 \text{ mol} \cdot L^{-1}$$

$$= 1.11 \times 10^{-19} \text{ mol} \cdot L^{-1}$$

3. 尼古丁($C_{10}H_{14}N_2$)是二元弱碱，$K_{b_1}^{\ominus} = 7.0 \times 10^{-7}$，$K_{b_2}^{\ominus} = 1.4 \times 10^{-11}$。计算 $c(C_{10}H_{14}N_2) = 0.050 \text{ mol} \cdot L^{-1}$ 尼古丁水溶液的 pH 值及 $c(C_{10}H_{14}N_2)$、$c(C_{10}H_{14}N_2H^+)$ 和 $c(C_{10}H_{14}N_2H_2^{2+})$。

解： $c(OH^-) = \sqrt{K_{b_1}^{\ominus}c/c^{\ominus}}\,c^{\ominus} = \sqrt{7.0 \times 10^{-7} \times 0.05} \times 1 \text{ mol} \cdot L^{-1} = 1.87 \times 10^{-4} \text{ mol} \cdot L^{-1}$

pH = 10.27

$c(C_{10}H_{14}N_2) = 0.05 \text{ mol} \cdot L^{-1} - 1.87 \times 10^{-4} \text{ mol} \cdot L^{-1} = 4.98 \times 10^{-2} \text{ mol} \cdot L^{-1}$

由于 $C_{10}H_{14}N_2$、$C_{10}H_{14}N_2H^+$ 的离解很弱，溶液中平衡时 $C_{10}H_{14}N_2H_2^{2+}$ 的浓度很小，因而可认为 OH^- 主要来自 $C_{10}H_{14}N_2$ 的第一级离解，$c(OH^-) \approx c(C_{10}H_{14}N_2H^+)$，所以 OH^- 和 $C_{10}H_{14}N_2H^+$ 浓度均为 $1.87 \times 10^{-4} \text{ mol} \cdot L^{-1}$。将此结果分别代入 $K_{b_2}^{\ominus}$ 的表达式有：

$c(C_{10}H_{14}N_2H_2^{2+})/c^{\ominus} \approx K_{b_2}^{\ominus}$

$c(C_{10}H_{14}N_2H_2^{2+}) = 1.4 \times 10^{-11} \text{ mol} \cdot L^{-1}$

4. 取 $0.1 \text{ mol} \cdot L^{-1}$ 某一元弱酸溶液 30 mL，与 $0.1 \text{ mol} \cdot L^{-1}$ 该酸的共轭碱溶液 20 mL 混合，将混合液稀释至 100 mL，测得此溶液 pH 值为 5.25。求此一元弱酸的 $K_a^{\ominus}$。

解： 混合溶液中：

$$c_a = \frac{0.1 \text{ mol} \cdot L^{-1} \times 30 \text{ mL}}{100 \text{ mL}} = 0.03 \text{ mol} \cdot L^{-1}$$

$$c_b = \frac{0.1 \text{ mol} \cdot L^{-1} \times 20 \text{ mL}}{100 \text{ mL}} = 0.02 \text{ mol} \cdot L^{-1}$$

$$pH = pK_a^{\ominus} - \lg\frac{c_a}{c_b}$$

$$pK_a^{\ominus} = pH + \lg\frac{c_a}{c_b} = 5.25 + \lg\frac{0.03 \text{ mol} \cdot L^{-1}}{0.02 \text{ mol} \cdot L^{-1}} = 5.43$$

$$K_a^{\ominus} = 3.72 \times 10^{-6}$$

5. 将 40 mL $c(Na_2HPO_4) = 0.10 \text{ mol} \cdot L^{-1}$ Na_2HPO_4 水溶液与 20 mL $c(H_3PO_4) = 0.10 \text{ mol} \cdot L^{-1}$ H_3PO_4 水溶液混合，混合液的 pH 值是多少？

解： 混合溶液中：

$n(NaH_2PO_4) = 0.10 \text{ mol} \cdot L^{-1} \times 20 \text{ mL} \times 2 = 0.004 \text{ mol}$

$n(Na_2HPO_4) = 0.10 \text{ mol} \cdot L^{-1} \times 40 \text{ mL} - 0.10 \text{ mol} \cdot L^{-1} \times 20 \text{ mL} = 0.002 \text{ mol}$

$$pH = pK_{a_2}^{\ominus} - \lg\frac{n_a}{n_b} = 7.21 - \lg\frac{0.004 \text{ mol}}{0.002 \text{ mol}} = 6.91$$

6. 已知由弱酸（HA）及其共轭碱（A^-）配制成 pH = 5.0 的缓冲溶液，在此溶液 100 mL 中，加入 10 mmol 的 HCl，若 pH 值改变 0.30。问 HA 与 A^- 的原浓度必须是多少？（$pK_a^{\ominus} = 5.3$）

解： 未加入 HCl 时：

$$pH = pK_a^{\ominus} - \lg \frac{c_{a_1}}{c_{b_1}}$$

故 $$\lg \frac{c_{a_1}}{c_{b_1}} = 5.3 - 5 = 0.3$$

解得 $$\frac{c_{a_1}}{c_{b_1}} = 2 \hspace{3cm} ①$$

加入 HCl 后： $$\lg \frac{c_{a_2}}{c_{b_2}} = 5.3 - 4.7 = 0.6$$

解得 $$\frac{c_{a_2}}{c_{b_2}} = 4 \hspace{3cm} ②$$

由题可知 $$\frac{c_{a_2}}{c_{b_2}} = \frac{c_{a_1} \times 0.1 \text{ L} + 0.01 \text{ mol}}{c_{b_1} \times 0.1 \text{ L} - 0.01 \text{ mol}} \hspace{1cm} ③$$

联立式①②③得

$$c_{a_1} = 0.5 \text{ mol} \cdot \text{L}^{-1}, \quad c_{b_1} = 0.25 \text{ mol} \cdot \text{L}^{-1}$$

7. 将 20 mL $c(\text{HCl}) = 0.20$ mol $\cdot$ L^{-1} 的 HCl 溶液与 20 mL $c(\text{NaAc}) = 0.50$ mol $\cdot$ L^{-1} 的 NaAc 溶液混合。计算：（1）溶液的 pH 值。（2）在混合溶液中加入 1 mL $c(\text{NaOH}) = 0.50$ mol $\cdot$ L^{-1} 的 NaOH，溶液的 pH 值变为多少？（3）在混合溶液中加入 1 mL $c(\text{HCl}) = 0.50$ mol $\cdot$ L^{-1} 的 HCl，溶液的 pH 值变为多少？

解：（1）混合溶液中，$c(\text{HAc}) = \dfrac{0.20 \text{ mol} \cdot \text{L}^{-1} \times 0.02 \text{ L}}{0.04 \text{ L}} = 0.10 \text{ mol} \cdot \text{L}^{-1}$

$$c(\text{NaAc}) = \frac{0.50 \text{ mol} \cdot \text{L}^{-1} \times 0.02 \text{ L} - 0.20 \text{ mol} \cdot \text{L}^{-1} \times 0.02 \text{ L}}{0.04 \text{ L}} = 0.15 \text{ mol} \cdot \text{L}^{-1}$$

$$pH = pK_a^{\ominus} - \lg \frac{c_a}{c_b} = 4.75 - \lg \frac{0.10 \text{ mol} \cdot \text{L}^{-1}}{0.15 \text{ mol} \cdot \text{L}^{-1}} = 4.92$$

（2）$c(\text{HAc}) = \dfrac{0.10 \text{ mol} \cdot \text{L}^{-1} \times 0.04 \text{ L} - 0.50 \text{ mol} \cdot \text{L}^{-1} \times 0.001 \text{ L}}{0.041 \text{ L}} = 0.085 \text{ mol} \cdot \text{L}^{-1}$

$$c(\text{NaAc}) = \frac{0.15 \text{ mol} \cdot \text{L}^{-1} \times 0.04 \text{ L} + 0.50 \text{ mol} \cdot \text{L}^{-1} \times 0.001 \text{ L}}{0.041 \text{ L}} = 0.16 \text{ mol} \cdot \text{L}^{-1}$$

$$pH = pK_a^{\ominus} - \lg \frac{c_a}{c_b} = 4.75 - \lg \frac{0.085 \text{ mol} \cdot \text{L}^{-1}}{0.16 \text{ mol} \cdot \text{L}^{-1}} = 5.02$$

（3）$c(\text{HAc}) = \dfrac{0.10 \text{ mol} \cdot \text{L}^{-1} \times 0.04 \text{ L} + 0.50 \text{ mol} \cdot \text{L}^{-1} \times 0.001 \text{ L}}{0.041 \text{ L}} = 0.11 \text{ mol} \cdot \text{L}^{-1}$

$$c(\text{NaAc}) = \frac{0.15 \text{ mol} \cdot \text{L}^{-1} \times 0.04 \text{ L} - 0.50 \text{ mol} \cdot \text{L}^{-1} \times 0.001 \text{ L}}{0.041 \text{ L}} = 0.13 \text{ mol} \cdot \text{L}^{-1}$$

$$pH = pK_a^{\ominus} - \lg \frac{c_a}{c_b} = 4.75 - \lg \frac{0.11 \text{ mol} \cdot \text{L}^{-1}}{0.13 \text{ mol} \cdot \text{L}^{-1}} = 4.82$$

8. 欲配制 pH = 5.00 的缓冲溶液。问需在 125 mL 1.00 mol·L^{-1} NaAc 溶液中加入 6.00 mol·L^{-1}HAc 溶液多少毫升?

解: 设加入 HAc 溶液的体积为 V mL

$$pH = pK_a^{\ominus} - \lg\frac{c_a}{c_b}$$

$$5.00 = 4.75 - \lg\frac{6\ mol \cdot L^{-1} \times V\ mL}{1\ mol \cdot L^{-1} \times 125\ mL}$$

解得　HAc 溶液的体积为 12.5 mL。

9. 某一元弱酸(HA) 100 mL,其浓度为 0.10 mol·L^{-1}。求:(1) 当加入 0.10 mol·L^{-1} 的 NaOH 溶液 50 mL 后,溶液的 pH 值为多少?(2) 此时该弱酸的离解度为多少?(3) 加入 0.10 mol·L^{-1}NaOH 溶液 100 mL,溶液的 pH 值为多少?(已知 HA 的 $K_a^{\ominus}=1.0\times10^{-5}$)

解:(1) $c_a = \dfrac{0.10\ mol \cdot L^{-1} \times 100\ mL - 0.10\ mol \cdot L^{-1} \times 50\ mL}{100\ mL + 50\ mL} = 0.03\ mol \cdot L^{-1}$

$c_b = \dfrac{0.10\ mol \cdot L^{-1} \times 50\ mL}{100\ mL + 50\ mL} = 0.03\ mol \cdot L^{-1}$

$pH = pK_a^{\ominus} - \lg\dfrac{c_a}{c_b} = 5.0 - \lg\dfrac{0.03\ mol \cdot L^{-1}}{0.03\ mol \cdot L^{-1}} = 5.0$

(2) $\alpha = \dfrac{1.0\times10^{-5}}{0.03} \times 100\% = 0.03\%$

(3) $c(NaA) = \dfrac{0.10\ mol \cdot L^{-1} \times 100\ mL}{100\ mL + 100\ mL} = 0.05\ mol \cdot L^{-1}$

$c(OH^-)/c^{\ominus} = \sqrt{K_b^{\ominus}c/c^{\ominus}} = \sqrt{1\times10^{-9} \times 0.05} = 7.07\times10^{-6}$

pH = 8.85

10. 根据 CH_3COOH、$ClCH_2COOH$、$Cl_2CHCOOH$ 和 HCOOH 的离解常数分别计算解答以下问题。(1) 欲配制 pH=4.10 的缓冲溶液,用哪种酸最好?(2) 要配制 1.00 L 上述缓冲溶液,需要多少克的这种酸和多少克的 NaOH?(设缓冲溶液的总浓度为 1.0 mol·L^{-1})

解:(1)查表可得:CH_3COOH 的 $pK_a^{\ominus}=4.75$,$ClCH_2COOH$ 的 $pK_a^{\ominus}=2.85$,$Cl_2CHCOOH$ 的 $pK_a^{\ominus}=1.48$ HCOOH 的 $pK_a^{\ominus}=3.75$。

因为 HCOOH 的 $pK_a^{\ominus}$ 与缓冲溶液的 pH 值最接近,所以用 HCOOH 最好。

(2) $pH = pK_a^{\ominus} - \lg\dfrac{c_a}{c_b}$,故

$$4.1 = 3.75 - \lg\frac{c_a}{c_b}$$

解得

$$\frac{c_a}{c_b} = 0.4$$

由题可知

$$c_a + c_b = 1\ mol \cdot L^{-1}$$

由上式可得

$c_a = 0.3 \ mol \cdot L^{-1}$，$c_b = 0.7 \ mol \cdot L^{-1}$

$m(HCOOH) = 0.3 \ mol \cdot L^{-1} \times 46 \ g \cdot mol^{-1} = 13.8 \ g$

$m(NaOH) = 0.7 \ mol \cdot L^{-1} \times 40 \ g \cdot mol^{-1} = 28 \ g$

8.3 练习题

(一) 判断题

( ) 1. 凡是多元弱酸，其酸根的浓度均近似等于其最后一级解离常数。

( ) 2. 干燥的 HCl 分子中含有 H，故它能使蓝色的石蕊试纸变红。

( ) 3. 在纯水中加入碱后，其中水的离子积会大于 10^{-14}。

( ) 4. 中和等体积的、pH 值相同的 HCl 和 HAc 溶液，所需 NaOH 的物质的量相同。

( ) 5. 应该根据 $pH \approx pK_a^\ominus$ 的原则选择弱酸及其共轭碱作缓冲对。

( ) 6. 缓冲溶液缓冲能力的大小首先取决于缓冲对的浓度，缓冲比相同时，浓度越小，缓冲能力越强。

( ) 7. 在 H_2S 水溶液中，H^+ 的浓度是 S^{2-} 离子浓度的 2 倍。

( ) 8. 一般作为缓冲溶液的是弱酸弱碱盐的溶液。

( ) 9. 已知柠檬酸的 $pK_{a_2}^\ominus = 4.77$，乙酸的 $pK_a^\ominus = 4.75$，那么同浓度乙酸的酸性强于柠檬酸。

( ) 10. 离解度和离解常数都可以用来比较弱电解质的相对强弱程度，因此，离解度和离解常数同样都不受浓度的影响。

( ) 11. 在 $NH_3 \cdot H_2O$ 溶液中，加入水，会使 $NH_3 \cdot H_2O$ 离解度减少。

( ) 12. 弱酸物质的量浓度越小，α 越大，故 pH 值越小。

( ) 13. 强电解质在水溶液中不是完全离解的。

( ) 14. HAc 的酸性强于 HCN，则 CN^- 的碱性一定强于 Ac^-。

( ) 15. 酸性(pH = 5.20)的缓冲溶液，可以抵抗少量外来的酸对 pH 值的影响、而不能抵抗少量外来碱的影响。

( ) 16. 因为氯水可以导电，所以氯气是电解质。

( ) 17. 强电解质也有 α 值，被称为"表观离解度"。

( ) 18. 在 $0.10 \ mol \cdot L^{-1}$ HAc 溶液中 HAc 的离解常数为 1.76×10^{-5}，所以在 $0.20 \ mol \cdot L^{-1}$ HAc 溶液中，HAc 的离解常数为 $2 \times 1.76 \times 10^{-5}$。

( ) 19. 弱电解质溶液的浓度越稀，离解度越大，但离解常数不变。

( ) 20. NaCl 晶体不导电，所以 NaCl 不是电解质。

( ) 21. 当溶液变稀时，活度系数会增大。

( ) 22. 在相同浓度的两种一元酸溶液中，它们的 H^+ 离子浓度是相同的。

( ) 23. 将氨稀释 1 倍，溶液中 OH^- 浓度就减少到原来的 1/2。

( ) 24. 将 $1 \ mol \cdot L^{-1}$ NaOH 溶液稀释 1 倍，则溶液中的 OH^- 浓度减少了 1/2。

（　）25. 凡能离解的物质在水溶液中均能达到离解平衡。

（　）26. 多元酸的逐级离解常数值总是 $K_{a_1}^{\ominus} > K_{a_2}^{\ominus} > K_{a_3}^{\ominus}$。

（　）27. 如果 HCl 溶液的浓度为 HAc 溶液浓度的 2 倍，那么 HCl 溶液的 H^+ 浓度一定是 HAc 溶液里 H^+ 浓度的 2 倍。

（　）28. 室温下，纯水中 $K_w^{\ominus} = [c(H^+)/c^{\ominus}] \cdot [c(OH^-)/c^{\ominus}] = 10^{-14}$，加入强酸后因 H^+ 离子浓度大幅增加，故 $K_w^{\ominus}$ 也会增加。

（　）29. 把 pH＝3 和 pH＝5 的两稀溶液等体积混合，则混合液的 pH 值等于 4。

（　）30. 强酸的共轭碱必定很弱。

（　）31. 强酸溶液中不存在 OH^- 离子。

（　）32. 对酚酞（变色范围 pH 8～10）不显颜色的溶液一定是酸性溶液。

（　）33. 在 H_2SO_4、HNO_3、$HClO_4$ 的同浓度稀水溶液之间分不出哪个酸性更强。

（　）34. 酸碱指示剂在酸性溶液中呈现酸色，在碱性溶液中呈现碱色。

（　）35. 将氨水和盐酸混合，不论两者比例如何，一定不可能组成缓冲溶液。

（　）36. 在 Na_2CO_3 溶液里通入一定量 CO_2 气体，便可得到一种缓冲溶液。

（　）37. pH 值相同的缓冲溶液，未必具有相同的缓冲能力。

（　）38. Na_2CO_3 与 $NaHCO_3$ 可以构成缓冲溶液起缓冲作用，单独 $NaHCO_3$ 不能起缓冲作用。

（　）39. 在氨水中加入少量 NH_4Cl 晶体，OH^- 浓度和离解度都降低，pH 值减小。

（　）40. 在 HAc 溶液中加入少量 NaCl 晶体，则 HAc 的离解度稍有增加。

（　）41. 缓冲溶液的缓冲能力是有限的。缓冲比相同的缓冲溶液浓度越大，缓冲能力越强，溶液浓度越小，缓冲能力越弱。

（　）42. 溶解 $1×10^{-9}$ mol HCl 气体于 1 L 水中所配制的溶液 pH 值是 9。

（　）43. 水的共轭酸是 H_3O^+，共轭碱是 OH^-。

（二）选择题（单选）

（　）1. 40 mL 0.10 mol·L^{-1} 氨水与 20 mL 0.10 mol·L^{-1} HCl 混合，此时溶液的 pOH 为（已知 $NH_3 \cdot H_2O$ 的 $K_b^{\ominus} = 1.77×10^{-5}$）：

A. 3　　　　　　　B. 2.87　　　　　　C. 4.75　　　　　　D. 5.3

（　）2. 根据酸碱质子理论，下列化学物质中既可作为质子酸又可作为质子碱的是：

A. PO_4^{3-}　　　　　B. NH_4^+　　　　　C. H_2O　　　　　D. CO_3^{2-}

（　）3. 向 0.30 mol·L^{-1} HCl 溶液中通入 $H_2S(g)$ 达饱和，溶液中各物质浓度的计算式正确的是：

A. $c(S^{2-}) = K_{a_2}^{\ominus} c^{\ominus}$

B. $c(H^+) = \sqrt{K_{a_1}^{\ominus} c/c^{\ominus}}$

C. $c(H^+) = 2 c(S^{2-})$

D. $c(S^{2-}) = \dfrac{K_{a_1}^{\ominus} K_{a_2}^{\ominus} [c(H_2S)/c^{\ominus}]}{[c(H^+)/c^{\ominus}]^2}$

（　）4. 已知 $K_{a_1}^{\ominus}(H_2CO_3) = 4.30×10^{-7}$，$K_{a_2}^{\ominus}(H_2CO_3) = 5.61×10^{-11}$，则 0.1 mol·$L^{-1}$ Na_2CO_3 溶液的 pH 值是：

A. 11.6　　　　　　B. 8.3　　　　　　C. 9.7　　　　　　D. 10.3

（　）5. $0.10\ mol\cdot L^{-1}\ Na_2HPO_4$ 溶液与 $0.10\ mol\cdot L^{-1}\ Na_3PO_4$ 溶液等体积混合，混合液中 H^+ 浓度约为 $[K_{a_1}^{\ominus}(H_3PO_4)=7.52\times10^{-3},\ K_{a_2}^{\ominus}(H_3PO_4)=6.23\times10^{-8},\ K_{a_3}^{\ominus}(H_3PO_4)=2.2\times10^{-13}]$：

    A. $7.6\times10^{-3}\ mol\cdot L^{-1}$ B. $6.3\times10^{-8}\ mol\cdot L^{-1}$

    C. $2.2\times10^{-13}\ mol\cdot L^{-1}$ D. $1.4\times10^{-10}\ mol\cdot L^{-1}$

（　）6. 下列溶液：

（1）$0.05\ mol\cdot L^{-1}\ NH_4Cl$ 和 $0.05\ mol\cdot L^{-1}\ NH_3$ 混合液；

（2）$0.05\ mol\cdot L^{-1}\ HAc$ 和 $0.05\ mol\cdot L^{-1}\ NaAc$ 混合液；

（3）$0.05\ mol\cdot L^{-1}\ HAc$ 溶液；

（4）$0.05\ mol\cdot L^{-1}\ NaAc$ 溶液。

pH 值由高到低的顺序为 $[pK_a^{\ominus}(HAc)=4.75,\ pK_b^{\ominus}(NH_3)=4.75]$：

    A. （1）>（2）>（3）>（4）   B. （4）>（3）>（2）>（1）

    C. （4）>（1）>（2）>（3）   D. （1）>（4）>（2）>（3）

（　）7. 将 H_2CO_3 稀释 1 倍，溶液中 $c(H^+)$ 为：

    A. 减少到原来的 $(1/2)^{1/2}$ 倍   B. 减少到原来的 $1/2$ 倍

    C. 增加到原来的 $2^{1/2}$ 倍   D. 增加到原来的 2 倍

（　）8. 以下各组物质可作缓冲对的是：

    A. $HCOOH-HCOONa$ B. $HCl-NaCl$

    C. $HAc-H_2SO_4$ D. $NaOH-NH_3\cdot H_2O$

（　）9. 某一元弱酸的浓度为 c，离解常数为 $K_a^{\ominus}$，离解度为 α，将其稀释 1 倍后，其离解度 α_1 为：

    A. $\alpha_1=\alpha$ B. $\alpha_1=\sqrt{2}\alpha$ C. $\alpha_1=\alpha/\sqrt{2}$ D. $\alpha_1=2\alpha$

（　）10. 现有纯水、$0.1\ mol\cdot L^{-1}\ HAc$ 溶液和 $0.1\ mol\cdot L^{-1}\ HAc-NaAc$ 混合溶液各 100 mL，分别加入 10 mL $0.1\ mol\cdot L^{-1}\ NaOH$，pH 值变化最大的是：

    A. 纯水   B. HAc 溶液   C. HAc-NaAc 混合溶液   D. 无法判断

（　）11. 在 100 mL $0.1\ mol\cdot L^{-1}$ 苯甲酸溶液中加入 10 mL $0.1\ mol\cdot L^{-1}\ HCl$，保持不变的是：

    A. 苯甲酸的离解度   B. 溶液的 pH 值

    C. 苯甲酸的浓度   D. 苯甲酸的 $K_a^{\ominus}$

（　）12. 用 $1.0\ mol\cdot L^{-1}\ HAc$ 与 $0.1\ mol\cdot L^{-1}\ NaAc$ 溶液配制缓冲溶液，要使该缓冲溶液的缓冲能力最强，则 $V(HAc)/V(NaAc)$ 为：

    A. 1∶1   B. 2∶1   C. 10∶1   D. 1∶10

（　）13. 在乙酸溶液中加入盐酸，使：

    A. pH 值增大   B. 离解度减小   C. 乙酸 $K_a^{\ominus}$ 变大   D. 没有变化

（　）14. 向 HCO_3^- 溶液中加入适量的 $NaCO_3$，则：

    A. 溶液 pH 值不变   B. HCO_3^- 解离度减小

    C. 溶液 pH 值变小   D. $K_{a_2}^{\ominus}(H_2CO_3)$ 变小

（　　）15. 求 HPO_4^{2-} 的 $K_b^{\ominus}$，要根据 $K_w^{\ominus}$ 和 H_3PO_4 的：

    A. $K_{a_1}^{\ominus}$　　　　　　　B. $K_{a_2}^{\ominus}$　　　　　　　C. $K_{a_3}^{\ominus}$　　　　　　　D. $K_{a_2}^{\ominus}$ 和 $K_{a_3}^{\ominus}$

（　　）16. 在下列 100 mL 溶液中，加入 1 mL $1mol \cdot L^{-1}$ HCl，pH 值变化最小的是：

    A. $0.1mol \cdot L^{-1}$ HCl　　　　　　　　B. 纯水

    C. $0.1mol \cdot L^{-1}$ HAc 和 NaAc 的混合体系　　D. $0.1mol \cdot L^{-1}$ NaCl

（　　）17. 欲配制 pH＝3.50 的缓冲溶液，应选用的缓冲对是：

    A. HCOOH–HCOONa（$pK_a^{\ominus}$＝3.75）　　　B. NaH_2PO_4–Na_2HPO_4（$pK_{a_2}^{\ominus}$＝7.21）

    C. HAc–NaAc（$pK_a^{\ominus}$＝4.75）　　　　　D. NH_3–NH_4^+（$pK_b^{\ominus}$＝4.75）

（　　）18. 由浓度一定的 NH_3（$pK_b^{\ominus}$＝4.75）与 NH_4Cl 组成缓冲溶液，缓冲能力最大时 pH 值为：

    A. 4.75　　　　B. 4.75±1　　　　C. 9.25　　　　D. 9.25±1

（　　）19. 通过凝固点下降实验测定强电解质稀溶液的离解度，一般达不到 100%，原因是：

    A. 电解质本身未全部离解　　　　B. 正、负离子间相互作用

    C. 电解质离解需要吸热　　　　　D. 前三个原因都对

（　　）20. 体积相同，pH 值相同的 NaOH 溶液和氨水各一份，分别加入等量 HCl 后，两溶液的 pH 值相比：

    A. 仍然相等　　　　B. 氨水高　　　　C. 氨水低　　　　D. 无法比较

（　　）21. 下列物质属于强电解质的是：

    A. 乙酸　　　　B. 乙酸铵　　　　C. 乙酸酐　　　　D. 氨水

（　　）22. 弱酸的强度决定于：

    A. 该酸分子中 H^+ 的数目　　　B. α

    C. $K_a^{\ominus}$　　　　　　　　　　　D. 溶解度

（　　）23. 某弱酸 HA 的 $K_a^{\ominus}$＝2×10^{-5}，则 A^- 的 $K_b^{\ominus}$ 为：

    A. $1/2 \times 10^{-5}$　　　B. 5×10^{-8}　　　C. 5×10^{-10}　　　D. 2×10^{-5}

（　　）24. 弱酸离解常数的大小由下列哪项决定：

    A. 溶液的浓度　　　　　　　　B. 酸的离解度

    C. 酸分子中含氢数　　　　　　D. 酸的本质和溶液温度

（　　）25. 计算二元弱酸的 pH 值时，经常：

    A. 只计算第一级离解，忽略第二级离解　　B. 一、二级离解必须同时考虑

    C. 只计算第二级离解　　　　　　　　　　D. 与第二级离解完全无关

（　　）26. 将不足量的 HCl 加到氨水溶液中，或将不足量的 NaOH 溶液加到 HAc 溶液中去，这种溶液是：

    A. 酸碱完全中和的溶液　　　　　　B. 缓冲溶液

    C. 酸和碱的混合液　　　　　　　　D. 单一酸或单一碱的溶液

（　　）27. 下列溶液，酸性最强的是：

    A. $0.2 mol \cdot L^{-1}$ HAc 溶液

    B. $0.2 mol \cdot L^{-1}$ HAc 和等体积 $0.2 mol \cdot L^{-1}$ NaAc 混合液

  C. $0.2\ mol \cdot L^{-1}$ HAc 和等体积 $0.2\ mol \cdot L^{-1}$ NaOH 混合液

  D. $0.1\ mol \cdot L^{-1}$ HAc 溶液

(   ) 28. 体积相同、pH 值相同的 NaOH 溶液和氨水分别与酸作用，消耗相同浓度同种酸的量：

  A. 相同   B. NaOH 多   C. 无法比较   D. 氨水多

(   ) 29. 下列溶液中，酸性最强的是：

  A. pH=4 的溶液   B. pH=9 的溶液

  C. $c(H^+)=1\times10^{-12}\ mol \cdot L^{-1}$ 的溶液   D. $c(OH^-)=1\times10^{-12}\ mol \cdot L^{-1}$ 的溶液

(   ) 30. 在 $0.03\ mol \cdot L^{-1}$ 乙酸溶液中，$c(H^+)=7.35\times10^{-4}\ mol \cdot L^{-1}$，离解度为：

  A. 1×10^{-2} B. 1.5×10^{-2} C. 2.45×10^{-2} D. 3.0×10^{-2}

(   ) 31. 在氨水溶液中加入 NaOH，使：

  A. 溶液 OH^- 浓度变小   B. NH_3 的 $K_b^{\ominus}$ 变小

  C. NH_3 的 α 降低   D. NH_3 的 $K_b^{\ominus}$ 变大

(   ) 32. 在氨水中加入少许 NH_4Cl 晶体后，NH_3 的 α 和 pH 值变化是：

  A. α、pH 值都增大   B. α 减小，pH 值增大

  C. α 增大，pH 值变小   D. α、pH 值都减小

(   ) 33. 在乙酸溶液中加入少许固体 NaCl 后，乙酸的离解度：

  A. 没变化   B. 微有上升   C. 剧烈上升   D. 下降

(   ) 34. 向 HAc 溶液中，加入少许固体物质，使 HAc 离解度减小的是：

  A. NaCl   B. NaAc   C. $FeCl_3$ D. KCN

(   ) 35. 对 HAc 的 $K_a^{\ominus} = \dfrac{[c(H^+)/c^{\ominus}] \cdot [c(Ac^-)/c^{\ominus}]}{c(HAc)/c^{\ominus}}$，下列说法哪种正确：

  A. 加少量盐酸，$K_a^{\ominus}$ 变大   B. 加少量 HAc，$K_a^{\ominus}$ 变小

  C. 加少量 NaAc，$K_a^{\ominus}$ 变大   D. 加少量 H_2O，$K_a^{\ominus}$ 不变

(   ) 36. 在溶液中加一滴酚酞(变色范围 pH 8~10)呈无色，说明溶液是：

  A. 强酸性的   B. 弱酸性的   C. 强碱性的   D. pH<8

(   ) 37. 弱酸甲的 $K_{a_1}^{\ominus}$ 与弱酸乙的 $K_{a_2}^{\ominus}$ 相等，同浓度甲、乙两溶液对比，其酸性是：

  A. 甲强于乙   B. 乙强于甲   C. 两者相等   D. 无法判断

(   ) 38. H_2O 的共轭酸是：

  A. H_2 B. OH^- C. H_3O^+ D. H_2O

(   ) 39. 有两溶液 A 和 B，pH 值分别为 4.0 和 2.0，两溶液的氢离子之比为：

  A. 1/100   B. 1/10   C. 100   D. 2

(   ) 40. 如果 NH_4Ac 的水溶液为中性，则这类盐：

  A. 在水中不离解   B. $K_a^{\ominus}(HAc)$ 与 $K_b^{\ominus}(NH_3)$ 有差别

  C. $K_a^{\ominus}(HAc) \approx K_b^{\ominus}(NH_3)$ D. 是最好的缓冲剂

(   ) 41. 水的离子积 $K_w^{\ominus}$ 值在 25 ℃时为 1.0×10^{-14}，60 ℃时为 1.0×10^{-13}，由此可以推出：

  A. 水的离解是吸热的   B. 水的 pH 值 60 ℃时大于 25 ℃时

C. 60 ℃时 OH⁻浓度为 10^{-7} mol·L⁻¹　　　D. 60 ℃时，水不是中性

（　）42. 在纯水中加入一些酸，其溶液的：

A. H⁺浓度与 OH⁻浓度乘积变大　　　B. H⁺浓度与 OH⁻浓度乘积变小

C. H⁺浓度与 OH⁻浓度乘积不变　　　D. H⁺浓度等于 OH⁻浓度

（　）43. 某一元弱酸 HA 的离解常数是 $1.0×10^{-4}$，则 HA 与一元强碱反应的标准平衡常数为：

A. $1.0×10^{-4}$　　　B. $1.0×10^{-10}$　　　C. $1.0×10^{14}$　　　D. $1.0×10^{10}$

（　）44. 根据酸碱质子理论，反应 $HCO_3^-+OH^-=CO_3^{2-}+H_2O$ 中各物质是质子酸的有：

A. HCO_3^- 和 CO_3^{2-}　　　B. HCO_3^- 和 H_2O

C. H_2O 和 OH^-　　　D. OH^- 和 CO_3^{2-}

（　）45. 将 1 mol·L⁻¹ NH₃ 和 0.1 mol·L⁻¹ NH₄Cl 两溶液按体积比混合，缓冲作用最好的是 $V(NH_3)/V(NH_4^+)$ 等于：

A. 1∶1　　　B. 10∶1　　　C. 2∶1　　　D. 1∶10

（　）46. 需配制 pH=9.6 的缓冲溶液，选用(已知 HCOOH $K_a^\ominus=1.77×10^{-4}$；HAc $K_a^\ominus=1.76×10^{-5}$；H_2CO_3 $K_{a_1}^\ominus=4.30×10^{-7}$，$K_{a_2}^\ominus=5.61×10^{-11}$)：

A. HCOOH-HCOONa 好　　　B. HAc-NaAc 好

C. $NaHCO_3$-$NaCO_3$ 好　　　D. 任何缓冲剂都好

（　）47. 将 $NH_3·H_2O$ 稀释 1 倍，溶液中的 OH⁻浓度为：

A. 减小到原来的 1/2　　　B. 减少到原来的 $1/\sqrt{2}$

C. 减少到原来的 1/4　　　D. 减少到原来的 3/4

（　）48. 下列能作缓冲溶液的是：

A. 60 mL 0.1 mol·L⁻¹ HAc 和 30 mL 0.1 mol·L⁻¹ NaOH 混合液

B. 60 mL 0.1 mol·L⁻¹ HAc 和 30 mL 0.2 mol·L⁻¹ NaOH 混合液

C. 60 mL 0.1 mol·L⁻¹ HAc 和 30 mL 0.1 mol·L⁻¹ HCl 混合液

D. 60 mL 0.1 mol·L⁻¹ HAc 和 30 mL 0.1 mol·L⁻¹ NH₄Cl 混合液

（　）49. 配制 pH=5.0 的缓冲溶液，可考虑选用的缓冲对(已知 HCOOH 的 $K_a^\ominus=1.77×10^{-4}$；HAc 的 $K_a^\ominus=1.76×10^{-5}$；H_2CO_3 的 $K_{a_1}^\ominus=4.30×10^{-7}$；$NH_4^+$ 的 $K_a^\ominus=5.64×10^{-10}$)：

A. HAc-NaAc　　　B. HCOOH-HCOONa

C. H_2CO_3-$NaHCO_3$　　　D. NH_3-NH_4Cl

（　）50. 配制 pH=3.5 的缓冲溶液，已知 $pK_a^\ominus(HF)=3.45$；H_2CO_3 的 $pK_{a_2}^\ominus=10.25$；$pK_a^\ominus(丙酸)=4.88$；$pK_a^\ominus(抗坏血酸)=4.30$，缓冲剂最好是：

A. HF-NaF　　　B. Na_2CO_3-$NaHCO_3$

C. 丙酸-丙酸钠　　　D. 抗坏血酸-抗坏血酸钠

（　）51. 用 $NaHSO_3$(HSO_3^- 的 $K_a^\ominus=1.02×10^{-7}$)和 Na_2SO_3 配制缓冲溶液，其缓冲溶液 pH 值范围是：

A. 6~8　　　B. 10~12　　　C. 2.4~4.0　　　D. 4~5

（　　）52. 要配制总浓度为 0.2 mol·L^{-1} HAc-NaAc 缓冲溶液，二者比值为何值时缓冲溶液缓冲能力为最大：

　　　　A. $c(HAc) : c(NaAc) = 10 : 1$　　　　　　B. $c(HAc) : c(NaAc) = 1 : 10$

　　　　C. $c(HAc) : c(NaAc) = 1 : 1$　　　　　　D. $c(HAc) : c(NaAc) = 1 : 2$

（　　）53. 用蒸馏水逐步稀释 0.1 mol·L^{-1} 的稀氨水，如果温度不变，在稀释过程中下列各数据始终保持增加趋势的是：

　　　　A. OH^- 浓度　　　　B. NH_4^+ 浓度　　　　C. $NH_3 \cdot H_2O$ 浓度　　　　D. α

（　　）54. 一般作为缓冲溶液的是：

　　　　A. 弱的共轭酸碱的溶液

　　　　B. 弱酸（或弱碱）及其共轭碱（或共轭酸）的混合溶液

　　　　C. pH 值总不会改变的溶液

　　　　D. 离解度不变的溶液

（　　）55. 欲配制 pH=4.50 的缓冲溶液，若选用 HAc 和 NaAc 溶液，则二者的浓度比近似为何值：

　　　　A. 1/1.8　　　　B. 3.2/36　　　　C. 1.8/1　　　　D. 8/9

（　　）56. 要使 100 mL 0.1 mol·L^{-1} HCl 溶液的 pH 值增加为 7，需加入固体 NaOH：

　　　　A. 8 g　　　　B. 0.4 g　　　　C. 4 g　　　　D. 16 g

（　　）57. 0.1 mol·L^{-1} H$_2$S 水溶液的 pH 值近似为（已知 H$_2$S 的 $K_{a_1}^{\ominus} = 9.1 \times 10^{-8}$，$K_{a_2}^{\ominus} = 1.1 \times 10^{-12}$）：

　　　　A. 6　　　　B. 4　　　　C. 7　　　　D. 5

（　　）58. 将 pH=1.0 和 pH=4.0 的两种盐酸溶液等体积混合，则溶液 pH 值为：

　　　　A. 2.0　　　　B. 1.0　　　　C. 2.5　　　　D. 1.3

（　　）59. 酸碱质子理论的创始人是：

　　　　A. 路易斯　　　　　　　　　　　　B. 布朗斯特和劳莱

　　　　C. 阿伦尼乌斯　　　　　　　　　　D. 德拜和休克尔

（　　）60. 等体积混合 pH=2.00 和 pH=11.00 的强酸和强碱溶液，所得溶液的 pH 值为：

　　　　A. 1.35　　　　B. 3.35　　　　C. 2.35　　　　D. 6.50

（　　）61. HPO_4^{2-} 共轭碱是：

　　　　A. OH^-　　　　B. PO_4^{3-}　　　　C. $H_2PO_4^-$　　　　D. H_3PO_4

（三）简答题

1. 无水 HAc 几乎不导电，溶于水后导电性增大，继续稀释导电性则下降，解释其原因。

2. 已知 H$_3$PO$_4$ 的 $K_{a_1}^{\ominus} = 7.52 \times 10^{-3}$，$K_{a_2}^{\ominus} = 6.23 \times 10^{-8}$，$K_{a_3}^{\ominus} = 2.2 \times 10^{-13}$，请回答 H$_2PO_4^-$ 的 $K_a^{\ominus}$ 和 $K_b^{\ominus}$。

3. 在 HCOOH 溶液中加入水、HCOONa、HCl 后，HCOOH 的 α 和溶液的 pH 值如何变化？

4. 离解常数 $K_a^{\ominus}$ 有哪些物理意义？

5. HAc-NaAc 等量混合溶液能否在 pH=7 的溶液中起缓冲作用？为什么？

6. 指出下列各物质在水溶液中，哪些是质子酸？哪些是质子碱？哪些是两性物质？

Ac^- NH_4^+ HF $Al(H_2O)_6^{3+}$ $[Al(OH)_2(H_2O)_4]^+$ HSO_4^- $H_2PO_4^-$ PO_4^{3-} $HCOOH$

7. 相同浓度的 HCl 和 HAc 溶液的 pH 值相同吗？pH 值相同的 HCl 和 HAc 溶液的浓度相同吗？若用 NaOH 中和体积相同、pH 值相同的 HCl 和 HAc 溶液，哪个用量大？如用 NaOH 中和相同浓度和体积的 HCl 和 HAc 溶液，哪个用量大？为什么？

8. 将 CO_2 气体通入到 pH=6.00 的水溶液中，CO_2 主要以何种形态存在？

9. 将 Na_3PO_4 水溶液的 pH 值调至 8.20，判断 H_3PO_4 以哪种形态存在？

10. 普鲁卡因是一种一元弱碱，测得 $c=0.020$ mol·L^{-1}，普鲁卡因水溶液的 pH=10.57，用最简式计算普鲁卡因的离解常数 $K_b^{\ominus}$。

11. 以 NH_3–NH_4Cl 为例说明缓冲原理，并写出 pOH 的计算公式。

12. 为什么浓乙酸不是强酸，而稀硫酸却是强酸？

13. 在溶液导电性试验中，若分别用 HAc 或 $NH_3 \cdot H_2O$ 其灯泡很暗，若两溶液混合则灯泡很亮，解释现象。

（四）计算题

1. 在 HAc 和 NaAc 的缓冲溶液中，它们的浓度分别为 0.2 mol·L^{-1} 和 0.1 mol·L^{-1}。求缓冲溶液的 pH 值。

2. 将饱和 H_2S 溶液的 pH 值控制在什么范围才能使 S^{2-} 的浓度低于 4.5×10^{-14} mol·L^{-1}？[已知 $K_{a_1}^{\ominus}(H_2S)=9.1 \times 10^{-8}$，$K_{a_2}^{\ominus}(H_2S)=1.1 \times 10^{-12}$]

3. 配制 pH=9.00，$c(NH_3 \cdot H_2O)=1.0$ mol·L^{-1} 的缓冲溶液 500 mL，如何用浓氨水（15 mol·L^{-1}）溶液和固体 NH_4Cl（设加入 NH_4Cl 后溶液体积不变）配制？[已知 $M(NH_4Cl)=53.5$ g·mol^{-1}]

4. 盐酸和甲酸（HCOOH）混合溶液中，$c(HCl)=0.50$ mol·L^{-1}，$c(HCOOH)=0.10$ mol·L^{-1}。计算溶液的 pH 值及 $HCOO^-$ 的浓度。

5. 有 1 L 缓冲溶液，内含 0.01 mol 的 $H_2PO_4^-$ 和 0.03 mol 的 HPO_4^{2-}。求：（1）求缓冲溶液的 pH 值；（2）在缓冲溶液中加入 0.005 0 mol 的 HCl 后求 pH 值；（3）加入 0.004 0 mol 的 NaOH 后求 pH 值。

6. 计算 0.49 g NaCN 配制的 100 mL 溶液的 pH 值。[已知 $M(NaCN)=49$ g·mol^{-1}]

7. 欲配制 pH=4.0 的 HCOOH–HCOONa 缓冲溶液 500 mL，应在 500 mL 0.1 mol·L^{-1} HCOOH 中加入多少克 NaOH？[已知 $M(NaOH)=40$ g·mol^{-1}]

8. 硝基苯酚是一元弱酸，在其水溶液中的溶解度很低，已知硝基苯酚的 $K_a^{\ominus}=5.9 \times 10^{-8}$，测其饱和水溶液的 pH=4.53。计算硝基苯酚的溶解度 S。

9. 计算下列溶液的 pH 值：（1）0.1 mol·L^{-1} 的 NH_4NO_3 溶液；（2）在 10.0 mL 0.1 mol·L^{-1} 的 HAc 溶液中，加入 5.0 mL 0.1 mol·L^{-1} 的 NaOH，溶液的 pH 值。

10. 浓度为 0.010 mol·L^{-1} HAc 溶液的 $\alpha=0.042$，求 HAc 的 $K_a^{\ominus}$ 及溶液的 $c(H^+)$。在 500 mL 上述溶液中加入 2.05 g NaAc 固体，求溶液的 $c(H^+)$ 和 pH 值，将两者比较，并做出相应的结论。[已知 $M(NaAc)=82$ g·mol^{-1}]

11. 某一元弱酸与 36.12 mL, 0.10 mol $\cdot$ L^{-1} 的 NaOH 中和, 再加入 18.06 mL, 0.10 mol $\cdot$ L^{-1} 的 HCl 溶液, 测得溶液 pH = 4.92。求该弱酸的 $K_a^{\ominus}$。

12. 某缓冲溶液, 其中酸浓度是 0.20 mol $\cdot$ L^{-1}, $K_a^{\ominus}$ = 5.1×10^{-5}, 若在 100 mL 该缓冲溶液中加入 0.55 mmol NaOH 后, 溶液的 pH 值变为 4.60。问原来的缓冲液 pH 值是多少?

13. 现有 0.50 L 0.50 mol $\cdot$ L^{-1} HAc 与 0.50 L 0.25 mol $\cdot$ L^{-1} NaAc, 如果用它们来配制 pH 值为 4.58 的缓冲溶液。计算该缓冲溶液的最大体积是多少?

14. 现有两种缓冲溶液 (1) pH = 4.58, c(NaAc) 为 1.0 mol $\cdot$ L^{-1}; (2) pH = 4.78, c(HAc) 为 0.46 mol $\cdot$ L^{-1}。使其混合后溶液的 pH 值为 4.68, 求两者的体积比应是多少?

15. 已知乳酸的 $K_a^{\ominus}$ 值为 1.37×10^{-4}, 测得某酸牛奶试样中的 pH 值为 2.43。计算酸牛奶中乳酸的浓度。

16. 计算说明 0.10 mol $\cdot$ L^{-1} NaAc 溶液与 0.10 mol $\cdot$ L^{-1} Na$_2$CO$_3$ 溶液的碱性强弱。[已知 $K_b^{\ominus}$(NaAc) = 5.6×10^{-10}, $K_{b_1}^{\ominus}$(Na$_2$CO$_3$) = 1.8×10^{-4}, $K_{b_2}^{\ominus}$(Na$_2$CO$_3$) = 2.4×10^{-8}]

17. 人体中的 CO$_2$ 在血液中以 H$_2$CO$_3$ 和 HCO$_3^-$ 存在, 若血液的 pH 值为 7.4, 求血液中的 H$_2$CO$_3$、HCO$_3^-$ 各占百分之几?

18. 在 0.05 mol $\cdot$ L^{-1} KHC$_2$O$_4$ 溶液中加入等体积的 0.10 mol $\cdot$ L^{-1} K$_2$C$_2$O$_4$ 溶液后, 溶液的 pH 值为多少?

19. 将浓度为 0.020 mol $\cdot$ L^{-1} 苯胺 (C$_6$H$_5$NH$_2$) 和浓度为 0.020 mol $\cdot$ L^{-1} 硝酸溶液等体积混合。计算所得溶液的 pH 值。[已知 $K_b^{\ominus}$(C$_6$H$_5$NH$_2$) = 4.6×10^{-10}]

20. 麻黄素 (C$_{10}$H$_{15}$ON) 是一种碱, 被用于鼻喷雾剂, 以减轻充血。(1) 写出麻黄素与水反应的离子方程式; (2) 写出麻黄素的共轭酸, 并计算其 $K_a^{\ominus}$ 值。[已知 $K_b^{\ominus}$(C$_{10}$H$_{15}$ON) = 1.4×10^{-4}]

21. 将 0.2 L 2.50 mol $\cdot$ L^{-1} NaOH 溶液、0.2 L 0.50 mol $\cdot$ L^{-1} H$_3$PO$_4$ 溶液和 0.2 L 2.00 mol $\cdot$ L^{-1} Na$_2$HPO$_4$ 溶液混合。达平衡后, 溶液的 pH 值为多少? 此溶液能否用作缓冲溶液?

22. 将 20 mL 0.20 mol $\cdot$ L^{-1} HCl 溶液与 20 mL 0.50 mol $\cdot$ L^{-1} NaAc 溶液混合, 已知 p$K_a^{\ominus}$(HAc) = 4.75。计算: (1) 溶液的 pH 值; (2) 在混合溶液中加入 1 mL 0.50 mol $\cdot$ L^{-1} NaOH, 溶液的 pH 值; (3) 在混合溶液中加入 1 mL 0.50 mol $\cdot$ L^{-1} HCl, 溶液的 pH 值。

23. 三羟甲基甲胺 (简写为 Tris) 缓冲系是目前最广泛采用的符合生理学和生化要求的缓冲系, 今欲配制 pH 值为 7.4 的缓冲溶液, 问在 100 mL 含有 Tris 和 TrisH$^+$ 各为 0.050 mol $\cdot$ L^{-1} 的溶液中, 需加入 0.050 mol $\cdot$ L^{-1} HCl 溶液的体积是多少? [已知 TrisH$^+$ 的 p$K_a^{\ominus}$ = 7.85]

24. 最近研究结果提醒人们应高度重视烟碱 (C$_{10}$H$_{14}$N$_2$) 在被动吸烟者血液中的消耗, 1 g 成熟烟草中含烟碱 4.1×10^{-6} mg。(1) 计算烟草中烟碱的质量分数; (2) 已知 25 ℃时烟碱的 p$K_{b_1}^{\ominus}$ = 6.16, p$K_{b_2}^{\ominus}$ = 10.96, 计算 c(C$_{10}$H$_{14}$N$_2$) = 0.10 mol $\cdot$ L^{-1} 水溶液的 pH 值。

25. 有一弱酸 HA, 其离解常数 $K_a^{\ominus}$ = 6.4×10^{-7}。求 c = 0.3 mol $\cdot$ L^{-1} 时溶液中 H$_3$O$^+$ 的浓度。

26. 某一弱酸 HA, 在 c = 0.015 mol $\cdot$ L^{-1} 时离解度为 1.0×10^{-3}, 要使离解度为 0.01, 该酸

浓度是多少?

27. 取 $0.1\ mol \cdot L^{-1}$ HAc 溶液 100 mL,用水稀释至 200 mL。(1)计算稀释后,溶液达到平衡时 H^+、HAc 的浓度和 HAc 的离解度;(2)从计算结果解释稀释对弱电解质达离解平衡有什么影响?

28. 有一弱酸 HA,$c=0.150\ mol \cdot L^{-1}$,pH$=3.0$。求该酸的 $K_a^\ominus$。

练习题答案

(一)判断题

1. ×	2. ×	3. ×	4. ×
5. √	6. ×	7. ×	8. ×
9. ×	10. ×	11. ×	12. ×
13. ×	14. √	15. ×	16. ×
17. √	18. ×	19. √	20. ×
21. √	22. ×	23. ×	24. √
25. ×	26. √	27. ×	28. ×
29. ×	30. √	31. ×	32. ×
33. √	34. ×	35. ×	36. √
37. √	38. ×	39. √	40. √
41. √	42. ×	43. √	

(二)选择题(单选)

1. C	2. C	3. D	4. A
5. C	6. D	7. A	8. A
9. B	10. A	11. D	12. D
13. B	14. B	15. B	16. C
17. A	18. C	19. B	20. B
21. B	22. C	23. C	24. D
25. A	26. B	27. A	28. D
29. D	30. C	31. C	32. D
33. B	34. B	35. D	36. D
37. B	38. C	39. A	40. C
41. A	42. C	43. D	44. B
45. D	46. C	47. B	48. A
49. A	50. A	51. A	52. C
53. D	54. B	55. C	56. B
57. B	58. D	59. B	60. C

61. B

(三) 简答题

1. 无水 HAc 几乎不离解，因而不能导电。溶于水后 HAc 离解成 H^+ 和 Ac^-，导电性增加；继续稀释，H^+ 和 Ac^- 浓度下降，则导电性也下降。

2. $H_2PO_4^-$ 作为质子酸：$H_2PO_4^- = H^+ + HPO_4^{2-}$，其 $K_a^{\ominus} = K_{a_2}^{\ominus} = 6.23 \times 10^{-8}$；

$H_2PO_4^-$ 作为质子碱：$H_2PO_4^- + H^+ = H_3PO_4$，其 $K_b^{\ominus} = K_{b_3}^{\ominus} = K_w^{\ominus}/K_{a_1}^{\ominus} = 1.33 \times 10^{-10}$。

3. 甲酸在水中的离解反应：$HCOOH + H_2O = H_3O^+ + HCOO^-$，加入水后，HCOOH 的 α 增大，pH 值增大；加入 HCOONa 后，HCOOH 的 α 减小，pH 值增大；加入 HCl 后，HCOOH 的 α 减小，pH 值减小。

4. $K_a^{\ominus}$ 值表示弱电解质离解的能力；$K_a^{\ominus}$ 值随温度的升高而增大；在一定温度时，$K_a^{\ominus}$ 值是一常数，与浓度无关；$K_a^{\ominus}$ 值的大小表示酸(或碱)的相对强弱。

5. 不能。HAc-NaAc 缓冲溶液能起缓冲作用的 pH 值范围为 $pK_a^{\ominus} \pm 1$，即 $3.75 \sim 5.75$。pH = 7 时，HAc 大部分转变为 NaAc，HAc 的浓度显著降低，抵抗碱的能力显著下降；同时由于 HAc 与 NaAc 的浓度相差大，外加少量酸时，HAc 与 NaAc 的浓度比改变较大，溶液 pH 值变化大，所以 HAc-NaAc 溶液在 pH = 7 时不能起缓冲作用。

6. 质子酸 NH_4^+、HF、$Al(H_2O)_6^{3+}$、HCOOH；质子碱 Ac^-、PO_4^{3-}；两性物质 HSO_4^-、$[Al(OH)_2(H_2O)_4]^+$、$H_2PO_4^-$。

7. 相同浓度的 HCl 和 HAc 溶液的 pH 值不相同，因为 HAc 是弱酸，只发生部分离解，H^+ 浓度低，pH 值大；同理，pH 值相同的 HCl 和 HAc 溶液的浓度也不相同；用 NaOH 中和体积相同、pH 值相同的 HCl 和 HAc 溶液时，HAc 溶液消耗 NaOH 的量大；用 NaOH 中和相同浓度和体积的 HCl 和 HAc 溶液时，两者消耗 NaOH 的量相同。

8. 在 CO_2 水溶液中，CO_2 的存在形态有 H_2CO_3、HCO_3^-、CO_3^{2-}，其 $pK_{a_1}^{\ominus} = 6.37$，$pK_{a_2}^{\ominus} = 10.25$，所以在 pH = 6.00 ($< pK_{a_1}^{\ominus}$) 的水溶液中 CO_2 的主要存在形态是 H_2CO_3。

9. Na_3PO_4 水溶液中，PO_4^{3-} 可能存在的形态有 PO_4^{3-}、HPO_4^{2-}、$H_2PO_4^-$、H_3PO_4，其 $pK_{a_1}^{\ominus}(H_3PO_4) = 2.12$，$pK_{a_2}^{\ominus}(H_3PO_4) = 7.21$，$pK_{a_3}^{\ominus}(H_3PO_4) = 12.67$，所以当溶液的 pH 值调至 8.20，主要存在的是 HPO_4^{2-} 和 $H_2PO_4^-$。

10. 普鲁卡因溶液的：$pOH = 14 - pH = 3.43$，则

$c(OH^-) = 3.7 \times 10^{-4} \ mol \cdot L^{-1}$

根据 $c(OH^-) = \sqrt{K_{b_1}^{\ominus} c_B / c^{\ominus}}$

$K_b^{\ominus} = \dfrac{[c(OH^-)/c^{\ominus}]^2}{c_B/c^{\ominus}} = \dfrac{(3.7 \times 10^{-4})^2}{0.020} = 6.8 \times 10^{-6}$

11. $NH_3 + H_2O = NH_4^+ + OH^-$，$pOH = pK_b^{\ominus} - \lg \dfrac{c(NH_3)}{c(NH_4^+)}$

(1) 加少量 H^+ 时，H^+ 和 OH^- 生成 H_2O，使 OH^- 离子减少，但平衡向右移动，又离解出一定量的 OH^- 离子，pH 值不发生显著改变。

（2）加少量 OH^- 时，平衡向左移动，缓冲了 OH^- 浓度增大，pH 值不发生显著改变。

（3）加少量 H_2O 稀释时，由于在缓冲溶液中，$c(NH_3)$ 和 $c(NH_4^+)$ 的初始浓度都不太低，在相互间离子效应的作用下，共轭酸碱的离解度都很小，故可忽略各自的离解。同理，当外加少量水稀释时，并不影响上述关系，溶液的 pOH 值（或 pH 值）变比不大。如稀释倍数过高，共轭酸碱对各自的离解度有较大变化，从而影响酸碱对的浓度比值；导致 pOH 值（或 pH 值）变化较大。

12. 乙酸浓度再大，但也是弱电解质，仅部分离解，产生少量 H^+，故不是强酸；稀 H_2SO_4 浓度虽小，但属强电解质，全部离解，产生大量 H^+，故是强酸。

13. HAc（或 $NH_3 \cdot H_2O$）都是弱电解质，因此离解出的离子浓度很小，所以导电性不强，灯泡很暗。而将两溶液混合，则发生下述反应 $HAc + NH_3 \cdot H_2O = NH_4Ac + H_2O$。生成的 NH_4Ac 为强电解质，可完全离解，溶液中离子浓度很高，导电性明显增强，灯泡很亮。

（四）计算题

1. 解：$pH = pK_a^{\ominus} - \lg \dfrac{c(HAc)}{c(NaAc)} = 4.75 - \lg \dfrac{0.2 \text{ mol} \cdot L^{-1}}{0.1 \text{ mol} \cdot L^{-1}} = 4.45$

2. 解：根据 $c(S^{2-})/c^{\ominus} = \dfrac{K_{a_1}^{\ominus} K_{a_2}^{\ominus} [c(H_2S)/c^{\ominus}]}{[c(H^+)/c^{\ominus}]^2} = \dfrac{1.0 \times 10^{-20}}{[c(H^+)/c^{\ominus}]^2}$

所以　$[c(H^+)/c^{\ominus}]^2 > \dfrac{1.0 \times 10^{-20}}{4.5 \times 10^{-14}} = 2.2 \times 10^{-7}$

$c(H^+) > 4.7 \times 10^{-4} \text{ mol} \cdot L^{-1}$，即 pH < 3.33

3. 解：$pH = pK_a^{\ominus} - \lg \dfrac{c(NH_4^+)}{c(NH_3)} = 14 - 4.75 - \lg \dfrac{c(NH_4^+)}{1.0 \text{ mol} \cdot L^{-1}} = 9.00$

$c(NH_4^+) = 1.78 \text{ mol} \cdot L^{-1}$

取 NH_3 的量：$500 \times 10^{-3} \text{ L}/15 \text{ mol} \cdot L^{-1} = 33.3 \text{ mL}$

取 NH_4Cl 的量：$1.78 \text{ mol} \cdot L^{-1} \times 500 \times 10^{-3} \text{ L} \times 53.5 \text{ g} \cdot \text{mol}^{-1} = 47.6 \text{ g}$，混合、定容。

4. 解：设平衡时 $c(HCOO^-) = x \text{ mol} \cdot L^{-1}$，则

$c(H^+) \approx c(HCl) = 0.50 \text{ mol} \cdot L^{-1}$

$pH = -\lg 0.50 = 0.30$

$$HCOOH + H_2O = HCOO^- + H_3O^+$$

平衡时 $c/(\text{mol} \cdot L^{-1})$　　　　0.10　　　　　x　　0.50

$K_{a_1}^{\ominus} = \dfrac{[c(HCOO^-)/c^{\ominus}] \cdot [c(H_3O^+)/c^{\ominus}]}{c(HCOOH)/c^{\ominus}} = \dfrac{x \times 0.50}{0.10}$

解得　$c(HCOO^-) = 3.5 \times 10^{-5} \text{ mol} \cdot L^{-1}$

5. 解：（1）$pH = pK_{a_2}^{\ominus} - \lg [n(H_2PO_4^-)/n(HPO_4^{-})] = 7.68$

（2）$pH = pK_{a_2}^{\ominus} - \lg [(0.010 \text{ mol} + 0.005 \, 0 \text{ mol})/(0.030 \text{ mol} - 0.005 \, 0 \text{ mol})] = 7.43$

（3）$pH = pK_{a_2}^{\ominus} - \lg [(0.010 \text{ mol} - 0.004 \, 0 \text{ mol})/(0.030 \text{ mol} + 0.004 \, 0 \text{ mol})] = 7.96$

6. 解：$c(OH^-)/c^\ominus = \sqrt{c/c^\ominus \ K_b^\ominus} = \sqrt{c/c^\ominus \ \dfrac{K_w^\ominus}{K_a^\ominus}}$

$$= \sqrt{\dfrac{0.49 \text{ g}/49 \text{ g} \cdot \text{mol}^{-1}}{100 \times 10^{-3} \text{ L}} \times \dfrac{1.0 \times 10^{-14}}{4.93 \times 10^{-10}}} = 1.42 \times 10^{-3}$$

$c(OH^-) = 1.42 \times 10^{-3} \text{ mol} \cdot \text{L}^{-1}$

$pH = 11.2$

7. 解：设需要加入 NaOH 为 x mol，则消耗掉 HCOOH 同时生成 HCOONa 均为 x mol

$$pH = pK_a^\ominus(\text{HCOOH}) - \lg\dfrac{c(\text{HCOOH})}{c(\text{HCOONa})} = pK_a^\ominus(\text{HCOOH}) - \lg\dfrac{n(\text{HCOOH})}{n(\text{HCOONa})}$$

$$= 3.75 - \lg\dfrac{0.1 \text{ mol} \cdot \text{L}^{-1} \times 0.5 \text{ L} - x \text{ mol}}{x \text{ mol}}$$

解得 $x = 0.032$ mol

$m(\text{NaOH}) = M(\text{NaOH}) \times 0.032 \text{ mol} = 40 \text{ g} \cdot \text{mol}^{-1} \times 0.032 \text{ mol} = 1.28 \text{ g}$

8. 解：溶液中硝基苯酚的浓度 c 即为其溶解度 S，根据题意

$c(H^+) = 3.0 \times 10^{-5} \text{ mol} \cdot \text{L}^{-1}$

$$c/c^\ominus = \dfrac{[c(H^+)/c^\ominus]^2}{K_a^\ominus} = \dfrac{(3.0 \times 10^{-5})^2}{5.9 \times 10^{-8}} = 1.5 \times 10^{-2}$$

$c = S = 1.5 \times 10^{-2} \text{ mol} \cdot \text{L}^{-1}$

9. 解：(1) $K_a^\ominus(\text{NH}_4^+) = K_w^\ominus/K_b^\ominus(\text{NH}_3) = 5.65 \times 10^{-10}$ $c/K_a^\ominus > 400$

$c(H^+)/c^\ominus = \sqrt{c/c^\ominus \ K_a^\ominus} = 7.52 \times 10^{-6}$

$c(H^+) = 7.52 \times 10^{-6} \text{ mol} \cdot \text{L}^{-1}$，$pH = 5.12$

(2) 因混合体系中 $c(\text{HAc}) = c(\text{Ac}^-)$

故 $pH = pK_a^\ominus - \lg[c(\text{HAc})/c^\ominus]/[c(\text{Ac}^-)/c^\ominus] = pK_a^\ominus = 4.75$

10. 解：$K_a^\ominus = [c(\text{HAc})/c^\ominus]\alpha^2 = 0.010 \times 0.042^2 = 1.8 \times 10^{-5}$

$c(H^+)/c^\ominus = [c(\text{HAc})/c^\ominus]\alpha = 0.010 \times 0.042 = 4.2 \times 10^{-4}$

加 NaAc 后：

$$pH = pK_a^\ominus - \lg\dfrac{n(\text{HAc})}{n(\text{NaAc})} = 4.74 - \lg\dfrac{0.010 \text{ mol} \cdot \text{L}^{-1} \times 0.50 \text{ L}}{2.05 \text{ g}/82 \text{ g} \cdot \text{mol}^{-1}} = 4.45$$

$c(H^+) = 3.5 \times 10^{-6} \text{ mol} \cdot \text{L}^{-1}$

由计算可以看出，加入 NaAc，产生同离子效应，HAc 的离解度 α 降低。

11. 解：$pH = pK_a^\ominus - \lg\dfrac{n(\text{HA})}{n(\text{A}^-)}$

$$pK_a^\ominus = pH + \lg\dfrac{n(\text{HA})}{n(\text{A}^-)}$$

$$= 4.92 + \lg\dfrac{18.06 \text{ mL} \times 0.10 \text{ mol} \cdot \text{L}^{-1}}{36.12 \text{ mL} \times 0.10 \text{ mol} \cdot \text{L}^{-1} - 18.06 \text{ mL} \times 0.10 \text{ mol} \cdot \text{L}^{-1}} = 4.92$$

$$K_a^\ominus = 1.2 \times 10^{-5}$$

12. 解：根据　$pH = pK_a^\ominus - \lg\dfrac{c_a}{c_b}$

$$4.60 = 4.29 - \lg\frac{0.20 \text{ mol} \cdot \text{L}^{-1} \times 0.10 \text{ L} - 0.55 \times 10^{-3} \text{ mol}}{n(\text{A}^-) + 0.55 \times 10^{-3} \text{ mol}}$$

计算出原缓冲溶液中：$n(\text{A}^-) = 0.038$ mol

则原缓冲溶液：$4.60 = 4.29 - \lg\dfrac{0.20 \text{ mol} \cdot \text{L}^{-1}}{0.38 \text{ mol} \cdot \text{L}^{-1}} = 4.57$

13. 解：设取 HAc 和 NaAc 的体积分别为 x L、y L

$$pH = pK_a^\ominus - \lg\frac{n(\text{HAc})}{n(\text{NaAc})}$$

$$4.58 = 4.75 - \lg\frac{0.50 \text{ mol} \cdot \text{L}^{-1} \times x \text{ L}}{0.25 \text{ mol} \cdot \text{L}^{-1} \times y \text{ L}}$$

解得　$\dfrac{x \text{ L}}{y \text{ L}} = 0.74$

显然 HAc 过量，需 0.5 L NaAc，则需 HAc：

0.5 L×0.74 = 0.37 L

缓冲溶液的最终体积为 0.5 L+0.37 L = 0.87 L

14. 解：根据 $pH = pK_a^\ominus - \lg\dfrac{c(\text{HAc})}{c(\text{NaAc})}$

可计算出缓冲溶液(1)中：$c(\text{HAc}) = 1.5 \text{ mol} \cdot \text{L}^{-1}$

缓冲溶液(2)中：$c(\text{NaAc}) = 0.49 \text{ mol} \cdot \text{L}^{-1}$

设取缓冲溶液(1)和缓冲溶液(2)的体积比为 x

即　$\dfrac{V_1}{V_2} = x$，$V_1 = xV_2$

则　$4.68 = 4.75 - \lg\dfrac{1.5 \text{ mol} \cdot \text{L}^{-1} \times xV_2 + 0.46 \text{ mol} \cdot \text{L}^{-1} \times V_2}{1.0 \text{ mol} \cdot \text{L}^{-1} \times xV_2 + 0.49 \text{ mol} \cdot \text{L}^{-1} \times V_2}$

解得　$x = 0.43$

15. 解：$pH = 2.43$，$c(\text{H}^+) = 3.7 \times 10^{-3} \text{ mol} \cdot \text{L}^{-1}$，$K_a^\ominus = 1.37 \times 10^{-4}$

$$c(\text{H}^+) = \sqrt{K_a^\ominus c(乳酸)c^\ominus}$$

$c(乳酸) = 0.10 \text{ mol} \cdot \text{L}^{-1}$

16. 解：（1）NaAc 溶液，因为 $[c(\text{NaAc})/c^\ominus]/K_b^\ominus > 400$，则

$$c(\text{OH}^-)/c^\ominus = \sqrt{K_b^\ominus c(\text{NaAc})/c^\ominus} = \sqrt{5.6 \times 10^{-10} \times 0.10} = 7.5 \times 10^{-6}$$

$pOH = 5.12$

$pH = 14 - pOH = 8.88$

（2）Na_2CO_3 溶液，$K_{b_1}^\ominus \gg K_{b_2}^\ominus$，且 $c(\text{Na}_2\text{CO}_3)/K_{b_1}^\ominus > 400$，则

$$c(OH^-)/c^\ominus = \sqrt{K_{b_1}^\ominus c(Na_2CO_3)/c^\ominus} = \sqrt{1.8 \times 10^{-4} \times 0.10} = 4.2 \times 10^{-3}$$

$$pOH = 2.38$$

$$pH = 14 - pOH = 11.62$$

故 Na_2CO_3 水溶液的碱性强。

17. 解：$pH = 7.4$，$c(H^+) = 3.98 \times 10^{-8}$ mol·L^{-1}，根据反应 $H_2CO_3 = H^+ + HCO_3^-$，

$$K_{a_1}^\ominus(H_2CO_3) = \frac{[c(H^+)/c^\ominus] \cdot [c(HCO_3^-)/c^\ominus]}{c(H_2CO_3)/c^\ominus} = 4.3 \times 10^{-7}$$

$$\frac{c(HCO_3^-)}{c(H_2CO_3)} = \frac{K_{a_1}^\ominus(H_2CO_3)}{c(H^+)/c^\ominus} = \frac{4.3 \times 10^{-7}}{3.98 \times 10^{-8}} = 10.8$$

HCO_3^- 占的百分数为 $\dfrac{10.8}{10.8 + 1} \times 100\% = 91.5\%$

H_2CO_3 占的百分数为 $\dfrac{1}{10.8 + 1} \times 100\% = 8.5\%$

18. 解：$KHC_2O_4 - K_2C_2O_4$ 为缓冲溶液，则

$$pH = pK_{a_2}^\ominus - \lg \frac{c(KHC_2O_4)}{c(K_2C_2O_4)} = 4.19 - \lg \frac{0.025 \text{ mol·L}^{-1}}{0.050 \text{ mol·L}^{-1}} = 4.49$$

19. 解：等体积混合后，溶液中 $c(C_6H_5NH_2) = 0.010$ mol·L^{-1}，$c(HNO_3) = 0.010$ mol·L^{-1}，待反应 $C_6H_5NH_2 + HNO_3 = C_6H_5NH_3^+ + NO_3^-$ 完成之后，生成 $c(C_6H_5NH_3^+) = 0.010$ mol·L^{-1} 的 $C_6H_5NH_3^+$，产物为质子酸溶液，则

$$K_a^\ominus = \frac{K_w^\ominus}{K_b^\ominus} = \frac{1.0 \times 10^{-14}}{4.6 \times 10^{-10}} = 2.2 \times 10^{-5}$$

因为 $[c(C_6H_5NH_3^+)/c^\ominus]/K_a^\ominus > 400$，则

$$c(H^+)/c^\ominus = \sqrt{K_a^\ominus c(C_6H_5NH_3^+)/c^\ominus} = \sqrt{2.2 \times 10^{-5} \times 0.010} = 4.7 \times 10^{-4}$$

$$pH = 3.33$$

20. 解：（1）$C_{10}H_{15}ON + H_2O = C_{10}H_{15}ONH^+ + OH^-$

（2）$C_{10}H_{15}ON$ 的共轭酸为 $C_{10}H_{15}ONH^+$，其 $K_a^\ominus$ 为

$$K_a^\ominus(C_{10}H_{15}ONH^+) = \frac{K_w^\ominus}{K_b^\ominus(C_{10}H_{15}ON)} = \frac{1.0 \times 10^{-14}}{1.4 \times 10^{-4}} = 7.1 \times 10^{-11}$$

21. 解：反应前 $n(NaOH) = 0.50$ mol，$n(H_3PO_4) = 0.10$ mol，$n(Na_2HPO_4) = 0.40$ mol

$$H_3PO_4 + 3NaOH = Na_3PO_4 + 3H_2O$$

反应前 n/mol	0.10	0.50
反应后 n/mol		0.20 0.10

$$Na_2HPO_4 + NaOH = Na_3PO_4 + H_2O$$

反应前 n/mol	0.40	0.20 0.10
反应后 n/mol	0.20	0.30

此溶液为 Na_3PO_4 和 Na_2HPO_4 的混合液，溶液总体积为 0.6 L，Na_2HPO_4 和 Na_3PO_4 为共

轭酸碱对，可组成缓冲溶液。

$$pH = pK_{a_3}^{\ominus} - \lg \frac{n(Na_2HPO_4)}{n(Na_3PO_4)} = 12.84$$

22. 解： 反应完成之后，构成 HAc-Ac⁻ 缓冲溶液，各组分物质的量为

（1）$pH = pK_a^{\ominus} - \lg \dfrac{n(HAc)}{n(Ac^-)}$

$$= 4.75 - \lg \frac{0.20\ mol \cdot L^{-1} \times 20\ mL}{0.50\ mol \cdot L^{-1} \times 20\ mL - 0.20\ mol \cdot L^{-1} \times 20\ mL} = 4.93$$

（2）$pH = pK_a^{\ominus} - \lg \dfrac{n(HAc)}{n(Ac^-)}$

$$= 4.75 - \lg \frac{0.20\ mol \cdot L^{-1} \times 20\ mL - 0.50\ mol \cdot L^{-1} \times 1\ mL}{0.50\ mol \cdot L^{-1} \times 20\ mL - 0.20\ mol \cdot L^{-1} \times 20\ mL + 0.50\ mol \cdot L^{-1} \times 1\ mL}$$

$$= 5.02$$

（3）$pH = pK_a^{\ominus} - \lg \dfrac{n(HAc)}{n(Ac^-)}$

$$= 4.75 - \lg \frac{0.20\ mol \cdot L^{-1} \times 20\ mL + 0.50\ mol \cdot L^{-1} \times 1\ mL}{0.50\ mol \cdot L^{-1} \times 20\ mL - 0.20\ mol \cdot L^{-1} \times 20\ mL - 0.50\ mol \cdot L^{-1} \times 1\ mL}$$

$$= 4.84$$

23. 解： 设需加入 0.050 mol · L⁻¹ 的 HCl 溶液 x mL，则

$$pH = pK_a^{\ominus} - \lg \frac{n(TrisH^+)}{n(Tris)}$$

$$7.40 = 7.85 - \lg \frac{0.050\ mol \cdot L^{-1} \times 100\ mL + 0.050\ mol \cdot L^{-1} \times x\ mL}{0.050\ mol \cdot L^{-1} \times 100\ mL - 0.050\ mol \cdot L^{-1} \times x\ mL}$$

解得 $x = 48$ mL

24. 解：（1）$\omega = \dfrac{4.1 \times 10^{-9}\ g}{1.0\ g} = 4.1 \times 10^{-9}$

（2）因为 $K_{b_1}^{\ominus} \gg K_{b_2}^{\ominus}$，且 $c(C_{10}H_{14}N_2)/K_{b_1}^{\ominus} > 400$，则

$$c(OH^-)/c^{\ominus} = \sqrt{K_{b_1}^{\ominus} c(C_{10}H_{14}N_2)/c^{\ominus}} = \sqrt{6.9 \times 10^{-7} \times 0.10/1.00} = 2.6 \times 10^{-4}$$

$$pOH = 3.58$$

$$pH = 14 - pOH = 10.42$$

25. 解： $\dfrac{c/c^{\ominus}}{K_a^{\ominus}} = 0.3/(6.4 \times 10^{-7}) > 400$ 时，则

$$c(H^+)/c^{\ominus} = \sqrt{K_a^{\ominus} c/c^{\ominus}} = 4.4 \times 10^{-4}$$

26. 解： $K_a^{\ominus} = c/c^{\ominus} \alpha^2 = 0.015 \times (1.0 \times 10^{-3})^2 = 1.5 \times 10^{-8}$

$$c/c^{\ominus} = K_a^{\ominus}/\alpha^2 = 1.5 \times 10^{-8}/0.01^2 = 1.5 \times 10^{-4}$$

$$c = 1.5 \times 10^{-4}\ mol \cdot L^{-1}$$

27. 解：（1）查表得 $K_a^\ominus(\text{HAc}) = 1.76 \times 10^{-5}$，$c(\text{HAc}) = 0.1 \text{ mol} \cdot \text{L}^{-1}/2 = 0.05 \text{ mol} \cdot \text{L}^{-1}$

$$c(\text{H}^+)/c^\ominus = \sqrt{K_a^\ominus c/c^\ominus} = 9.4 \times 10^{-4}$$

$$\alpha = \sqrt{\frac{K_a^\ominus(\text{HAc})}{c/c^\ominus}} = \sqrt{\frac{1.76 \times 10^{-5}}{0.05}} = 1.9 \times 10^{-2}$$

（2）计算结果表明，溶液稀释后，HAc 溶液的 H^+ 浓度降低，但离解度增加，平衡向右移动，被称为稀释效应。

28. 解：pH = 3.0，则 $c(\text{H}^+)/c^\ominus = 1.0 \times 10^{-3}$

$$K_a^\ominus = \frac{[c(\text{H}^+)/c^\ominus] \cdot [c(\text{A}^-)/c^\ominus]}{c(\text{HA})/c^\ominus} = \frac{1.0 \times 10^{-3} \times 1.0 \times 10^{-3}}{0.15} = 6.67 \times 10^{-6}$$

第9章
沉淀–溶解平衡

本章首先介绍难溶电解质的沉淀–溶解平衡，指出沉淀–溶解平衡的标准平衡常数叫作溶度积常数，简称溶度积，提出溶解度是衡量物质溶解性的物理量，详细介绍溶度积与溶解度之间的关系。并详细介绍影响沉淀–溶解平衡移动的因素，以及沉淀的溶解和转化问题。

9.1　本章概要

9.1.1　难溶电解质的溶度积

9.1.1.1　溶度积常数

对于难溶电解质 A_mB_n 在水溶液中的沉淀–溶解平衡，可表示为

$$A_mB_n(s) \rightleftharpoons mA^{n+}(aq) + nB^{m-}(aq) \quad K_{sp}^{\ominus}(A_mB_n) = [c(A^{n+})/c^{\ominus}]^m \cdot [c(B^{m-})/c^{\ominus}]^n$$

$K_{sp}^{\ominus}$ 称为难溶电解质的溶度积常数，简称溶度积。在难溶电解质饱和溶液中，有关离子的相对浓度幂的乘积在一定的温度下是一个常数（对于难溶电解质可用浓度来代替活度）。

9.1.1.2　溶度积和溶解度的相互换算

溶度积和溶解度都可以用来表示难溶电解质的溶解能力，但二者之间是有区别的。溶解度表示达到溶解平衡（饱和）时物质的量的浓度（$\text{mol} \cdot \text{L}^{-1}$），是指实际溶解的量。溶度积则表示溶解作用进行的倾向，并不直接表示已溶解的量。一定温度下，溶度积（K_{sp}）是常数，即溶度积是温度的函数，而溶解度（S）则会因离子浓度、介质酸度等条件的变化而改变。在水溶剂中，$K_{sp}^{\ominus}$ 与 S 的关系因电解质类型不同而不同。

对于 A_mB_n 型的难溶电解质而言：

$$K_{sp}^{\ominus}(A_mB_n) = m^m \cdot n^n = (S/c^{\ominus})^{m+n}$$

①AB 型（如 AgCl 等）化合物：

$$K_{sp}^{\ominus}(AgCl) = [c(Ag^+)/c^{\ominus}] \cdot [c(Cl^-)/c^{\ominus}] = (S/c^{\ominus})(S/c^{\ominus}) = (S/c^{\ominus})^2$$

②AB_2 型[如 $Mg(OH)_2$ 等]化合物：

$K_{sp}^{\ominus}[Mg(OH)_2] = [c(Mg^{2+})/c^{\ominus}] \cdot [c(OH^-)/c^{\ominus}]^2 = (S/c^{\ominus})(2S/c^{\ominus})^2 = 4(S/c^{\ominus})^3$

③AB$_3$ 型[如 Fe(OH)$_3$ 等]化合物:

$K_{sp}^{\ominus}[Fe(OH)_3] = [c(Fe^{3+})/c^{\ominus}] \cdot [c(OH^-)/c^{\ominus}]^3 = (S/c^{\ominus})(3S/c^{\ominus})^3 = 27(S/c^{\ominus})^4$

9.1.1.3 溶度积规则

用溶度积规则可判断化学反应中是否有沉淀的生成和溶解。

①若 $Q_i > K_{sp}^{\ominus}$,溶液为过饱和溶液,生成沉淀。

②若 $Q_i = K_{sp}^{\ominus}$,溶液为饱和溶液,处于沉淀–溶解平衡状态。

③若 $Q_i < K_{sp}^{\ominus}$,溶液为不饱和溶液,无沉淀生成,如溶液中有该难溶电解质,将发生溶解。

9.1.2 影响沉淀生成和溶解的因素

9.1.2.1 同离子效应与盐效应

同离子效应:在难溶电解质的饱和溶液中,加入与其含有相同离子的强电解质时,可使平衡向生成沉淀的方向移动,重新达到平衡时,难溶电解质的溶解度减小,这种现象称为同离子效应。

盐效应:在难溶电解质的溶解平衡系统中,加入适量的强电解质(如 KCl、NaNO$_3$ 等),平衡向溶解方向移动,这种现象称为盐效应。

当沉淀剂浓度不是很大时,同离子效应远远超过盐效应,所以在同离子效应存在时,计算中可忽略盐效应。欲使溶液中某种离子充分地沉淀出来,可依据同离子效应,加入适当过量的沉淀剂。一般来说,加沉淀剂时,以过量 20%~50% 为宜,否则盐效应增强。

沉淀完全:是指溶液中残留该离子的浓度小于或等于 1.0×10^{-5} mol · L^{-1},而不是指溶液已不存在被沉淀离子。

9.1.2.2 酸碱反应对沉淀–溶解平衡移动的影响

$$MA(s) + H^+(aq) = M^+(aq) + HA(aq)$$

$$K^{\ominus} = \frac{[c(M^+)/c^{\ominus}] \cdot [c(HA)/c^{\ominus}]}{c(H^+)/c^{\ominus}} = \frac{[c(M^+)/c^{\ominus}] \cdot [c(HA)/c^{\ominus}]}{c(H^+)/c^{\ominus}} \cdot \frac{c(A^-)/c^{\ominus}}{c(A^-)/c^{\ominus}} = \frac{K_{sp}^{\ominus}(MA)}{K_a^{\ominus}(HA)}$$

即

$$K^{\ominus} = \frac{K_{sp}^{\ominus}}{K_a^{\ominus}}$$

这实际上是一个竞争平衡,沉淀溶解的实质是 M$^+$ 与 H$^+$ 共同争夺 A$^-$ 的过程。$K_{sp}^{\ominus}$ 越大,$K_a^{\ominus}$ 越小,$K^{\ominus}$ 就越大,沉淀溶解越完全;反之,$K_{sp}^{\ominus}$ 越小,$K_a^{\ominus}$ 越大,$K^{\ominus}$ 就越小,沉淀溶解就越不完全。

9.1.2.3 氧化还原、配位反应对沉淀-溶解平衡移动的影响

（1）氧化还原反应的影响

$$3CuS(s)+8HNO_3(aq)=3Cu(NO_3)_2(aq)+3S(s)+2NO(g)+4H_2O(l)$$

S^{2-} 被 HNO_3 氧化为单质 S，溶液中 S^{2-} 浓度降低，根据 $CuS(s)\Longrightarrow Cu^{2+}+S^{2-}$，按溶度积规则，$Q_i<K_{sp}^{\ominus}$，沉淀溶解。

（2）配位反应的影响

$$AgCl(s)+2NH_3(aq)=[Ag(NH_3)_2]^+(aq)+Cl^-(aq)$$

AgCl 能溶解在 NH_3 中是因为 Ag^+ 能与 NH_3 形成 $[Ag(NH_3)_2]^+$，随着 $[Ag(NH_3)_2]^+$ 的生成，Ag^+ 浓度逐渐降低，导致 $Q_i<K_{sp}^{\ominus}$，AgCl 溶解。

9.1.3 分步沉淀与沉淀的转化

9.1.3.1 分步沉淀

当加入某种沉淀剂时，往往可以和多种离子生成难溶物沉淀而析出。但由于生成各种沉淀时所需沉淀剂的浓度不同，所需浓度小的先沉淀，而需浓度大的后沉淀，这种沉淀有先有后的现象称为分步沉淀。当一种离子完全沉淀（即离子的浓度 $\leqslant 1.0\times10^{-5}$ mol·L^{-1}），而另一种离子仍未沉淀时，可进行离子分离。

9.1.3.2 沉淀的转化

在含有难溶电解质沉淀的溶液中，加入适当试剂，使它与难溶电解质的某种离子结合成更难溶物质的过程，叫作沉淀的转化。

$$BaCO_3(s)+CrO_4^{2-}(aq)=BaCrO_4(s)+CO_3^{2-}(aq)$$

$$K^{\ominus}=\frac{c(CO_3^{2-})/c^{\ominus}}{c(CrO_4^{2-})/c^{\ominus}}=\frac{c(CO_3^{2-})/c^{\ominus}}{c(CrO_4^{2-})/c^{\ominus}}\cdot\frac{c(Ba^{2+})/c^{\ominus}}{c(Ba^{2+})/c^{\ominus}}=\frac{K_{sp}^{\ominus}(BaCO_3)}{K_{sp}^{\ominus}(BaCrO_4)}$$

这也是一个竞争反应，$K^{\ominus}$ 越大，沉淀转化越完全。

沉淀转化的规律，通常是由溶解度大的向溶解度小的沉淀转化，而相反方向的转化较难进行。

9.2 例题

1. 根据溶度积规则判断在下列条件下能否有沉淀生成（不考虑体积变化）？（1）将 10 mL 0.020 mol·L^{-1} $CaCl_2$ 溶液与等体积同浓度 $Na_2C_2O_4$ 溶液相混合；（2）在 1.0 mol·L^{-1} $CaCl_2$ 溶液中通入 CO_2 气体至饱和。

解：（1）$Q_i=[c(Ca^{2+})/c^{\ominus}]\cdot[c(C_2O_4^{2-})/c^{\ominus}]=(0.020/2)^2=10^{-4}>K_{sp}^{\ominus}(CaC_2O_4)=2.34\times$

10^{-9}，故有 CaC_2O_4 沉淀生成。

(2) 通入 CO_2 气体至饱和时：

$$c(CO_3^{2-})/c^{\ominus} = K_{a_2}^{\ominus}(H_2CO_3) = 5.61 \times 10^{-11}$$

$$Q_i = [c(Ca^{2+})/c^{\ominus}] \cdot [c(CO_3^{2-})/c^{\ominus}] = 1 \times 5.61 \times 10^{-11} = 5.61 \times 10^{-11}$$

$$Q_i < K_{sp}^{\ominus}(CaCO_3) = 4.69 \times 10^{-9}$$

故没有 $CaCO_3$ 沉淀生成。

2. 根据 $Mg(OH)_2$ 的溶度积($K_{sp}^{\ominus} = 5.61 \times 10^{-12}$)。计算(在 25 ℃时)：(1) $Mg(OH)_2$ 在水中的溶解度($mol \cdot L^{-1}$)；(2) $Mg(OH)_2$ 在 $0.010\ mol \cdot L^{-1}$ NaOH 溶液中 Mg^{2+} 和 OH^- 的浓度；(3) $Mg(OH)_2$ 在 $0.010\ mol \cdot L^{-1}$ $MgCl_2$ 溶液中的溶解度。

解：(1) $K_{sp}^{\ominus}[Mg(OH)_2] = [c(OH^-)/c^{\ominus}]^2 \cdot [c(Mg^{2+})/c^{\ominus}] = 4(S/c^{\ominus})^3$

$$S = 1.12 \times 10^{-4}\ mol \cdot L^{-1}$$

(2) $K_{sp}^{\ominus}[Mg(OH)_2] = [c(OH^-)/c^{\ominus}]^2 \cdot [c(Mg^{2+})/c^{\ominus}] = 0.01^2 \times [c(Mg^{2+})/c^{\ominus}]$

$$c(Mg^{2+}) = 5.61 \times 10^{-8}\ mol \cdot L^{-1}, \quad c(OH^-) = 0.01\ mol \cdot L^{-1}$$

(3) $K_{sp}^{\ominus}[Mg(OH)_2] = [c(OH^-)/c^{\ominus}]^2 \cdot [c(Mg^{2+})/c^{\ominus}] = (2S/c^{\ominus})^2 \times 0.01$

$$S = 1.18 \times 10^{-5}\ mol \cdot L^{-1}$$

3. 已知 $K_{sp}^{\ominus}[Fe(OH)_2] = 4.87 \times 10^{-17}$，$K_{sp}^{\ominus}[Fe(OH)_3] = 2.64 \times 10^{-39}$，某一溶液中，$c(Fe^{3+}) = c(Fe^{2+}) = 0.05\ mol \cdot L^{-1}$，若要求将 Fe^{3+} 沉淀完全而又不生成 $Fe(OH)_2$，溶液 pH 值应控制在何范围？

解：(1) 分别计算使 Fe^{2+}、Fe^{3+} 开始沉淀时所需的最低 OH^- 浓度

对于 Fe^{2+}：

$$c(OH^-)/c^{\ominus} = \sqrt{\frac{K_{sp}^{\ominus}[Fe(OH)_2]}{c(Fe^{2+})/c^{\ominus}}} = \sqrt{\frac{4.87 \times 10^{-17}}{0.05}} = 3.12 \times 10^{-8}$$

$$pH = 14 - pOH = 14 + \lg(3.12 \times 10^{-8}) = 6.49$$

对于 Fe^{3+}：

$$c(OH^-)/c^{\ominus} = \sqrt[3]{\frac{K_{sp}^{\ominus}[Fe(OH)_3]}{c(Fe^{3+})/c^{\ominus}}} = \sqrt[3]{\frac{2.64 \times 10^{-39}}{0.05}} = 3.75 \times 10^{-13}$$

逐渐加碱，Fe^{3+} 先沉淀，Fe^{2+} 后沉淀。

(2) 计算 Fe^{3+} 沉淀完全时溶液的 pH 值，当 $c(Fe^{3+}) \leq 1.0 \times 10^{-5}\ mol \cdot L^{-1}$ 即可认为 Fe^{3+} 已沉淀完全，所以此时：

$$c(OH^-)/c^{\ominus} = \sqrt[3]{\frac{K_{sp}^{\ominus}[Fe(OH)_3]}{c(Fe^{3+})/c^{\ominus}}} = \sqrt[3]{\frac{2.64 \times 10^{-39}}{1.0 \times 10^{-5}}} = 6.42 \times 10^{-12}$$

$$pH = 14 - pOH = 14 + \lg(6.42 \times 10^{-12}) = 2.81$$

pH 值应控制在 2.81~6.49。

4. 已知 $K_{sp}^{\ominus}[Mn(OH)_2] = 2.06 \times 10^{-13}$，$K_b^{\ominus}(NH_3) = 1.77 \times 10^{-5}$，在 10 mL 0.001 5 $mol \cdot L^{-1}$

$MnSO_4$ 溶液中，加入 5 mL 0.15 mol·L^{-1} 氨水，问能否生成 $Mn(OH)_2$ 沉淀？若在此 10 mL 0.001 5 mol·L^{-1} $MnSO_4$ 溶液中，先加入 0.495 g 固体 $(NH_4)_2SO_4$，然后再加入 5 mL 0.15 mol·L^{-1} 氨水溶液。问能否生成 $Mn(OH)_2$ 沉淀？（加入固体后溶液体积变化忽略不计）

解：（1）$c(Mn^{2+}) = \dfrac{0.001\ 5\ mol·L^{-1} \times 10\ mL}{15\ mL} = 0.001\ mol·L^{-1}$

$c(OH^-)/c^\ominus = \sqrt{K_{sp}^\ominus c/c^\ominus} = \sqrt{1.77 \times 10^{-5} \times 0.15/3} = 9.41 \times 10^{-4}$

$Q = [c(Mn^{2+})/c^\ominus] \cdot [c(OH^-)/c^\ominus]^2 = 0.001 \times (0.94 \times 10^{-3})^2$

$\quad = 8.85 \times 10^{-10} > K_{sp}^\ominus[Mn(OH)_2]$，故生成 $Mn(OH)_2$ 沉淀。

（2）$c(Mn^{2+}) = \dfrac{0.001\ 5\ mol·L^{-1} \times 10\ mL}{15\ mL} = 0.001\ mol·L^{-1}$

加入 0.495 g 固体 $(NH_4)_2SO_4$，然后再加入 5 mL 0.15 mol·L^{-1} 氨水溶液后

$c_a = c(NH_4^+) = \dfrac{0.495\ g}{132\ g·mol^{-1} \times (10\ mL+5\ mL) \times 10^{-3}} \times 2 = 0.5\ mol·L^{-2}$

$c_b = c(NH_3) = \dfrac{0.15\ mol·L^{-1} \times 5\ mL}{10\ mL+5\ mL} = 0.05\ mol·L^{-2}$

$pOH = pK_b^\ominus - \lg\dfrac{c_b}{c_a} = 4.75 - \lg\dfrac{0.05\ mol·L^{-1}}{0.50\ mol·L^{-1}} = 5.75$

$c(OH^-) = 1.78 \times 10^{-6}\ mol·L^{-1}$

$Q = [c(Mn^{2+})/c^\ominus] \cdot [c(OH^-)/c^\ominus]^2 = 0.001 \times (1.78 \times 10^{-6})^2$

$\quad = 3.16 \times 10^{-15} < K_{sp}^\ominus[Mn(OH)_2]$

不能生成 $Mn(OH)_2$ 沉淀。

5. 方解石和文石是碳酸钙两种不同的晶体类型。珊瑚是方解石，而珍珠是文石。已知 25 ℃时，$K_{sp}^\ominus$(方解石) $= 5.0 \times 10^{-9}$，$K_{sp}^\ominus$(文石) $= 7.0 \times 10^{-9}$。请分析：（1）哪种晶型在水中的溶解度更大？（2）在水中两者是否可以相互转化？

解：（1）S(方解石)$/c^\ominus = \sqrt{K_{sp}^\ominus} = \sqrt{5.0 \times 10^{-9}} = 7.07 \times 10^{-5}$

S(方解石) $= 7.07 \times 10^{-5}\ mol·L^{-1}$

S(文石)$/c^\ominus = \sqrt{K_{sp}^\ominus} = \sqrt{7.0 \times 10^{-9}} = 8.37 \times 10^{-5}$

S(文石) $= 8.37 \times 10^{-5}\ mol·L^{-1}$

因此，文石在水中的溶解度更大。

（2）在水中存在以下平衡：

$\quad\quad CaCO_3(方解石) = Ca^{2+} + CO_3^{2-} \quad\quad K_{sp}^\ominus(方解石) = 5.0 \times 10^{-9}$

$\quad\quad CaCO_3(文石) = Ca^{2+} + CO_3^{2-} \quad\quad K_{sp}^\ominus(文石) = 7.0 \times 10^{-9}$

对于反应 $CaCO_3(文石) = CaCO_3(方解石)$

$K^\ominus = K_{sp}^\ominus(文石)/K_{sp}^\ominus(方解石) = 1.4$

故两者可以相互转化。

6. 海水中几种正离子浓度如下：

	Na$^+$	Mg^{2+}	Ca^{2+}	Al^{3+}	Fe^{2+}
$c/(\text{mol} \cdot \text{L}^{-1})$	0.46	0.050	0.01	4×10^{-7}	2×10^{-7}

已知 $K_{sp}^{\ominus}[\text{Mg(OH)}_2] = 5.61 \times 10^{-12}$，$K_{sp}^{\ominus}[\text{Ca(OH)}_2] = 4.68 \times 10^{-6}$，$K_{sp}^{\ominus}[\text{Al(OH)}_3] = 2.00 \times 10^{-33}$，$K_{sp}^{\ominus}[\text{Fe(OH)}_2] = 4.87 \times 10^{-17}$。（1）加入碱至 Mg(OH)$_2$ 开始沉淀，此时溶液 pH 值为多少？是否有其他离子也被沉淀？（2）加入碱使 50% 的 Mg^{2+} 被沉淀，此时其他离子各有百分之几被沉淀？从 1 L 海水中共得到多少克沉淀？

解：（1）当 Mg(OH)$_2$ 开始沉淀时：

$$c(\text{OH}^-)/c^{\ominus} = \sqrt{\frac{K_{sp}^{\ominus}[\text{Mg(OH)}_2]}{c(\text{Mg}^{2+})/c^{\ominus}}} = \sqrt{\frac{5.61 \times 10^{-12}}{0.050}} = 1.059 \times 10^{-5}$$

$$\text{pH} = 14 - \text{pOH} = 9.02$$

$$Q[\text{Ca(OH)}_2] = [c(\text{Ca}^{2+})/c^{\ominus}] \cdot [c(\text{OH}^-)/c^{\ominus}]^2 = 0.01 \times (1.059 \times 10^{-5})^2 = 1.12 \times 10^{-12}$$

$$Q[\text{Ca(OH)}_2] < K_{sp}^{\ominus}[\text{Ca(OH)}_2]$$

因此，Ca^{2+} 不沉淀。

$$Q[\text{Al(OH)}_3] = [c(\text{Al}^{3+})/c^{\ominus}] \cdot [c(\text{OH}^-)/c^{\ominus}]^3 = 4 \times 10^{-7} \times (1.059 \times 10^{-5})^3 = 4.75 \times 10^{-22}$$

$$Q[\text{Al(OH)}_3] > K_{sp}^{\ominus}[\text{Al(OH)}_3]$$

因此，Al^{3+} 沉淀。

$$Q[\text{Fe(OH)}_2] = [c(\text{Fe}^{2+})/c^{\ominus}] \cdot [c(\text{OH}^-)/c^{\ominus}]^2 = 2 \times 10^{-7} \times (1.059 \times 10^{-5})^2 = 2.24 \times 10^{-17}$$

$$Q[\text{Fe(OH)}_2] < K_{sp}^{\ominus}[\text{Fe(OH)}_2]$$

因此，Fe^{2+} 不沉淀。

（2）50% 的 Mg^{2+} 被沉淀时：

$$c(\text{OH}^-)/c^{\ominus} = \sqrt{\frac{K_{sp}^{\ominus}[\text{Mg(OH)}_2]}{c(\text{Mg}^{2+})/c^{\ominus}}} = \sqrt{\frac{5.61 \times 10^{-12}}{0.025}} = 1.50 \times 10^{-5}$$

$$Q[\text{Ca(OH)}_2] = [c(\text{Ca}^{2+})/c^{\ominus}] \cdot [c(\text{OH}^-)/c^{\ominus}]^2 = 0.01 \times (1.50 \times 10^{-5})^2 = 2.25 \times 10^{-12}$$

$$Q[\text{Ca(OH)}_2] < K_{sp}^{\ominus}[\text{Ca(OH)}_2]$$

因此，Ca^{2+} 不沉淀。

$$Q[\text{Fe(OH)}_2] = [c(\text{Fe}^{2+})/c^{\ominus}] \cdot [c(\text{OH}^-)/c^{\ominus}]^2 = 2 \times 10^{-7} \times (1.50 \times 10^{-5})^2 = 4.5 \times 10^{-17}$$

$$Q[\text{Fe(OH)}_2] < K_{sp}^{\ominus}[\text{Fe(OH)}_2]$$

因此，Fe^{2+} 不沉淀。

$$K_{sp}^{\ominus}[\text{Mg(OH)}_2] = [c(\text{Mg}^{2+})/c^{\ominus}] \cdot [c(\text{OH}^-)/c^{\ominus}]^2 = 5.61 \times 10^{-12}$$

$c(\text{Mg}^{2+}) = 0.025 \text{ mol} \cdot \text{L}^{-1}$，Mg^{2+} 沉淀了一半。

$$K_{sp}^{\ominus}[\text{Al(OH)}_3] = [c(\text{Al}^{3+})/c^{\ominus}] \cdot [c(\text{OH}^-)/c^{\ominus}]^3 = 2.00 \times 10^{-33}$$

$c(\text{Al}^{3+}) = 0.59 \times 10^{-18} \text{ mol} \cdot \text{L}^{-1}$，Al^{3+} 基本完全沉淀。

从 1 L 海水中得到的 $Mg(OH)_2$ 和 $Al(OH)_3$ 沉淀：

$$m[Mg(OH)_2] = 0.025 \text{ mol} \cdot L^{-1} \times 1 \text{ L} \times 58 \text{ g} \cdot \text{mol}^{-1} = 1.45 \text{ g}$$

$$m[Al(OH)_3] = 4 \times 10^{-7} \text{ mol} \cdot L^{-1} \times 1 \text{ L} \times 78 \text{ g} \cdot \text{mol}^{-1} = 3.12 \times 10^{-5} \text{ g}$$

7. 已知 $K_{sp}^{\ominus}[Mn(OH)_2] = 2.06 \times 10^{-13}$，$K_b^{\ominus}(NH_3) = 1.77 \times 10^{-5}$，将 30 mL 0.020 mol·L^{-1} $MnSO_4$ 溶液与 20 mL 1.2 mol·L^{-1} 氨水及 10 mL HCl 相混合，为防止出现 $Mn(OH)_2$ 沉淀，盐酸的最低浓度是多少？

解：$c(Mn^{2+}) = 0.010$ mol·L^{-1} 要使沉淀无法生成：

$$c(OH^-)/c^{\ominus} < \sqrt{\frac{K_{sp}^{\ominus}[Mn(OH)_2]}{c(Mn^{2+})/c^{\ominus}}} = \sqrt{\frac{2.06 \times 10^{-13}}{0.010}} = 4.54 \times 10^{-6}$$

恰好不生成沉淀的值为：$c(OH)/c^{\ominus} = 4.54 \times 10^{-6}$，即 pOH = 5.34

设加入 HCl 的浓度为 x mol·L^{-1}，则混合后 NH_4Cl 的浓度为 $x/6$ mol·L^{-1}，氨水浓度为 $(0.4 - x/6)$ mol·L^{-1}。

$$5.34 = pK_b^{\ominus} - \lg \frac{(0.4 - x/6) \text{ mol} \cdot L^{-1}}{x/6 \text{ mol} \cdot L^{-1}}$$

解得　$x = 1.90$ mol·L^{-1}

8. 已知 $K_{sp}^{\ominus}(CaSO_4) = 7.10 \times 10^{-5}$，$K_{sp}^{\ominus}(CaCO_3) = 4.96 \times 10^{-9}$。计算用 1 L $c(Na_2CO_3) = 0.20$ mol·L^{-1} 的 Na_2CO_3 水溶液可使多少克 $CaSO_4$ 转化为 $CaCO_3$？

解：$CaSO_4(s) + CO_3^{2-}(aq) = CaCO_3(s) + SO_4^{2-}(aq)$

$$K^{\ominus} = \frac{c(SO_4^{2-})/c^{\ominus}}{c(CO_3^{2-})/c^{\ominus}} = \frac{K_{sp}^{\ominus}(CaSO_4)}{K_{sp}^{\ominus}(CaCO_3)} = \frac{7.10 \times 10^{-5}}{4.96 \times 10^{-9}} = 1.43 \times 10^4$$

设 1 L $c(Na_2CO_3) = 0.20$ mol·L^{-1} 的 Na_2CO_3 水溶液可使 x mol $CaSO_4$ 转化为 $CaCO_3$，则 $c(SO_4^{2-}) = x$ mol·L^{-1}，$c(CaSO_4) = (0.2-x)$ mol·L^{-1}

$$K^{\ominus} = \frac{c(SO_4^{2-})/c^{\ominus}}{c(CO_3^{2-})/c^{\ominus}} = \frac{x \text{ mol} \cdot L^{-1}}{(0.2-x) \text{ mol} \cdot L^{-1}} = 1.43 \times 10^4$$

$x \approx 0.2$ mol·L^{-1}

$$m(CaSO_4) = 0.2 \text{ mol} \cdot L^{-1} \times 139 \text{ g} \cdot \text{mol}^{-1} = 27.2 \text{ g}$$

9. 已知 $K_{sp}^{\ominus}[Mg(OH)_2] = 5.61 \times 10^{-12}$，$K_b^{\ominus}(NH_3) = 1.77 \times 10^{-5}$，在 0.50 mol·L^{-1} 镁盐溶液中，加入等体积 0.10 mol·L^{-1} 的氨水。问能否产生 $Mg(OH)_2$ 沉淀？需要在每升氨水中加入多少克 NH_4Cl 才能恰好不产生沉淀？

解：$c(Mg^{2+}) = 0.25$ mol·L^{-1}

$$c(OH^-)/c^{\ominus} = \sqrt{K_{sp}^{\ominus}c/c^{\ominus}} = \sqrt{1.77 \times 10^{-5} \times 0.15/3} = 9.41 \times 10^{-4}$$

$$Q[Mg(OH)_2] = [c(Mg^{2+})/c^{\ominus}] \cdot [c(OH^-)/c^{\ominus}]^2 = 0.25 \times (9.41 \times 10^{-4})^2 = 2.21 \times 10^{-7}$$

$$Q[Mg(OH)_2] > K_{sp}^{\ominus}[Mg(OH)_2]$$

因此，产生 $Mg(OH)_2$ 沉淀。

若要恰好不产生沉淀:

$$c(OH^-)/c^\ominus < \sqrt{\frac{K_{sp}^\ominus[Mg(OH)_2]}{c(Mg^{2+})/c^\ominus}} = \sqrt{\frac{5.61 \times 10^{-12}}{0.25}} = 4.74 \times 10^{-6}$$

恰好不生成沉淀的值为: $c(OH^-)/c^\ominus = 4.74 \times 10^{-6}$, 即 pOH = 5.32

设加入 NH_4Cl 的浓度为 x mol·L^{-1}, 则混合后氨水浓度 c_b 为 $(0.1/2)$ mol·L^{-1}, NH_4Cl 的浓度 c_a 为 x mol·L^{-1},

$$pOH = pK_b^\ominus - \lg\frac{c_b}{c_a}$$

$$5.32 = 4.75 - \lg\frac{0.1 \text{ mol·}L^{-1}/2}{x \text{ mol·}L^{-1}}$$

解得 $x = 0.186$ mol·L^{-1}

$M(NH_4Cl) = 0.186$ mol·$L^{-1} \times 1$ L$\times 53.45$ g·mol$^{-1} = 9.94$ g

10. 已知 $K_{sp}^\ominus(AgCl) = 1.77 \times 10^{-10}$, $K_{sp}^\ominus(AgBr) = 5.35 \times 10^{-13}$, $K_{sp}^\ominus(Ag_2CrO_4) = 1.12 \times 10^{-12}$, 溶液中 Cl^-、Br^- 和 CrO_4^{2-} 的浓度都是 0.10 mol·L^{-1}。当用 $AgNO_3$ 作沉淀剂时:(1)计算说明哪种离子先被沉淀?(2)最后一种离子沉淀时,溶液中其他两种离子的浓度是多少?

解: (1) 分别计算使 Cl^-、Br^-、CrO_4^{2-} 开始沉淀时所需的最低 Ag^+ 浓度

对于 Cl^-:

$$c(Ag^+)/c^\ominus = \frac{K_{sp}^\ominus(AgCl)}{c(Cl^-)/c^\ominus} = \frac{1.77 \times 10^{-10}}{0.10} = 1.77 \times 10^{-9}$$

对于 Br^-:

$$c(Ag^+)/c^\ominus = \frac{K_{sp}^\ominus(AgBr)}{c(Br^-)/c^\ominus} = \frac{5.35 \times 10^{-13}}{0.10} = 5.35 \times 10^{-12}$$

对于 CrO_4^{2-}:

$$c(Ag^+)/c^\ominus = \sqrt{\frac{K_{sp}^\ominus[Ag_2CrO_4]}{c(CrO_4^{2-})/c^\ominus}} = \sqrt{\frac{1.12 \times 10^{-12}}{0.10}} = 3.34 \times 10^{-6}$$

故 Br^- 先沉淀, CrO_4^{2-} 最后沉淀。

(2) CrO_4^{2-} 最后开始沉淀时,

$$c(Ag^+)/c^\ominus = 3.34 \times 10^{-6}$$

$$c(Cl^-)/c^\ominus = \frac{K_{sp}^\ominus(AgCl)}{c(Ag^+)/c^\ominus} = \frac{1.77 \times 10^{-10}}{3.34 \times 10^{-6}} = 5.3 \times 10^{-5}$$

$$c(Br^-)/c^\ominus = \frac{K_{sp}^\ominus(AgBr)}{c(Ag^+)/c^\ominus} = \frac{5.35 \times 10^{-13}}{3.34 \times 10^{-6}} = 1.60 \times 10^{-7}$$

9.3 练习题

(一) 判断题

( ) 1. 把 $AgNO_3$ 溶液滴入 NaCl 溶液中，只有 Ag^+ 浓度与 Cl^- 浓度相等时，才产生沉淀。

( ) 2. 同样条件下易溶电解质也能像难溶电解质那样达到溶解平衡，因而易溶电解质也有 $K_{sp}^{\ominus}$ 存在。

( ) 3. 一定温度下，难溶电解质的 $K_{sp}^{\ominus}$ 指该难溶电解质饱和溶液中有关离子相对浓度幂的乘积。

( ) 4. 对于难溶电解质，它的离子积和溶度积物理意义相同。

( ) 5. 对用水稀释后仍含有固体难溶电解质的溶液来说，稀释前后该难溶电解质的溶解度和溶度积常数均不改变。

( ) 6. 所谓沉淀完全，就是用沉淀剂将溶液中某一离子的浓度降至对定量分析测定不构成显著影响，使测定的误差在可允许的范围。

( ) 7. 根据同离子效应，沉淀剂加得越多，沉淀应越完全。

( ) 8. 所谓沉淀完全，就是用沉淀剂将某一离子完全除去。

( ) 9. 一种难溶电解质的溶度积是它的离子积中的一个特例，即一定温度下处于饱和态(或平衡态)时的相关离子相对浓度幂的乘积。

( ) 10. 两难溶电解质，$K_{sp}^{\ominus}$ 小的那一种，它的溶解度一定小。

( ) 11. 对相同类型的难溶电解质，$K_{sp}^{\ominus}$ 越大，其溶解度越大。

( ) 12. $K_{sp}^{\ominus}(AgCl) = 1.77 \times 10^{-10} > K_{sp}^{\ominus}(AgI) = 8.51 \times 10^{-17}$，所以 AgI 的溶解度小于 AgCl 的溶解度。

( ) 13. 难溶电解质 $Mg(OH)_2$ 不仅可以溶于盐酸中，也可溶解在浓 NH_4Cl 溶液中。

( ) 14. $K_{sp}^{\ominus}(AgCl) = 1.77 \times 10^{-10} > K_{sp}^{\ominus}(Ag_2CrO_4) = 1.12 \times 10^{-12}$，但 AgCl 的溶解度小于 Ag_2CrO_4 的溶解度。

( ) 15. 在 25 ℃时 $PbI_2(s)$ 的溶解度是 1.29×10^{-3} mol·L^{-1}，它的 $K_{sp}^{\ominus}$ 约为 8.59×10^{-9}。

( ) 16. $CaCO_3$ 溶于盐酸，而 $CaSO_4$ 不溶，这是因为 $K_{sp}^{\ominus}(CaCO_3) > K_{sp}^{\ominus}(CaSO_4)$。

( ) 17. 已知难溶电解质 AB 的 $K_{sp}^{\ominus} = a$，它在纯水中的溶解度是 $\sqrt{a}$ mol·L^{-1}。

( ) 18. $BaSO_4$ 在 NaCl 溶液中溶解度比纯水中大。

( ) 19. 在难溶电解质的饱和溶液中，加入少量含有共同离子的另一种易溶强电解质，可使难溶电解质的溶解度降低。

( ) 20. $BaSO_4$ 在 $BaCl_2$ 溶液中溶解度比在纯水中的溶解度大。

( ) 21. 已知 $PbCl_2$ 的 $K_{sp}^{\ominus} = 1.17 \times 10^{-5}$，如在 0.10 mol·$L^{-1}$ Pb^{2+} 溶液中加入 Cl^-，使 Cl^- 的浓度为 0.010 mol·L^{-1} 就一定生成沉淀。

( ) 22. 在 25 ℃ 时，难溶电解质 AB_2 的 $K_{sp}^{\ominus} = 4.0 \times 10^{-9}$，则它在纯水中溶解度是 1×10^{-3} mol·L^{-1}。

( ) 23. PbI_2、$CaCO_3$ 的 $K_{sp}^{\ominus}$ 相近，约为 10^{-8}，饱和溶液中 Pb^{2+} 和 Ca^{2+} 的浓度应近似相等。

( ) 24. 根据溶度积规则，溶液中难溶电解质离子积大于其溶度积时就应产生沉淀。

( ) 25. 用水稀释含有 AgCl 固体的溶液时，AgCl 的溶度积不变，其溶解度改变。

( ) 26. 在某温度下混合离子溶液中，物质溶度积小的难溶电解质一定先沉淀。

( ) 27. 当溶液中难溶电解质的离子积等于其溶度积时，该难溶电解质处于沉淀–溶解的平衡状态。

( ) 28. 凡溶度积大的沉淀一定会转化成溶度积小的沉淀。

( ) 29. HgS($K_{sp}^{\ominus} = 6.44 \times 10^{-53}$) 不能直接转化为 PbS($K_{sp}^{\ominus} = 9.04 \times 10^{-29}$)。

( ) 30. 对于给定的难溶电解质来说，温度不同，其溶度积也不相同。

( ) 31. 同离子效应使难溶电解质的溶解度降低。

( ) 32. 任何给定的溶液中，若 $Q(B) < K_{sp}^{\ominus}$，则表示该溶液为过饱和溶液，沉淀从溶液中析出。

( ) 33. CuS 不溶于 HCl，但可溶于浓 HNO_3。

( ) 34. AgCl 在 1 mol·L^{-1} 的 NaCl 溶液中，由于盐效应的影响，使其溶解度比在水中要大一些。

( ) 35. 溶液中难溶电解质的离子积等于该难溶电解质的溶度积常数时，此溶液为饱和溶液。

( ) 36. 在难溶电解质中加入不含相同离子的强电解质，则其溶解度略有增大，这种作用称为盐效应。盐效应会使平衡发生移动，同时改变 $K_{sp}^{\ominus}$ 的大小。

( ) 37. 等物质的量的 NaCl 与 $AgNO_3$ 混合后，全部生成 AgCl 沉淀，因此溶液中无 Cl^- 和 Ag^+ 存在。

( ) 38. 溶液中若同时存在两种离子，且都能与沉淀剂发生反应，则加入沉淀剂时溶度积小的那种离子先产生沉淀。

( ) 39. 两难溶电解质中溶度积小的那一种溶解度不一定小。

( ) 40. 分步沉淀的结果总能使两种溶度积常数不同的离子通过沉淀反应完全分离开。

(二) 选择题(单选)

( ) 1. 在纯水中溶解了的 $Ca(OH)_2$ 可以认为是完全离解的，它的溶解度 S 与 $K_{sp}^{\ominus}$ 的关系：

A. $S = \sqrt[3]{K_{sp}^{\ominus} \cdot c^{\ominus}}$ B. $S = \sqrt[3]{\frac{K_{sp}^{\ominus}}{4} \cdot c^{\ominus}}$ C. $S = \sqrt{\frac{K_{sp}^{\ominus}}{4} \cdot c^{\ominus}}$ D. $S = \frac{K_{sp}^{\ominus}}{4} \cdot c^{\ominus}$

( ) 2. 下列试剂中能使 $CaSO_4(s)$ 溶解度增大的是：

A. $CaCl_2$ B. Na_2SO_4 C. NH_4Ac D. H_2O

( ) 3. 难溶电解质 MA_2 的溶解度 $S = 1.0 \times 10^{-3}$ mol·L^{-1}，其 $K_{sp}^{\ominus}$ 是：

A. 1.1×10^{-5} B. 1×10^{-9} C. 4×10^{-6} D. 4×10^{-9}

( ) 4. $Ca(OH)_2$ 的 $K_{sp}^{\ominus}$ 比 $CaSO_4$ 的 $K_{sp}^{\ominus}$ 略小且相近，它们的溶解度：

A. $Ca(OH)_2$ 的小   B. $CaSO_4$ 的小   C. 两者相近   D. 无法判断

（　）5. 已知 12 ℃时 $MgCO_3$ 的 $K_{sp}^{\ominus}$ 为 6.82×10^{-6}，使 $MgCO_3$ 的溶解度最大的溶液是：

　　　A. $1\ mol \cdot L^{-1}$ Na_2CO_3　　　　　　B. $1\ mol \cdot L^{-1}$ $MgCl_2$

　　　C. $2\ mol \cdot L^{-1}$ $NaCl$　　　　　　　D. 纯水

（　）6. $Ca_3(PO_4)_2$ 的溶度积 $K_{sp}^{\ominus}$ 表达式是：

　　　A. $K_{sp}^{\ominus} = [c(Ca^{2+})/c^{\ominus}]^3 \cdot [c(PO_4^{3-})/c^{\ominus}]^2$

　　　B. $K_{sp}^{\ominus} = [3c(Ca^{2+})/c^{\ominus}]^3 \cdot [2c(PO_4^{3-})/c^{\ominus}]^2$

　　　C. $K_{sp}^{\ominus} = [c(Ca^{2+})/c^{\ominus}]^2 \cdot [c(PO_4^{3-})/c^{\ominus}]^3$

　　　D. $K_{sp}^{\ominus} = [3c(Ca^{2+})/c^{\ominus}] \cdot [2c(PO_4^{3-})/c^{\ominus}]^2$

（　）7. 难溶电解质 FeS、CuS、ZnS 中，有的溶于 HCl，有的不溶于 HCl，主要原因是：

　　　A. 反应热不同　　　B. 酸碱性不同　　　C. $K_{sp}^{\ominus}$ 不同　　　D. 溶解速度不同

（　）8. 已知 $K_{sp}^{\ominus}[Ca(OH)_2] = 4.68 \times 10^{-6}$，$K_{sp}^{\ominus}[Mg(OH)_2] = 5.61 \times 10^{-12}$，$K_{sp}^{\ominus}(AgCl) = 1.77 \times 10^{-10}$，关于 $Ca(OH)_2$、$Mg(OH)_2$、$AgCl$ 三种物质在水中溶解情况，下列说法正确的是

　　　A. $Mg(OH)_2$ 溶解度最小　　　　　　B. $Ca(OH)_2$ 溶解度最小

　　　C. $AgCl$ 的溶解度最小　　　　　　　D. $K_{sp}^{\ominus}$ 最小的溶解度最小

（　）9. 25 ℃时，$CaCO_3$ 溶解度为 $7.04 \times 10^{-5}\ mol \cdot L^{-1}$，则它的溶度积为：

　　　A. 4.96×10^{-9}　　　B. 7.04×10^{-5}　　　C. 1.41×10^{-5}　　　D. 8.39×10^{-3}

（　）10. 已知 $K_{sp}^{\ominus}[Mg(OH)_2] = 5.61 \times 10^{-12}$，25 ℃时，$Mg(OH)_2$ 在 $0.01\ mol \cdot L^{-1}$ 的 $NaOH$ 溶液中的溶解度为

　　　A. $5.61 \times 10^{-10}\ mol \cdot L^{-1}$　　　　　　B. $5.61 \times 10^{-12}\ mol \cdot L^{-1}$

　　　C. $5.61 \times 10^{-8}\ mol \cdot L^{-1}$　　　　　　D. $5.61 \times 10^{-9}\ mol \cdot L^{-1}$

（　）11. 某难溶强电解质 A_2B（摩尔质量为 $80\ g \cdot mol^{-1}$），常温下它在水中的溶解度为 $2.4 \times 10^{-3}\ g \cdot L^{-1}$，则 A_2B 的溶度积为：

　　　A. 1.1×10^{-13}　　　B. 2.7×10^{-14}　　　C. 1.8×10^{-9}　　　D. 9×10^{-19}

（　）12. 已知 $K_{sp}^{\ominus}(AgCl) = 1.77 \times 10^{-10}$，$5.0 \times 10^{-5}\ mol \cdot L^{-1}$ $AgNO_3$ 溶液与等体积 $5.0 \times 10^{-8}\ mol \cdot L^{-1}$ $BaCl_2$ 的溶液混合，下列说法正确的是：

　　　A. 能生成沉淀　　　B. 不能生成沉淀　　　C. 达平衡　　　D. 无法判断

（　）13. 已知 $K_{sp}^{\ominus}(PbS) = 9.04 \times 10^{-29}$，$K_{sp}^{\ominus}(PbSO_4) = 1.82 \times 10^{-8}$，在 Na_2S 和 Na_2SO_4 相同浓度的混合稀溶液中，滴加稀 $Pb(NO_2)_2$ 溶液，则：

　　　A. PbS 先沉淀　　　　　　　　　　　B. $PbSO_4$ 先沉淀

　　　C. 两种沉淀同时出现　　　　　　　　D. 两种沉淀都不产生

（　）14. 已知 $K_{sp}^{\ominus}(AgCl) = 1.77 \times 10^{-10}$，$K_{sp}^{\ominus}(Ag_2CrO_4) = 1.12 \times 10^{-12}$，在相同浓度的 Na_2CrO_4 和 $NaCl$ 混合稀溶液中，滴加稀的 $AgNO_3$ 溶液，则：

　　　A. 先有 Ag_2CrO_4 沉淀　　　　　　　B. 先有 $AgCl$ 沉淀

　　　C. 不产生沉淀　　　　　　　　　　　D. 两种沉淀同时析出

（　）15. 分别向沉淀物 $PbSO_4$（$K_{sp}^{\ominus} = 1.82 \times 10^{-8}$）和 $PbCO_3$（$K_{sp}^{\ominus} = 1.46 \times 10^{-13}$）中加入适量的稀

HNO_3，它们的溶解情况是：

    A. 两者都不溶
    B. $PbSO_4$ 溶，$PbCO_3$ 不溶
    C. 两者全溶
    D. $PbSO_4$ 不溶，$PbCO_3$ 溶

(   ) 16. 加 Na_2CO_3 于 1 L 1 $mol \cdot L^{-1}$ $Ca(NO_3)_2$ 溶液中，使 $CaCO_3$ 沉淀：

    A. 加入 1 mol Na_2CO_3 的沉淀效果好

    B. 加入 1.1 mol Na_2CO_3 的沉淀效果好

    C. 加入 Na_2CO_3 越多，沉淀越效果好

    D. 加 Na_2CO_3 越多，沉淀中含 CO_3^{2-} 的比例越大

(   ) 17. 设在纯水中的溶解度 M_2A_3 为 10^{-3} $mol \cdot L^{-1}$，M_2A 为 10^{-3} $mol \cdot L^{-1}$，MA_2 为 10^{-4} $mol \cdot L^{-1}$，MA 为 10^{-5} $mol \cdot L^{-1}$，四种物质的 $K_{sp}^{\ominus}$：

    A. M_2A_3 最小   B. M_2A 最小   C. MA_2 最小   D. MA 最小

(   ) 18. Ag_2CO_3 可溶于稀 HNO_3，但 $AgCl$ 不溶于稀 HNO_3 中，这是因为：

    A. Ag_2CO_3 的 $K_{sp}^{\ominus}$ 小于 $AgCl$ 的 $K_{sp}^{\ominus}$ B. $AgCl$ 的溶解度小于 Ag_2CO_3
    C. 稀 HNO_3 是氧化剂   D. HNO_3 是强酸，而 H_2CO_3 是弱酸

(   ) 19. 已知 $K_{sp}^{\ominus}[Mg(OH)_2] = 5.61 \times 10^{-12}$，$Mg(OH)_2$ 的饱和水溶液中 OH^- 浓度($mol \cdot L^{-1}$)是：

    A. 1.1×10^{-4} B. 2.2×10^{-4} C. 9.6×10^{-3} D. 1.8×10^{-4}

(   ) 20. 已知 $K_{sp}^{\ominus}(CaSO_4) = 7.10 \times 10^{-5}$，$K_{sp}^{\ominus}(CaCO_3) = 4.96 \times 10^{-9}$，在 1 L 浓度为 2×10^{-4} $mol \cdot L^{-1}$ 的 $CaCl_2$ 溶液里，加入 1 L 同时含有 Na_2CO_3 和 Na_2SO_4 均为 4.0×10^{-4} $mol \cdot L^{-1}$ 的混合液，其结果是：

    A. 只有 $CaSO_4$ 沉淀   B. 只有 $CaCO_3$ 沉淀
    C. 两种沉淀都有   D. 不可知

(   ) 21. $Mg(OH)_2$ 沉淀可溶解在：

    A. $MgCl_2$ 溶液   B. 浓 $(NH_4)_2SO_4$ 溶液
    C. $NaOH$ 溶液   D. Na_2SO_4 溶液

(   ) 22. 根据 $K_{sp}^{\ominus}(AgBr) = 5.35 \times 10^{-13}$ 和 $K_{sp}^{\ominus}(AgCl) = 1.77 \times 10^{-10}$，判断 $AgBr$ 溶解过程的 $\Delta_r G_m^{\ominus}$ 比 $AgCl$ 溶解过程的 $\Delta_r G_m^{\ominus}$：

    A. 高   B. 低   C. 相等   D. 相近

(   ) 23. $BaSO_4$ 的 $K_{sp}^{\ominus} \approx 10^{-10}$，$SrSO_4$ 的 $K_{sp}^{\ominus} \approx 10^{-7}$，在同时溶有 0.1 mol $Ba(NO_3)_2$ 及 0.01 mol $Sr(NO_3)_2$ 的 1 L 溶液中，加入浓度为 0.1 $mol \cdot L^{-1}$ 的 H_2SO_4 1 mL，生成：

    A. $BaSO_4$，$SrSO_4$ 等量沉淀   B. $BaSO_4$ 沉淀
    C. $BaSO_4 : SrSO_4 = 10 : 1$ 沉淀   D. $SrSO_4$ 沉淀

(   ) 24. 溶液含有 $c(K^+) = 0.01$ $mol \cdot L^{-1}$，$c[PtCl_6]^{2-} = 0.1$ $mol \cdot L^{-1}$ 时，难溶物 $K_2[PtCl_6]$ 恰好达到沉淀溶解平衡，它的 $K_{sp}^{\ominus}$ 是：

    A. 1×10^{-3} B. 1×10^{-5} C. 5×10^{-5} D. 2×10^{-5}

( ) 25. 已知 $AgCl(s) \rightarrow Ag^+(aq) + Cl^-(aq)$ 在 25 ℃时 $\Delta_r G_m^{\ominus} = 55.7 \text{ kJ} \cdot \text{mol}^{-1}$，则 AgCl 的 $K_{sp}^{\ominus}$ 为：

         A. 1.7×10^{-10} B. 3.4×10^{-10} C. 5.0×10^{-11} D. 8.9×10^{-9}

( ) 26. 已知 $K_{sp}^{\ominus}(AgCl) = 1.77 \times 10^{-10}$，$K_{sp}^{\ominus}(Ag_2CrO_4) = 1.12 \times 10^{-12}$，$K_{sp}^{\ominus}(Ag_2CO_3) = 8.45 \times 10^{-12}$ 和 $K_{sp}^{\ominus}(AgBr) = 5.35 \times 10^{-13}$，在 AgCl、$Ag_2CrO_4$、$Ag_2CO_3$ 和 AgBr 各自的饱和水溶液中，Ag^+ 浓度最大的是：

         A. AgCl   B. Ag_2CO_3 C. Ag_2CrO_4 D. AgBr

( ) 27. 已知 $K_{sp}^{\ominus}(AgCl) = 1.77 \times 10^{-10}$，$K_{sp}^{\ominus}(AgBr) = 5.35 \times 10^{-13}$，$K_{sp}^{\ominus}(Ag_2CO_3) = 8.45 \times 10^{-12}$。某溶液中含有 KCl、KBr 和 Na_2CO_3 的浓度均为 $0.01 \text{ mol} \cdot \text{L}^{-1}$，在向溶液逐滴加入 $0.01 \text{ mol} \cdot \text{L}^{-1}$ 的 $AgNO_3$ 时，最先和最后产生的沉淀分别是：

         A. AgBr 和 Ag_2CO_3 B. AgBr 和 AgCl

         C. Ag_2CO_3 和 AgCl   D. 一起沉淀

( ) 28. 已知 $K_{sp}^{\ominus}(AgCl) = 1.77 \times 10^{-10}$，$K_{sp}^{\ominus}(AgI) = 8.51 \times 10^{-17}$，将 AgCl 与 AgI 饱和溶液等体积混合，并加入足量 $AgNO_3$。其现象为：

         A. 只有 AgI 沉淀

         B. 只有 AgCl 沉淀

         C. AgI 和 AgCl 都沉淀，但以 AgI 沉淀为主

         D. AgI 和 AgCl 都沉淀，但以 AgCl 沉淀为主

( ) 29. 已知 $K_{sp}^{\ominus}(AgCl) = 1.77 \times 10^{-10}$，欲使含有 $2.0 \times 10^{-4} \text{ mol} \cdot \text{L}^{-1} Ag^+$ 的溶液产生 AgCl 沉淀，所需 Cl^- 的最低浓度为：

         A. $3.5 \times 10^{-14} \text{ mol} \cdot \text{L}^{-1}$ B. $3.5 \times 10^{-12} \text{ mol} \cdot \text{L}^{-1}$

         C. $8.9 \times 10^{-7} \text{ mol} \cdot \text{L}^{-1}$ D. $4.9 \times 10^{-3} \text{ mol} \cdot \text{L}^{-1}$

( ) 30. 已知 $K_{sp}^{\ominus}(BaSO_4) = 1.07 \times 10^{-10}$，$K_{sp}^{\ominus}(BaCO_3) = 2.58 \times 10^{-9}$，$CO_3^{2-}$ 浓度是 SO_4^{2-} 浓度的多少倍时，$BaSO_4$ 才可能转化为 $BaCO_3$：

         A. 35   B. 42   C. 48   D. 24

( ) 31. 已知 $K_{sp}^{\ominus}(Bi_2S_3) = 1.0 \times 10^{-70}$，在含 S^{2-} 为 $0.01 \text{ mol} \cdot \text{L}^{-1}$ 的溶液中，加入铋盐不致发生沉淀时，可达到的最大 Bi^{3+} 浓度是：

         A. $1.0 \times 10^{-72} \text{ mol} \cdot \text{L}^{-1}$ B. $1.0 \times 10^{-68} \text{ mol} \cdot \text{L}^{-1}$

         C. $1.0 \times 10^{-34} \text{ mol} \cdot \text{L}^{-1}$ D. $1.0 \times 10^{-32} \text{ mol} \cdot \text{L}^{-1}$

( ) 32. 已知 $K_{sp}^{\ominus}(CaCO_3) = 4.96 \times 10^{-9}$，$K_{sp}^{\ominus}(SrCO_3) = 5.60 \times 10^{-10}$，在含有 $0.050 \text{ mol} \cdot \text{L}^{-1}$ Sr^{2+} 离子和 $0.100 \text{ mol} \cdot \text{L}^{-1} Ca^{2+}$ 的混合溶液中逐渐加入少量 Na_2CO_3 固体，当 $CaCO_3$ 开始产生沉淀时，溶液中 Sr^{2+} 离子与下列数据最接近的是：

         A. $0.05 \text{ mol} \cdot \text{L}^{-1}$ B. $0.034 \text{ mol} \cdot \text{L}^{-1}$

         C. $1.1 \times 10^{-8} \text{ mol} \cdot \text{L}^{-1}$ D. $1.1 \times 10^{-2} \text{ mol} \cdot \text{L}^{-1}$

( ) 33. 下列叙述中正确的是：

         A. 由于 AgCl 水溶液的导电性很弱，所以它是弱电解质

    B. 难溶电解质离子浓度的乘积就是该物质的溶度积

    C. 溶度积大者，其溶解度就大

    D. 用水稀释含有 AgCl 固体的溶液时，AgCl 的溶度积不变，其溶解度也不变

（ ）34. 已知 18 ℃时 Ag_2S 的溶度积常数为 $6.69×10^{-50}$，其相对分子质量为 248，则 1 L 饱和 Ag_2S 溶液中溶解的 Ag_2S 约为：

    A. $1.7×10^{-14}$ g   B. $6.3×10^{-15}$ g   C. $1.0×10^{-19}$ g   D. $4.0×10^{-14}$ g

（ ）35. 某温度下，难溶电解质 AB_2 的饱和溶液中，$c(A^{2+})=x$ mol·L^{-1}，$c(B^-)=y$ mol·L^{-1}，则 $K_{sp}^{\ominus}$ 为：

    A. $xy^2/2$ B. xy C. xy^2 D. $4xy^2$

（ ）36. 已知 $K_{sp}^{\ominus}(CuS)=1.27×10^{-36}$，$K_{sp}^{\ominus}(ZnS)=2.93×10^{-25}$，$K_{sp}^{\ominus}(HgS)=6.44×10^{-53}$，$K_{sp}^{\ominus}(MnS)=4.65×10^{-14}$，向同浓度的 Cu^{2+}、Zn^{2+}、Hg^{2+}、Mn^{2+} 离子混合溶液中通入 H_2S 气体，则产生沉淀的先后次序是：

    A. CuS、HgS、MnS、ZnS   B. HgS、CuS、ZnS、MnS

    C. MnS、ZnS、CuS、HgS   D. HgS、ZnS、CuS、MnS

（ ）37. 难溶化合物 AB_2C_3 在溶液中的平衡是 $AB_2C_3 = A + 2B + 3C$。今测得平衡时 C 的浓度为 $3.0×10^{-3}$ mol·L^{-1}，则 $K_{sp}^{\ominus}(AB_2C_3)$ 是：

    A. $2.91×10^{-15}$ B. $1.16×10^{-14}$ C. $1.1×10^{-16}$ D. $6×10^{-9}$

（ ）38. 已知 $K_{sp}^{\ominus}(Ag_2CrO_4)=1.12×10^{-12}$，难溶化合物 Ag_2CrO_4 在 0.001 0 mol·L^{-1} $AgNO_3$ 溶液中的溶解度比在 0.001 0 mol·L^{-1} K_2CrO_4 溶液中的溶解度：

    A. 大   B. 小   C. 相等   D. 大 1 倍

（ ）39. 欲使 Ag_2CO_3（$K_{sp}^{\ominus}=7.9×10^{-12}$）转化为 $Ag_2C_2O_4$（$K_{sp}^{\ominus}=5.0×10^{-12}$），必须使：

    A. $c(C_2O_4^{2-})<1.6c(CO_3^{2-})$ B. $c(C_2O_4^{2-})>1.6c(CO_3^{2-})$

    C. $c(C_2O_4^{2-})<0.6c(CO_3^{2-})$ D. $c(C_2O_4^{2-})>0.6c(CO_3^{2-})$

（ ）40. 已知 $K_{sp}^{\ominus}(AgCl)=1.77×10^{-10}$，$K_{sp}^{\ominus}(AgI)=8.51×10^{-17}$，向 $c(Cl^-)=c(I^-)=0.10$ mol·L^{-1} 的混合溶液中加入足量 $AgNO_3$，使 AgCl、AgI 均有沉淀生成，此时溶液中离子浓度之比 $c(Cl^-)/c(I^-)$ 为：

    A. 0.10   B. 10^{-6} C. $2.1×10^6$ D. 与所加 $AgNO_3$ 量有关

（ ）41. 在 CaF_2 的饱和溶液中，F^- 发生水解反应，反应式 $F^- + H_2O = HF + OH^-$，此溶液中下列关系式正确的为：

    A. $c(Ca^{2+})=\dfrac{1}{2}[c(HF)+c(F^-)]$，$K_{sp}^{\ominus}=[c(Ca^{2+})/c^{\ominus}]·[c(F^-)/c^{\ominus}]^2$

    B. $c(Ca^{2+})>\dfrac{1}{2}c(F^-)$，$K_{sp}^{\ominus}=[c(Ca^{2+})/c^{\ominus}]·[c(HF)/c^{\ominus}+c(F^-)/c^{\ominus}]^2$

    C. $c(Ca^{2+})=\dfrac{1}{2}c(F^-)$，$K_{sp}^{\ominus}=[c(Ca^{2+})/c^{\ominus}]·[c(F^-)/c^{\ominus}]^2$

    D. $c(Ca^{2+})<c(F^-)$，$K_{sp}^{\ominus}=[c(Ca^{2+})/c^{\ominus}]·[c(HF)/c^{\ominus}+c(F^-)/c^{\ominus}]^2$

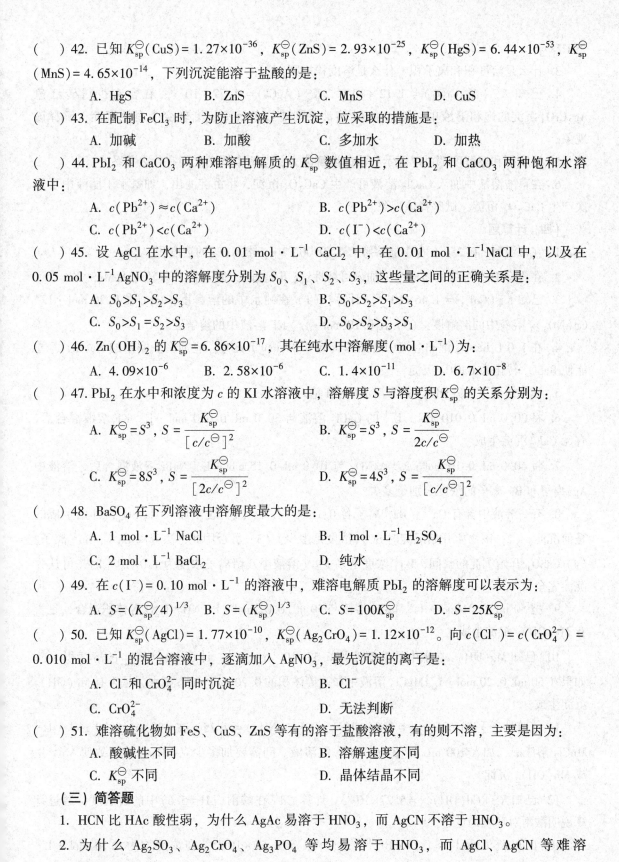

( ) 42. 已知 $K_{sp}^{\ominus}(CuS) = 1.27 \times 10^{-36}$，$K_{sp}^{\ominus}(ZnS) = 2.93 \times 10^{-25}$，$K_{sp}^{\ominus}(HgS) = 6.44 \times 10^{-53}$，$K_{sp}^{\ominus}$ $(MnS) = 4.65 \times 10^{-14}$，下列沉淀能溶于盐酸的是：

  A. HgS   B. ZnS   C. MnS   D. CuS

( ) 43. 在配制 $FeCl_3$ 时，为防止溶液产生沉淀，应采取的措施是：

  A. 加碱   B. 加酸   C. 多加水   D. 加热

( ) 44. PbI_2 和 $CaCO_3$ 两种难溶电解质的 $K_{sp}^{\ominus}$ 数值相近，在 PbI_2 和 $CaCO_3$ 两种饱和水溶液中：

  A. $c(Pb^{2+}) \approx c(Ca^{2+})$ B. $c(Pb^{2+}) > c(Ca^{2+})$

  C. $c(Pb^{2+}) < c(Ca^{2+})$ D. $c(I^-) < c(Ca^{2+})$

( ) 45. 设 AgCl 在水中，在 $0.01\ mol \cdot L^{-1}\ CaCl_2$ 中，在 $0.01\ mol \cdot L^{-1}\ NaCl$ 中，以及在 $0.05\ mol \cdot L^{-1}\ AgNO_3$ 中的溶解度分别为 S_0、S_1、S_2、S_3，这些量之间的正确关系是：

  A. $S_0 > S_1 > S_2 > S_3$ B. $S_0 > S_2 > S_1 > S_3$

  C. $S_0 > S_1 = S_2 > S_3$ D. $S_0 > S_2 > S_3 > S_1$

( ) 46. $Zn(OH)_2$ 的 $K_{sp}^{\ominus} = 6.86 \times 10^{-17}$，其在纯水中溶解度 $(mol \cdot L^{-1})$ 为：

  A. 4.09×10^{-6} B. 2.58×10^{-6} C. 1.4×10^{-11} D. 6.7×10^{-8}

( ) 47. PbI_2 在水中和浓度为 c 的 KI 水溶液中，溶解度 S 与溶度积 $K_{sp}^{\ominus}$ 的关系分别为：

  A. $K_{sp}^{\ominus} = S^3$，$S = \dfrac{K_{sp}^{\ominus}}{[c/c^{\ominus}]^2}$ B. $K_{sp}^{\ominus} = S^3$，$S = \dfrac{K_{sp}^{\ominus}}{2c/c^{\ominus}}$

  C. $K_{sp}^{\ominus} = 8S^3$，$S = \dfrac{K_{sp}^{\ominus}}{[2c/c^{\ominus}]^2}$ D. $K_{sp}^{\ominus} = 4S^3$，$S = \dfrac{K_{sp}^{\ominus}}{[c/c^{\ominus}]^2}$

( ) 48. $BaSO_4$ 在下列溶液中溶解度最大的是：

  A. $1\ mol \cdot L^{-1}\ NaCl$ B. $1\ mol \cdot L^{-1}\ H_2SO_4$

  C. $2\ mol \cdot L^{-1}\ BaCl_2$ D. 纯水

( ) 49. 在 $c(I^-) = 0.10\ mol \cdot L^{-1}$ 的溶液中，难溶电解质 PbI_2 的溶解度可以表示为：

  A. $S = (K_{sp}^{\ominus}/4)^{1/3}$ B. $S = (K_{sp}^{\ominus})^{1/3}$ C. $S = 100K_{sp}^{\ominus}$ D. $S = 25K_{sp}^{\ominus}$

( ) 50. 已知 $K_{sp}^{\ominus}(AgCl) = 1.77 \times 10^{-10}$，$K_{sp}^{\ominus}(Ag_2CrO_4) = 1.12 \times 10^{-12}$。向 $c(Cl^-) = c(CrO_4^{2-}) = 0.010\ mol \cdot L^{-1}$ 的混合溶液中，逐滴加入 $AgNO_3$，最先沉淀的离子是：

  A. Cl^- 和 CrO_4^{2-} 同时沉淀   B. Cl^-

  C. CrO_4^{2-} D. 无法判断

( ) 51. 难溶硫化物如 FeS、CuS、ZnS 等有的溶于盐酸溶液，有的则不溶，主要是因为：

  A. 酸碱性不同   B. 溶解速度不同

  C. $K_{sp}^{\ominus}$ 不同   D. 晶体结晶不同

（三）简答题

1. HCN 比 HAc 酸性弱，为什么 AgAc 易溶于 HNO_3，而 AgCN 不溶于 HNO_3。

2. 为什么 Ag_2SO_3、Ag_2CrO_4、Ag_3PO_4 等均易溶于 HNO_3，而 AgCl、AgCN 等难溶

于 HNO_3？

3. 什么是溶度积和离子积？什么是溶度积规则？

4. 已知 $K_{sp}^{\ominus}(Ag_2CrO_4) = 1.12 \times 10^{-12}$，$K_{sp}^{\ominus}(AgCl) = 1.77 \times 10^{-10}$，在含有少量砖红色 Ag_2CrO_4 沉淀的饱和溶液中，加入 NaCl 溶液，则砖红色沉淀逐渐转变为白色沉淀，解释该现象。

5. 溶度积和溶解度都可以表示物质的溶解能力，这两个概念之间有什么关系？

6. 在草酸溶液中加入 $CaCl_2$ 溶液可产生 CaC_2O_4 沉淀，将沉淀滤出，加氨水于滤液中可再次产生 CaC_2O_4 沉淀，试解释该现象。

(四) 计算题

1. 在常温时，0.250 L 水中能溶解 CaF_2 0.003 7 g。求 CaF_2 的溶度积。

2. 在含有 HgS 沉淀的溶液中，加入可溶性锰(Ⅱ)盐时，能否将 HgS 转化为 MnS？

3. 已知 $K_{sp}^{\ominus}(CaF_2) = 1.46 \times 10^{-10}$。计算：(1) 在纯水中的溶解度；(2) 在 0.20 mol·L^{-1} $Ca(NO_3)_2$ 溶液中的溶解度；(3) 在 0.10 mol·L^{-1} KF 溶液中的溶解度。

4. 在 1.0 L $BaSO_4$ 饱和溶液中有固体沉淀 0.01 mol $BaSO_4$，应加多少摩尔的 Na_2CO_3，才能使 $BaSO_4$ 转化为 $BaCO_3$ 沉淀？

5. 计算常温下 $Mg(OH)_2$ 饱和溶液的 pH 值。

6. 将 20.0 mL 0.010 mol·L^{-1} 的 $CaCl_2$ 溶液与 30.0 mL 0.010 mol·L^{-1} KF 溶液混合后，有无 CaF_2 沉淀生成？

7. 将 40.0 mL 0.10 mol·L^{-1} $AgNO_3$ 与 10.0 mL 0.15 mol·L^{-1} NaBr 溶液混合后，溶液中 Ag^+ 离子和 Br^- 离子的浓度分别是多少？

8. 有一溶液中含有 Ca^{2+}、Ba^{2+} 离子各 0.1mol·L^{-1}。(1) 缓慢加入 Na_2SO_4，开始生成的是何沉淀？(2) 该物质开始沉淀时 SO_4^{2-} 浓度是多少？(3) 可否用此方法分离 Ca^{2+}、Ba^{2+} 离子？(4) $CaSO_4$ 开始沉淀的瞬间，Ba^{2+} 浓度是多少？(溶液中残留离子浓度为 1.0×10^{-5} 时，可认为沉淀完全)

9. 把 50 mL 0.01 mol·L^{-1} $MgCl_2$ 溶液与 50 mL 0.02 mol·L^{-1} $NH_3·H_2O$ 等体积混合，是否有 $Mg(OH)_2$ 沉淀生成？

10. 已知 $Mg(OH)_2$ 在水中的溶解度为 6.53×10^{-3} g·L^{-1}，计算 $Mg(OH)_2$ 的溶度积 $K_{sp}^{\ominus}$。如果在 50 mL 0.20 mol·L^{-1} $MgCl_2$ 溶液中加入等体积的 0.20 mol·L^{-1} 氨水，是否有 $Mg(OH)_2$ 沉淀生成？

11. 已知 $K_{sp}^{\ominus}[Mn(OH)_2] = 2.06 \times 10^{-13}$，$pK_b^{\ominus}(NH_3) = 4.75$，在 100 mL 0.20 mol·$L^{-1}$ $MnCl_2$ 溶液中，加入 100 mL 0.10 mol·L^{-1} 氨溶液。问需要加多少克 NH_4Cl 才不致使 Mn^{2+} 生成 $Mn(OH)_2$ 沉淀？

12. 已知 $K_{sp}^{\ominus}[Cd(OH)_2] = 5.27 \times 10^{-15}$。计算 Cd^{2+} 在酸雨(pH = 5.6)中的溶解度；通过计算说明酸雨对环境的危害。

13. 已知 $K_{sp}^{\ominus}(AgCl) = 1.77 \times 10^{-10}$，$K_{sp}^{\ominus}(AgI) = 8.51 \times 10^{-17}$，在浓度均为 0.10 mol·$L^{-1}$

Cl^- 和 I^- 的混合溶液中,逐滴加入 $AgNO_3$ 溶液,问何者先沉淀?当 $AgCl$ 开始生成沉淀时,溶液中 $c(I^-)$ 为多少?

14. 已知 $K_{a_1}^{\ominus}(H_2S) = 9.1 \times 10^{-8}$,$K_{a_2}^{\ominus}(H_2S) = 1.1 \times 10^{-12}$,在 $0.10\ mol \cdot L^{-1}\ FeCl_2$ 溶液中,不断通入 H_2S,若要不生成 FeS 沉淀,则溶液的 pH 值最高不应超过多少?

15. 已知 $K_{a_1}^{\ominus}(H_2S) = 9.1 \times 10^{-8}$,$K_{a_2}^{\ominus}(H_2S) = 1.1 \times 10^{-12}$;$K_{sp}^{\ominus}(PbS) = 9.04 \times 10^{-29}$,$K_{sp}^{\ominus}(CuS) = 1.27 \times 10^{-36}$,$K_{sp}^{\ominus}(HgS) = 6.44 \times 10^{-53}$,$K_{sp}^{\ominus}(ZnS) = 2.93 \times 10^{-25}$,$K_{sp}^{\ominus}(NiS) = 1.07 \times 10^{-21}$,$K_{sp}^{\ominus}(MnS) = 4.65 \times 10^{-14}$,$K_{sp}^{\ominus}(CdS) = 1.40 \times 10^{-29}$,某溶液中含 Pb^{2+}、Hg^{2+}、Cd^{2+}、Cu^{2+}、Zn^{2+}、Mn^{2+}、Ni^{2+} 等离子,浓度均为 $0.10\ mol \cdot L^{-1}$,保持溶液中 $c(H^+) = 0.3\ mol \cdot L^{-1}$,并通入 H_2S 至饱和($0.1\ mol \cdot L^{-1}$),计算说明哪些离子可能被沉淀完全?

16. 通过计算说明,利用 $AgI(s)+Na_2CO_3$ 和 $AgI(s)+(NH_4)_2S$ 两个反应能否将 $AgI(s)$ 转化为 $Ag_2CO_3(s)$ 和 $Ag_2S(s)$。

练习题答案

(一) 判断题

1. ×	2. ×	3. √	4. ×
5. √	6. √	7. ×	8. ×
9. √	10. ×	11. √	12. √
13. √	14. √	15. √	16. ×
17. √	18. √	19. √	20. ×
21. ×	22. √	23. ×	24. √
25. ×	26. ×	27. √	28. ×
29. √	30. √	31. √	32. √
33. √	34. ×	35. √	36. ×
37. ×	38. ×	39. √	40. ×

(二) 选择题(单选)

1. B	2. C	3. D	4. B
5. C	6. A	7. C	8. C
9. A	10. C	11. A	12. B
13. A	14. B	15. D	16. B
17. A	18. D	19. B	20. B
21. B	22. A	23. B	24. B
25. A	26. B	27. A	28. D
29. C	30. D	31. D	32. D
33. D	34. B	35. C	36. B

37. C	38. B	39. D	40. C
41. A	42. C	43. B	44. B
45. B	46. B	47. D	48. A
49. C	50. B	51. C	

(三) 简答题

1. 因为 $K_{sp}^{\ominus}(AgCN) \ll K_{sp}^{\ominus}(AgAc)$，所以 AgAc 溶于 HNO_3，而 AgCN 不溶。

2. SO_3^{2-} 易与 NO_3^- 发生氧化还原反应，故能使 Ag_2SO_3 溶解；CrO_4^{2-} 在强酸作用下转化为 $Cr_2O_7^{2-}$，故能溶解 Ag_2CrO_4；PO_4^{3-} 在强酸作用下，生成弱电解质，从而降低了溶液中 PO_4^{3-} 浓度；AgCl：由于 HCl 为强酸，完全离解，不能有效降低溶液中 Cl^- 浓度；AgCN 加入强酸后，$AgCN + H^+ = Ag^+ + HCN$，但由于 $K_{sp}^{\ominus}$ 太小，其 $K^{\ominus}$ 仍然太小，虽可使 AgCN 的溶解度变大一点，但还是看不出 AgCN 明显的溶解。

3. 溶度积表示在一定温度下，难溶电解质达沉淀-溶解平衡时，饱和溶液中有关离子相对浓度幂的乘积，用 $K_{sp}^{\ominus}$ 表示。离子积是在难溶电解质溶液中，有关离子相对浓度幂的乘积，用 Q 表示。

溶度积规则：当 $Q = K_{sp}^{\ominus}$ 时，是饱和溶液，达到沉淀-溶解动态平衡；当 $Q < K_{sp}^{\ominus}$ 时，是未饱和溶液，未达到动态平衡，若系统中有固体存在，将发生溶解，直至达到沉淀-溶解平衡；当 $Q > K_{sp}^{\ominus}$ 时，是过饱和溶液，有沉淀析出，直至达到沉淀-溶解平衡。

4. 由 $K_{sp}^{\ominus}(Ag_2CrO_4)$ 与 $K_{sp}^{\ominus}(AgCl)$ 可得，$S(AgCl) < S(Ag_2CrO_4)$，所以在 Cl^- 加入后，能使 Ag_2CrO_4 饱和溶液中的 Ag^+ 与 Cl^- 结合成 AgCl 白色沉淀，即 Ag_2CrO_4 逐步溶解转化为 AgCl，发生沉淀转化反应，砖红色 Ag_2CrO_4 沉淀逐渐转变为白色 AgCl 沉淀。

5. 溶度积和溶解度二者之间是有区别的。溶解度用 S 表示，单位为 $mol \cdot L^{-1}$，是指难溶电解质在 1 L 溶液中达到沉淀-溶解平衡(饱和) 时实际溶解的量。溶度积则表示溶解作用进行的倾向，并不表示已溶解的量。溶度积和溶解度之间可以互相换算，①AB 型：$K_{sp}^{\ominus} = (S/c^{\ominus})^2$；②$AB_2$ 型：$K_{sp}^{\ominus} = 4(S/c^{\ominus})^3$；③$AB_3$ 型：$K_{sp}^{\ominus} = 27(S/c^{\ominus})^4$。

6. 在草酸溶液中加入 $CaCl_2$ 溶液时，Ca^{2+} 和 $C_2O_4^{2-}$ 离子的离子积超过 CaC_2O_4 的溶度积，沉淀生成。将沉淀滤出后，滤液中依然有 Ca^{2+} 和 $C_2O_4^{2-}$ 离子，还有未离解的 $H_2C_2O_4$，加氨水可使 $H_2C_2O_4$ 离解度增大，$C_2O_4^{2-}$ 离子浓度增大，Ca^{2+} 和 $C_2O_4^{2-}$ 离子的离子积超过 CaC_2O_4 的溶度积，于是再次产生 CaC_2O_4 沉淀。

(四) 计算题

1. 解：$K_{sp}^{\ominus}(CaF_2) = [c(Ca^{2+})/c^{\ominus}] \cdot [c(F^-)/c^{\ominus}]^2 = 4(S/c^{\ominus})^3$

$$= 4 \times \left(\frac{0.003\ 7}{78.08 \times 0.250}\right)^3 = 2.7 \times 10^{-11}$$

2. 解：$HgS + Mn^{2+} = Hg^{2+} + MnS$

$$K^{\ominus} = \frac{c(Hg^{2+})/c^{\ominus}}{c(Mn^{2+})/c^{\ominus}} = \frac{K_{sp}^{\ominus}(HgS)}{K_{sp}^{\ominus}(MnS)} = \frac{6.44 \times 10^{-53}}{4.65 \times 10^{-14}} = 1.38 \times 10^{-39}$$

$K^{\ominus}$ 太小，不可能将 HgS 转化为 MnS。

3. 解：（1）设纯水中 CaF_2 的溶解度 S_1

$$CaF_2 = Ca^{2+} + 2F^-$$

平衡时 $c/(mol \cdot L^{-1})$ S_1 $2S_1$

$K_{sp}^{\ominus}(CaF_2) = [c(Ca^{2+})/c^{\ominus}] \cdot [c(F^-)/c^{\ominus}]^2 = (S_1/c^{\ominus})(2S_1/c^{\ominus})^2 = 4(S_1/c^{\ominus})^3$

$S_1/c^{\ominus} = \sqrt[3]{K_{sp}^{\ominus}/4} = 3.32 \times 10^{-4}$

$S_1 = 3.32 \times 10^{-4} \, mol \cdot L^{-1}$

（2）设在 $0.20 \, mol \cdot L^{-1}$ $Ca(NO_3)_2$ 溶液中的溶解度 S_2

$$CaF_2 = 2F^- + Ca^{2+}$$

平衡时 $c/(mol \cdot L^{-1})$ $2S_2$ $0.20+S_2 \approx 0.2$

$K_{sp}^{\ominus}(CaF_2) = [c(Ca^{2+})/c^{\ominus}] \cdot [c(F^-)/c^{\ominus}]^2 = 0.2 \times (2S_2/c^{\ominus})^2 = 0.8 \times (S_2/c^{\ominus})^2$

$S_2/c^{\ominus} = \sqrt{K_{sp}^{\ominus}/0.8} = 1.35 \times 10^{-5}$

$S_2 = 1.35 \times 10^{-5} \, mol \cdot L^{-1}$

（3）设在 $0.10 \, mol \cdot L^{-1}$ KF 溶液中的溶解度 S_3

$$CaF_2 = Ca^{2+} + 2F^-$$

平衡时 $c/(mol \cdot L^{-1})$ S_3 $0.10+2S_3 \approx 0.1$

$K_{sp}^{\ominus}(CaF_2) = [c(Ca^{2+})/c^{\ominus}] \cdot [c(F^-)/c^{\ominus}]^2 = (S_3/c^{\ominus}) \times (0.1)^2 = 0.01(S_3/c^{\ominus})$

$S_3/c^{\ominus} = K_{sp}^{\ominus}/0.01 = 1.46 \times 10^{-8}$

$S_3 = 1.46 \times 10^{-8} \, mol \cdot L^{-1}$

4. 解：$BaSO_4 + CO_3^{2-} = SO_4^{2-} + BaCO_3$

$$K^{\ominus} = \frac{c(SO_4^{2-})/c^{\ominus}}{c(CO_3^{2-})/c^{\ominus}} = \frac{K_{sp}^{\ominus}(BaSO_4)}{K_{sp}^{\ominus}(BaCO_3)} = \frac{1.07 \times 10^{-10}}{2.58 \times 10^{-9}} = 4.19 \times 10^{-2}$$

$$c(CO_3^{2-})/c^{\ominus} = \frac{c(SO_4^{2-})/c^{\ominus}}{K^{\ominus}} = \frac{0.01}{4.19 \times 10^{-2}} = 0.24$$

所需碳酸根的物质的量为

$n(CO_3^{2-}) = 0.24 + 0.01 = 0.25 \, mol$

5. 解：$K_{sp}^{\ominus}[Mg(OH)_2] = [c(Mg^{2+})/c^{\ominus}] \cdot [c(OH^-)/c^{\ominus}]^2 = 4(S/c^{\ominus})^3 = 5.61 \times 10^{-2}$

$S/c^{\ominus} = \sqrt[3]{K_{sp}^{\ominus}/4} = 1.12 \times 10^{-4}$

$c(OH^-) = 2S = 2.24 \times 10^{-4} \, mol \cdot L^{-1}$

$pH = 14 - pOH = 14 - 3.65 = 10.35$

6. 解：$Q_i(CaF_2) = [c(Ca^{2+})/c^{\ominus}] \cdot [c(F^-)/c^{\ominus}]^2 = 1.44 \times 10^{-7}$

$Q_i(CaF_2) > K_{sp}^{\ominus}(CaF_2) = 1.46 \times 10^{-10}$

故产生沉淀。

7. 解：混合后 $c(Ag^+)/c^\ominus = 0.08$，$c(Br^-)/c^\ominus = 0.03$

$Ag^+ + Br^- = AgBr\downarrow$，反应后剩余 $c(Ag^+)/c^\ominus = 0.05$

$$c(Br^-)/c^\ominus = \frac{K_{sp}^\ominus(AgBr)}{c(Ag^+)/c^\ominus} = \frac{5.35 \times 10^{-13}}{0.05} = 1.07 \times 10^{-11}$$

8. 解：(1) $K_{sp}^\ominus(BaSO_4) < K_{sp}(CaSO_4)$，$BaSO_4$ 先沉淀。

(2) $K_{sp}^\ominus(BaSO_4) = [c(Ba^{2+})/c^\ominus] \cdot [c(SO_4^{2-})/c^\ominus]$

$$c(SO_4^{2-})/c^\ominus = \frac{K_{sp}^\ominus(BaSO_4)}{c(Ba^{2+})/c^\ominus} = \frac{1.08 \times 10^{-10}}{0.1} = 1.08 \times 10^{-9}$$

(3) 当 $c(Ba^{2+})/c^\ominus < 1.0 \times 10^{-5}$ 时，Ba^{2+} 沉淀完全。

$$c(SO_4^{2-})/c^\ominus = \frac{K_{sp}^\ominus(BaSO_4)}{c(Ba^{2+})/c^\ominus} = \frac{1.08 \times 10^{-10}}{1.0 \times 10^{-5}} = 1.08 \times 10^{-5}$$

$Q_i(CaSO_4) = [c(Ca^{2+})/c^\ominus] \cdot [c(SO_4^{2-})/c^\ominus] = 0.1 \times 1.08 \times 10^{-5} = 1.08 \times 10^{-6}$

$Q_i(CaSO_4) < K_{sp}^\ominus(CaSO_4) = 4.93 \times 10^{-5}$

此时 Ca^{2+} 还未沉淀，所以可用此方法分离。

(4) 当 Ca^{2+} 开始沉淀时：

$$c(SO_4^{2-})/c^\ominus = \frac{K_{sp}^\ominus(CaSO_4)}{c(Ca^{2+})/c^\ominus} = \frac{7.10 \times 10^{-5}}{0.1} = 7.10 \times 10^{-4}$$

$$c(Ba^{2+})/c^\ominus = \frac{K_{sp}^\ominus(BaSO_4)}{c(SO_4^{2-})/c^\ominus} = \frac{1.07 \times 10^{-10}}{7.10 \times 10^{-4}} = 1.51 \times 10^{-7}$$

$c(Ba^{2+}) < 1.0 \times 10^{-5}$

Ba^{2+} 沉淀完全。

9. 解：$c(OH^-)/c^\ominus = \sqrt{K_b^\ominus c/c^\ominus} = \sqrt{1.77 \times 10^{-5} \times 0.01} = 4.21 \times 10^{-4}$

$Q_i[Mg(OH)_2] = [c(OH^-)/c^\ominus]^2 \cdot [c(Mg^{2+})/c^\ominus]$

$\qquad\qquad = (4.21 \times 10^{-4})^2 \times 0.005 = 8.86 \times 10^{-10}$

$Q_i[Mg(OH)_2] > K_{sp}^\ominus = 5.61 \times 10^{-12}$

将生成 $Mg(OH)_2$ 沉淀。

10. 解：(1) $S = \dfrac{6.53 \times 10^{-3}}{58.3} = 1.12 \times 10^{-4}\ mol \cdot L^{-1}$

$Mg(OH)_2(s) = Mg^{2+}(aq) + 2OH^-(aq)$

$K_{sp}^\ominus[Mg(OH)_2] = [c(OH^-)/c^\ominus]^2 \cdot [c(Mg^{2+})/c^\ominus]$

$\qquad\qquad = 4(S/c^\ominus)^3 = 4 \times (1.12 \times 10^{-4})^3 = 5.62 \times 10^{-12}$

(2) 两溶液混合后浓度：$c(Mg^{2+}) = 0.10\ mol \cdot L^{-1}$，$c(NH_3) = 0.10\ mol \cdot L^{-1}$

$c(OH^-)/c^\ominus = \sqrt{K_b^\ominus c/c^\ominus} = \sqrt{1.77 \times 10^{-5} \times 0.01/1.00} = 1.33 \times 10^{-3}$

$Q_i[Mg(OH)_2] = [c(OH^-)/c^\ominus]^2 \cdot [c(Mg^{2+})/c^\ominus]$

$\qquad\qquad = 0.10 \times (1.33 \times 10^{-3})^2 = 1.77 \times 10^{-7}$

$Q_i[\mathrm{Mg(OH)_2}] > K_{sp}^{\ominus}[\mathrm{Mg(OH)_2}]$

所以，有 $\mathrm{Mg(OH)_2}$ 沉淀生成。

11. 解：等体积混合后，溶液中 $\mathrm{NH_3}$ 和 $\mathrm{Mn^{2+}}$ 的相对浓度为

$$c(\mathrm{NH_3})/c^{\ominus} = \frac{1}{2} \times 1.0 = 0.05, \quad c(\mathrm{Mn^{2+}})/c^{\ominus} = \frac{1}{2} \times 0.20 = 0.10$$

要防止 $\mathrm{Mn(OH)_2}$ 沉淀产生必须控制 $Q < K_{sp}^{\ominus}[\mathrm{Mn(OH)_2}]$，即

$$Q = [c(\mathrm{Mn^{2+}})/c^{\ominus}] \cdot [c(\mathrm{OH^-})/c^{\ominus}]^2 < K_{sp}^{\ominus}[\mathrm{Mn(OH)_2}]$$

$$c(\mathrm{OH^-})/c^{\ominus} < \sqrt{\frac{K_{sp}^{\ominus}[\mathrm{Mn(OH)_2}]}{c(\mathrm{Mn^{2+}})/c^{\ominus}}} = 1.43 \times 10^{-6}$$

在 $\mathrm{NH_3}$ 溶液中加入 $\mathrm{NH_4Cl}$，构成缓冲溶液

$$\mathrm{pOH} = pK_b^{\ominus} - \lg \frac{c(\mathrm{NH_3})}{c(\mathrm{NH_4^+})}$$

$$5.84 = 4.75 - \lg \frac{0.050}{c(\mathrm{NH_4^+})}$$

$$c(\mathrm{NH_4^+}) = 0.615 \ \mathrm{mol \cdot L^{-1}}$$

加 $\mathrm{NH_4Cl}$ 的质量为

$$m > c(\mathrm{NH_4Cl}) V M(\mathrm{NH_4Cl}) = 0.615 \ \mathrm{mol \cdot L^{-1}} \times 0.20 \ \mathrm{L} \times 53.5 \ \mathrm{g \cdot mol^{-1}} = 6.58 \ \mathrm{g}$$

故在氨溶液中至少需要加 6.58 g $\mathrm{NH_4Cl}$ 才不致使 $\mathrm{Mn^{2+}}$ 生成 $\mathrm{Mn(OH)_2}$。

12. 解：酸雨中 pH = 5.6，$c(\mathrm{OH^-}) = 10^{-(14-5.6)} \ \mathrm{mol \cdot L^{-1}} = 3.98 \times 10^{-9} \ \mathrm{mol \cdot L^{-1}}$，

$$K_{sp}^{\ominus}[\mathrm{Cd(OH)_2}] = [c(\mathrm{Cd^{2+}})/c^{\ominus}] \cdot [c(\mathrm{OH^-})/c^{\ominus}]^2 = 5.27 \times 10^{-15}$$

$$c(\mathrm{Cd^{2+}}) = 332.6 \ \mathrm{mol \cdot L^{-1}}$$

镉及其化合物均有一定的毒性，通过计算可知氢氧化镉在酸雨中溶解度远大于纯水中。

13. 解：$\mathrm{Cl^-}$ 开始沉淀时：

$$c(\mathrm{Ag^+}) = \frac{K_{sp}^{\ominus}(\mathrm{AgCl})}{c(\mathrm{Cl^-})/c^{\ominus}} = \frac{1.77 \times 10^{-10}}{0.10} = 1.77 \times 10^{-9}$$

$\mathrm{I^-}$ 开始沉淀时：

$$c(\mathrm{Ag^+}) = \frac{K_{sp}^{\ominus}(\mathrm{AgI})}{c(\mathrm{I^-})/c^{\ominus}} = \frac{8.51 \times 10^{-17}}{0.10} = 8.51 \times 10^{-16}$$

计算得出 AgI 先沉淀，而 AgCl 后沉淀。

AgCl 开始沉淀时，$c(\mathrm{Ag^+}) = 1.77 \times 10^{-9} \ \mathrm{mol \cdot L^{-1}}$，此时溶液中剩余 $c(\mathrm{I^-})$ 为

$$c(\mathrm{I^-})/c^{\ominus} = \frac{K_{sp}^{\ominus}(\mathrm{AgI})}{c(\mathrm{Ag^+})/c^{\ominus}} = \frac{8.51 \times 10^{-17}}{1.77 \times 10^{-9}} = 4.8 \times 10^{-8}$$

14. 解：$K_{sp}^{\ominus}(\mathrm{FeS}) = [c(\mathrm{Fe^{2+}})/c^{\ominus}] \cdot [c(\mathrm{S^{2-}})/c^{\ominus}] = 1.59 \times 10^{-19}$

在 0.10 $\mathrm{mol \cdot L^{-1}}$ $\mathrm{FeCl_2}$ 溶液中，不断通入 $\mathrm{H_2S}$，若要不生成 FeS 沉淀，则 $\mathrm{S^{2-}}$ 的最高浓度为：

$$c\,(S^{2-})/c^{\ominus} = K_{sp}^{\ominus}(FeS)/[\,c(Fe^{2+})/c^{\ominus}\,] = 1.59 \times 10^{-19}/0.10 = 1.59 \times 10^{-18}$$

$$c\,(H^+)/c^{\ominus} = \sqrt{\dfrac{K_{a_1}^{\ominus} K_{a_2}^{\ominus} c(H_2S)/c^{\ominus}}{c(S^{2-})/c^{\ominus}}}$$

$$= \sqrt{\dfrac{9.1 \times 10^{-8} \times 1.1 \times 10^{-12} \times 0.10}{1.59 \times 10^{-18}}} = 0.079 \text{ mol} \cdot L^{-1}$$

pH = 1.10

所以，要不生成 FeS 沉淀，则溶液的 pH 值最高不应超过多少 1.10。

15. 解：$MS + 2H^+ = M^{2+} + H_2S$

$$K^{\ominus} = \dfrac{K_{sp}^{\ominus}(MS)}{K_{a_1}^{\ominus} K_{a_2}^{\ominus}} = \dfrac{K_{sp}^{\ominus}(MS)}{1.00 \times 10^{-19}}$$

根据题意，离子沉淀完全，则

$c(M^{2+}) \leqslant 10^{-5}$，$c(H^+) = 0.30 \text{ mol} \cdot L^{-1}$，$c(H_2S) = 0.10 \text{ mol} \cdot L^{-1}$

如果沉淀完全，则反应逆向进行，根据化学等温方程式 $Q > K^{\ominus}$

$$Q = \dfrac{[\,c(M)/c^{\ominus}\,] \cdot [\,c(H_2S)/c^{\ominus}\,]}{[\,c(H^+)/c^{\ominus}\,]^2} = \dfrac{10^{-5} \times 0.10}{0.30^2} = \dfrac{K_{sp}^{\ominus}(MS)}{1.00 \times 10^{-19}}$$

则 $K_{sp}^{\ominus}(MS) < 1.1 \times 10^{-24}$

凡是 $K_{sp}^{\ominus}$ 符合此条件的硫化物均能沉淀完全，所以 Pb^{2+}、Hg^{2+}、Cd^{2+}、Cu^{2+}、Zn^{2+} 均可沉淀完全。

16. 解：$2AgI(s) + CO_3^{2-} = Ag_2CO_3 + 2I^-$

$$K^{\ominus} = \dfrac{[\,c(I^-)/c^{\ominus}\,]^2}{c(CO_3^{2-})/c^{\ominus}} = \dfrac{[\,K_{sp}^{\ominus}(AgI)\,]^2}{K_{sp}^{\ominus}(Ag_2CO_3)} = \dfrac{(8.52 \times 10^{-17})^2}{8.46 \times 10^{-12}} = 8.58 \times 10^{-22}$$

因此，$AgI(s)$ 不能转化为 $Ag_2CO_3(s)$。

$2AgI(s) + S^{2-} = Ag_2S + 2I^-$

$$K^{\ominus} = \dfrac{[\,c(I^-)/c^{\ominus}\,]^2}{c(S^{2-})/c^{\ominus}} = \dfrac{[\,K_{sp}^{\ominus}(AgI)\,]^2}{K_{sp}^{\ominus}(Ag_2S)} = \dfrac{(8.52 \times 10^{-17})^2}{6.69 \times 10^{-50}} = 1.09 \times 10^{17}$$

因此，$AgI(s)$ 可以转化为 $Ag_2S(s)$。

第10章
氧化还原平衡

本章在介绍氧化还原反应基本概念的基础上重点讨论电极电势的概念及其应用。通过本章的学习，要求理解氧化还原反应的基本概念；掌握氧化还原反应方程式的配平方法：氧化数法和离子电子法；了解原电池的构造和工作原理，能用电池符号表示原电池的组成，理解电极电势的有关概念；熟练运用能斯特方程进行电极电势的计算，并掌握影响电极电势的主要因素；学会运用电极电势的大小确定氧化剂、还原剂的相对强弱；了解原电池电动势与反应 $\Delta_r G_m$ 的关系，能够判断氧化还原反应进行的方向和次序；掌握标准电池电动势 $\varepsilon^{\ominus}$ 与氧化还原反应的标准平衡常数 $K^{\ominus}$ 的定量关系；了解电极电势与溶液中其他平衡常数（如 $K_{sp}^{\ominus}$、$K_f^{\ominus}$ 等）的联系及其计算；掌握元素电势图的意义和应用。

10.1　本章概要

10.1.1　氧化还原反应的基本概念

10.1.1.1　氧化数的概念及确定方法

氧化数是化学实体中某元素一个原子的电荷数，即原子在化合状态时的"形式电荷数"。

氧化数的确定方法：在单质中元素的氧化数等于零；在化合物中，某元素原子的氧化数等于该原子的形式电荷数，化合物中所有元素的氧化数的代数和等于零；在多原子离子中所有元素的氧化数的代数和等于该离子的电荷数。

10.1.1.2　氧化还原反应

氧化还原反应是反应物中某些元素氧化数发生变化的化学反应。元素氧化数升高(失去电子)的过程，称为氧化；元素氧化数降低(得到电子)的过程，称为还原。

氧化还原反应是由氧化反应和还原反应两个半反应构成的。半反应式中，氧化态和相应的还原态物质构成氧化还原电对，电对符号用"氧化态/还原态"表示，如 Zn^{2+}/Zn、O_2/OH^- 等。

如果氧化数的升高和降低都发生在同一个化合物中，这种氧化还原反应称为自身氧化还原反应；氧化数升高和降低都发生在同一化合物的同一种元素中，这种氧化还原反应称为歧化反应。

10.1.1.3 氧化还原反应式的配平

（1）氧化数法

配平原则：氧化剂氧化数降低总和等于还原剂氧化数升高总和。

（2）离子电子法

配平原则：氧化剂得到的电子总数等于还原剂失去的电子总数。

10.1.2 原电池和电极

10.1.2.1 原电池的构造及工作原理

将化学能转变为电能的装置叫原电池。在原电池中，氧化反应与还原反应分别在两个电极上自发进行。负极上，还原剂失去电子发生氧化反应；正极上，氧化剂得到电子发生还原反应。两电极反应相加即可得到电池反应。原电池可以使氧化还原反应中的电子进行定向转移，从而产生电流。

10.1.2.2 电池的表示方法

原电池可用电池符号来表示。书写电池符号时注意以下几个方面：负极写在左方，正极写在右方；组成电池的物质用化学式表示，并注明电极物质的状态；气体要注明分压和依附的不活泼金属，电解质溶液要注明活度；用单垂线"|"表示接触界面，同相中的不同物质则用","分开，用双垂线"‖"表示盐桥。如$(-)Zn(s)\mid Zn^{2+}(c_1)\parallel Fe^{3+}(c_2)$，$Fe^{2+}(c_3)\mid Pt(s)\ (+)$。

10.1.2.3 电极的种类

（1）金属电极

由金属及其离子的溶液构成，包括汞齐电极。如 Cu 电极：$Cu(s)\mid CuSO_4(c)$，电极反应为：$Cu^{2+}+2e^-=Cu$。

（2）气体电极

由惰性金属（通常用 Pt）插入某气体及其离子溶液中构成的电极。如氢电极：$Pt(s)\mid H_2(p)\mid H^+(c)$，电极反应为：$2H^++2e^-=H_2$。

（3）氧化还原电极

由惰性金属（如 Pt 片）插入某种元素两种不同氧化态的离子溶液中构成的电极，如 Sn^{2+}、Sn^{4+} 电极：$Pt(s)\mid Sn^{4+}(c_1)$，$Sn^{2+}(c_2)$，电极反应为：$Sn^{4+}+2e^-=Sn^{2+}$。

（4）金属难溶盐电极

将金属表面覆盖一薄层该金属的难溶盐，浸入含有该难溶盐的负离子的溶液中构成。如银-氯化银电极：$Ag(s)\mid AgCl(s)\mid Cl^-(c)$，电极反应为：$AgCl+e^-=Ag+Cl^-$。

10.1.3 原电池电动势与电极电势

10.1.3.1 原电池电动势

原电池电动势等于没有电流通过时两极间的电势差，用符号 ε 表示，$\varepsilon = \varphi_+ - \varphi_-$。

10.1.3.2 电极电势

电极电势的产生可用双电层理论来解释。标准电极电势 $\varphi^\ominus$ 是各电极在标准状态下，以标准氢电极的电极电势作为比较标准的相对值。标准电动势 $\varepsilon^\ominus = \varphi_+^\ominus - \varphi_-^\ominus$。

（1）标准氢电极

用镀铂黑的铂片插入氢离子浓度为 $1\ mol \cdot L^{-1}$ HCl 溶液中，用标准压力的干燥 H_2 不断冲击到铂电极上所构成的电极，规定其电极电势为零，$\varphi^\ominus(H^+/H_2) = 0.000\ 0\ V$。

（2）标准电极电势的测定

把标准氢电极作为负极与给定电极构成电池，测出的电池电动势就是给定电极的电极电势。

（3）标准电极电势表及其应用

标准电极电势表上的数值都是标准氢电极的相对值，所代表的物质氧化还原能力的强弱也是相对的。两个电对相比较，$\varphi^\ominus$ 大的电对中，氧化态物质是强氧化剂，还原态物质是弱还原剂；$\varphi^\ominus$ 小的电对中，还原态物质是强还原剂，氧化态物质是弱氧化剂。

（4）使用标准电极电势表注意事项

①$\varphi^\ominus$ 值的大小（正、负号）与电极反应写法无关。如：

$$Cu^{2+} + 2e^- = Cu \qquad \varphi^\ominus = 0.341\ 9\ V$$
$$Cu = Cu^{2+} + 2e^- \qquad \varphi^\ominus = 0.341\ 9\ V$$

②$\varphi^\ominus$ 值的大小反映的是物质得失电子能力的强弱，不具有加合性。如：

$$Cl_2 + 2e^- = 2Cl^- \qquad \varphi^\ominus = 1.358\ V$$
$$\frac{1}{2}Cl_2 + e^- = Cl^- \qquad \varphi^\ominus = 1.358\ V$$

③根据不同的电极反应，确定查酸表还是碱表。

10.1.4 氧化还原反应的自发方向

10.1.4.1 氧化还原反应的摩尔吉布斯自由能与电池电动势的关系

$$\Delta_r G_m = -nF\varepsilon$$

若反应在标准状态下进行则有：

$$\Delta_r G_m^\ominus = -nF\varepsilon^\ominus$$

式中，n 是氧化还原反应转移电子的计量数；F 是法拉第常数，$F = 96\ 500\ J \cdot V^{-1} \cdot mol^{-1}$。

10.1.4.2　氧化还原反应方向的判断

$\Delta_r G_m < 0$ 时，$\varepsilon > 0$，反应正向自发；

$\Delta_r G_m > 0$ 时，$\varepsilon < 0$，反应正向非自发；

$\Delta_r G_m = 0$ 时，$\varepsilon = 0$，反应处于平衡状态。

若反应在标准态下进行，则可以根据 $\Delta_r G_m^{\ominus}$ 和 $\varepsilon^{\ominus}$ 判断反应进行的方向。

$\Delta_r G_m^{\ominus} < 0$ 时，$\varepsilon^{\ominus} > 0$，反应正向自发；

$\Delta_r G_m^{\ominus} > 0$ 时，$\varepsilon^{\ominus} < 0$，反应正向非自发；

$\Delta_r G_m^{\ominus} = 0$ 时，$\varepsilon^{\ominus} = 0$，反应处于平衡状态。

10.1.4.3　能斯特(Nernst)方程

对于任意给定的一个电极，其电极反应可表示为：

$$氧化态 + ne^- = 还原态 \qquad aO + ne^- = bR$$

电极电势为：

$$\varphi = \varphi^{\ominus} + \frac{RT}{nF}\ln\frac{[c(Ox)/c^{\ominus}]^a}{[c(Red)/c^{\ominus}]^b}$$

298 K 时：

$$\varphi = \varphi^{\ominus} + \frac{0.0592}{n}\ln\frac{[c(Ox)/c^{\ominus}]^a}{[c(Red)/c^{\ominus}]^b}$$

这是 Nernst 方程一种常用形式，使用时应注意以下几点：

①在 Nernst 方程式中，各物质的浓度以相对浓度代入，若组成氧化还原电对的某一物质是气体，则以相对分压代入；若是纯固体或纯液体，则其浓度视为常数，不出现在 Nernst 方程式中；水溶液中进行的反应，水的浓度也不出现在 Nernst 方程式中。

②Nernst 方程式中，各物质的相对浓度或相对分压应以其反应式中化学计量系数为指数。

③对于有 H^+ 或 OH^- 等参与的氧化还原反应，计算时 H^+ 或 OH^- 的相对浓度也要代入 Nernst 方程式中。

10.1.4.4　影响电极电势的因素

(1) 浓度对电极电势的影响

从 Nernst 方程可以看出，增大氧化型物质的浓度，将使电极电势升高，其氧化能力增强；增大还原型物质的浓度，将使电极电势降低，其还原能力增强。

(2) 酸度对电极电势的影响

溶液酸度影响有 H^+（或 OH^-）参与电极反应的电极电势。若 H^+（或 OH^-）在电极反应中氧化型物质一侧，则 H^+（或 OH^-）浓度增大，电极电势升高，氧化型物质的氧化能力增强。反之，若 H^+（或 OH^-）在电极反应中还原型物质一侧，则 H^+（或 OH^-）浓度增大，电极电势降低，还原型物质的还原能力增强。

对于没有 H^+ 和 OH^- 参加的电极反应，溶液酸度是不会影响其电极电势的。

(3) 难溶化合物或配合物的生成对电极电势的影响

电极反应中，溶液中离子生成沉淀或配合物，都会使离子浓度降低，因此使电极电势发生改变，以致影响氧化剂和还原剂的氧化还原能力。

10.1.4.5 电极电势的应用

（1）判断氧化还原反应方向

在原电池中，电极电势高的电极总是作为正极，电极电势低的则作为负极。

对实际存在的原电池而言，ε 总是大于 0 的，$\varepsilon<0$ 只具有理论意义而无实际意义。若 $\varepsilon<$ 0，则说明实际电池反应的方向与原来判断(或假设)的方向相反。

两电对相比较，当 $\varphi(O_1/R_1)>\varphi(O_2/R_2)$ 时，O_1 是强于 O_2 的氧化剂，R_2 是强于 R_1 的还原剂。氧化还原反应方向为：

$$O_1(强)+R_2(强)\rightarrow R_1(弱)+O_2(弱)$$

若电池反应在标准状态下进行，则可直接用 $\varepsilon^\ominus$ 的正负来判断反应的方向或直接用两个电极的标准电极电势来判断反应进行的方向。

（2）判断氧化还原反应进行的程度

氧化还原反应进行的程度，可由该反应的标准平衡常数 $K^\ominus$ 的大小反映出来。298 K 时，有：

$$\lg K^\ominus=\frac{n\varepsilon^\ominus}{0.059\ 2\ V}=\frac{n(\varphi_+^\ominus-\varphi_-^\ominus)}{0.059\ 2\ V}$$

使用上式应注意式中 n 为氧化还原反应配平后，转移的总的电子计量数。

（3）选择氧化剂、还原剂

若要氧化某物质，需选择电极电势高于该物质的电对的氧化型物质作氧化剂；同样，欲还原某物质，需选择电极电势低于该物质的电对的还原型物质作还原剂。

（4）判断氧化还原反应进行的次序

一种氧化剂(还原剂)可同时氧化(还原)多种物质，那么，电极电势差值大的两种物质先发生氧化还原反应。

10.1.5 元素标准电极电势图及其应用

10.1.5.1 元素标准电极电势图

如果某元素具有多种氧化态，可形成多个氧化还原电对，将各种氧化态物质按氧化数由高到低排列起来，并标明各电对的标准电极电势，这样的图称为元素标准电极电势图。

以铁元素的标准电极电势图为例：

$$（左）Fe^{3+}\ \underline{\ \ \ 0.771\ V\ \ \ }\ Fe^{2+}\ \underline{\ \ \ -0.447\ V\ \ \ }\ Fe\ （右）$$
$$\underline{\ \ \ -0.037\ V\ \ \ }$$

10.1.5.2 元素标准电极电势图的应用

(1) 判断能否发生歧化反应

在元素标准电极电势图中，对于中间氧化还原状态的物质，如果 $\varphi_{(左)}^{\ominus} < \varphi_{(右)}^{\ominus}$，则能发生歧化反应。反之，则不能发生歧化反应。

(2) 求未知的标准电极电势

通过元素电势图中已知电对的标准电极电势 $\varphi_1^{\ominus}$，$\varphi_2^{\ominus}$，$\varphi_3^{\ominus}$，$\cdots$，$\varphi_i^{\ominus}$ 和电子转移数 n_1，n_2，n_3，$\cdots$，n_i，可求出未知电对的标准电极电势。

$$\varphi^{\ominus} = \frac{n_1\varphi_1^{\ominus} + n_2\varphi_2^{\ominus} + \cdots + n_i\varphi_i^{\ominus}}{n_1 + n_2 + \cdots + n_i}$$

10.2 例题

1. 用离子电子法配平以下氧化还原反应式：

(1) $Cu^{2+} + I^- \longrightarrow CuI + I_2$（酸性介质）

(2) $S_2O_8^{2-} + Mn^{2+} \longrightarrow MnO_4^- + SO_4^{2-}$（酸性介质）

(3) $Cr(OH)_4^- + H_2O_2 \longrightarrow CrO_4^{2-}$（碱性介质）

解：用离子电子法配平以下氧化还原反应式：

(1) $2Cu^{2+} + 4I^- = 2CuI + I_2$（酸性介质）

(2) $5S_2O_8^{2-} + 2Mn^{2+} + 8H_2O = 2MnO_4^- + 10SO_4^{2-} + 16H^+$（酸性介质）

(3) $2Cr(OH)_4^- + 2OH^- + 3H_2O_2 = 2CrO_4^{2-} + 8H_2O$（碱性介质）

2. 标准状态下，由以下电对组成电池。试确定正、负极，并写出电池符号、电极反应和电池反应式。(1) Ce^{4+}/Ce^{3+} 和 Fe^{3+}/Fe^{2+}；(2) $AgBr/Ag$ 和 H^+/H_2。

解：(1) 正极：$Ce^{4+} + e^- = Ce^{3+}$

负极：$Fe^{2+} = Fe^{3+} + e^-$

电池反应：$Ce^{4+} + Fe^{2+} = Fe^{3+} + Ce^{3+}$

$(-)C(石墨) \mid Fe^{3+}(c_3)，Fe^{2+}(c_4) \parallel Ce^{4+}(c_1)，Ce^{3+}(c_2) \mid C(石墨)(+)$

(2) 正极：$AgBr(s) + e^- = Ag + Br^-$

负极：$H_2 = 2H^+ + 2e^-$

电池反应：$2AgBr(s) + H_2(g) = 2Ag(s) + 2Br^- + 2H^+$

$(-)Pt(s) \mid H_2(p) \mid H^+(c_2) \parallel Br^-(c_1) \mid AgBr(s) \mid Ag(s)(+)$

3. 酸性介质中，各电对的 $\varphi^{\ominus}$ 如下，列出它们氧化型氧化能力和还原型还原能力从大到小的顺序(1) $\varphi^{\ominus}(S_2O_8^{2-}/SO_4^{2-}) = 2.01\ V$；(2) $\varphi^{\ominus}(Br_2/Br^-) = 1.066\ V$；(3) $\varphi^{\ominus}(MnO_4^-/Mn^{2+}) = 1.507\ V$。

解：氧化型氧化能力：$S_2O_8^{2-}>MnO_4^->Br_2$

还原型还原能力：$Br^->Mn^{2+}>SO_4^{2-}$

4. 计算电对 MnO_4^-/Mn^{2+} 在以下条件时的电极电势：（1）H^+ 浓度为 0. 10 $mol \cdot L^{-1}$，MnO_4^-、Mn^{2+} 浓度为 1. 0 $mol \cdot L^{-1}$；（2）H^+ 浓度为 10. 0 $mol \cdot L^{-1}$，MnO_4^-、Mn^{2+} 浓度为 1. 0 $mol \cdot L^{-1}$，分别指出这两种条件下 MnO_4^- 能否将 Cl^-、Br^-、I^- 氧化？（假定溶液中 Cl^-、Br^- 和 I^- 的浓度均为 1. 0 $mol \cdot L^{-1}$）

解：$MnO_4^-+8H^++5e^-=Mn^{2+}+4H_2O$

当 $c(H^+)=0.1\ mol \cdot L^{-1}$ 时的电极电势：

$$\varphi=\varphi^{\ominus}+\frac{0.059\ 2\ V}{n}\lg\frac{[c(MnO_4^-)/c^{\ominus}]\cdot[c(H^+)/c^{\ominus}]^8}{c(Mn^{2+})/c^{\ominus}}$$

$$=1.507\ V+\frac{0.059\ 2\ V}{5}\lg\frac{\dfrac{1.0\ mol \cdot L^{-1}}{1.0\ mol \cdot L^{-1}}\times\left(\dfrac{0.1\ mol \cdot L^{-1}}{1.0\ mol \cdot L^{-1}}\right)^8}{1.0\ mol \cdot L^{-1}/1.0\ mol \cdot L^{-1}}=1.412\ V$$

当 $c(H^+)=10\ mol \cdot L^{-1}$ 时的电极电势：

$$\varphi=\varphi^{\ominus}+\frac{0.059\ 2\ V}{n}\lg\frac{[c(MnO_4^-)/c^{\ominus}]\cdot[c(H^+)/c^{\ominus}]^8}{c(Mn^{2+})/c^{\ominus}}$$

$$=1.507\ V+\frac{0.059\ 2\ V}{5}\lg\frac{\dfrac{1.0\ mol \cdot L^{-1}}{1.0\ mol \cdot L^{-1}}\times\left(\dfrac{10\ mol \cdot L^{-1}}{1.0\ mol \cdot L^{-1}}\right)^8}{1.0\ mol \cdot L^{-1}/1.0\ mol \cdot L^{-1}}=1.602\ V$$

查表，$\varphi^{\ominus}(Cl_2/Cl^-)=1.358\ V$，$\varphi^{\ominus}(Br_2/Br^-)=1.066\ V$，$\varphi^{\ominus}(I_2/I^-)=0.535\ 5\ V$ 在这两种条件下 MnO_4^- 能将 Cl^-、Br^- 和 I^- 氧化。

5. 求插入纯水中的氢电极与标准氢电极所组成的原电池的电动势；如果把标准氢电极换成饱和甘汞电极（正极），求此原电池的电动势。已知饱和甘汞电极的电极电势为 0. 268 08 V。

解：$2H^++2e^-=H_2$，$\varphi^{\ominus}=0.000\ 0\ V$，则

$$\varphi=\varphi^{\ominus}+\frac{0.059\ 2\ V}{n}\lg\frac{[c(H^+)/c^{\ominus}]^a}{[p(H_2)/p^{\ominus}]^b}=0.000\ 0\ V+\frac{0.059\ 2\ V}{2}\lg\frac{(1.0\times10^{-7})^2}{100\ kPa/100\ kPa}$$

$$=-0.414\ 4\ V$$

$\varepsilon=\varphi_+-\varphi_-=0.000\ 0\ V-(-0.414\ 4\ V)=0.414\ 4\ V$

当用饱和甘汞电极时：

$\varepsilon=\varphi_+-\varphi_-=0.268\ 08\ V-(-0.414\ 4\ V)=0.682\ 5\ V$

6. 已知 $\varphi^{\ominus}(Ag^+/Ag)=0.799\ 6\ V$，$\varphi^{\ominus}(Cu^{2+}/Cu)=0.341\ 9\ V$。标准状态下，将铜丝插入 3. 0 $mol \cdot L^{-1} CuSO_4$ 溶液中，银丝插入 2. 0 $mol \cdot L^{-1} AgNO_3$ 溶液中，连接成原电池。（1）写出该原电池的电池符号、电极反应和电池反应；（2）求该原电池的电动势。

解：（1）$(-)Cu(s)\mid Cu^{2+}(3.0\ mol \cdot L^{-1})\parallel Ag^+(2.0\ mol \cdot L^{-1})\mid Ag(s)(+)$

正极反应：$Ag^+(aq)+e^-=Ag(s)$

负极反应：$Cu(s) = Cu^{2+}(aq) + 2e^-$

电池反应：$2Ag^+(aq) + Cu(s) = 2Ag(s) + Cu^{2+}(aq)$

(2) $\varphi(Ag^+/Ag) = \varphi^{\ominus}(Ag^+/Ag) + \dfrac{0.059\,2\text{ V}}{1}\lg\dfrac{c(Ag^+)}{c^{\ominus}}$

$$= 0.799\,6\text{ V} + \dfrac{0.059\,2\text{ V}}{1}\lg\dfrac{2.0\text{ mol}\cdot L^{-1}}{1.0\text{ mol}\cdot L^{-1}} = 0.817\,4\text{ V}$$

$\varphi(Cu^{2+}/Cu) = \varphi^{\ominus}(Cu^{2+}/Cu) + \dfrac{0.059\,2\text{ V}}{2}\lg\dfrac{c(Cu^{2+})}{c^{\ominus}}$

$$= 0.341\,9\text{ V} + \dfrac{0.059\,2\text{ V}}{1}\lg\dfrac{3.0\text{ mol}\cdot L^{-1}}{1.0\text{ mol}\cdot L^{-1}} = 0.356\,0\text{ V}$$

$\varepsilon = \varphi_+ - \varphi_- = 0.817\,4\text{ V} - 0.356\,0\text{ V} = 0.461\,4\text{ V}$

7. 已知 $\varphi^{\ominus}(Zn^{2+}/Zn) = -0.761\,8\text{ V}$，$\varphi^{\ominus}(Ag^+/Ag) = 0.799\,6\text{ V}$。求 298 K，标准状态下，反应 $2Ag^+(aq) + Zn(s) = 2Ag(s) + Zn^{2+}(aq)$ 的标准平衡常数 $K^{\ominus}$ 及 $\Delta_r G_m^{\ominus}$。

解：$\varepsilon = \varphi_+ - \varphi_- = 0.799\,6\text{ V} - (-0.761\,8\text{ V}) = 1.561\,4\text{ V}$

$\Delta_r G_m^{\ominus} = -nF\varepsilon^{\ominus} = -2 \times 96\,500\text{ J}\cdot V^{-1}\cdot mol^{-1} \times 1.561\,4\text{ V} = -301.35\text{ kJ}\cdot mol^{-1}$

由 $\Delta_r G_m^{\ominus} = -RT\ln K^{\ominus}$

$K^{\ominus} = 6.66 \times 10^{52}$

8. 已知 $\varphi^{\ominus}(Fe^{3+}/Fe^{2+}) = 0.771\text{ V}$，$\varphi^{\ominus}(I_2/I^-) = 0.535\,5\text{ V}$。分析 298 K 时，浓度均为 1.0 mol·L^{-1} 的 KI 与 $FeCl_3$ 溶液能否共存？

解：因为 $\varphi^{\ominus}(Fe^{3+}/Fe^{2+}) > \varphi^{\ominus}(I_2/I^-)$，$Fe^{3+}$ 是比 I_2 强氧化剂，I^- 是比 Fe^{2+} 强的还原剂，所以 $FeCl_3$ 不能与 KI 溶液共存。

9. 如果向 $Ag^+(aq) + e^- = Ag(s)$ 电极溶液中加 NaCl 直至 AgCl 达到沉淀-溶解平衡时，Cl^- 浓度为 1.0 mol·L^{-1}。求 $\varphi^{\ominus}(AgCl/Ag)$。

解：$\varphi^{\ominus}(AgCl/Ag) = \varphi^{\ominus}(Ag^+/Ag) + 0.059\,2\text{ V} \times \lg K_{sp}^{\ominus}(AgCl)$

$$= 0.799\,6\text{ V} + 0.059\,2\text{V} \times \lg(1.77 \times 10^{-10}) = 0.222\,3\text{ V}$$

10. 已知 $\varphi^{\ominus}(Fe^{3+}/Fe^{2+}) = 0.771\text{ V}$，$\varphi^{\ominus}(Ag^+/Ag) = 0.799\,6\text{ V}$。计算反应 $Ag^+(aq) + Fe^{2+}(aq) = Ag(s) + Fe^{3+}(aq)$ 在 298 K 时的平衡常数，若反应开始时 Ag^+ 浓度为 1.0 mol·L^{-1}，Fe^{2+} 浓度为 0.1 mol·L^{-1}，那么，达平衡时 Fe^{3+} 浓度为多少？

解：设平衡时 Fe^{3+} 浓度为 x mol·L^{-1}，则

$$\lg K^{\ominus} = \dfrac{n(\varphi_+^{\ominus} - \varphi_-^{\ominus})}{0.059\,2\text{ V}} = \dfrac{1 \times (0.799\,6\text{ V} - 0.771\text{ V})}{0.059\,2\text{ V}} = 0.483$$

解得 $K^{\ominus} = 3.04$

$$Ag^+(aq) + Fe^{2+}(aq) = Ag(s) + Fe^{3+}(aq)$$

初始时 $c/(\text{mol}\cdot L^{-1})$ 1.0   0.1

平衡时 $c/(\text{mol}\cdot L^{-1})$ 1.0-x 0.1-x x

$$K^{\ominus} = \frac{c(Fe^{3+})/c^{\ominus}}{[c(Ag^+)/c^{\ominus}] \cdot [c(Fe^+)/c^{\ominus}]} = \frac{x}{(1.0-x) \times (0.1-x)} = 3.04$$

$$x = 0.074 \ mol \cdot L^{-1}$$

11. 已知 $NADH + H^+ + \frac{1}{2}O_2 = NAD^+ + H_2O$，$\varphi^{\ominus}(NAD^+/NADH) = -0.32\ V$，$\varphi^{\ominus}(O_2/H_2O) = 1.229\ V$。电化学过程是生命现象中重要的过程之一，生物氧化是糖、脂肪以及蛋白质代谢的方式和释放能量的重要手段。根据从呼吸链始端烟酰胺腺嘌呤氧化还原电对（NAD^+，$NADH$）到终端（H_2O，O_2）的电势差，计算若有 1 mol NADH 被氧化，能向生物体提供多少能量？

解： $\Delta_r G_m^{\ominus} = -nF\varepsilon^{\ominus} = -2 \times 96\,500\ J \cdot V^{-1} \cdot mol^{-1} \times (1.229\ V + 0.32\ V)$

$$= -298.96\ kJ \cdot mol^{-1}$$

12. 酸性溶液中氧元素的电势图如下：

$$O_2 \underset{\underline{\qquad 1.229\ V \qquad}}{\overset{\qquad\qquad}{\rule{2cm}{0pt} H_2O_2 \overset{1.776\ V}{\rule{1.5cm}{0pt}} H_2O}}$$

（1）计算 $\varphi^{\ominus}(O_2/H_2O_2)$；（2）判断 H_2O_2 溶液的稳定性。

解： $1.229\ V \times 2 = 1.776\ V \times 1 + \varphi^{\ominus}(O_2/H_2O_2) \times 1$

$$\varphi^{\ominus}(O_2/H_2O_2) = 0.682\ V$$

$\varphi^{\ominus}(右) > \varphi^{\ominus}(左)$，$H_2O_2$ 可以发生歧化反应 $2H_2O_2(l) = 2H_2O(l) + O_2(g)$。

10.3　练习题

(一) 判断题

(　　) 1. $\varphi^{\ominus}$ 值越大，则标准状态下该电对中氧化型物质的氧化能力越强。

(　　) 2. 电对中氧化型物质的氧化性越强，则其还原型物质的还原性也越强。

(　　) 3. 当原电池没有电流通过或通过的电流接近零时，两极间的电势差叫作原电池的电动势。

(　　) 4. 已知反应 $2Fe^{2+} + I_2 = 2Fe^{3+} + 2I^-$，$Fe^{3+}/Fe^{2+}$ 为负极、I_2/I^- 为正极，则该电池的电动势 $\varepsilon = \varphi(I_2/I^-) - \varphi(Fe^{3+}/Fe^{2+})$。

(　　) 5. 由于 $\varphi^{\ominus}(Li^+/Li) = -3.04\ V$，$\varphi^{\ominus}(Na^+/Na) = -2.71\ V$，所以与同一氧化剂发生化学反应时，Li 的反应速率一定比 Na 的反应速率快。

(　　) 6. 电极的 $\varphi^{\ominus}$ 值（即代数值）越大，表明其氧化态越容易得到电子，是越强的氧化剂。

(　　) 7. 标准氢电极电势为零，是实际测定的结果。

(　　) 8. 电极反应 $Cl_2 + 2e^- = 2Cl^-$，$\varphi^{\ominus} = +1.358\ V$，因此 $\frac{1}{2}Cl_2 + e^- = Cl^-$，$\varphi^{\ominus} = \frac{1}{2} \times 1.358\ V$。

(　　) 9. 在任一原电池内，正极总是有金属沉淀出来，负极总是有金属溶解下来成为阳离子。

(　　) 10. NaOH 长时间放置，表面部分转变为 Na_2CO_3，这是因为发生氧化还原反应的结果。

( ) 11. 根据 $\varphi^{\ominus}(AgI/Ag) < \varphi^{\ominus}(AgCl/Ag)$，可以判定 $K_{sp}^{\ominus}(AgI) < K_{sp}^{\ominus}(AgCl)$。

( ) 12. $MnO_4^- + 8H^+ + 5e^- = Mn^{2+} + 4H_2O$，$\varphi^{\ominus} = 1.507\ V$，$KMnO_4$ 是强氧化剂，因为它在反应中得的电子数多。

( ) 13. 在酸性介质中 $Cl^- \rightarrow Cl_2$ 配平后的半反应式为 $Cl_2 + 2e^- = 2Cl^-$。

( ) 14. 原电池工作一段时间后，其电动势将发生变化。

( ) 15. CuS 不溶于水及盐酸，但能溶于硝酸，因为硝酸酸性比盐酸强。

( ) 16. $SeO_4^{2-} + 4H^+ + 2e^- = H_2SeO_3 + H_2O$，$\varphi^{\ominus} = 1.15\ V$，因为 H^+ 离子在此处不是氧化剂，也不是还原剂，所以 H^+ 离子浓度变化不影响电极电势。

( ) 17. 电极的电极电势值一定随 pH 值的改变而改变。

( ) 18. 一个原电池反应的 ε 值越大，其自发进行的倾向越大，所以反应速率越快。

( ) 19. 在电势一定的铜电极溶液中，加入一些水使电极溶液体积增大，将会使电极电势有所升高。

( ) 20. 最强的氧化剂有最大正值的标准电极电势。

( ) 21. $\varphi^{\ominus}(A^+/A) > \varphi^{\ominus}(B^+/B)$，则可以判定在标准状态下 $B^+ + A \rightarrow B + A^+$ 是自发的。

( ) 22. 同一元素在不同化合物中，氧化数越高，其得电子能力越强；氧化数越低，失电子能力越强。

( ) 23. 在金属活动顺序中靠后的金属也有可能把靠前的金属从其盐溶液中置换出来。

( ) 24. 由元素电势图 $Cu^{2+} \xrightarrow{0.153\ V} Cu^+ \xrightarrow{0.521\ V} Cu \quad \xrightarrow{0.182\ V} Cu^+ \xrightarrow{0.522\ V} Cu$，可判断标态时 Cu^+ 可发生歧化反应。

( ) 25. 铁能置换铜离子，因此铜片不能溶于 $FeCl_3$ 溶液中。

( ) 26. 改变氧化还原反应中某反应物的浓度就很容易使反应逆转的是那些 $\varepsilon^{\ominus}$ 接近零的反应。

( ) 27. 在 $(-)Zn \mid ZnSO_4(1\ mol \cdot L^{-1}) \parallel CuSO_4(1\ mol \cdot L^{-1}) \mid Cu(+)$ 原电池中，向 $ZnSO_4$ 溶液中通入 NH_3 后，原电池的电动势将升高。

( ) 28. 两个电极都由锌片插入不同浓度的 $ZnSO_4$ 溶液中构成，它们连接的电池电动势为零。

( ) 29. 在浓度一定的锌盐溶液中，如插入面积不同的锌片，则大锌片构成的电极，其电极电势会比小锌片的高。

( ) 30. 原电池两极上分别进行氧化、还原反应，因此总的原电池反应肯定是氧化还原反应。

( ) 31. 已知 $\varphi^{\ominus}(H_3AsO_4/HAsO_2) = 0.58\ V$，$\varphi^{\ominus}(I_2/I^-) = 0.535\ 5\ V$，当 H_3AsO_4 与 I^- 反应时，溶液 pH 值越小，则 I^- 越易被氧化。

( ) 32. 对电极反应 $Cu^{2+} + 2e^- = Cu$ 和 $Fe^{3+} + e^- = Fe^{2+}$，电极反应中有关离子浓度都减少一半时，$\varphi(Cu^{2+}/Cu)$ 和 $\varphi(Fe^{3+}/Fe^{2+})$ 的值都不变。

( ) 33. 原电池 $(-)Pt \mid Fe^{2+}(c_1)$，$Fe^{3+}(c_2) \parallel Ce^{4+}(c_3)$，$Ce^{3+}(c_4) \mid Pt(+)$，该原电池放电时所发生的反应是 $Ce^{3+} + Fe^{3+} = Ce^{4+} + Fe^{2+}$。

( ) 34. 已知某实际电池的 $\varepsilon^{\ominus} < 0$，则该电池反应的 $\Delta_r G_m^{\ominus} > 0$，$K^{\ominus} < 1$。

( ) 35. 已知某电池 $(-)A \mid A^{2+}(0.01 \ mol \cdot L^{-1}) \parallel A^{2+}(1.00 \ mol \cdot L^{-1}) \mid A(+)$ 的电动势为 0.059 V，则该电池的标准电动势为 0 V。

( ) 36. 在 $Fe^{3+}+e^-=Fe^{2+}$ 的电极反应中，加入 F^- 可使 $\varphi(Fe^{3+}/Fe^{2+})$ 减小，向 $Cu^{2+}+e^-=Cu^+$ 的电极反应中加入 I^- 可使 $\varphi(Cu^{2+}/Cu^+)$ 增大。

( ) 37. 电对 H_2O_2/H_2O，O_2/OH^-，MnO_2/Mn^{2+}，MnO_4^-/MnO_4^{2-} 的电极电势值均与 pH 值无关。

( ) 38. φ 与 $\varphi^{\ominus}$ 都与电极反应式写法无关。

( ) 39. 在氧化还原反应中，$\Delta_r G_m^{\ominus}<0$ 时，$\varepsilon^{\ominus}<0$，反应正向自发进行。

( ) 40. 在氧化还原反应中，两电对的电极电势的相对大小，决定氧化还原反应速率的大小。

( ) 41. 根据正向自发进行的氧化还原方程式，计算出的电池电动势一定为正值。

( ) 42. 用反应 $MnO_2+4HCl=MnCl_2+2H_2O+Cl_2$ 制备氯气，必须使用浓盐酸，是因为浓盐酸才能提供高浓度的 Cl^-，所以，稀盐酸与食盐代替浓盐酸也一样。

( ) 43. 由 Nernst 方程可知，在一定温度下增大电对中氧化态物质的浓度，电对的电极电势数值增大。

( ) 44. 发生氧化还原反应的电极称为氧化还原电极。

( ) 45. 氧化数与化合价的概念是相同的，数值是相等的。

( ) 46. 两电极反应分别是：$1/2Pb^{2+}(1 \ mol \cdot L^{-1})+e^-=1/2Pb(s)$，$Pb^{2+}(1 \ mol \cdot L^{-1})+2e^-=Pb(s)$，将两极分别和标准氢电极连成电池，它们的电动势 $\varepsilon^{\ominus}$ 相同，反应的 $K^{\ominus}$ 也相同。

( ) 47. 有 H^+ 或 OH^- 参加反应的电极，电极电势与介质酸度有关。

( ) 48. 任意温度下，标准氢电极的电极电势均等于 0 V。

( ) 49. 重铬酸钾是强氧化剂（$Cr_2O_7^{2-}+14H^++6e^-=2Cr^{3+}+7H_2O$ 的 $\varphi^{\ominus}=1.232$ V），是因为它在反应中得的电子数多。

( ) 50. 加入盐酸后，电对 Ag^+/Ag 的电极电势下降。

( ) 51. 在 25 ℃ 及标准状态下测定氢的电极电势为零。

( ) 52. 由于 $\varphi^{\ominus}(Cu^+/Cu)=0.521$ V，$\varphi^{\ominus}(I_2/I^-)=0.535\,5$ V，故 Cu^+ 和 I_2 不能发生氧化还原反应。

( ) 53. 在由铜片和 $CuSO_4$ 溶液、银片和 $AgNO_3$ 溶液组成的原电池中，如将 $CuSO_4$ 溶液加水稀释，原电池的电动势会增加。

( ) 54. 能组成原电池的反应都是氧化还原反应。

( ) 55. 在电池反应中，电动势越大的反应速率越快。

( ) 56. 在原电池中，增加氧化型物质的浓度，必使原电池的电动势增加。

（二）选择题（单选）

( ) 1. $MA(s)+e^-=M(s)+A^-(aq)$，若难溶电解质溶解度越低，其 $\varphi^{\ominus}(MA/M)$ 将：

    A. 越高   B. 越低   C. 不受影响   D. 无法判断

( ) 2. $Pb^{2+}+2e^-=Pb$，$\varphi^{\ominus}=-0.126\,2$ V，则：

    A. Pb^{2+} 浓度增大时 φ 增大   B. Pb^{2+} 浓度增大时 φ 减小

C. 金属铅量增大时 φ 增大　　　　　　　　　　D. 金属铅量增加 φ 减小

(　) 3. 已知 $Fe^{3+}+e^-=Fe^{2+}$，$\varphi^{\ominus}=0.771\ V$，测定一个 Fe^{3+}/Fe^{2+} 电极电势 $\varphi=0.750\ V$，则溶液中必定是：

　　　　A. $c(Fe^{3+})/c^{\ominus}<1$　　　　　　　　　　B. $c(Fe^{2+})/c^{\ominus}<1$

　　　　C. $c(Fe^{2+})/c(Fe^{3+})<1$　　　　　　　　D. $c(Fe^{3+})/c(Fe^{2+})<1$

(　) 4. 查得 $\varphi^{\ominus}(Fe^{2+}/Fe)=-0.447\ V$，$\varphi^{\ominus}(Fe^{3+}/Fe^{2+})=0.771\ V$，由此可知，$Fe^{2+}$：

　　　　A. 能发生歧化反应　　　　　　　　　　　B. 不能发生歧化反应

　　　　C. 能否发生歧化反应要看介质酸碱性而定　D. 无法判断

(　) 5. 下列反应符合事实的是：

　　　　A. $KI+H_2SO_4(浓)=HI+KHSO_4$　　　　B. $2Fe+3I_2=2FeI_3$

　　　　C. $2FeCl_3+3H_2S=Fe_2S_3+6HCl$　　　　D. $2Ag+HI=2AgI+H_2$

(　) 6. 由反应 $Cu^{2+}+Zn=Cu+Zn^{2+}$ 组成的原电池(已知 $\varepsilon^{\ominus}=1.103\ 7\ V$)，现测得其电动势为 1.00 V，由此两电极溶液中：

　　　　A. $c(Cu^{2+})=c(Zn^{2+})$　　　　　　　　　B. $c(Cu^{2+})>c(Zn^{2+})$

　　　　C. $c(Cu^{2+})<c(Zn^{2+})$　　　　　　　　　D. 前三者都错

(　) 7. $\varphi^{\ominus}(Cl_2/Cl^-)=+1.358\ V$，$\varphi^{\ominus}(Cu^{2+}/Cu)=+0.341\ 9\ V$，反应 $Cu^{2+}(aq)+2Cl^-(aq)=Cu(s)+Cl_2(g)$ 的 $\varepsilon^{\ominus}$ 值是：

　　　　A. $-2.38\ V$　　　　B. $-1.70\ V$　　　　C. $-1.02\ V$　　　　D. $1.70\ V$

(　) 8. 氢电极插入纯水中，并通入氢气(H_2)(100 kPa)，则电极电势：

　　　　A. $\varphi=0$　　　　B. $\varphi>0$　　　　C. $\varphi<0$　　　　D. 因未加酸不可能产生

(　) 9. 由氧化还原反应 $Cu+2Ag^+=Cu^{2+}+2Ag$ 组成电池，若 φ_1 表示 Cu^{2+}/Cu 的电极电势，φ_2 表示 Ag^+/Ag 的电极电势，则电池电动势 ε 为：

　　　　A. $\varphi_1-\varphi_2$　　　　B. $\varphi_1-2\varphi_2$　　　　C. $\varphi_2-\varphi_1$　　　　D. $2\varphi_2-\varphi_1$

(　) 10. 在 $S_4O_6^{2-}$ 中，S 的氧化数是：

　　　　A. $+2$　　　　B. $+4$　　　　C. $+6$　　　　D. $+2.5$

(　) 11. 对于电极 $Cr_2O_7^{2-}/Cr^{3+}$，溶液 pH 值上升，则：

　　　　A. 电极电势下降　　　　　　　　　　　　B. 电极电势上升

　　　　C. 电极电势不变　　　　　　　　　　　　D. $\varphi^{\ominus}(Cr_2O_7^{2-}/Cr^{3+})$ 下降

(　) 12. 由电极 MnO_4^-/Mn^{2+}(正极)和 Fe^{3+}/Fe^{2+}(负极)组成的原电池，若增大溶液的酸度，原电池的电动势将：

　　　　A. 增大　　　　B. 减小　　　　C. 不变　　　　D. 无法判断

(　) 13. 已知 $\varphi^{\ominus}(Fe^{3+}/Fe^{2+})=0.771\ V$，$\varphi^{\ominus}(Cu^{2+}/Cu)=0.341\ 9\ V$，则反应 $2Fe^{3+}(1\ mol\cdot L^{-1})+Cu=2Fe^{2+}(1\ mol\cdot L^{-1})+Cu^{2+}(1\ mol\cdot L^{-1})$ 可以：

　　　　A. 呈平衡状态　　　　　　　　　　　　　B. 自发正向进行

　　　　C. 自发逆向进行　　　　　　　　　　　　D. 前三者都错

（　）14. $\varphi^{\ominus}(Fe^{3+}/Fe^{2+}) = 0.771$ V，$\varphi^{\ominus}(Sn^{4+}/Sn^{2+}) = 0.151$ V，$\varphi^{\ominus}(I_2/I^-) = 0.5355$ V，下列各物质能共存的是；

　　A. Fe^{3+} 和 Sn^{2+}　　　B. Fe^{2+} 和 I_2　　　C. Fe^{3+} 和 I^-　　　D. I_2 和 Sn^{2+}

（　）15. $MnO_2 + HCl \rightarrow MnCl_2 + Cl_2 + H_2O$ 在完全配平的方程式中 Cl_2 的系数是：

　　A. 1　　　　　　　B. 2　　　　　　　C. 3　　　　　　　D. 4

（　）16. CuS 的 $K_{sp}^{\ominus}$ 为 1.27×10^{-36}，不溶于水，但可溶于：

　　A. HCl　　　　　　B. H_2SO_4（稀）　　C. H_3PO_4　　　　D. HNO_3

（　）17. 反应 $Cr_2O_7^{2-} + 3Sn^{2+} + 14H^+ = 2Cr^{3+} + 3Sn^{4+} + 7H_2O$ 在 298 K 时的平衡常数为：

　　A. $\lg K^{\ominus} = \dfrac{3\varepsilon^{\ominus}}{0.0592\ \text{V}}$　　　　　　　　B. $\lg K^{\ominus} = \dfrac{2\varepsilon^{\ominus}}{0.0592\ \text{V}}$

　　C. $\lg K^{\ominus} = \dfrac{6\varepsilon^{\ominus}}{0.0592\ \text{V}}$　　　　　　　　D. $\lg K^{\ominus} = \dfrac{12\varepsilon^{\ominus}}{0.0592\ \text{V}}$

（　）18. 电极反应 $MnO_4^- + 8H^+ + 5e^- = Mn^{2+} + 4H_2O$ 的电极电势表示为：

　　A. $\varphi(MnO_4^-/Mn^{2+}) = \varphi^{\ominus}(MnO_4^-/Mn^{2+}) - \dfrac{0.0592\ \text{V}}{5}\lg\dfrac{[c(MnO_4^-)/c^{\ominus}]\cdot[c(H^+)/c^{\ominus}]^8}{[c(Mn^{2+})/c^{\ominus}]\cdot[c(H_2O)/c^{\ominus}]^4}$

　　B. $\varphi(MnO_4^-/Mn^{2+}) = \varphi^{\ominus}(MnO_4^-/Mn^{2+}) + \dfrac{0.0592\ \text{V}}{5}\lg\dfrac{[c(MnO_4^-)/c^{\ominus}]\cdot[c(H^+)/c^{\ominus}]^8}{c(Mn^{2+})/c^{\ominus}}$

　　C. $\varphi(MnO_4^-/Mn^{2+}) = \varphi^{\ominus}(MnO_4^-/Mn^{2+}) + \dfrac{0.0592\ \text{V}}{5}\lg\dfrac{c(Mn^{2+})/c^{\ominus}}{[c(MnO_4^-)/c^{\ominus}]\cdot[c(H^+)/c^{\ominus}]^8}$

　　D. $\varphi(MnO_4^-/Mn^{2+}) = \varphi^{\ominus}(MnO_4^-/Mn^{2+}) + \dfrac{0.0592\ \text{V}}{5}\lg\dfrac{[c(Mn^{2+})/c^{\ominus}]\cdot[c(H_2O)/c^{\ominus}]^4}{[c(MnO_4^-)/c^{\ominus}]\cdot[c(H^+)/c^{\ominus}]^8}$

（　）19. 在 298 K 时电极反应 $2H^+ + 2e^- = H_2$ 的电极电势表示为：

　　A. $\varphi(H^+/H_2) = \varphi^{\ominus}(H^+/H_2) - \dfrac{0.0592\ \text{V}}{2}\lg\dfrac{p(H_2)/p^{\ominus}}{[c(H^+)/c^{\ominus}]^2}$

　　B. $\varphi(H^+/H_2) = \varphi^{\ominus}(H^+/H_2) - \dfrac{0.0592\ \text{V}}{2}\lg\dfrac{c(H_2)/c^{\ominus}}{[c(H^+)/c^{\ominus}]^2}$

　　C. $\varphi(H^+/H_2) = \varphi^{\ominus}(H^+/H_2) - \dfrac{0.0592\ \text{V}}{2}\lg\dfrac{[c(H^+)/c^{\ominus}]^2}{p(H_2)/p^{\ominus}}$

　　D. $\varphi(H^+/H_2) = \varphi^{\ominus}(H^+/H_2) + \dfrac{0.0592\ \text{V}}{2}\lg\dfrac{c(H_2)/c^{\ominus}}{[c(H^+)/c^{\ominus}]^2}$

（　）20. 两锌片分别插入浓度不同的 $ZnSO_4$ 水溶液中，测得 $\varphi_{\text{I}} = -0.70$ V，$\varphi_{\text{II}} = -0.76$ V，说明两溶液中锌离子的浓度是：

　　A. I > II　　　　　B. I = II　　　　　C. I < II　　　　　D. I = 2 II

（　）21. 已知 A(s) + D^{2+}(aq) = A^{2+}(aq) + D(s) 的 $\varepsilon^{\ominus} > 0$，A(s) + B^{2+}(aq) = A^{2+}(aq) + B(s) 的 $\varepsilon^{\ominus} > 0$，则标准态时 D^{2+}(aq) + B(s) = B^{2+}(aq) + D(s) 为：

　　A. 自发的　　　　　B. 非自发的　　　　C. 达平衡态　　　　D. 无法判定

(   ) 22. 将铂片插入纯食盐溶液中,通入氢气(H_2)且 $p(H_2)=100$ kPa 构成氢电极,此氢电极的电极电势为:

    A. =0   B. >0   C. <0   D. 根据 NaCl 浓度而变化

(   ) 23. 某电极和饱和甘汞电极联成原电池,测得 $\varepsilon=0.3997$ V,这个电极的电势比饱和甘汞电极的电势(0.2415 V):

    A. 高   B. 低

    C. 也可能高,也可能低   D. 前三者都错

(   ) 24. 在金属活动顺序中 Fe 在 H 的前面,而 Cu 在 H 的后面,所以金属铜:

    A. 不能将铁盐中的铁离子还原   B. 能还原铁离子

    C. 能否还原要看铁离子种类   D. 不与任何铁盐反应

(   ) 25. 金属 Fe 表面镀有 Ni,如有破裂处,发生腐蚀,而首先腐蚀的是:

    A. Fe   B. Ni   C. 同时腐蚀   D. 无法判断

(   ) 26. Fe 在酸性溶液中,比在纯水中更易腐蚀是因为:

    A. Fe^{2+}/Fe 的标准电极电势下降

    B. Fe^{3+}/Fe^{2+} 的标准电极电势上升

    C. $\varphi(H^+/H_2)$ 的值因 H^+ 浓度加大而上升

    D. $\varphi^{\ominus}(H^+/H_2)$ 的值上升

(   ) 27. 已知电极反应 $ClO_3^-+6H^++6e^-=Cl^-+3H_2O$ 的 $\Delta_r G_m^{\ominus}=-839.6$ kJ·mol^{-1},那么该电极的 $\varphi^{\ominus}(ClO_3^-/Cl^-)$ 值为:

    A. 1.45 V   B. 0.73 V   C. 2.90 V   D. −1.45 V

(   ) 28. 已知钒的元素电势图为 $V(V) \xrightarrow{1.0 \text{ V}} V(IV) \xrightarrow{0.36 \text{ V}} V(III) \xrightarrow{-0.26 \text{ V}} V(II)$,$\varphi^{\ominus}(Sn^{4+}/Sn^{2+})=0.151$ V,$\varphi^{\ominus}(Zn^{2+}/Zn)=-0.7618$ V,$\varphi^{\ominus}(Br_2/Br^-)=1.066$ V,$\varphi^{\ominus}(Fe^{3+}/Fe^{2+})=0.771$ V,欲将 $V(V)$ 还原为 $V(IV)$,应选用的还原剂为:

    A. $SnCl_2$ B. Zn 粉   C. KBr   D. $FeSO_4$

(   ) 29. 现有原电池$(-)Pt \mid Fe^{3+}(c_1)$,$Fe^{2+}(c_2) \parallel Ce^{4+}(c_3)$,$Ce^{3+}(c_4) \mid Pt(+)$,该原电池总电池反应方程式为:

    A. $Ce^{3+}+Fe^{3+}=Ce^{4+}+Fe^{2+}$ B. $3Ce^{4+}+Ce=4Ce^{3+}$

    C. $Ce^{4+}+Fe^{2+}=Ce^{3+}+Fe^{3+}$ D. $2Ce^{4+}+Fe=2Ce^{3+}+Fe^{2+}$

(   ) 30. 已知某氧化还原反应的 $\Delta_r G_m^{\ominus}$、$K^{\ominus}$、$\varepsilon^{\ominus}$,下列对三者值判断合理的一组是:

    A. $\Delta_r G_m^{\ominus}>0$,$K^{\ominus}<1$,$\varepsilon^{\ominus}<0$ B. $\Delta_r G_m^{\ominus}>0$,$K^{\ominus}>1$,$\varepsilon^{\ominus}<0$

    C. $\Delta_r G_m^{\ominus}<0$,$K^{\ominus}>1$,$\varepsilon^{\ominus}<0$ D. $\Delta_r G_m^{\ominus}<0$,$K^{\ominus}<1$,$\varepsilon^{\ominus}<0$

(   ) 31. 下列各电对中,电极电势代数值最大的是:

    A. $\varphi^{\ominus}(Ag^+/Ag)$ B. $\varphi^{\ominus}(AgI/Ag)$

    C. $\varphi^{\ominus}[Ag(CN)_2^-/Ag]$ D. $\varphi^{\ominus}[Ag(NH_3)_2^+/Ag]$

(   ) 32. 下列两电池反应(1) $\frac{1}{2}H_2+\frac{1}{2}Cl_2=HCl$ 和(2) $2HCl=H_2+Cl_2$ 的标准电动势分别为

$\varepsilon_1^{\ominus}$ 和 $\varepsilon_2^{\ominus}$，则 $\varepsilon_1^{\ominus}$ 与 $\varepsilon_2^{\ominus}$ 的关系为：

    A. $\varepsilon_2^{\ominus}=2\varepsilon_1^{\ominus}$ B. $\varepsilon_2^{\ominus}=-\varepsilon_1^{\ominus}$ C. $\varepsilon_2^{\ominus}=-2\varepsilon_1^{\ominus}$ D. $\varepsilon_2^{\ominus}=\varepsilon_1^{\ominus}$

（　）33. 已知电极反应 $Cu^{2+}+2e^-=Cu$ 的 $\varphi^{\ominus}$ 为 0.341 9 V，则电极反应 $2Cu=2Cu^{2+}+4e^-$ 的 $\varphi^{\ominus}$ 值为：

    A. $-0.683\ 8$ V   B. $0.683\ 8$ V   C. $-0.341\ 9$ V   D. $0.341\ 9$ V

（　）34. 使下列电极反应中有关离子浓度减少一半，而电极电势增加的是：

    A. $Cu^{2+}+2e^-=Cu$ B. $I_2+2e^-=2I^-$

    C. $2H^++2e^-=H_2$ D. $Fe^{3+}+e^-=Fe^{2+}$

（　）35. 将有关离子浓度增大 5 倍，电极电势值保持不变的电极反应是

    A. $Zn^{2+}+2e^-=Zn$ B. $MnO_4^-+8H^++5e^-=Mn^{2+}+4H_2O$

    C. $Cl_2+2e^-=2Cl^-$ D. $Cr^{3+}+e^-=Cr^{2+}$

（　）36. 将标准氢电极与另一氢电极组成原电池，若使电池的电动势最大，另一氢电极所采用的酸性溶液应是：

    A. $0.1\ mol \cdot L^{-1}$ HCl   B. $0.1\ mol \cdot L^{-1}$ HAc+$0.1\ mol \cdot L^{-1}$ NaAc

    C. $0.1\ mol \cdot L^{-1}$ HAc   D. $0.1\ mol \cdot L^{-1}$ H_2SO_4

（　）37. 电极电势与 pH 值无关的电对是：

    A. H_2O_2/H_2O B. IO_3^-/I^- C. MnO_2/Mn^{2+} D. MnO_4^-/MnO_4^{2-}

（　）38. 已知 $\varphi^{\ominus}(M^{3+}/M^{2+}) > \varphi^{\ominus}[M(OH)_3/M(OH)_2]$，则溶度积 $K_{sp}^{\ominus}[M(OH)_3]$ 与 $K_{sp}^{\ominus}[M(OH)_2]$ 的关系应是：

    A. $K_{sp}^{\ominus}[M(OH)_3]>K_{sp}^{\ominus}[M(OH)_2]$ B. $K_{sp}^{\ominus}[M(OH)_3]<K_{sp}^{\ominus}[M(OH)_2]$

    C. $K_{sp}^{\ominus}[M(OH)_3]=K_{sp}^{\ominus}[M(OH)_2]$ D. 无法判断

（　）39. 下列电极反应中，溶液中的 pH 值升高，其氧化态的氧化能力降低的应该是：

    A. $Fe^{3+}+e^-=Fe^{2+}$ B. $Cl_2+2e^-=2Cl^-$

    C. $MnO_4^-+8H^++5e^-=Mn^{2+}+4H_2O$ D. $Zn^{2+}+2e^-=2Zn$

（　）40. 一个电池组成为（左）$Ag \mid Ag^+(0.1\ mol \cdot L^{-1}) \parallel Ag^+(0.2\ mol \cdot L^{-1}) \mid Ag$（右），若将两极用电流计相连。结果是：

    A. 电流表中无电流通过   B. 产生电流，左侧为负极

    C. 产生电流，右侧为负极   D. 电池的电动势为零

（　）41. 根据 $\lg K^{\ominus}=\dfrac{n\varepsilon^{\ominus}}{0.059\ 2}$，得知溶液中氧化还原反应平衡常数 $K^{\ominus}$：

    A. 与温度无关   B. 与浓度无关

    C. 与反应方程式的书写方式无关   D. 与反应物本性无关

（　）42. $Fe^{2+}+Ag^+ = Fe^{3+}+Ag$ 反应构成原电池，其电池符号为：

    A. $(-)\ Fe^{2+}(c_1) \mid Fe^{3+}(c_2) \parallel Ag^+(c_3) \mid Ag(s)\ (+)$

    B. $(-)\ Pt(s) \mid Fe^{2+}(c_1) \mid Fe^{3+}(c_2) \parallel Ag^+(c_3) \mid Ag(s)\ (+)$

    C. $(-)\ Pt(s) \mid Fe^{2+}(c_1),\ Fe^{3+}(c_2) \parallel Ag^+(c_3) \mid Ag(s)\ (+)$

D. $(-)Pt(s) \mid Fe^{2+}(c_1), Fe^{3+}(c_2) \mid\mid Ag^+(c_3) \mid Ag(s) (+)$

( ) 43. 由 $Cd+2H^+ = Cd^{2+}+H_2$ 反应构成电池，其电池符号为：

    A. $(-)Cd(s) \mid Cd^{2+}(c_1) \mid\mid H^+(c_2), H_2(p) \mid Pt(s) (+)$

    B. $(-)Cd(s) \mid Cd^{2+}(c_1) \mid\mid H^+(c_2) \mid H_2(p) \mid Pt(s) (+)$

    C. $(-)H_2(p) \mid H^+(c_2) \mid\mid Cd^{2+}(c_1) \mid Cd(s) (+)$

    D. $(-)Pt(s), H_2(p) \mid H^+(c_2) \mid\mid Cd^{2+}(c_1) \mid Cd(s) (+)$

( ) 44. 下列叙述中错误的是：

    A. 在水溶液中，最强还原剂的相应电对具有最小的电极电势

    B. 氧化还原反应发生的方向总是较强的氧化型物质氧化较强的还原型物质，对应生成较弱的还原型和氧化型物质

    C. $FeCl_3$ 不能与单质铜反应

    D. 配制 $FeSO_4$ 溶液时，加入铁钉可以防止 Fe^{2+} 变成 Fe^{3+}

( ) 45. $Zn+2Ag^+ = Zn^{2+}+2Ag$ 反应构成原电池，欲使其电动势增加，可采取的措施

    A. 降低 Zn^{2+} 的浓度   B. 加大银电极

    C. 加大锌电极   D. 降低 Ag^+ 的浓度

( ) 46. 已知下列化学反应能正向进行，$2FeCl_3+SnCl_2 = 2FeCl_2+SnCl_4$；$2KMnO_4+10FeSO_4+8H_2SO_4 = 2MnSO_4+5Fe_2(SO_4)_3+K_2SO_4+8H_2O$，判断电极电势最大的电对是：

    A. Fe^{3+}/Fe^{2+} B. Sn^{4+}/Sn^{2+} C. Mn^{2+}/MnO_4^- D. MnO_4^-/Mn^{2+}

( ) 47. 下列叙述中正确的是：

    A. 在下列电池中，若向银电极加入适量的 NaCl，则会使电子反向流动 $(-)Fe \mid Fe^{2+}$ $(1mol \cdot L^{-1}) \mid\mid Ag^+(1\ mol \cdot L^{-1}) \mid Ag(+)$

    B. 对于氧化态相同的同类型金属难溶盐的 $K_{sp}^{\ominus}$ 越小，金属电极的电极电势就越低

    C. 在电池 $(-)Ag \mid Ag^+(a) \mid\mid Ag^+(b) \mid Ag(+)$ 中，只有离子浓度 a>b 时才成立

    D. 在氧化还原反应中，如果两个电对的电极电势相差越大，则其进行的就越快

( ) 48. 与下列原电池电动势 $(-)Zn \mid ZnSO_4(aq) \mid\mid HCl(aq) \mid H_2(101\ 325\ Pa) \mid Pt(+)$ 无关的因素是：

    A. 盐酸浓度   B. $ZnSO_4$ 浓度   C. Zn 电极的面积 D. 温度

( ) 49. 已知原电池 $Zn(s)+2H^+(x\ mol \cdot L^{-1}) = Zn^{2+}(1\ mol \cdot L^{-1})+H_2(100\ kPa)$ 的电动势为 0.456 V，且 Zn^{2+}/Zn 的 $\varphi^{\ominus} = -0.761\ 8\ V$，则氢电极溶液中的 pH 值为：

    A. 10.3   B. 2.5   C. 3   D. 5.2

( ) 50. 标准状态下，反应 $Cr_2O_7^{2-}+6Fe^{2+}+14H^+ = 2Cr^{3+}+6Fe^{3+}+7H_2O$ 正向进行，则最强的氧化剂及还原剂分别为：

    A. $Cr_2O_7^{2-}$, Cr^{3+} B. $Cr_2O_7^{2-}$, Fe^{2+} C. Fe^{3+}, Fe^{2+} D. Fe^{3+}, Cr^{3+}

( ) 51. 根据 $\varphi^{\ominus}(Ag^+/Ag) = 0.799\ 6\ V$，$\varphi^{\ominus}(Cu^{2+}/Cu) = 0.341\ 9\ V$，在标准状态下，能还原 Ag^+ 但不能还原 Cu^{2+} 的还原剂的 $\varphi^{\ominus}$ 所在范围为：

A. $\varphi^{\ominus}>0.799\,6\,V$，$\varphi^{\ominus}<0.341\,9\,V$　　B. $\varphi^{\ominus}>0.799\,6\,V$

C. $\varphi^{\ominus}<0.341\,9\,V$　　D. $0.799\,6\,V>\varphi^{\ominus}>0.341\,9\,V$

(　) 52. 在一个氧化还原反应中，若两电对的电极电势值差很大，则可判断：

    A. 该反应是可逆反应　　B. 该反应的反应速率很大

    C. 该反应能剧烈地进行　　D. 该反应的反应趋势很大

(　) 53. 将反应 $Zn+2Ag^+=2Ag+Zn^{2+}$ 组成原电池，在标准状态下，该电池的电动势为：

    A. $\varepsilon^{\ominus}=2\varphi^{\ominus}(Ag^+/Ag)-\varphi^{\ominus}(Zn^{2+}/Zn)$　　B. $\varepsilon^{\ominus}=[\varphi^{\ominus}(Ag^+/Ag)]^2-\varphi^{\ominus}(Zn^{2+}/Zn)$

    C. $\varepsilon^{\ominus}=\varphi^{\ominus}(Ag^+/Ag)-\varphi^{\ominus}(Zn^{2+}/Zn)$　　D. $\varepsilon^{\ominus}=\varphi^{\ominus}(Zn^{2+}/Zn)-\varphi^{\ominus}(Ag^+/Ag)$

(　) 54. 已知 $K_{sp}^{\ominus}(AgCl)>K_{sp}^{\ominus}(AgI)$，则：

    A. $\varphi^{\ominus}(AgI/Ag)>\varphi^{\ominus}(AgCl/Ag)>\varphi^{\ominus}(Ag^+/Ag)$

    B. $\varphi^{\ominus}(Ag^+/Ag)>\varphi^{\ominus}(AgCl/Ag)>\varphi^{\ominus}(AgI/Ag)$

    C. $\varphi^{\ominus}(Ag^+/Ag)>\varphi^{\ominus}(AgI/Ag)>\varphi^{\ominus}(AgCl/Ag)$

    D. $\varphi^{\ominus}(AgCl/Ag)>\varphi^{\ominus}(AgI/Ag)>\varphi^{\ominus}(Ag^+/Ag)$

(　) 55. 已知 $\varphi^{\ominus}(Pb^{2+}/Pb)=-0.126\,2\,V$，$K_{sp}^{\ominus}(PbCl_2)=1.6\times10^{-5}$，则 $\varphi^{\ominus}(PbCl_2/Pb)$ 为：

    A. $0.268\,V$　　　B. $-0.41\,V$　　　C. $-0.268\,V$　　　D. $0.41\,V$

(　) 56. Fe 元素在酸性介质中的标准电极电势图为 $Fe^{3+}\underline{\quad 0.771\,V\quad}Fe^{2+}\underline{\quad -0.447\,V\quad}Fe$，下列说法中错误的是：

    A. $\varphi^{\ominus}(Fe^{3+}/Fe^{2+})=0.771\,V$　　B. Fe 与稀酸反应生成 Fe^{2+} 和 H_2

    C. Fe^{3+} 可与 Fe 反应生成 Fe^{2+}　　D. Fe^{2+} 在酸性溶液中可发生歧化反应

(　) 57. 下列电极，标准电极电势最高的是(已知 CuI、CuBr、CuCl 的溶度积依次增大)：

    A. Cu^{2+}/Cu^+　　　B. Cu^{2+}/CuI　　　C. $Cu^{2+}/CuBr$　　　D. $Cu^{2+}/CuCl$

(　) 58. 由电极 $Cr_2O_7^{2-}/Cr^{3+}$ 和 Fe^{3+}/Fe^{2+} 组成的原电池(前者为正极)，若增大溶液的 H^+ 浓度，原电池的电动势将：

    A. 增大　　　　　B. 减小　　　　　C. 不变　　　　　D. 无法判断

(　) 59. 已知 $\varphi^{\ominus}(Cu^{2+}/Cu^+)>\varphi^{\ominus}[Cu(OH)_2/CuOH]$，则下面 $Cu(OH)_2$ 和 CuOH 的溶度积常数大小判断正确的是：

    A. $K_{sp}^{\ominus}[Cu(OH)_2]>K_{sp}^{\ominus}(CuOH)$　　B. $K_{sp}^{\ominus}[Cu(OH)_2]<K_{sp}^{\ominus}(CuOH)$

    C. $K_{sp}^{\ominus}[Cu(OH)_2]=K_{sp}^{\ominus}(CuOH)$　　D. 缺条件，无法判断

(三) 简答题

1. 什么叫歧化反应？为什么 Mn^{3+} 能歧化为 Mn^{2+} 和 MnO_2？Cu^+ 能否歧化为 Cu 和 Cu^{2+}？Fe^{2+} 能否歧化为 Fe 和 Fe^{3+}？

2. 用离子电子法配平氧化还原反应式的依据是什么？此法的特点和步骤怎样？

3. 电极主要有哪几类？各举一例。

4. 举例说明构成原电池的条件，为什么需要这些条件？

5. 电池的电动势(ε)与电池反应的自由能变化($\Delta_r G_m$)之间有何关系？如何由 ε 和 $\Delta_r G_m$ 的数据来判断反应的自发性？

6. 铁溶于过量的盐酸或过量的稀硝酸中，其氧化产物有何区别？

7. 铁能使 Cu^{2+} 还原，铜能使 Fe^{3+} 还原，这两者有无矛盾，说明理由。

8. 通常配制亚铁盐溶液时，加入少许铁丝，为什么？试由电极电势说明。

9. 已知 $\varphi^{\ominus}(Zn^{2+}/Zn) = -0.7618\ V$，$\varphi^{\ominus}(Fe^{2+}/Fe) = -0.447\ V$，试解释铁管道与锌接触能防止管道被腐蚀。

10. 利用有关的电极电势说明金属银为什么不能从稀硫酸或盐酸中置换出氢气，却能从氢碘酸中置换出氢气。

11. 已知 $\varphi^{\ominus}(MnO_2/Mn^{2+}) = 1.507\ V$，$\varphi^{\ominus}(Cl_2/Cl^-) = 1.358\ V$，$\varphi^{\ominus}(Br_2/Br^-) = 1.066\ V$，$\varphi^{\ominus}(Fe^{3+}/Fe^{2+}) = 0.771\ V$，$\varphi^{\ominus}(I_2/I^-) = 0.5355\ V$。现有一种含有 Cl^-、Br^-、I^- 三种离子的混合溶液，欲使 I^- 离子氧化为 I_2，而又不使 Br^- 和 Cl^- 氧化，在常用的氧化剂 $Fe_2(SO_4)_3$ 和 $KMnO_4$ 中选择哪一种才能符合要求？

12. 已知锰元素在酸性条件下的标准电势图为

$$MnO_4^- \xrightarrow{0.558\ V} MnO_4^{2-} \xrightarrow{2.26\ V} MnO_2 \xrightarrow{0.95\ V} Mn^{3+} \xrightarrow{1.5415\ V} Mn^{2+}$$
（上方贯通箭头 1.224 V：MnO_2 到 Mn^{3+} 段）

（1）求 $\varphi^{\ominus}(MnO_4^-/Mn^{2+})$；（2）确定 MnO_2 能否发生歧化反应；（3）指出哪些物质会发生歧化反应并写出反应方程式。

(四)计算题

1. 由标准电极电势计算下列反应 298 K 时 $\Delta_r G_m^{\ominus}$。

（1）$MnO_2 + 4H^+ + 2Br^- = Mn^{2+} + Br_2 + 2H_2O$

（2）$Br_2 + HNO_2 + H_2O = 2Br^- + NO_3^- + 3H^+$

（3）$Cl_2 + 2Br^- = Br_2 + 2Cl^-$

2. 若电池$(-)Zn\,|\,Zn^{2+}(c)\,\|\,Cu^{2+}(c=0.02\ mol\cdot L^{-1})\,|\,Cu(+)$的电动势是 1.0600 V，则 $c(Zn^{2+})$ 是多少？

3. 已知半反应的标准电极电势 $Ag^+ + e^- = Ag$ 的 $\varphi^{\ominus} = 0.7996\ V$，$AgCl(s) + e^- = Ag(s) + Cl^-$ 的 $\varphi^{\ominus}(AgCl/Ag) = 0.2223\ V$。计算 $AgCl$ 的 K_{sp}。

4. 已知 Fe 元素的电势图为 $FeO_4^{2-} \xrightarrow{1.9\ V} Fe^{3+} \xrightarrow{0.771\ V} Fe^{2+} \xrightarrow{-0.447\ V} Fe$，求 $\varphi^{\ominus}(Fe^{3+}/Fe)$。

5. 反应 $2MnO_4^- + 10Br^- + 16H^+ = 2Mn^{2+} + 5Br_2 + 8H_2O$ 若 $c(MnO_4^-) = c(Mn^{2+}) = c(Br^-) = c(Br_2) = 1.0$。问 pH 值等于多少时，该反应可以从左向右进行。

6. 已知 $MnO_4^- + 8H^+ + 5e^- = Mn^{2+} + 4H_2O$ 的 $\varphi^{\ominus} = 1.507\ V$，$Cl_2 + 2e^- = 2Cl^-$ 的 $\varphi^{\ominus} = 1.358\ V$。（1）判断这两个电极在标准状态下，组成电池时，反应自发进行的方向，并求 $\varepsilon^{\ominus}$；（2）计算 H^+ 离子浓度为 $10\ mol\cdot L^{-1}$ 时[其余各离子浓度均为 $1\ mol\cdot L^{-1}$，$p(Cl_2) = 100\ kPa$]电池电动势和反应平衡常数。

7. 有一原电池$(-)A\,|\,A^{2+}(c_1)\,\|\,B^{2+}(c_2)\,|\,B(+)$，当 $c(A^{2+}) = c(B^{2+})$ 时，其电动势为 +0.360 V，若 $c(A^{2+}) = 0.100\ mol\cdot L^{-1}$，$c(B^{2+}) = 1.00\times10^{-4}\ mol\cdot L^{-1}$，求 ε。

8. 有 $K_2Cr_2O_7$(M = 294.2 g·mol^{-1})为 9.806 g·L^{-1} 的溶液,在酸性条件下,该溶液 30.00 mL 可与浓度为 0.100 0 mol·L^{-1} FeSO$_4$ 溶液多少毫升恰好作用?

9. 计算下列反应 $Sn+Pb^{2+}=Sn^{2+}+Pb$ 平衡时,溶液中 Sn^{2+} 和 Pb^{2+} 两种离子浓度的比值。

10. 氢电极作指示电极,饱和甘汞电极(正极)与待测 pH 值的溶液组成电池,298 K 时测得其电动势为 0.435 V。求此溶液的 pH 值。

11. 若 $p(Cl_2)$ = 110 kPa,$c(Cl^-)$ = 0.1 mol·L^{-1},$c(Pb^{2+})$ = 0.05 mol·L^{-1}。计算电池反应 $Cl_2+Pb(s)=2Cl^- + Pb^{2+}$ 在 298 K 时的电池电动势。

12. 根据平衡常数比较下列氧化还原反应进行的完全程度。

(1) $Cl_2(g)+2Br^-=Br_2(g)+2Cl^-$

(2) $Cl_2(g)+2I^-=I_2(s)+2Cl^-$

13. 由标准氢电极和镍电极组成原电池,如当 $c(Ni^{2+})$ = 0.01 mol·L^{-1} 时,电池的电动势为 0.316 V,其中 Ni 为负极。计算镍电极的标准电极电势。

14. 已知 298 K 及标准压力下,$Ag_2SO_4(s)+H_2(p^\ominus)=2Ag(s)+H_2SO_4(0.100 \text{ mol·L}^{-1})$ 的 $\varphi^\ominus(Ag_2SO_4/Ag)$ = 0.627 V。(1)将该化学反应设计成原电池;(2)计算电池的电动势 ε;(3)计算的 Ag_2SO_4 的 $K_{sp}^\ominus$。

15. 判断 298 K 时,反应 $2Fe^{3+}+I^-=2Fe^{2+}+I_2$,在 $c(Fe^{3+})$ = 10^{-3} mol·L^{-1},$c(Fe^{2+})$ = 1.0 mol·L^{-1},$c(I^-)$ = 10^{-3} mol·L^{-1} 时的反应方向。

16. 计算由 0.10 mol·L^{-1} HAc 溶液($K_a^\ominus$ = 1.8×10^{-5})和 $p(H_2)$ = 100 kPa 的 H$_2$(g)组成电极的电极电势 $\varphi(H^+/H_2)$。

17. 已知 $\varphi^\ominus(NO_3^-/NO)$ = 0.957 V,$\varphi^\ominus(Ag^+/Ag)$ = 0.799 6 V。酸性介质中,标准状态下,KNO$_3$ 能否氧化 Ag? 当溶液 pH = 7.0,其余物质处于标准态时,反应方向有何变化?

18. 已知 $\varphi^\ominus(I_2/I^-)$ = 0.535 5 V,$\varphi^\ominus(Fe^{3+}/Fe^{2+})$ = 0.771 V,$K_{sp}^\ominus(AgI)$ = 8.9×10^{-17}。求反应 $I_2+2Fe^{2+}+2Ag^+=2AgI+2Fe^{3+}$ 的标准平衡常数(298 K)。

19. 已知 $\varphi^\ominus(MnO_2/Mn^{2+})$ = 1.224 V,$\varphi^\ominus(Cl_2/Cl^-)$ = 1.358 V。判断 298 K,标准状态下,反应 $MnO_2+2Cl^-+4H^+=Mn^{2+}+Cl_2+H_2O$ 能否正向自发进行? 若用 $c(HCl)$ = 12.0 mol·L^{-1} 的浓盐酸与 MnO$_2$ 作用[设 $c(Mn^{2+})$ = 1.0 mol·L^{-1},$p(Cl_2)$ = 100 kPa],反应能否正向自发进行?

20. 在 298 K 时,实验测得甘汞电极(Hg_2Cl_2/Hg)的标准电极电势为 0.285 V,饱和甘汞电极(溶液中含 KCl 晶体)的电极电势为 0.246 V。计算 KCl 在水中的溶解度(mol·L^{-1})。

21. 已知 $\varphi^\ominus(Ag^+/Ag)$ = 0.799 6 V,$\varphi^\ominus(Cu^{2+}/Cu)$ = 0.341 9 V。将铜片插入盛有 0.50 mol·L^{-1} CuSO$_4$ 溶液的烧杯中,银片插入盛有 0.50 mol·L^{-1} AgNO$_3$ 溶液的烧杯中,组成一个原电池。(1)写出原电池符号;(2)写出电极反应式和电池反应式;(3)求该电池的电动势。

22. 配平下列反应方程式,计算反应的平衡常数(298 K),判断标准状态下反应自发进行的方向。

(1) $Fe^{2+}+I_2 \rightarrow Fe^{3+}+I^-$

（2）$Hg^{2+}+Hg \rightarrow Hg_2^{2+}$

（3）$Ag(s)+Cu^{2+}(0.010\ mol \cdot L^{-1}) \rightarrow Ag^+(0.10\ mol \cdot L^{-1})+Cu(s)$

（4）$Br^-(0.10\ mol \cdot L^{-1})+Cr^{3+}(0.010\ mol \cdot L^{-1}) \rightarrow Cr^{2+}(1.0\ mol \cdot L^{-1})+Br_2(l)$

（5）$Fe^{3+}+Mn^{2+} \rightarrow MnO_2+Fe^{2+}$

23. 由于许多的生化反应是在 pH=7.0 的条件下进行的，所以生物化学家将 $c(H^+)=1.0 \times 10^{-7}\ mol \cdot L^{-1}$ 作为标准浓度。请计算 $c(H^+)=1.0 \times 10^{-7}\ mol \cdot L^{-1}$，$p(H_2)=100\ kPa$ 时，电极反应 $2H^++2e^-=H_2$ 的电极电势。若将此电极与标准氢电极（作正极）组成一个原电池，计算电极电势。

24. 已知 $\varphi^\ominus(H_3AsO_4/H_3AsO_3)=0.559\ V$，$\varphi^\ominus(I_2/I^-)=0.535\ 5\ V$。计算反应 $H_3AsO_3+I_2+H_2O=H_3AsO_4+2I^-+2H^+$，（1）在 298 K 时的平衡常数；（2）判断 pH=7 时反应进行的方向，并计算反应正向进行和逆向进行的酸度条件。

25. 已知 $\varphi^\ominus(Fe^{2+}/Fe)=-0.447\ V$，$\varphi^\ominus(Fe^{3+}/Fe^{2+})=0.771\ V$。写出三种物质间能够自发进行的化学反应，并计算该电池的标准电动势及电池反应的 $\Delta_r G_m^\ominus$。

26. 已知 $\varphi^\ominus(Br_2/Br^-)=1.066\ V$，$\varphi^\ominus(IO_3^-/I_2)=1.20\ V$。（1）写出标准状态下自发进行的电池反应式；（2）若 $c(Br^-)=1.0 \times 10^{-4}\ mol \cdot L^{-1}$，而其他条件不变，反应将如何进行？（3）若调节溶液 pH=4.0，其他条件不变，反应将如何进行？

27. 已知 $\varphi^\ominus(Cu^{2+}/Cu)=0.341\ 9\ V$。298 K 时，测定下列电池$(-)Pt \mid H_2(100\ kPa) \mid H^+(x\ mol \cdot L^{-1}) \parallel Cu^{2+}(1.0\ mol \cdot L^{-1}) \mid Cu(+)$的 $\varepsilon=0.48\ V$。求负极溶液的 pH 值。

28. 卤化亚铜（CuX）均为白色沉淀，CuI 可按 $2Cu^{2+}+4I^-=2CuI(s)+I_2$ 制得。计算说明能否用类似方法制备 CuBr、CuCl？已知 $\varphi^\ominus(Cu^{2+}/Cu^+)=0.153\ V$，$\varphi^\ominus(Br_2/Br^-)=1.066\ V$，$\varphi^\ominus(Cl_2/Cl^-)=1.358V$，$K_{sp}^\ominus(CuBr)=2.0 \times 10^{-9}$，$K_{sp}^\ominus(CuCl)=2.0 \times 10^{-6}$。

29. 根据电极 $O_2+4H^++4e^-=2H_2O$，$\varphi^\ominus=1.229\ V$。计算电极 $O_2+2H_2O+4e^-=4OH^-$ 的标准电极电势，并分析氧气的氧化能力与溶液 pH 值之间的关系。

30. 熵变很难通过实验的方法直接测定，一般是通过计算的方法得到。已知 298 K 时，反应 $Cr_2O_7^{2-}+6Fe^{2+}+14H^+=2Cr^{3+}+6Fe^{3+}+7H_2O$ 的 $\Delta_r H_m^\ominus=759\ kJ \cdot mol^{-1}$，$\varphi^\ominus(Cr_2O_7^{2-}/Cr^{3+})=1.232\ V$，$\varphi^\ominus(Fe^{3+}/Fe^{2+})=0.77\ V$。计算反应在 298 K 时的 $\Delta_r S_m^\ominus$。

31. 已知 $K_{sp}^\ominus(AgI)=8.5 \times 10^{-17}$，298 K 时，电极 $Ag^++e^-=Ag$ 的 $\varphi^\ominus(Ag^+/Ag)=0.80\ V$。如果向系统中加入 KI，当 AgI 达到沉淀平衡时，I^- 的浓度为 $1\ mol \cdot L^{-1}$。求 $\varphi(Ag^+/Ag)$。

32. 已知 $\varphi^\ominus(Cu^{2+}/Cu^+)=0.153\ V$，$\varphi^\ominus(I_2/I^-)=0.535\ 5\ V$，$K_{sp}^\ominus(CuI)=1.27 \times 10^{-12}$。计算 Cu^{2+}/CuI 电极的标准电极电势，并判断碘离子能否被铜离子氧化。

33. 已知 $\varphi^\ominus(Ag^+/Ag)=0.799\ 6\ V$，$K_{sp}^\ominus(AgCl)=1.8 \times 10^{-10}$，$p(H_2)=100\ kPa$。将氢电极插入含有 $0.50\ mol \cdot L^{-1}$ HA 和 $0.10\ mol \cdot L^{-1}$ NaA 的缓冲溶液中，作为原电池的负极，将银电极插入含有 AgCl 固体和 $1.0\ mol \cdot L^{-1}$ Cl^- 的 $AgNO_3$ 溶液中，作为原电池的正极，测得原电池的电动势为 0.45 V。计算：（1）正、负极的电极电势；（2）负极溶液中的 $c(H^+)$ 和 HA 的离解常数 $K_a^\ominus$。

练习题答案

（一）判断题

1. √	2. ×	3. √	4. √
5. ×	6. √	7. ×	8. ×
9. ×	10. ×	11. √	12. ×
13. √	14. √	15. ×	16. ×
17. ×	18. ×	19. ×	20. √
21. ×	22. ×	23. √	24. √
25. ×	26. √	27. √	28. ×
29. ×	30. ×	31. ×	32. ×
33. ×	34. √	35. √	36. √
37. ×	38. √	39. ×	40. ×
41. √	42. ×	43. √	44. ×
45. ×	46. ×	47. √	48. ×
49. ×	50. √	51. √	52. ×
53. √	54. ×	55. ×	56. ×

（二）选择题

1. B	2. A	3. D	4. B
5. D	6. C	7. C	8. C
9. C	10. D	11. A	12. A
13. B	14. B	15. A	16. D
17. C	18. B	19. A	20. A
21. D	22. C	23. C	24. C
25. A	26. C	27. A	28. D
29. C	30. A	31. A	32. B
33. D	34. B	35. D	36. B
37. D	38. B	39. C	40. B
41. B	42. C	43. B	44. C
45. A	46. D	47. B	48. C
49. D	50. B	51. D	52. D
53. C	54. B	55. C	56. D
57. B	58. A	59. B	

（三）简答题

1. 氧化数升高和降低都发生在同一化合物的同一元素中，这种氧化还原反应称为歧化反应；$\varphi^{\ominus}(MnO_2/Mn^{3+})<\varphi^{\ominus}(Mn^{3+}/Mn^{2+})$，所以 Mn^{3+} 能被歧化为 Mn^{2+} 和 MnO_2；由于 $\varphi^{\ominus}(Cu^{2+}/Cu^+)=0.153\ V<\varphi^{\ominus}(Cu^+/Cu)=0.521\ V$，所以 Cu^+ 能被歧化为 Cu 和 Cu^{2+}；$\varphi^{\ominus}(Fe^{3+}/Fe^{2+})>\varphi^{\ominus}(Fe^{2+}/Fe)$，所以 Fe^{2+} 不能发生歧化反应，而是发生反应 $2Fe^{3+}+Fe=3Fe^{2+}$。

2. 配平依据：氧化剂得到的电子总数等于还原剂失去的电子总数。特点：利用半反应进行配平。步骤：(1) 写出离子反应式；(2) 写出两个半反应；(3) 配平两个半反应；(4) 找出得失电子数的最小公倍数，将两个半反应乘以相应的系数，相加，整理即得到配平的离子方程式。

3. (1) 金属-金属离子电极：$Zn\mid ZnSO_4(c)$；(2) 气体-离子电极：$Pt\mid H_2(p)\mid H^+(c)$；(3) 氧化还原电极：$Pt\mid Fe^{3+}(c_1),Fe^{2+}(c_2)$；(4) 金属-金属难溶盐电极：$Ag(s)\mid AgCl(s)\mid Cl^-(c)$。

4. 构成原电池要有两个电极电势不等的电极和盐桥。以标准铜锌原电池为例，由于 $\varphi^{\ominus}(Cu^{2+}/Cu)>\varphi^{\ominus}(Zn^{2+}/Zn)$，所以锌电极作为负极，发生氧化反应 $Zn\rightarrow Zn^{2+}+2e^-$；铜电极作为正极，发生还原反应 $Cu^{2+}+2e^-\rightarrow Cu$，这样电子从 Zn 极流向 Cu 极，将化学能转变为电能；盐桥的作用是保证两个电极中的溶液保持电中性，使反应持续进行，不断地将化学能转变为电能。

5. $\Delta_r G_m=-nF\varepsilon$，当 $\Delta_r G_m<0$，$\varepsilon>0$，反应自发；当 $\Delta_r G_m>0$，$\varepsilon<0$，反应非自发；当 $\Delta_r G_m=0$，$\varepsilon=0$，反应处于平衡状态。

6. 因 $\varphi^{\ominus}(Fe^{2+}/Fe)=-0.447\ V<0$，所以 Fe 在过量盐酸中产物为 $FeCl_2$；而 $\varphi^{\ominus}(NO_3^-/NO)=0.957\ V$（酸性条件）$>\varphi^{\ominus}(Fe^{3+}/Fe^{2+})=0.771\ V$，所以溶入酸中的 Fe^{2+} 可继续被氧化 Fe^{3+}，因此在过量硝酸中产物应为 $Fe(NO_3)_3$。

7. 不矛盾，两者进行的氧化还原反应不同。因为 $\varphi^{\ominus}(Fe^{2+}/Fe)=-0.447\ V<\varphi^{\ominus}(Cu^{2+}/Cu)=0.3419\ V$，所以 Fe 能还原 Cu^{2+}；而 $\varphi^{\ominus}(Fe^{3+}/Fe^{2+})=0.771\ V>\varphi^{\ominus}(Cu^{2+}/Cu)=0.3419\ V$，所以铜能使 Fe^{3+} 还原。

8. 因为 Fe^{2+} 容易被空气中的氧气氧化为 Fe^{3+}，加入少许铁丝后，由于 $\varphi^{\ominus}(Fe^{3+}/Fe^{2+})=0.771\ V>\varphi^{\ominus}(Fe^{2+}/Fe)=-0.447\ V$，可以发生 $Fe^{3+}+Fe\rightarrow Fe^{2+}$ 的反应，所以能够保证 Fe^{2+} 可以在溶液中稳定存在。

9. $\varphi^{\ominus}(Zn^{2+}/Zn)<\varphi^{\ominus}(Fe^{2+}/Fe)$，所以 Zn 比 Fe 更容易被氧化，铁管道和锌接触后被腐蚀的首先是锌而不是铁，从而达到防止铁管道被腐蚀的目的。

10. $\varphi^{\ominus}(Ag^+/Ag)=0.7996\ V>\varphi^{\ominus}(H^+/H_2)$，$\varphi^{\ominus}(AgCl/Ag)=0.2223\ V>\varphi^{\ominus}(H^+/H_2)$，在标准状态下，Ag 和 H^+ 的反应不能自发进行。即金属银不能从稀硫酸或盐酸中置换出氢气。而 $\varphi^{\ominus}(AgI/Ag)=-0.1519\ V<\varphi^{\ominus}(H^+/H_2)$，在标准状态下，Ag 和 H^+ 的反应能自发进行。即金属银能从氢碘酸中置换出氢气。

11. 按照氧化还原反应进行的方向，$1.066\ V>\varphi^{\ominus}>0.5355\ V$，只有选择 $Fe_2(SO_4)_3$ 作氧化剂才符合要求。

12. (1) $\varphi^{\ominus}(MnO_4^-/Mn^{2+})=\dfrac{1\times0.558\ V+2\times2.26\ V+2\times1.224\ V}{5}=1.51\ V$

（2）MnO_2 不能发生歧化反应。

（3）MnO_4^{2-}，Mn^{3+} 会发生歧化反应，反应方程式如下：

$$3MnO_4^{2-}+4H^+=2MnO_4^-+MnO_2+2H_2O$$

$$2Mn^{3+}+2H_2O=MnO_2+Mn^{2+}+4H^+$$

（四）计算题

1. 解：（1）$\varepsilon^\ominus=\varphi_+^\ominus-\varphi_-^\ominus=1.224\ V-1.066\ V=0.158\ V$

$\Delta_r G_m^\ominus=-nF\varepsilon^\ominus=-2\times96\ 500\ J\cdot V^{-1}\cdot mol^{-1}\times0.158\ V=-30.49\ kJ\cdot mol^{-1}$

（2）$\varepsilon^\ominus=\varphi_+^\ominus-\varphi_-^\ominus=1.066\ V-0.934\ V=0.132\ V$

$\Delta_r G_m^\ominus=-nF\varepsilon^\ominus=-2\times96\ 500\ J\cdot V^{-1}\cdot mol^{-1}\times0.132\ V=-25.48\ kJ\cdot mol^{-1}$

（3）$\varepsilon^\ominus=\varphi_+^\ominus-\varphi_-^\ominus=1.358\ 27\ V-1.066\ V=0.292\ 27\ V$

$\Delta_r G_m^\ominus=-nF\varepsilon^\ominus=-2\times96\ 500\ J\cdot V^{-1}\cdot mol^{-1}\times0.292\ 27\ V=-56.41\ kJ\cdot mol^{-1}$

2. 解：$\varphi(Cu^{2+}/Cu)=\varphi^\ominus(Cu^{2+}/Cu)+\dfrac{0.059\ 2\ V}{2}\lg\dfrac{c(Cu^{2+})}{c^\ominus}$

$$=0.341\ 9\ V+\dfrac{0.059\ 2\ V}{2}\lg0.02=0.291\ 6\ V$$

$\varphi(Zn^{2+}/Zn)=\varphi^\ominus(Zn^{2+}/Zn)+\dfrac{0.059\ 2\ V}{2}\lg\dfrac{c(Zn^{2+})}{c^\ominus}$

$$=-0.761\ 8\ V+\dfrac{0.059\ 2\ V}{2}\lg\dfrac{c(Zn^{2+})}{c^\ominus}$$

$\varepsilon=\varphi(Cu^{2+}/Cu)-\varphi(Zn^{2+}/Zn)$

$1.060\ 0\ V=0.291\ 6\ V-\left[-0.761\ 8\ V+\dfrac{0.059\ 2\ V}{2}\lg\dfrac{c(Zn^{2+})}{c^\ominus}\right]$

$c(Zn^{2+})=0.598\ mol\cdot L^{-1}$

3. 解：$\varphi^\ominus(AgCl/Ag)=\varphi^\ominus(Ag^+/Ag)+\dfrac{0.059\ 2\ V}{1}\lg K_{sp}^\ominus(AgCl)$

$0.222\ V=0.799\ 6\ V+0.059\ 2\ V\times\lg K_{sp}^\ominus(AgCl)$

$K_{sp}^\ominus(AgCl)=1.75\times10^{-10}$

4. 解：$\varphi^\ominus(Fe^{3+}/Fe)=\dfrac{1\times0.771\ V+2\times(-0.447)\ V}{1+2}=-0.041\ V$

5. 解：查附录 8 可知 $\varphi^\ominus(MnO_4^-/Mn^{2+})=1.507\ V$，$\varphi^\ominus(Br_2/Br^-)=1.066\ V$

$2MnO_4^-+10Br^-+16H^+=2Mn^{2+}+5Br_2+8H_2O$ 在标准状态下，此反应正向进行。

当 $\varphi(MnO_4^-/Mn^{2+})=\varphi^\ominus(Br_2/Br^-)$ 时为转折点

$MnO_4^-+8H^++5e^-=Mn^{2+}+4H_2O$

$\varphi(MnO_4^-/Mn^{2+})=\varphi^\ominus(MnO_4^-/Mn^{2+})+\dfrac{0.059\ 2\ V}{5}\lg\dfrac{[c(MnO_4^-)/c^\ominus]\cdot[c(H^+)/c^\ominus]^8}{c(Mn^{2+})/c^\ominus}$

$$= 1.507 \text{ V} + \frac{0.059\ 2 \text{ V}}{5}\lg[c(\text{H}^+)/c^\ominus]^8$$

$$1.066 \text{ V} = 1.507 \text{ V} - \frac{0.059\ 2 \text{ V} \times 8}{5}\text{pH}$$

$$\text{pH} = 4.66$$

所以，当 pH<4.66 时，反应从左向右进行。

6. 解：(1) $\varphi^\ominus(\text{MnO}_4^-/\text{Mn}^{2+}) > \varphi^\ominus(\text{Br}_2/\text{Br}^-)$ 所以，在标准状态下反应正向进行的方向为：

$$2\text{MnO}_4^- + 10\text{Cl}^- + 16\text{H}^+ = 2\text{Mn}^{2+} + 5\text{Cl}_2 + 8\text{H}_2$$

$$\varepsilon^\ominus = \varphi^\ominus(\text{MnO}_4^-/\text{Mn}^{2+}) - \varphi^\ominus(\text{Cl}_2/\text{Cl}^-) = 1.507 \text{ V} - 1.358 \text{ V} = 0.149 \text{ V}$$

(2) $\varphi(\text{MnO}_4^-/\text{Mn}^{2+}) = \varphi^\ominus(\text{MnO}_4^-/\text{Mn}^{2+}) + \dfrac{0.059\ 2 \text{ V}}{5}\lg\dfrac{[c(\text{MnO}_4^-)/c^\ominus]\cdot[c(\text{H}^+)/c^\ominus]^8}{c(\text{Mn}^{2+})/c^\ominus}$

$$= 1.507 \text{ V} + \frac{0.059\ 2 \text{ V}}{5}\lg 10^8 = 1.602 \text{ V}$$

$$\varepsilon = \varphi(\text{MnO}_4^-/\text{Mn}^{2+}) - \varphi^\ominus(\text{Cl}_2/\text{Cl}^-) = 1.602 \text{ V} - 1.358 \text{ V} = 0.244 \text{ V}$$

$$\lg K^\ominus = \frac{n\varepsilon^\ominus}{0.059\ 2 \text{ V}} = \frac{10 \times 0.243\ 7 \text{ V}}{0.059\ 2 \text{ V}}$$

$$K^\ominus = 1.46 \times 10^{41}$$

7. 解：$\varepsilon = \varphi_+^\ominus + \dfrac{0.059\ 2 \text{ V}}{2}\lg\dfrac{c(\text{B}^{2+})}{c^\ominus} - \left[\varphi_-^\ominus + \dfrac{0.059\ 2 \text{ V}}{2}\lg\dfrac{c(\text{A}^{2+})}{c^\ominus}\right]$

$$= \varphi_+^\ominus - \varphi_-^\ominus + \frac{0.059\ 2 \text{ V}}{2}\lg\frac{c(\text{B}^{2+})}{c(\text{A}^{2+})}$$

当 $c(\text{A}^{2+}) = c(\text{B}^{2+})$ 时：

$$\varepsilon = 0.360 \text{ V} = \varphi_+^\ominus - \varphi_-^\ominus$$

若 $c(\text{A}^{2+}) = 0.100 \text{ mol}\cdot\text{L}^{-1}$，$c(\text{B}^{2+}) = 1.00 \times 10^{-4} \text{ mol}\cdot\text{L}^{-1}$

$$\varepsilon = \varphi_+^\ominus - \varphi_-^\ominus + \frac{0.059\ 2 \text{ V}}{2}\lg\frac{c(\text{B}^{2+})}{c(\text{A}^{2+})} = 0.360 + \frac{0.059\ 2 \text{ V}}{2}\lg\frac{1.00 \times 10^{-4} \text{ mol}\cdot\text{L}^{-1}}{0.100 \text{ mol}\cdot\text{L}^{-1}} = 0.271 \text{ V}$$

8. 解：$\text{Cr}_2\text{O}_7^{2-} + 6\text{Fe}^{2+} + 14\text{H}^+ = 2\text{Cr}^{3+} + 6\text{Fe}^{3+} + 7\text{H}_2\text{O}$

$$n\left(\frac{1}{6}\text{Cr}_2\text{O}_7^{2-}\right) = n(\text{Fe}^{2+})$$

$$\frac{9.806 \text{ g}\cdot\text{L}^{-1} \times 30.00 \times 10^{-3} \text{ L}}{294.2 \text{ g}\cdot\text{mol}^{-1}/6} = 0.100\ 0 \text{ mol}\cdot\text{L}^{-1} \times V \text{ mL}$$

$$V = 60.00 \text{ mL}$$

9. 解：当平衡时 $\varphi(\text{Sn}^{2+}/\text{Sn}) = \varphi(\text{Pb}^{2+}/\text{Pb})$

$$\varphi^\ominus(\text{Sn}^{2+}/\text{Sn}) + \frac{0.059\ 2 \text{ V}}{2}\lg\frac{c(\text{Sn}^{2+})}{c^\ominus} = \varphi^\ominus(\text{Pb}^{2+}/\text{Pb}) + \frac{0.059\ 2 \text{ V}}{2}\lg\frac{c(\text{Pb}^{2+})}{c^\ominus}$$

$$\lg \frac{c(\text{Sn}^{2+})}{c(\text{Pb}^{2+})} = [\varphi^{\ominus}(\text{Pb}^{2+}/\text{Pb}) - \varphi^{\ominus}(\text{Sn}^{2+}/\text{Sn})] \times \frac{2}{0.059\,2\text{ V}}$$

$$= [-0.126\,2\text{ V} - (-0.137\,5\text{ V})] \times \frac{2}{0.059\,2\text{ V}}$$

$$\frac{c(\text{Sn}^{2+})}{c(\text{Pb}^{2+})} = 2.41$$

10. 解：饱和甘汞电极的 $\varphi = 0.241\,2$ V

$$\varphi(\text{H}^+/\text{H}_2) = \varphi_+^{\ominus} - \varepsilon = 0.241\,2\text{ V} - 0.435\text{ V} = -0.193\,8\text{ V}$$

$2\text{H}^+ + 2e^- = \text{H}_2$, $\varphi^{\ominus} = 0.000\,0$ V, 则

$$\varphi(\text{H}^+/\text{H}_2) = \varphi^{\ominus}(\text{H}^+/\text{H}_2) + \frac{0.059\,2\text{ V}}{2}\lg\frac{[c(\text{H}^+)/c^{\ominus}]^2}{p(\text{H}_2)/p^{\ominus}}$$

$$= 0.059\,2\text{ V} \times \lg\frac{c(\text{H}^+)}{c^{\ominus}} = -0.059\,2\text{ V} \times \text{pH}$$

$\text{pH} = 3.27$

11. 解：$\varphi(\text{Cl}_2/\text{Cl}^-) = \varphi^{\ominus}(\text{Cl}_2/\text{Cl}^-) + \dfrac{0.059\,2\text{ V}}{2}\lg\dfrac{p(\text{Cl}_2)/p^{\ominus}}{[c(\text{Cl}^-)/c^{\ominus}]^2}$

$$= 1.358\text{ V} + \frac{0.059\,2\text{ V}}{2}\lg\frac{110/100}{0.1^2} = 1.419\text{ V}$$

$\varphi(\text{Pb}^{2+}/\text{Pb}) = \varphi^{\ominus}(\text{Pb}^{2+}/\text{Pb}) + \dfrac{0.059\,2\text{ V}}{2}\lg\dfrac{c(\text{Pb}^{2+})}{c^{\ominus}}$

$$= -0.126\,2\text{ V} + \frac{0.059\,2\text{ V}}{2}\lg 0.05 = -0.165\text{ V}$$

$\varepsilon = \varphi(\text{Cl}_2/\text{Cl}^-) - \varphi(\text{Pb}^{2+}/\text{Pb}) = 1.419\text{ V} - (-0.165\text{ V}) = 1.584\text{ V}$

12. 解：（1）$\lg K^{\ominus} = \dfrac{2 \times [\varphi^{\ominus}(\text{Cl}_2/\text{Cl}^-) - \varphi^{\ominus}(\text{Br}_2/\text{Br}^-)]}{0.059\,2\text{ V}} = \dfrac{2 \times (1.358\text{ V} - 1.066\text{ V})}{0.059\,2\text{ V}}$

$K^{\ominus} = 7.33 \times 10^9$

（2）$\lg K^{\ominus} = \dfrac{2 \times [\varphi^{\ominus}(\text{Cl}_2/\text{Cl}^-) - \varphi^{\ominus}(\text{I}_2/\text{I}^-)]}{0.059\,2\text{ V}} = \dfrac{2 \times (1.358\text{ V} - 0.535\,5\text{ V})}{0.059\,2\text{ V}}$

$K^{\ominus} = 6.13 \times 10^{27}$

所以，反应（2）进行的更完全。

13. 解：$\varepsilon = \varphi^{\ominus}(\text{H}^+/\text{H}_2) - \varphi^{\ominus}(\text{Ni}^{2+}/\text{Ni})$

$$0.316\text{ V} = 0.000\,0\text{ V} - [\varphi^{\ominus}(\text{Ni}^{2+}/\text{Ni}) + \frac{0.059\,2\text{ V}}{2}\lg 0.01]$$

$\varphi^{\ominus}(\text{Ni}^{2+}/\text{Ni}) = -0.257\text{ V}$

14. 解：（1）$(-)\text{Pt} \mid \text{H}_2(p^{\ominus}) \mid \text{H}_2\text{SO}_4(0.100\text{ mol} \cdot \text{L}^{-1}) \parallel \text{SO}_4^{2-}(0.100\text{ mol} \cdot \text{L}^{-1}) \mid$
$\text{Ag}_2\text{SO}_4(\text{s}) \mid \text{Ag}(\text{s})(+)$

$$(2)\varphi(\mathrm{Ag_2SO_4/Ag}) = \varphi^{\ominus}(\mathrm{Ag_2SO_4/Ag}) + \frac{0.059\ 2\ \mathrm{V}}{2}\lg\frac{1}{c(\mathrm{SO_4^{2-}})/c^{\ominus}}$$

$$= 0.627\ \mathrm{V} + \frac{0.059\ 2\ \mathrm{V}}{2}\lg\frac{1}{0.100} = 0.657\ \mathrm{V}$$

$$\varphi(\mathrm{H^+/H_2}) = \varphi^{\ominus}(\mathrm{H^+/H_2}) + \frac{0.059\ 2\ \mathrm{V}}{2}\lg\frac{[c(\mathrm{H^+})/c^{\ominus}]^2}{p(\mathrm{H_2})/p^{\ominus}}$$

$$= 0.000\ 0\ \mathrm{V} + 0.059\ 2\ \mathrm{V}\times\lg0.200 = -0.041\ 4\ \mathrm{V}$$

$$\varepsilon = \varphi(\mathrm{Ag_2SO_4/Ag}) - \varphi(\mathrm{H^+/H_2}) = 0.657\ \mathrm{V} - (-0.041\ 4\ \mathrm{V}) = 0.698\ 4\ \mathrm{V}$$

$$(3)\ \varphi^{\ominus}(\mathrm{Ag_2SO_4/Ag}) = \varphi^{\ominus}(\mathrm{Ag^+/Ag}) + \frac{0.059\ 2\ \mathrm{V}}{2}\lg K_{\mathrm{sp}}^{\ominus}(\mathrm{Ag_2SO_4})$$

$$0.627\ \mathrm{V} = 0.799\ 6\ \mathrm{V} + \frac{0.059\ 2\ \mathrm{V}}{2}\lg K_{\mathrm{sp}}^{\ominus}(\mathrm{Ag_2SO_4})$$

$$K_{\mathrm{sp}}^{\ominus}(\mathrm{Ag_2SO_4}) = 1.475\times10^{-6}$$

15. 解：$\varphi(\mathrm{Fe^{3+}/Fe^{2+}}) = \varphi^{\ominus}(\mathrm{Fe^{3+}/Fe^{2+}}) + \dfrac{0.059\ 2\ \mathrm{V}}{1}\lg\dfrac{c(\mathrm{Fe^{3+}})}{c(\mathrm{Fe^{2+}})}$

$$= 0.771\ \mathrm{V} + \frac{0.059\ 2\ \mathrm{V}}{1}\lg\frac{10^{-3}\ \mathrm{mol}\cdot\mathrm{L^{-1}}}{1.0\ \mathrm{mol}\cdot\mathrm{L^{-1}}} = 0.593\ 4\ \mathrm{V}$$

$$\varphi(\mathrm{I_2/I^-}) = \varphi^{\ominus}(\mathrm{I_2/I^-}) + \frac{0.059\ 2\ \mathrm{V}}{2}\lg\frac{p(\mathrm{I_2})/p^{\ominus}}{[c(\mathrm{I^-})/c^{\ominus}]^2}$$

$$= 0.535\ 5\ \mathrm{V} + \frac{0.059\ 2\ \mathrm{V}}{2}\lg\frac{1}{(10^{-3})^2}$$

$$= 0.713\ 1\ \mathrm{V}$$

$$\varepsilon = \varphi(\mathrm{Fe^{3+}/Fe^{2+}}) - \varphi(\mathrm{I_2/I^-}) = 0.592\ 4\ \mathrm{V} - 0.713\ 1\ \mathrm{V} = -0.120\ 7\ \mathrm{V} < 0$$

所以，反应逆向进行。

16. 解：电极反应 $2\mathrm{H^+}+2\mathrm{e^-}=\mathrm{H_2}$

$$\varphi(\mathrm{H^+/H_2}) = \varphi^{\ominus}(\mathrm{H^+/H_2}) + \frac{0.059\ 2\ \mathrm{V}}{2}\lg\frac{[c(\mathrm{H^+})/c^{\ominus}]^2}{p(\mathrm{H_2})/p^{\ominus}}$$

$$= 0.000\ 0\ \mathrm{V} + \frac{0.059\ 2\ \mathrm{V}}{2}\lg\frac{(\sqrt{K_{\mathrm{a}}^{\ominus}c/c^{\ominus}})^2}{1.0} = -0.170\ \mathrm{V}$$

17. 解：(1) 在标准状态下，由 $\varphi^{\ominus}(\mathrm{NO_3^-/NO})$，$\varphi^{\ominus}(\mathrm{Ag^+/Ag})$ 两个电对组成原电池，则

$$\varepsilon^{\ominus} = \varphi^{\ominus}(\mathrm{NO_3^-/NO}) - \varphi^{\ominus}(\mathrm{Ag^+/Ag}) = 0.957\ \mathrm{V} - 0.799\ 6\ \mathrm{V} = 0.157\ 4\ \mathrm{V} > 0$$

所以，在标准状态下，$\mathrm{KNO_3}$ 可以氧化 Ag。

反应的离子式为 $\mathrm{NO_3^-} + 3\mathrm{Ag} + 4\mathrm{H^+} = 3\mathrm{Ag^+} + \mathrm{NO} + 2\mathrm{H_2O}$

(2) 当 $\mathrm{pH} = 7.0$，$c(\mathrm{H^+}) = 10^{-7}\ \mathrm{mol}\cdot\mathrm{L^{-1}}$，其余物质处于标准态

$$\mathrm{NO_3^-} + 4\mathrm{H^+} + 3\mathrm{e^-} = \mathrm{NO} + 2\mathrm{H_2O}$$

$$\varphi(\mathrm{NO_3^-/NO}) = \varphi^{\ominus}(\mathrm{NO_3^-/NO}) + \frac{0.059\ 2\ \mathrm{V}}{3}\lg\frac{[c(\mathrm{H^+})/c^{\ominus}]^4\cdot[c(\mathrm{NO_3^-})/c^{\ominus}]}{p(\mathrm{NO})/p^{\ominus}}$$

$$= 0.957\ V + \frac{0.059\ 2\ V}{3}\lg\frac{(10^{-7})^4}{1.0} = 0.404\ V$$

$\varepsilon = \varphi(NO_3^-/NO) - \varphi(Ag^+/Ag) = 0.404\ V - 0.799\ 6\ V = -0.395\ 6\ V < 0$

所以，此时反应逆向进行。

18. 解：由于生成 AgI 而使电对 I_2/I^- 的电极电势发生变化

$I_2 + 2Ag^+ + 2e^- = 2AgI$

$$\varphi(I_2/I^-) = \varphi^{\ominus}(I_2/AgI) = \varphi^{\ominus}(I_2/I^-) + \frac{0.059\ 2\ V}{2}\lg\frac{1}{[c(I^-)/c^{\ominus}]^2}$$

$$= 0.536\ V + \frac{0.059\ 2\ V}{2}\lg\frac{1}{(K_{sp}^{\ominus})^2} = 0.536\ V + \frac{0.059\ 2\ V}{2}\lg\frac{1}{(8.9\times10^{-17})^2}$$

$$= 1.486\ V$$

$$\lg K^{\ominus} = \frac{2\times[\varphi^{\ominus}(I_2/AgI) - \varphi^{\ominus}(Fe^{3+}/Fe^{2+})]}{0.059\ 2\ V} = \frac{2\times(1.486\ V - 0.771\ V)}{0.059\ 2\ V} = 24.2$$

所以 $K^{\ominus} = 1.4\times10^{24}$

19. 解：若利用该反应设计原电池，则电极反应为

正极：$MnO_2 + 4H^+ + 2e^- = Mn^{2+} + 2H_2O$

负极：$2Cl^- = Cl_2 + 2e^-$

（1）标准状态下：$\varphi^{\ominus}(MnO_2/Mn^{2+}) = 1.22\ V < \varphi^{\ominus}(Cl_2/Cl^-) = 1.36\ V$

所以，标准状态下，反应正向不能自发进行。

（2）若用 $12.0\ mol\cdot L^{-1}$ 的浓 HCl 与 MnO_2 作用

$$\varphi(MnO_2/Mn^{2+}) = \varphi^{\ominus}(MnO_2/Mn^{2+}) + \frac{0.059\ 2\ V}{2}\lg\frac{[c(H^+)/c^{\ominus}]^4}{c(Mn^{2+})/c^{\ominus}}$$

$$= 1.224\ V + \frac{0.059\ 2\ V}{2}\lg12.0^4 = 1.35\ V$$

$$\varphi(Cl_2/Cl^-) = \varphi^{\ominus}(Cl_2/Cl^-) + \frac{0.059\ 2\ V}{2}\lg\frac{p(Cl_2)/p^{\ominus}}{[c(Cl^-)/c^{\ominus}]^2}$$

$$= 1.358\ V + \frac{0.059\ 2\ V}{2}\lg\frac{1}{12.0^2} = 1.29\ V$$

由于 $\varphi(MnO_2/Mn^{2+}) > \varphi(Cl_2/Cl^-)$，反应正向进行。

20. 解：甘汞电极的电极反应为 $Hg_2Cl_2 + 2e^- = 2Hg + 2Cl^-$

根据 Nernst 方程

$$\varphi(Hg_2Cl_2/Hg) = \varphi^{\ominus}(Hg_2Cl_2/Hg) + \frac{0.059\ 2\ V}{2}\lg\frac{1}{[c(Cl^-)/c^{\ominus}]^2}$$

$$0.246\ V = 0.285\ V + \frac{0.059\ 2\ V}{2}\lg\frac{1}{[c(Cl^-)/c^{\ominus}]^2}$$

$c(Cl^-) = 4.56\ mol\cdot L^{-1}$

KCl 饱和溶液中 Cl^- 浓度为 $4.56\ mol\cdot L^{-1}$，所以 KCl 在水中的溶解度为 $4.56\ mol\cdot L^{-1}$。

21. 解：(1) $(-)Cu\mid Cu^{2+}(0.50\ mol\cdot L^{-1})\parallel Ag^+(0.50\ mol\cdot L^{-1})\mid Ag(+)$

(2) 电极反应，正极：$Ag^++e^-=Ag$；负极：$Cu=Cu^{2+}+2e^-$

电池反应：$Cu+2Ag^+=Cu^{2+}+2Ag$

(3) $\varphi(Ag^+/Ag)=\varphi^{\ominus}(Ag^+/Ag)+0.059\ 2\ V\times\lg\dfrac{c(Ag^+)}{c^{\ominus}}$

$$=0.799\ 6\ V+0.059\ 2\ V\times\lg0.50=0.781\ 8\ V$$

$\varphi(Cu^{2+}/Cu)=\varphi^{\ominus}(Cu^{2+}/Cu)+\dfrac{0.059\ 2\ V}{2}\lg\dfrac{c(Cu^{2+})}{c^{\ominus}}$

$$=0.341\ 9\ V+\dfrac{0.059\ 2\ V}{2}\lg0.50=0.333\ 0\ V$$

$\varepsilon=\varphi(Ag^+/Ag)-\varphi(Cu^{2+}/Cu)=0.781\ 8\ V-0.333\ 0\ V=0.448\ 8\ V$

22. 解：(1) $2Fe^{2+}+I_2=2Fe^{3+}+2I^-$

$\varepsilon^{\ominus}=\varphi^{\ominus}(I_2/I^-)-\varphi^{\ominus}(Fe^{3+}/Fe^{2+})=0.535\ 5\ V-0.771\ V=-0.235\ 5\ V<0$

所以标准状态下反应逆向自发进行。

$\lg K^{\ominus}=\dfrac{n\varepsilon^{\ominus}}{0.059\ 2\ V}=\dfrac{2\times(-0.235\ 5\ V)}{0.059\ 2\ V}=-7.96$

$K^{\ominus}=1.0\times10^{-8}$

(2) $Hg^{2+}+Hg=Hg_2^{2+}$

$\varepsilon^{\ominus}=\varphi^{\ominus}(Hg^{2+}/Hg_2^{2+})-\varphi^{\ominus}(Hg_2^{2+}/Hg)=0.920\ V-0.797\ 3\ V=0.122\ 7\ V>0$

所以标准状态下反应正向自发进行。

$\lg K^{\ominus}=\dfrac{n\varepsilon^{\ominus}}{0.059\ 2\ V}=\dfrac{1\times0.122\ 7\ V}{0.059\ 2\ V}=2.07$

$K^{\ominus}=1.2\times10^2$

(3) $2Ag(s)+Cu^{2+}(0.010\ mol\cdot L^{-1})=Ag^+(0.10\ mol\cdot L^{-1})+Cu(s)$

$\varepsilon^{\ominus}=\varphi^{\ominus}(Cu^{2+}/Cu)-\varphi^{\ominus}(Ag^+/Ag)=0.341\ 9\ V-0.799\ 6\ V=-0.457\ 7\ V<0$

所以标准状态下反应逆向自发进行。

$\lg K^{\ominus}=\dfrac{n\varepsilon^{\ominus}}{0.059\ 2\ V}=\dfrac{2\times(-0.457\ 7\ V)}{0.059\ 2\ V}=-15.46$

$K^{\ominus}=3.5\times10^{-16}$

(4) $2Br^-(0.10\ mol\cdot L^{-1})+2Cr^{3+}(0.010\ mol\cdot L^{-1})=2Cr^{2+}(1.0\ mol\cdot L^{-1})+Br_2(l)$

$\varepsilon^{\ominus}=\varphi^{\ominus}(Cr^{3+}/Cr^{2+})-\varphi^{\ominus}(Br_2/Br^-)=-0.407\ V-1.066\ V=-1.473\ V<0$

所以标准状态下反应逆向自发进行。

$\lg K^{\ominus}=\dfrac{n\varepsilon^{\ominus}}{0.059\ 2\ V}=\dfrac{2\times(-1.473\ V)}{0.059\ 2\ V}=-49.76$

$K^{\ominus}=1.7\times10^{-50}$

(5) $2Fe^{3+}+Mn^{2+}+H_2O=MnO_2+2Fe^{2+}+4H^+$

$\varepsilon^{\ominus}=\varphi^{\ominus}(\text{Fe}^{3+}/\text{Fe}^{2+})-\varphi^{\ominus}(\text{MnO}_2/\text{Mn}^{2+})=0.771\text{ V}-1.224\text{ V}=-0.453\text{ V}<0$

所以标准状态下反应逆向自发进行。

$$\lg K^{\ominus}=\frac{n\varepsilon^{\ominus}}{0.0592\text{ V}}=\frac{2\times(-0.453\text{ V})}{0.0592\text{ V}}=-15.30$$

$K^{\ominus}=5.0\times10^{-16}$

23. 解：$\varphi(\text{H}^+/\text{H}_2)=\varphi^{\ominus}(\text{H}^+/\text{H}_2)+\dfrac{0.0592\text{ V}}{2}\lg\dfrac{[c(\text{H}^+)/c^{\ominus}]^2}{p(\text{H}_2)/p^{\ominus}}$

$$=0.0000\text{ V}-0.0592\text{ V}\times\text{pH}=-0.4144\text{ V}$$

此电极与标准氢电极组成原电池，则

$\varepsilon^{\ominus}=\varphi^{\ominus}(\text{H}^+/\text{H}_2)-\varphi(\text{H}^+/\text{H}_2)=0.0000\text{ V}-(-0.4144\text{ V})=0.4144\text{ V}$

24. 解：（1）$\varepsilon^{\ominus}=\varphi^{\ominus}(\text{I}_2/\text{I}^-)-\varphi^{\ominus}(\text{H}_3\text{AsO}_4/\text{H}_3\text{AsO}_3)=0.5355\text{ V}-0.559\text{ V}=-0.0235\text{ V}$

$$\lg K^{\ominus}=\frac{n\varepsilon^{\ominus}}{0.0592\text{ V}}=\frac{2\times(-0.0235\text{ V})}{0.0592\text{ V}}=-0.79$$

$K^{\ominus}=0.161$

（2）当 pH = 7.0，设其他物质处于标准态，则

$$\text{H}_3\text{AsO}_4+2\text{H}^++2e^-=\text{H}_3\text{AsO}_3+\text{H}_2\text{O}$$

$\varphi(\text{H}_3\text{AsO}_4/\text{H}_3\text{AsO}_3)=\varphi^{\ominus}(\text{H}_3\text{AsO}_4/\text{H}_3\text{AsO}_3)+\dfrac{0.0592\text{ V}}{2}\lg\dfrac{[c(\text{H}^+)/c^{\ominus}]^2\cdot[c(\text{H}_3\text{AsO}_4)/c^{\ominus}]}{c(\text{H}_3\text{AsO}_3)/c^{\ominus}}$

$$=0.559\text{ V}+0.0592\text{ V}\times(-7)=0.145\text{ V}$$

$\varepsilon=\varphi^{\ominus}(\text{I}_2/\text{I}^-)-\varphi(\text{H}_3\text{AsO}_4/\text{H}_3\text{AsO}_3)=0.5355\text{ V}-0.145\text{ V}=0.3905\text{ V}>0$

pH = 7 时，反应正向进行。

当 $\varepsilon=\varphi^{\ominus}(\text{I}_2/\text{I}^-)-\varphi(\text{H}_3\text{AsO}_4/\text{H}_3\text{AsO}_3)=0$ 时，反应达到平衡，此时系统的酸度为反应正、逆进行的转折酸度。

$$\varphi^{\ominus}(\text{I}_2/\text{I}^-)=\varphi(\text{H}_3\text{AsO}_4/\text{H}_3\text{AsO}_3)$$

$$0.5355\text{ V}=0.559\text{ V}+\frac{0.0592\text{ V}}{2}\lg[c(\text{H}^+)/c^{\ominus}]^2=0.559\text{ V}-0.0592\text{ V}\times\text{pH}$$

$$\text{pH}=\frac{0.559\text{ V}-0.5355\text{ V}}{0.0592\text{ V}}=0.40$$

所以，当 pH<0.40 时，反应逆向进行；当 pH>0.40 时，反应正向进行。

25. 解：根据标准电极电势，三种物质间能够自发进行的化学反应为

$$2\text{Fe}^{3+}+\text{Fe}=3\text{Fe}^{2+}$$

$\varepsilon^{\ominus}=\varphi^{\ominus}(\text{Fe}^{3+}/\text{Fe}^{2+})-\varphi^{\ominus}(\text{Fe}^{2+}/\text{Fe})=0.771\text{ V}-(-0.447\text{ V})=1.218\text{ V}$

$\Delta_r G_m^{\ominus}=-nF\varepsilon^{\ominus}=-2\times96\,500\text{ J}\cdot\text{V}^{-1}\cdot\text{mol}^{-1}\times1.218\text{ V}=-235.07\text{ kJ}\cdot\text{mol}^{-1}$

26. 解：（1）$2\text{IO}_3^-+10\text{Br}^-+12\text{H}^+=\text{I}_2+5\text{Br}_2+6\text{H}_2\text{O}$

（2）若 $c(\text{Br}^-)=1.0\times10^{-4}\text{ mol}\cdot\text{L}^{-1}$，则

$$\varphi(Br_2/Br^-) = \varphi^{\ominus}(Br_2/Br^-) + \frac{0.059\ 2\ V}{2}lg\frac{1}{[c(Br^-)/c^{\ominus}]^2} = 1.243\ V$$

$$\varepsilon = \varphi^{\ominus}(IO_3^-/I_2) - \varphi(Br_2/Br^-) = 1.20\ V - 1.243\ V = -0.043\ V < 0$$

所以，反应逆向进行。

(3) 若调节溶液 pH = 4.0，其他条件不变，则

$$2IO_3^- + 12H^+ + 10e^- = I_2 + 6H_2O$$

$$\varphi(IO_3^-/I_2) = \varphi^{\ominus}(IO_3^-/I_2) + \frac{0.059\ 2\ V}{10}lg[c(H^+)/c^{\ominus}]^{12}$$

$$= 1.20\ V + \frac{0.059\ 2\ V}{10}lg(1.0 \times 10^{-4})^{12} = 0.92\ V$$

$$\varepsilon = \varphi(IO_3^-/I_2) - \varphi(Br_2/Br^-) = 0.92\ V - 1.066\ V = -0.146\ V < 0$$

所以，反应逆向进行。

27. 解：$\varepsilon = 0.48\ V = \varphi^{\ominus}(Cu^{2+}/Cu) - \varphi(H^+/H_2)$

$$\varphi(H^+/H_2) = 0.341\ 9\ V - 0.48\ V = -0.138\ 1\ V$$

$$\varphi(H^+/H_2) = \varphi^{\ominus}(H^+/H_2) + \frac{0.059\ 2\ V}{2}lg\frac{[c(H^+)/c^{\ominus}]^2}{p(H_2)/p^{\ominus}}$$

$$-0.138\ 1\ V = -0.059\ 2\ V \times pH$$

$$pH = 2.33$$

28. 解：$\varphi^{\ominus}(Cu^{2+}/CuBr) = \varphi^{\ominus}(Cu^{2+}/Cu^+) + 0.059\ 2\ V \times lg\frac{c(Cu^{2+})}{c(Cu^+)}$

$$= 0.153\ V + 0.059\ 2\ V \times lg\frac{1}{K_{sp}^{\ominus}(CuBr)} = 0.668\ V$$

同理 $\varphi^{\ominus}(Cu^{2+}/CuCl) = 0.153\ V - 0.059\ 2\ V \times lg(2.0 \times 10^{-6}) = 0.490\ V$

因为 $\varphi^{\ominus}(Cu^{2+}/CuBr) < \varphi^{\ominus}(Br_2/Br^-)$，$\varphi^{\ominus}(Cu^{2+}/CuCl) < \varphi^{\ominus}(Cl_2/Cl^-)$

所以，Cu^{2+}不能与Br^-、Cl^-反应，因此不能用类似方法制备$CuBr$、$CuCl$。

29. 解：两个电极本质相同，只是系统的酸度不同。标准电极 O_2/OH^-，意味着 $p(O_2) = 100\ kPa$，$c(OH^-) = 1.0\ mol \cdot L^{-1}$，$c(H^+) = 1.0 \times 10^{-14}\ mol \cdot L^{-1}$。

$$\varphi^{\ominus}(O_2/OH^-) = \varphi(O_2/H_2O) = \varphi^{\ominus}(O_2/H_2O) + \frac{0.059\ 2\ V}{4}lg\frac{[p(O_2)/p^{\ominus}] \cdot [c(H^+)/c^{\ominus}]^4}{1}$$

$$= 1.229\ V - 0.059\ 2\ V \times pH = 0.400\ 2\ V$$

$$\varphi^{\ominus}(O_2/OH^-) = \varphi(O_2/H_2O) = 1.229\ V - 0.059\ 2\ V \times pH$$

所以，氧气的氧化能力随溶液 pH 值的增大而减弱。

30. 解：将该反应设计成原电池，则

$$\varepsilon^{\ominus} = \varphi^{\ominus}(Cr_2O_7^{2-}/Cr^{3+}) - \varphi^{\ominus}(Fe^{3+}/Fe^{2+}) = 1.232\ V - 0.771\ V = 0.461\ V$$

$$\Delta_r G_m^{\ominus} = -nF\varepsilon^{\ominus} = -6 \times 96\ 500\ J \cdot V^{-1} \cdot mol^{-1} \times 0.461\ V = -267\ kJ \cdot mol^{-1}$$

$$\Delta_r S_m^{\ominus} = \frac{\Delta_r H_m^{\ominus} - \Delta_r G_m^{\ominus}}{T} = 3.44 \times 10^3\ J \cdot mol^{-1} \cdot K^{-1}$$

31. 解：在银电极中加入 KI 后，$Ag^+ + I^- = AgI(s)$，$K_{sp}^{\ominus}(AgI) = [c(Ag^+)/c^{\ominus}] \cdot [c(I^-)/c^{\ominus}]$

$c(Ag^+)/c^{\ominus} = K_{sp}^{\ominus}(AgI)$

$$\varphi(Ag^+/Ag) = \varphi^{\ominus}(Ag^+/Ag) + 0.059\ 2\ V \times lg[c(Ag^+)/c^{\ominus}]$$

$$= \varphi^{\ominus}(Ag^+/Ag) + 0.059\ 2\ V \times lgK_{sp}^{\ominus}(AgI)$$

$$= 0.799\ 6\ V + 0.059\ 2\ V \times lg(8.5 \times 10^{-17}) = -0.14\ V$$

32. 解：$\varphi^{\ominus}(Cu^{2+}/CuI) = \varphi^{\ominus}(Cu^{2+}/Cu^+) - 0.059\ 2\ V \times lgK_{sp}^{\ominus}(CuI)$

$$= 0.153\ V - 0.059\ 2\ V \times lg(1.27 \times 10^{-12}) = 0.857\ V$$

由于　$\varphi^{\ominus}(Cu^{2+}/CuI) = 0.857\ V > \varphi^{\ominus}(I_2/I^-) = 0.536\ V$，

反应 $2Cu^+ + 4I^- = 2CuI + I_2$ 正向进行。

33. 解：(1) 正极反应：$AgCl + e^- = Ag + Cl^-$

$$\varphi(Ag^+/Ag) = \varphi^{\ominus}(Ag^+/Ag) + 0.059\ 2\ V \times lg[c(Ag^+)/c^{\ominus}]$$

$$= \varphi^{\ominus}(Ag^+/Ag) + 0.059\ 2\ V \times lgK_{sp}^{\ominus}(AgCl)$$

$$= 0.799\ 6\ V + 0.059\ 2\ V \times lg(1.8 \times 10^{-10}) = 0.22\ V$$

负极反应：$H_2 + 2A^- = 2HA + 2e^-$

$$\varphi(H^+/H_2) = \varphi(Ag^+/Ag) - \varepsilon = 0.22\ V - 0.45\ V = -0.23\ V$$

(2) $\varphi(H^+/H_2) = \varphi^{\ominus}(H^+/H_2) + \dfrac{0.059\ 2\ V}{2} lg \dfrac{[c(H^+)/c^{\ominus}]^2}{p(H_2)/p^{\ominus}}$

$$-0.23\ V = 0.000\ 0\ V - 0.059\ 2\ V \times pH$$

解得　$pH = 3.89$

$$pH = pK_a^{\ominus} - lg \dfrac{c(HA)}{c(NaA)}$$

$$3.89 = pK_a^{\ominus} - lg \dfrac{0.50\ mol \cdot L^{-1}}{0.10\ mol \cdot L^{-1}}$$

$$K_a^{\ominus} = 2.58 \times 10^{-5}$$

第11章
配位化合物

本章首先介绍配位化学物的组成，要求理解配合物内界、外界、中心离子、配位体、配位原子、配位数等概念，能根据化学式命名简单配位化合物和确定中心离子的氧化数和配位数；重点介绍配位化合物结构的价键理论，掌握配位数为2、4、6的几种简单配合物的结构特点；最后介绍配位平衡，要求理解配位化合物稳定常数的概念，能进行配位反应的有关近似计算，理解酸效应、沉淀反应、氧化还原反应与配位反应之间的相互影响，并对多重平衡问题进行简单的近似计算。

11.1 本章概要

11.1.1 配位化合物基本概念

11.1.1.1 配位化合物的组成

配位化合物的定义：中心原子(或离子)和配位体以配位键的形式结合成的复杂离子(或分子)，通常称这种复杂离子为配位单元。凡是由配位单元组成的化合物都称为配位化合物，简称配合物。

中心离子与配位体构成了配合物的内配位层，又称为内界。书写时，通常把它们放在方括号内。方括号外是外界(电中性配位单元无外界)。内、外界之间以离子键结合。

(1) 中心离子(也称中心原子)

中心离子是配合物的形成体，具有接受孤对电子的价层空轨道，大多是带正电荷的金属离子，特别是过渡金属离子，如 Cu^{2+}、Ag^+、Mn^{2+} 等；也有少数高氧化态的非金属离子，如 Si^{4+} 可形成 $[SiF_6]^{2-}$；还有电中性原子，如 Ni 和 Fe 等，可形成 $[Ni(CO)_4]$、$[Fe(CO)_5]$。

(2) 配位体和配位原子

在配合物中，与中心离子以配位键结合的含有孤对电子的分子或离子称为配位体(简称配体)。配体可以是阴离子，如 Cl^-、CN^-、SCN^-，也可以是中性分子，如 H_2O、NH_3 等。配位体中直接同中心离子配位的原子称为配位原子。

只含有一个配位原子的配体为单基配体，如 Cl^-、H_2O 等；含两个或两个以上配位原子的配体为多基配体，如乙二胺（简写为 en）、草酸根（$C_2O_4^{2-}$）等。

（3）配位数

直接与中心离子配位的原子数目称为中心离子的配位数。配位数的大小取决于中心离子与配体的半径、中心离子与配体所带的电荷及配体的浓度等，常见的配位数为 2、4、6 等。

（4）配离子的电荷

配离子的电荷数等于中心离子的电荷数与配体总电荷数的代数和。

11.1.1.2 配位化合物的命名

（1）配合物内界的命名

配合物内界按下列顺序依次命名：配位数→配位体名称→合→中心离子（氧化数）。

① 配位体的数目用汉字一、二、三等表示。

② 不同的配位体之间以圆点"·"分开，在最后一个配位体名称之后缀以"合"字。

③ 若不止一种配位体时，命名顺序为：无机配位体在前，有机配位体在后；离子配位体在前，分子配位体在后；同类配位体按配位原子的元素符号在英语字母表中的排列顺序；同类配位体且配位原子相同，则含原子数少的配位体排在前面。有机配位体的名称一律用括号括起来。

④ 用罗马数字表示中心离子的氧化数。

（2）配合物外界的命名

① 配合物的外界是一个简单酸根（如 Cl^-），称为"某化某"。

② 配合物的外界是一个复杂酸根（如 SO_4^{2-}），称为"某酸某"。

③ 含配阴离子的配合物，在配离子与外界阳离子之间用"酸"字连接，若外界是氢离子，则在配阴离子后缀以"酸"字。

此外，一些常见的配合物，常用习惯命名法。如 $[Cu(NH_3)_4]^{2+}$、$[Ag(NH_3)_2]^+$ 分别叫作铜氨配离子和银氨配离子；$K_3[Fe(CN)_6]$ 和 $K_4[Fe(CN)_6]$ 分别叫作铁氰化钾（赤血盐）和亚铁氰化钾（黄血盐）等。

11.1.1.3 螯合物

螯合物是由多基配位体与中心离子形成的具有环状结构的配位化合物，也称内配位化合物。与中心离子形成螯合物的多基配位体叫作螯合剂。螯合物的稳定性与螯环的大小、螯环的多少有关，一般以五元环或六元环最稳定。大多数的螯合物具有特殊的颜色。

11.1.2 配位化合物结构的价键理论

11.1.2.1 理论要点

中心离子有空轨道，接受配位体的孤电子对，形成配位键。为了增加成键能力，中心离子能量相近的轨道会发生杂化，以杂化的空轨道来接受配位体的孤电子对形成配合物。

11.1.2.2 外轨型和内轨型配位化合物

若中心原子次外层 d 轨道参加杂化，则形成内轨型配合物，若中心原子参与杂化的轨道全部为最外层轨道，则形成外轨型配合物。配合物的空间构型、磁性及稳定性取决于中心原子成键轨道的杂化类型。同类型的内轨型配合物一般比外轨型配合物稳定。由于外轨型配位化合物有尽可能多的未成对电子数，这些未成对电子自旋平行，因此，外轨型配位化合物与内轨型配位化合物相比，多表现为顺磁性、高磁矩。

几种常见配离子的空间构型见表 11-1 所列。

表 11-1　几种配离子的空间构型

配 离 子	杂化类型	配位数	空间构型
$[Ag(NH_3)_2]^+$，$[Cu(NH_3)_2]^+$，$[Ag(CN)_2]^-$	sp	2	直线形
$[Cu(CN)_3]^{2-}$，HgI_3^-	sp^2	3	平面三角形
$ZnCl_4^{2-}$，$[Ni(CO)_4]^{2-}$，$[Zn(NH_3)_4]^{2+}$	sp^3	4	正四面体
$[Ni(CN)_4]^{2-}$，$[PtCl_4]^{2-}$	dsp^2	4	平面正方形
$CuCl_5^{3-}$，$[Fe(CO)_5]^{2-}$，$[Ni(CN)_5]^{3-}$	dsp^3	5	三角双锥
FeF_6^{3-}，$[Fe(CN)_6]^{3-}$，$[Cr(NH_3)_6]^{3+}$	sp^3d^2，d^2sp^3	6	八面体

11.1.3　配位平衡

11.1.3.1　配位化合物的稳定常数

以生成 $[Cu(NH_3)_4]^{2+}$ 配离子的反应为例：

$$Cu^{2+} + 4NH_3 = [Cu(NH_3)_4]^{2+}$$

$$K_f^{\ominus} = \frac{c\{[Cu(NH_3)_4]^{2+}\}/c^{\ominus}}{[c(Cu^{2+})/c^{\ominus}] \cdot [c(NH_3)/c^{\ominus}]^4}$$

式中，$K_f^{\ominus}$ 称为配离子的稳定常数。$K_f^{\ominus}$ 的大小反映了配离子稳定性的相对大小。对配位体数相同的配离子可以通过比较 $K_f^{\ominus}$ 的大小来比较它们的稳定性。

配离子的生成一般是分步进行的，因此有 $K_{f_1}^{\ominus}$、$K_{f_2}^{\ominus}$ 等逐级稳定常数，将配离子的逐级稳定常数依次相乘，便得到配离子的总稳定常数 $K_f^{\ominus}$。一般在配位化合物的水溶液中有过量的配位剂，因此可认为溶液中的绝大部分是最高配位数的配离子，故进行计算时通常使用总稳定常数。

11.1.3.2　配位平衡的移动

配位平衡是化学平衡之一，改变平衡条件，平衡将发生移动。若配位反应系统中同时存在着酸碱的离解反应、沉淀反应、氧化还原反应和其他的配位反应，都会对该配位反应产生影响，使配位平衡发生移动。

(1) 配体浓度对配位平衡的影响

在配位平衡系统中，配位体的浓度越大，配位反应越完全，残留的金属离子浓度越小。

(2) 配位平衡与酸碱平衡共存

从配合物的组成可看出，配位体大多数是一些能与 H^+ 结合生成弱酸的阴离子或分子，如 F^-、CN^-、SCN^-、NH_3 等，而中心离子在碱性条件下也发生水解，因此，改变溶液的 pH 值，会使配位平衡发生移动。例如，向 $[Ag(NH_3)_2]^+$ 配离子中加入 HNO_3 溶液时，由于 H^+ 与配位体 NH_3 分子结合，生成了 NH_4^+，使 $[Ag(NH_3)_2]^+$ 配离子向离解的方向移动。配合物的稳定常数越小、配位体与 H^+ 结合形成的酸越弱，配离子就越容易离解。

(3) 配位平衡与沉淀溶解平衡共存

若在配合物中加入一种沉淀剂，使中心离子生成沉淀，会使配位平衡向配离子离解的方向发生移动；同样，一种沉淀物也会因为金属离子与配位剂作用而溶解。配位平衡与沉淀平衡的关系可看成是沉淀剂与配位剂共同争夺金属离子的过程。反应进行的方向除了与 $K_{sp}^{\ominus}$ 和 $K_f^{\ominus}$ 有关外，还与配位剂、沉淀剂的浓度有关。

(4) 配位平衡与氧化还原反应共存

金属离子发生氧化还原反应后，其浓度发生变化，会导致配位平衡的移动。同样，配合物的形成可使金属离子的电极电势发生变化，从而导致氧化还原平衡发生移动。

(5) 配位平衡与配位平衡共存

在一种配合物的溶液中，加入另一种能与其中心离子生成更稳定配合物的配位剂或加入另一种能与其配位体生成更稳定配合物的金属离子时，则原配合物可转化成更稳定的配合物。平衡的移动方向，取决于两种配离子稳定性的相对大小。例如，向血红色的 $Fe(SCN)_3$ 溶液中加入 NaF 溶液，血红色消失，生成更稳定的 FeF_6^{3-}。

11.2　例题

1. 命名下列配合物，并指明中心离子的电荷数及配位数：
(1) $[Co(NH_3)_6]SO_4$；　　　　(2) $H_2[PtCl_6]$；　　　　(3) $K_2[Zn(OH)_4]$；
(4) $[W(CO)_6]$；　　　　(5) $[PtCl_2(NH_3)_2]Cl_2$；　　　　(6) $[Co(en)_3]Cl_3$

解：(1) 硫酸六氨合钴（Ⅱ）；　　(2) 六氯合铂（Ⅳ）酸；　　(3) 四羟基合锌（Ⅱ）酸钾；
(4) 六羰基合钨；　　(5) 氯化二氯·二氨合铂（Ⅳ）；　　(6) 氯化三(乙二胺)合钴（Ⅲ）。

2. 根据下列配离子的空间构型，指出它们的中心离子以何种杂化轨道成键，是内轨型还是外轨型配合物：(1) $CuCl_2^-$（直线形）；(2) $[Cu(NH_3)_4]^{2+}$（平面正方形）；(3) $[Zn(CN)_4]^{2-}$（正四面体）；(4) $[Co(NH_3)_6]^{3+}$（正八面体）。

解：(1) $CuCl_2^-$，sp 杂化，外轨型；(2) $[Cu(NH_3)_4]^{2+}$，dsp^2 杂化，内轨型；(3) $[Zn(CN)_4]^{2-}$，sp^3 杂化，外轨型；(4) $[Co(NH_3)_6]^{3+}$，d^2sp^3 杂化，内轨型。

3. 计算 1 L 浓度为 0.10 $mol \cdot L^{-1}$ 的 $[Ag(NH_3)_2]^+$ 配离子溶液中 Ag^+ 的浓度；若该溶液中

含有 $0.10\ mol \cdot L^{-1}$ 过量的 NH_3 时，Ag^+ 浓度又是多少?

解：$Ag^+ + 2NH_3 = [Ag(NH_3)_2]^+$

由附录 9 查得 $K_f^{\ominus}\{[Ag(NH_3)_2]^+\} = 1.1 \times 10^7$

$$K_f^{\ominus}\{[Ag(NH_3)_2]^+\} = \frac{c\{[Ag(NH_3)_2]^+\}/c^{\ominus}}{[c(Ag^+)/c^{\ominus}] \cdot [c(NH_3)/c^{\ominus}]^2} = \frac{0.10}{x \cdot (2x)^2} = 1.1 \times 10^7$$

$x = 1.3 \times 10^{-3}\ mol \cdot L^{-1}$

$$K_f^{\ominus}\{[Ag(NH_3)_2]^+\} = \frac{c\{[Ag(NH_3)_2]^+\}/c^{\ominus}}{[c(Ag^+)/c^{\ominus}] \cdot [c(NH_3)/c^{\ominus}]^2} = \frac{0.10}{x \cdot 0.10^2} = 1.1 \times 10^7$$

解得　$x = 9.1 \times 10^{-7}\ mol \cdot L^{-1}$

4. 在 1 L $Na_2S_2O_3$ 溶液中溶解 $0.08\ mol\ AgNO_3$ 形成 $[Ag(S_2O_3)_2]^{3-}$，已知溶液中过量 $S_2O_3^{2-}$ 的浓度为 $0.2\ mol \cdot L^{-1}$，欲使 Ag^+ 以卤化银沉淀析出。问刚开始沉淀时，Cl^-、Br^-、I^- 的浓度分别是多少?

解：由附录 9 查得 $K_f^{\ominus}\{[Ag(S_2O_3)_2]^{3-}\} = 2.8 \times 10^{13}$

$$K_f^{\ominus}\{[Ag(S_2O_3)_2]^{3-}\} = \frac{c\{[Ag(S_2O_3)_2]^{3-}\}/c^{\ominus}}{[c(Ag^+)/c^{\ominus}] \cdot [c(S_2O_3^{2-})/c^{\ominus}]^2} = \frac{0.08}{x \cdot (0.2)^2} = 2.8 \times 10^{13}$$

$x = 7.14 \times 10^{-14}\ mol \cdot L^{-1}$

由附录 6 查得，$K_{sp}^{\ominus}(AgCl) = 1.77 \times 10^{-10}$，$K_{sp}^{\ominus}(AgBr) = 5.35 \times 10^{-13}$，$K_{sp}^{\ominus}(AgI) = 8.52 \times 10^{-17}$

$c(Cl^-)/c^{\ominus} = K_{sp}^{\ominus}(AgCl) / [c(Ag^+)/c^{\ominus}] = 1.77 \times 10^{-10}/7.14 \times 10^{-14} = 2.48 \times 10^3$

$c(Br^-)/c^{\ominus} = K_{sp}^{\ominus}(AgBr) / [c(Ag^+)/c^{\ominus}] = 5.35 \times 10^{-13}/7.14 \times 10^{-14} = 7.49$

$c(I^-)/c^{\ominus} = K_{sp}^{\ominus}(AgI) / [c(Ag^+)/c^{\ominus}] = 8.52 \times 10^{-17}/7.14 \times 10^{-14} = 1.19 \times 10^{-3}$

5. 有一混合溶液中含有 $0.10\ mol \cdot L^{-1}NH_3$，$0.01\ mol \cdot L^{-1}\ NH_4Cl$ 和 $0.15\ mol \cdot L^{-1}$ $[Cu(NH_3)_4]^{2+}$。问这个溶液中有无 $Cu(OH)_2$ 沉淀生成?

解：$pOH = pK_b^{\ominus} - \lg\dfrac{c_b}{c_a} = 4.75 - \lg\dfrac{0.10\ mol \cdot L^{-1}}{0.01\ mol \cdot L^{-1}} = 3.75$

$c(OH^-) = 1.78 \times 10^{-4}\ mol \cdot L^{-1}$

由附录 6 和附录 9 查得，$K_{sp}^{\ominus}[Cu(OH)_2] = 2.2 \times 10^{-20}$，$K_f^{\ominus}\{[Cu(NH_3)_4]^{2+}\} = 2.1 \times 10^{13}$

$$K_f^{\ominus}\{[Cu(NH_3)_4]^{2+}\} = \frac{c\{[Cu(NH_3)_4]^{2+}\}/c^{\ominus}}{[c(Cu^{2+})/c^{\ominus}] \cdot [c(NH_3)/c^{\ominus}]^4}$$

$$= \frac{0.15}{[c(Cu^{2+})/c^{\ominus}] \times 0.10^4} = 2.1 \times 10^{13}$$

$c(Cu^{2+}) = 7.14 \times 10^{-11}\ mol \cdot L^{-1}$

$Q_i[Cu(OH)_2] = [c(Cu^{2+})/c^{\ominus}] \cdot [c(OH^-)/c^{\ominus}]^2 = 7.14 \times 10^{-11} \times (1.78 \times 10^{-4})^2$

$\qquad\qquad = 2.26 \times 10^{-18}$

$Q_i[Cu(OH)_2] > K_{sp}^{\ominus}[Cu(OH)_2] = 2.2 \times 10^{-20}$

溶液中有 $Cu(OH)_2$ 沉淀生成。

6. 用 $[Cu(NH_3)_4]^{2+}/Cu$ 电极作负极和 Cu^{2+}/Cu 电极作正极，组成原电池，该电池的标准电动势 $\varepsilon^\ominus = 0.390\ V$。求 298 K 时的 $K_f^\ominus\{[Cu(NH_3)_4]^{2+}\}$。

解： $\varphi^\ominus\{[Cu(NH_3)_4]^{2+}/Cu\} = \varphi^\ominus(Cu^{2+}/Cu) + \dfrac{0.059\ 2\ V}{2}\lg\dfrac{1}{K_f^\ominus\{[Cu(NH_3)_4]^{2+}\}}$

$\varepsilon^\ominus = \varphi^\ominus(Cu^{2+}/Cu) - \varphi^\ominus\{[Cu(NH_3)_4]^{2+}/Cu\}$

$\quad = -\dfrac{0.059\ 2\ V}{2}\lg\dfrac{1}{K_f^\ominus\{[Cu(NH_3)_4]^{2+}\}} = 0.390\ V$

$K_f^\ominus = 1.50\times10^{13}$

7. 计算 298 K 时下面原电池的电动势：

$(-)Zn(s)\mid[Zn(NH_3)_4]^{2+}(0.10\ mol\cdot L^{-1})$，$NH_3(0.10\ mol\cdot L^{-1})\parallel[Cu(NH_3)_4]^{2+}(0.10\ mol\cdot L^{-1})$，$NH_3(0.10\ mol\cdot L^{-1})\mid Cu(s)\ (+)$

解： $\varphi\{[Cu(NH_3)_4]^{2+}/Cu\} = \varphi^\ominus(Cu^{2+}/Cu) + \dfrac{0.059\ 2\ V}{2}\lg\dfrac{c\{[Cu(NH_3)_4]^{2+}\}/c^\ominus}{K_f^\ominus\{[Cu(NH_3)_4]^{2+}\}\cdot[c(NH_3)/c^\ominus]^4}$

$\quad = 0.341\ 9\ V + \dfrac{0.059\ 2\ V}{2}\lg\dfrac{0.10}{2.1\times10^{13}\times0.10^4} = 0.036\ 4\ V$

$\varphi\{[Zn(NH_3)_4]^{2+}/Cu\} = \varphi^\ominus(Zn^{2+}/Zn) + \dfrac{0.059\ 2\ V}{2}\lg\dfrac{c\{[Zn(NH_3)_4]^{2+}\}/c^\ominus}{K_f^\ominus\{[Zn(NH_3)_4]^{2+}\}\cdot[c(NH_3)/c^\ominus]^4}$

$\quad = -0.761\ 8\ V + \dfrac{0.059\ 2\ V}{2}\lg\dfrac{0.10}{2.9\times10^9\times0.10^4} = -0.953\ V$

$\varepsilon = \varphi_+ - \varphi_- = 0.036\ 4\ V - (-0.953\ V) = 0.989\ V$

8. 通过计算说明为什么在标准状态下，Cu^+ 在水溶液中能发生歧化反应，但 $[Cu(NH_3)_2]^+$ 的歧化反应 $2[Cu(NH_3)_2]^+(aq) = Cu(s) + [Cu(NH_3)_4]^{2+}(aq)$ 却不能发生？

解： $Cu^{2+}\xrightarrow{0.153\ V}Cu^+\xrightarrow{0.521\ V}Cu$，$\underline{\quad 0.341\ 9\ V\quad}$

歧化反应 $Cu^+(aq) = Cu^{2+}(aq) + Cu(s)$

设计成原电池，正极反应为 $Cu^+(aq) - e^- = Cu^{2+}(aq)$，负极反应为 $Cu^+ + e^- = Cu(s)$。

因为 $\varphi_+^\ominus > \varphi_-^\ominus$，即 $\varphi_{(右)}^\ominus > \varphi_{(左)}^\ominus$，所以标准状态下 Cu^+ 能发生歧化反应。

歧化反应 $2[Cu(NH_3)_2]^+(aq) = Cu(s) + [Cu(NH_3)_4]^{2+}(aq)$，设计成原电池，正极反应为 $[Cu(NH_3)_2]^+(aq) - e^- = [Cu(NH_3)_4]^{2+}$；负极反应为 $[Cu(NH_3)_2]^+(aq) + e^- = Cu(s)$。

$\varphi^\ominus\{[Cu(NH_3)_4]^{2+}/[Cu(NH_3)_2]^+\} = \varphi^\ominus(Cu^{2+}/Cu) + \dfrac{0.059\ 2\ V}{1}\lg\dfrac{1/K_f^\ominus\{[Cu(NH_3)_4]^{2+}\}}{1/K_f^\ominus\{[Cu(NH_3)_2]^+\}}$

$\quad = 0.153\ V + \dfrac{0.059\ 2\ V}{1}\lg\dfrac{\dfrac{1}{2.1\times10^{13}}}{\dfrac{1}{7.2\times10^{10}}} = 0.007\ 1\ V$

$$\varphi^\ominus \{[Cu(NH_3)_2]^+/Cu\} = \varphi^\ominus(Cu^+/Cu) + \frac{0.059\ 2\ V}{1} lg \frac{1}{K_f^\ominus\{[Cu(NH_3)_2]^+\}}$$

$$= 0.522\ V + \frac{0.059\ 2\ V}{1} lg \frac{1}{7.2 \times 10^{10}} = -0.121\ V$$

$$\varphi^\ominus\{[Cu(NH_3)_2]^+/Cu\} < \varphi^\ominus\{[Cu(NH_3)_4]^{2+}/[Cu(NH_3)_2]^+\}$$

因此，标准状态下，$2[Cu(NH_3)_2]^+(aq) = Cu(s) + [Cu(NH_3)_4]^{2+}(aq)$歧化反应不能发生。

9. 向 $c\{[Ag(NH_3)_2]^+\} = c(Cl^-) = 0.10\ mol \cdot L^{-1}$，$c(NH_3) = 5.0\ mol \cdot L^{-1}$ 的溶液中滴加 HNO_3 至恰有白色沉淀生成。近似计算此时溶液的 pH 值(忽略体积变化)。

解： 当 Cl^- 浓度为 $0.10\ mol \cdot L^{-1}$ 时，

$$c(Ag^+)/c^\ominus = K_{sp}^\ominus(AgCl)/[c(Cl^-)/c^\ominus] = 1.77 \times 10^{-10}/0.10 = 1.77 \times 10^{-9}$$

$$Ag^+(aq) + 2NH_3(aq) = [Ag(NH_3)_2]^+(aq)$$

平衡后 $c/(mol \cdot L^{-1})$ 1.77×10^{-9} x 0.10

$$K_f^\ominus\{[Ag(NH_3)_2]^+\} = \frac{c\{[Ag(NH_3)_2]^+\}/c^\ominus}{[c(Ag^+)/c^\ominus] \cdot [c(NH_3)/c^\ominus]^2} = \frac{0.10}{1.77 \times 10^{-9} \cdot x^2} = 1.1 \times 10^7$$

$x = 2.27\ mol \cdot L^{-1}$

$H^+ + NH_3 = NH_4^+$

$c(NH_4^+) = 5\ mol \cdot L^{-1} - 2.27\ mol \cdot L^{-1} = 2.73\ mol \cdot L^{-1}$

$$pOH = pK_b^\ominus - lg\frac{c_b}{c_a} = 4.75 - lg\frac{2.27\ mol \cdot L^{-1}}{2.73\ mol \cdot L^{-1}} = 4.83$$

$pH = 9.17$

10. 在 40 mL 0.01 $mol \cdot L^{-1}$ $AgNO_3$ 溶液中加入 10 mL 15 $mol \cdot L^{-1}$ 氨水，溶液中 Ag^+、NH_3、$[Ag(NH_3)_2]^+$ 的浓度各是多少？

解： 设平衡时 Ag^+ 浓度为 x $mol \cdot L^{-1}$，则

$$Ag^+(aq) \quad + \quad 2NH_3(aq) \quad = \quad [Ag(NH_3)_2]^+(aq)$$

初始时 $c/(mol \cdot L^{-1})$ 0.008 3

达平衡时 $c/(mol \cdot L^{-1})$ x $(3-2\times0.008)+2x \approx 2.984$ $0.008-x \approx 0.008$

$$K_f^\ominus\{[Ag(NH_3)_2]^+\} = \frac{c\{[Ag(NH_3)_2]^+\}/c^\ominus}{[c(Ag^+)/c^\ominus] \cdot [c(NH_3)/c^\ominus]^2} = \frac{0.08}{x \cdot 2.984^2} = 1.1 \times 10^7$$

$x = c(Ag^+)/c^\ominus = 8.17 \times 10^{-11}$

11.3   练习题

(一) 判断题

(   ) 1. 有些具有孤对电子的离子或分子，可作为配位体同过渡金属离子形成配合物。

(   ) 2. 中心原子与配位体形成的配合物中，如果无环状结构，则该配合物不是螯合物。

（　　）3. 多齿配位体与中心原子生成的配合物，都是螯合物。

（　　）4. 主族金属离子难以作为中心原子生成稳定的配合物，这完全是因为它们的价电子轨道已无 d 电子。

（　　）5. 温度升高时，可能使配合物的配位数变小。

（　　）6. 实验证明，$[Co(NH_3)_6]^{3+}$ 配离子中无单电子，可判断其杂化轨道类型为 sp^3d^2。

（　　）7. $[PtCl_2(NH_3)_2]Cl_2$ 的名称是氯化二氯·二氨合铂（Ⅳ）。

（　　）8. Fe^{3+} 和 1 个 H_2O 分子、5 个 Cl^- 离子结合成的配离子是 $[FeCl_5(H_2O)]^{2-}$。

（　　）9. 任何中心离子的配位数为 4 的配离子，均为四面体构型。

（　　）10. 配合物的 $K_f^{\ominus}$ 越大，表明内界和外界结合越牢固。

（　　）11. 将 KSCN 加入 $NH_4Fe(SO_4)_2 \cdot 12 H_2O$ 溶液中，出现红色，但加入 $K_3[Fe(CN)_6]$ 溶液中，并不出现红色，根据这一现象可以初步认为前者是复盐，后者是配合物。

（　　）12. 与中心离子配位的配体数目，就是中心离子的配位数。

（　　）13. 由于 $[Fe(CN)_6]^{3-}$ 带有 3 个负电荷，而 $[Fe(H_2O)_6]^{3+}$ 带有 3 个正电荷，所以前者是外轨型配合物，后者是内轨型配合物。

（　　）14. 已知 $[Ni(CN_4)]^{2-}$ 的构型为平面正方形，故该配合物为外轨型配合物。

（　　）15. 配合物中内界的中心离子和配位体之间的结合力总是比与外界间结合力大。因为溶于水中时，内界与外界可以离解，而内界中心离子与配体不能离解。

（　　）16. 螯合物通常形成五元环或六元环，这是因为五元环和六元环比较稳定。

（　　）17. 根据稳定常数的大小可比较不同配合物的稳定性，即 $K_f^{\ominus}$ 越大，配合物越稳定。

（　　）18. 配离子的电荷数等于中心离子的电荷数。

（　　）19. 配位数相同的配离子，$K_f^{\ominus}$ 值越大的，其在水溶液中的稳定性越大。

（　　）20. 对于一些难溶于水的金属化合物，加入配位剂后，由于产生盐效应而使其溶解度增加。

（　　）21. sp^3d^2 和 d^2sp^3 杂化轨道均为外轨型配合物的杂化轨道类型。

（　　）22. 在 $FeCl_3$ 和 KSCN 的混合溶液中，加入 NaF，由于转变成更稳定的 $[FeF_6]^{3-}$，所以血红色褪去。

（　　）23. $[Fe(CN)_6]^{4-}$ 是顺磁性的配合物。

（　　）24. $[Ni(CN)_4]^{2-}$ 是反磁性的，而 $[NiCl_4]^{2-}$ 是顺磁性的。

（　　）25. $[Fe(CN)_6]^{3-}$ 仅有 1 个单电子，而 $[Fe(H_2O)_6]^{3+}$ 有 5 个单电子。

（　　）26. 在 $[FeF_6]^{3-}$ 中加入强碱，不会影响配离子的稳定性。

（　　）27. $[CaY]^{2-}$ 的 $K_f^{\ominus} = 6.3 \times 10^{18}$，要比 $[Cu(en)_2]^{2+}$ 的 $K_f^{\ominus} = 4.0 \times 10^{19}$ 小，所以后者更难离解。

（　　）28. 配合物都带电荷。

（　　）29. 中心离子的未成对电子数越多，配合物的磁矩就越大。

（　　）30. 以 sp 杂化轨道形成的配合物，均为外轨型配合物。

（　　）31. 所有配合物都是由内界和外界两部分组成，内、外界靠离子键结合。

（二）选择题（单选）

（ ）1. 下列物质中可作配体的有：

    A. NH_4^+ B. H_3O^+ C. NH_3 D. CH_4

（ ）2. 在配离子形成的盐中，外界与内界以离子键相结合，故该盐在水中：

    A. 可全部离解   B. 可部分离解

    C. 不能离解   D. 三种情况都有

（ ）3. 在 $H[AuCl_4]$ 溶液中，除去 H_2O、H^+ 外，其相对含量最多的是：

    A. Cl^- B. $AuCl_3$ C. $[AuCl_4]^-$ D. Au^{3+}

（ ）4. 配合物 $[PtCl(NO_2)(NH_3)_4]CO_3$ 的名称是：

    A. 碳酸一硝基·一氯·四氨合铂（Ⅳ）   B. 碳酸一氯·四氨·一硝基合铂（Ⅳ）

    C. 碳酸一氯·一硝基·四氨合铂（Ⅳ）   D. 碳酸四氨·氯·硝基合铂（Ⅳ）

（ ）5. 通常情况下，下列何种离子在各自的配合物中可能生成内轨型配合物：

    A. Cu（Ⅰ）   B. Fe（Ⅱ）   C. Ag（Ⅰ）   D. Au（Ⅰ）

（ ）6. 实验证实，在 $[Co(NH_3)_6]^{3+}$ 配离子中没有单电子，由此可以推论 Co^{3+} 采取的成键杂化轨道是：

    A. sp^3 B. d^2sp^3 C. dsp^2 D. sp^3d^2

（ ）7. 对于相同中心离子，其外轨型配合物与内轨型配合物相比较，稳定程度大小为：

    A. 外轨型>内轨型   B. 外轨型<内轨型

    C. 两者稳定性没有差别   D. 不能比较

（ ）8. 配位数 4 或 6，且只形成外轨型配合物的中心离子是：

    A. Zn^{2+} B. Cu^{2+} C. Fe^{3+} D. Cr^{3+}

（ ）9. 下列阳离子中，易与氨能形成配离子的是：

    A. K^+ B. Na^+ C. Mg^{2+} D. Cu^{2+}

（ ）10. 与 Co^{2+} 配位能力最强的配体是：

    A. F^- B. H_2O C. CN^- D. NH_3

（ ）11. 反应 $[Cu(NH_3)_4]^{2+}+Zn^{2+}=[Zn(NH_3)_4]^{2+}+Cu^{2+}$，已知其中 $K_f^{\ominus}\{[Cu(NH_3)_4]^{2+}\}=10^{13.32}$，$K_f^{\ominus}\{[Zn(NH_3)_4]^{2+}\}=10^{9.16}$，则反应在标准状态下进行的方向为：

    A. 正向   B. 逆向   C. 平衡   D. 三种情况都有可能

（ ）12. 下列离子中，哪种离子生成八面体配离子时，可能构成高自旋和低自旋两种情况：

    A. Cr^{3+} B. Zn^{2+} C. Co^{2+} D. Ni^{2+}

（ ）13. 在 $[Cu(NH_3)_4]^{2+}$ 配离子中，Cu^{2+} 的氧化数和配位数分别是：

    A. +2，4   B. 0，3   C. +4，2   D. +2，8

（ ）14. $[Fe(H_2O)_6]^{2+}$ 是外轨型配离子，该配离子中的成单电子数为：

    A. 1   B. 2   C. 4   D. 6

（ ）15. 已知 $[FeF_6]^{4-}$ 为顺磁性，它的轨道杂化形式为：

    A. sp^3 B. dsp^2 C. d^2sp^3 D. sp^3d^2

( ) 16. 在 $[Pt(en)_2]^{2+}$ 中，Pt 的氧化数和配位数为：

    A. +2 和 2   B. +4 和 4   C. +2 和 4   D. +4 和 2

( ) 17. 通过对 $[FeF_6]^{3-}$ 的顺磁磁矩的测量得知，其相当于 5 个单电子产生的磁矩，Fe^{3+} 的杂化形式是：

    A. dsp^2 B. sp^3d^2 C. d^2sp^3 D. sp^3d

( ) 18. 金属离子 M^{n+} 形成分子式为 $[ML_2]^{(n-4)+}$ 的配离子，式中 L 为二齿配体，则 L 携带的电荷是：

    A. +2   B. 0   C. −1   D. −2

( ) 19. AgI 不溶于氨水而溶于 KCN 溶液，这是因为：

    A. Ag^+ 价电子构型为 d^{10} B. NH_3 是较强的氧化剂

    C. KCN 是离子化合物而氨是中性分子   D. CN^- 是较强的路易斯碱(配体)

( ) 20. 反应 $[Co(NH_3)_6]^{3+}+3en=[Co(en)_3]^{3+}+6NH_3$ 进行得相当完全，主要因为：

    A. 反应放热多   B. 正反应是熵增加

    C. en 中的 N 原子比 NH_3 中的活性高   D. 反应物的自由能比生成物少

( ) 21. 将少量的 AgCl 固体溶解于氨水中，当反应达到平衡时，反应的总平衡常数 $K^\ominus$ 与 $K_{sp}^\ominus(AgCl)$ 和 $K_f^\ominus\{[Ag(NH_3)_2]^+\}$ 的关系为：

    A. $K^\ominus = \dfrac{1}{K_{sp}^\ominus(AgCl)K_f^\ominus\{[Ag(NH_3)_2]^+\}}$

    B. $K^\ominus = K_{sp}^\ominus(AgCl)K_f^\ominus\{[Ag(NH_3)_2]^+\}$

    C. $K^\ominus = \dfrac{K_{sp}^\ominus(AgCl)}{K_f^\ominus\{[Ag(NH_3)_2]^+\}}$

    D. $K^\ominus = \dfrac{K_f^\ominus\{[Ag(NH_3)_2]^+\}}{K_{sp}^\ominus(AgCl)}$

( ) 22. 某一金属离子在正八面体场中不同条件下，可以形成具有 4 个单电子或 2 个单电子配合物，这一金属离子可能是：

    A. Mn^{3+} B. Mn^{2+} C. Fe^{3+} D. Fe^{2+}

( ) 23. 在水中比较稳定的配合物是：

    A. $[Cu(NH_3)_4]^{2+}$ B. $[Cu(H_2O)_4]^{2+}$ C. $[Cu(en)_2]^{2+}$ D. 前三者稳定性相同

( ) 24. 已知某元素作为中心离子所形成的配离子呈八面体形结构，该离子配位数可能是：

    A. 2   B. 4   C. 6   D. 8

( ) 25. 配离子的电荷是由什么决定的：

    A. 中心离子电荷   B. 配离子电荷

    C. 中心离子电荷与配位体电荷的代数和   D. 通过实验测量才能知道

( ) 26. 用 dsp^2 杂化轨道形成的配离子，其空间构型为：

    A. 平面正方形   B. 正四面体   C. 平面三角形   D. 八面体

( ) 27. 在 $[Cu(SCN)_2]$ 中，配位原子、配位数和名称依次为：

    A. S，4，二硫氰酸根合铜（Ⅰ）离子　　　　B. S，2，二硫氰酸根合铜（Ⅰ）离子

    C. N，4，二异硫氰酸根合铜（Ⅱ）离子　　　D. N，2，二异硫氰酸根合铜（Ⅱ）离子

（　）28. 下列配位体能作螯合剂的是：

    A. SCN^-

    B. SO_4^{2-}

    C. NO_2^-

    D. $H_2N-CH_2-CH_2-NH_2$

（　）29. 下列物质能被氨水溶解的是：

    A. $Mg(OH)_2$　　　B. $AgCl$　　　　C. $Fe(OH)_3$　　　　D. AgI

（　）30. $[Cu(NH_3)_4]^{2+}$比$[Cu(H_2O)_4]^{2+}$稳定，这表明$[Cu(NH_3)_4]^{2+}$：

    A. 离解常数较大　　　　　　　　B. 配位稳定常数较大

    C. 酸性较强　　　　　　　　　　D. 三者都对

（　）31. 下列各配合物中，有顺磁性的是：

    A. ZnF_4^{2-}　　　B. $[Ni(CO)_4]$　　　C. $[Fe(CN)_6]^{3-}$　　D. $[Fe(CN)_6]^{4-}$

（　）32. 对于配合物$[Cr(H_2O)_5F][SiF_6]$，下列说法正确的是：

    A. 前者肯定是内界，后者肯定是外界　　B. 前者肯定是外界，后者肯定是内界

    C. 两者都是配离子　　　　　　　　　　D. 两者都是外界

（　）33. 下列说法中正确的是：

    A. 配合物的内界与外界之间主要以共价键结合

    B. 内界中有配位键，也可能存在共价键

    C. 由多齿配体形成的配合物，也称为螯合物

    D. 螯合物中没有离子键

（　）34. 下列试剂中能溶解$Zn(OH)_2$、$AgBr$、$Cr(OH)_3$和$Fe(OH)_3$四种沉淀的是：

    A. 氨水　　　　　B. 氰化钾溶液　　　　C. 硝酸　　　　D. 盐酸

（　）35. 在$[Co(C_2O_4)_2(en)]$配离子中，中心离子的配位数为：

    A. 3　　　　　　　B. 4　　　　　　　C. 5　　　　　　　D. 6

（　）36. 在$K[CoCl_4(NH_3)_2]$中，Co 的氧化数和配位数分别是：

    A. +2 和 4　　　　B. +4 和 6　　　　C. +3 和 6　　　　D. +3 和 4

（　）37. 化合物$[CoCl_2(NH_3)_4]Br$的名称是：

    A. 溴化二氯·四氨合钴酸盐（Ⅱ）　　　B. 溴化二氯·四氨合钴酸盐（Ⅲ）

    C. 溴化二氯·四氨合钴（Ⅱ）　　　　　D. 溴化二氯·四氨合钴（Ⅲ）

（　）38. 下列反应中配离子作为氧化剂的反应是：

    A. $[Ag(NH_3)_2]Cl+KI=AgI(s)+KCl+2NH_3$

    B. $2[Ag(NH_3)_2]OH+CH_3CHO=CH_3COOH+2Ag(s)+H_2O+4NH_3$

    C. $[Cu(NH_3)_4]^{2+}+S^{2-}=CuS(s)+4NH_3$

    D. $3[Fe(CN)_6]^{4-}+4Fe^{3+}=Fe_4[Fe(CN)_6]_3$

（　）39. 在 $0.20\ mol \cdot L^{-1}[Ag(NH_3)_2]Cl$ 溶液中，加入等体积的水稀释（忽略离子强度影响），则下列各物质的浓度为原来浓度的 1/2 的是：

A. $c\{[Ag(NH_3)_2]Cl\}$　　　　　　　　B. 离解达平衡时 $c(Ag^+)$

C. 离解达平衡时 $c(NH_3)$　　　　　　　D. $c(Cl^-)$

( )40. 下列配合物能在强酸介质中稳定存在的是：

A. $[Ag(NH_3)_2]^+$　　B. $[FeCl_4]^-$　　C. $[Fe(C_2O_4)_3]^{3-}$　D. $[Ag(S_2O_3)_2]^{3-}$

( )41. 下列离子无电子重排时，既能形成内轨型配合物，又能形成外轨型配合物的是：

A. Cr^{3+}　　　　　　B. Fe^{3+}　　　　　　C. Ag^+　　　　　　D. Zn^{2+}

( )42. 已知 $K_f^\ominus\{[Zn(NH_3)_4]^{2+}\}=2.9\times10^9$，$K_f^\ominus\{[Zn(CN)_4]^{2-}\}=5.0\times10^{16}$，则：

A. $\varphi^\ominus(Zn^{2+}/Zn)>\varphi^\ominus\{[Zn(NH_3)_4]^{2+}/Zn\}>\varphi^\ominus\{[Zn(CN)_4]^{2-}/Zn\}$

B. $\varphi^\ominus(Zn^{2+}/Zn)>\varphi^\ominus\{[Zn(CN)_4]^{2-}/Zn\}>\varphi^\ominus\{[Zn(NH_3)_4]^{2+}/Zn\}$

C. $\varphi^\ominus\{[Zn(NH_3)_4]^{2+}/Zn\}>\varphi^\ominus\{[Zn(CN)_4]^{2-}/Zn\}>\varphi^\ominus(Zn^{2+}/Zn)$

D. $\varphi^\ominus\{[Zn(CN)_4]^{2-}/Zn\}>\varphi^\ominus\{[Zn(NH_3)_4]^{2+}/Zn\}>\varphi^\ominus(Zn^{2+}/Zn)$

( )43. 下列物质，在强酸性介质中不分解的是：

A. $[HgI_4]^{2-}$　　　　B. $[Ag(S_2O_3)_2]^{3-}$　　C. $[Zn(NH_3)_4]^{2+}$　　D. $[Fe(C_2O_4)_3]^{3-}$

( )44. 向 $[Zn(NH_3)_4]^{2+}$ 溶液中通入氨气，则：

A. $K_f^\ominus\{[Zn(NH_3)_4]^{2+}\}$ 增大　　　　　B. $K_f^\ominus\{[Zn(NH_3)_4]^{2+}\}$ 减小

C. 溶液中 $c(Zn^{2+})$ 增大　　　　　　　　D. 溶液中 $c(Zn^{2+})$ 减小

( )45. Fe^{3+} 形成的八面体形外轨型配合物中，Fe^{3+} 接受孤对电子的空轨道是：

A. d^2sp^3　　　　　B. sp^3d^2　　　　　C. p^3d^3　　　　　D. sd^5

( )46. $[Cu(NH_3)_4]^{2+}$ 和 $[Zn(NH_3)_4]^{2+}$，分别为正方形和正四面体构型，中心离子采用的杂化轨道分别是：

A. sp^3，sp^3　　　B. dsp^2，sp^3　　　C. dsp^2，dsp^2　　　D. sp^3，dsp^2

( )47. 关于配合物，下列说法正确的是：

A. 中心离子凡是 sp^3 杂化的都是高自旋配合物

B. 内轨型配合物都是低自旋配合物

C. 外轨型配合物都具有磁性

D. 配合物的价键理论不能解释配合物的颜色

(三) 简答题

1. 以下说法对不对？简述理由。

(1) 配合物中配体的数目称为配位数。

(2) 配位化合物的中心原子的氧化数不可能等于零，更不可能为负值。

2. 在 $ZnSO_4$ 溶液中慢慢加入 NaOH 溶液，沉淀出白色的 $Zn(OH)_2$。把沉淀分成 3 份，分别加入 HCl、更多的 NaOH 及氨水，沉淀都溶解了。写出三个反应式并说明各是哪一类的化学反应。

3. 解释下列现象：

(1) AgI 不溶于氨水，却能溶于 KCN 溶液；

(2) 含 Fe^{3+} 溶液中加入 NH_4SCN 即现红色；再加 KF 红色又褪去；

（3）变色硅酸（其中含 $CoCl_2$）吸水后呈粉红色，烘干后则呈蓝色；

（4）金不溶于酸，而可溶于王水；

（5）AgBr 沉淀可溶于 KCN 溶液中，但是 Ag_2S 沉淀却不溶于 KCN 溶液。

4. 配离子 $[NiCl_4]^{2-}$ 含有 2 个未成对电子，但 $[Ni(CN)_4]^{2-}$ 是反磁性的，指出两种配离子的空间构型。

5. 完成下表

配合物	中心离子	配体	配位数	配离子的电荷	名称
$(NH_4)_3[SbCl_6]$					
$[CoCl(NH_3)_5]Cl_2$					
$[PtCl(OH)(NH_3)_2]$					
					二氨·四水合铬(Ⅲ)配离子
					三氯·羟基·二氨合铂(Ⅳ)
					二氯·草酸根·乙二胺合铁(Ⅲ)配离子
					四硫氰·二氨合铬(Ⅲ)配离子
					六氯合铂(Ⅳ)酸钾
					三羟基·水·乙二胺合铬(Ⅲ)

6. 下列物质中，哪些不能作为配位体？

（1）NH_3；（2）CH_3NH_2；（3）CH_3CH_3；（4）$NH_2CH_2CH_2NH_2$；（5）NH_4^+。

7. 根据配合物的价键理论，判断下列配离子哪些是外轨型？哪些是内轨型？并指出配合物是顺磁性还是反磁性？

（1）$[FeF_6]^{3-}$；（2）$[Fe(CN)_6]^{3-}$；（3）$[CoF_6]^{3-}$；（4）$[Co(NH_3)_6]^{3+}$；
（5）$[Ni(H_2O)_6]^{2+}$。

8. 解释下列实验现象，并写出有关的反应式。

（1）AgCl 沉淀可溶于过量的氨水，却不能溶于 NH_4Cl。

（2）$[Cu(NH_3)_4]^{2+}$ 溶液中加稀 H_2SO_4，溶液由深蓝色变为浅蓝色。

（3）水溶液中 Fe^{3+} 能将 I^- 离子氧化为 I_2，滴加 CCl_4 用力振摇后，得到紫色 CCl_4 层；再加入 KCN，紫色 CCl_4 层褪色。

（4）已知 $lgK_f^\ominus\{[CaY]^{2-}\}=10.7$，$lgK_f^\ominus\{[PbY]^{2-}\}=18.0$，常用 EDTA 的钙盐作为铅中毒的解毒剂，但不能用 EDTA 治疗铅中毒。

（5）Co^{3+} 很不稳定，氧化性很强，而 Co(Ⅲ) 的氨配合物的氧化性大为减弱，稳定性显著增强。

9. 已知 $\varphi^\ominus(Ag^+/Ag)=0.7996\text{ V}$，$\varphi^\ominus(O_2/OH^-)=0.401\text{ V}$。可利用下列反应从矿砂中提取银：$4Ag+8CN^-+2H_2O+O_2=4[Ag(CN)_2]^-+4OH^-$。分析反应得以进行的原因，即加入 CN^- 的目的。

10. 已知 $[Ag(CN)_2]^-$ 的 $K_f^\ominus=1.3\times10^{21}$，$K_a^\ominus(HCN)=4.93\times10^{-10}$，$K_{sp}^\ominus(AgCl)=1.77\times10^{-10}$。计算说明在 $[Ag(CN)_2]^-$ 溶液中滴加稀盐酸，有什么现象发生？

(四) 计算题

1. 在 l mL 0.04 mol·L^{-1} AgNO$_3$溶液中，加入 1 mL 2.00 mol·L^{-1} 氨水。计算平衡后溶液中的 Ag$^+$的浓度。已知[Ag(NH$_3$)$_2$]$^+$的 $K_f^\ominus$ = 1.1×10^7。

2. 在 0.01 mol·L^{-1}Ag(NH$_3$)$_2^+$ 的溶液中含有过量的 0.01mol·L^{-1} 氨水。计算溶液中 Ag$^+$的浓度是多少？已知[Ag(NH$_3$)$_2$]$^+$的 $K_f^\ominus$ = 1.1×10^7。

3. 在 0.001 mol·L^{-1} 的 Mg-EDTA 溶液中，已知 $K_f^\ominus$(Mg-EDTA) = 10^9。Mg^{2+}的离子浓度是多少？

4. 在含有 0.4 mol·L^{-1} Fe^{3+}溶液中，加入过量 K$_2$C$_2$O$_4$，生成配离子[Fe(C$_2$O$_4$)$_3$]$^{3-}$，其 $K_f^\ominus$ = 2.0×10^{20}，达平衡后，c(C$_2$O$_4^{2-}$) = 0.10 mol·L^{-1}。求：(1) c(Fe^{3+})为多少？(2) 溶液为中性时，有无 Fe(OH)$_3$ 沉淀生成？已知 $K_{sp}^\ominus$[Fe(OH)$_3$] = 2.79×10^{-39}。

5. 已知[Ag(NH$_3$)$_2$]$^+$的 $K_f^\ominus$ = 1.1×10^7，$K_{sp}^\ominus$(AgCl) = 1.77×10^{-10}，$K_{sp}^\ominus$(AgBr) = 5.35×10^{-13}，将 0.1 mol·L^{-1} AgNO$_3$ 与 0.1 mol·L^{-1} KCl 溶液等体积混合，加入浓氨水(体积变化忽略)使 AgCl 沉淀恰好溶解。问：(1) 混合溶液中游离的氨浓度是多少？(2) 混合溶液中加入固体 KBr，并使 KBr 浓度为 0.2 mol·L^{-1}，有无 AgBr 沉淀产生？(3) 欲防止 AgBr 沉淀析出，氨水的浓度至少为多少？

6. 计算含 1.0 mol·L^{-1} NH$_3$ 的 0.10 mol·L^{-1}[Cu(NH$_3$)$_4$]$^{2+}$溶液中 Cu^{2+}的浓度。已知[Cu(NH$_3$)$_4$]$^{2+}$的 $K_f^\ominus$ = 2.1×10^{13}。

7. 在[Ag(NH$_3$)$_2$]$^+$溶液中，c{[Ag(NH$_3$)$_2$]$^+$} = 0.10 mol·L^{-1}，c(NH$_3$) = 1.0 mol·L^{-1}，加入 Na$_2$S$_2$O$_3$ 使 c(S$_2$O$_3^{2-}$) = 1.0 mol·L^{-1}。计算平衡时溶液中 NH$_3$，[Ag(NH$_3$)$_2$]$^+$的浓度。已知[Ag(NH$_3$)$_2$]$^+$的 $K_f^\ominus$ = 1.1×10^7，[Ag(S$_2$O$_3$)$_2$]$^{3-}$的 $K_f^\ominus$ = 2.8×10^{13}。

8. 现有 0.10 mol·L^{-1}[Ag(S$_2$O$_3$)$_2$]$^{3-}$和[Co(CN)$_4$]$^{2-}$两种溶液。计算两溶液中 c(Ag$^+$)、c(Co^{2+})，并说明在水溶液中哪个配离子更稳定，计算结果说明什么？已知[Co(CN)$_4$]$^{2-}$的 $K_f^\ominus$ = 1.2×10^{19}，[Ag(S$_2$O$_3$)$_2$]$^{3-}$的 $K_f^\ominus$ = 2.8×10^{13}。

9. 298 K 时，反应 2[Fe(CN)$_6$]$^{3-}$+2I$^-$ = 2[Fe(CN)$_6$]$^{4-}$+I$_2$ 在标准状态下能否正向自发进行？已知[Fe(CN)$_6$]$^{3-}$的 $K_f^\ominus$ = 1.0×10^{42}，[Fe(CN)$_6$]$^{4-}$的 $K_f^\ominus$ = 1.0×10^{35}；$\varphi^\ominus$(Fe^{3+}/Fe^{2+}) = 0.771 V，$\varphi^\ominus$(I$_2$/I$^-$) = 0.535 5 V。

10. 计算在含有 0.10 mol·L^{-1} NH$_3$ 和 0.10 mol·L^{-1} NH$_4$Cl 以及 0.010 mol·L^{-1} [Cu(NH$_3$)$_4$]$^{2+}$溶液中，是否有 Cu(OH)$_2$ 沉淀？已知[Cu(NH$_3$)$_4$]$^{2+}$的 $K_f^\ominus$ = 2.1×10^{13}，$K_b^\ominus$(NH$_3$) = 1.77×10^{-5}，$K_{sp}^\ominus$[Cu(OH)$_2$] = 2.2×10^{-20}。

11. 计算[Ag(NH$_3$)$_2$]$^+$的 $K_f^\ominus$。已知 $\varphi^\ominus$(Ag$^+$/Ag) = 0.799 6 V，$\varphi^\ominus$[Ag(NH$_3$)$_2^+$/Ag] = 0.38 V。

12. 298 K 时，电极 Ag$^+$+e$^-$ = Ag 的 $\varphi^\ominus$(Ag$^+$/Ag) = 0.799 6 V，如果向系统中加入 KCN 溶液，使 CN$^-$ 和[Ag(CN)$_2$]$^-$的浓度均等于 1 mol·L^{-1}。求 $\varphi^\ominus${[Ag(CN)$_2$]$^-$/Ag}。已知[Ag(CN)$_2$]$^-$的 $K_f^\ominus$ = 1.3×10^{21}。

练习题答案

(一) 判断题

1. √	2. √	3. ×	4. ×
5. √	6. ×	7. √	8. √
9. ×	10. ×	11. √	12. ×
13. ×	14. ×	15. √	16. √
17. ×	18. ×	19. √	20. ×
21. ×	22. √	23. ×	24. ×
25. √	26. ×	27. ×	28. ×
29. √	30. √	31. ×	

(二) 选择题

1. C	2. A	3. C	4. C
5. B	6. B	7. B	8. A
9. D	10. C	11. B	12. C
13. A	14. C	15. D	16. C
17. B	18. D	19. D	20. B
21. B	22. A	23. C	24. C
25. C	26. C	27. D	28. B
29. B	30. B	31. C	32. C
33. B	34. B	35. D	36. C
37. D	38. B	39. D	40. B
41. A	42. A	43. A	44. D
45. B	46. B	47. D	

(三) 简答题

1. (1) 该说法不正确，配合物中配位体的数目不一定等于配位数；例如，每个乙二胺中有2个 N 原子可以提供孤对单子与中心离子形成配位键，如 $[Cu(en)_2]^{2+}$ 中，配位体数为2，配位数为4。

(2) 该说法不正确，中心原子的氧化态可为零，如 $Ni(CO)_4$；有的还可以是负，如 $V(CO)_6^-$。

2. $Zn(OH)_2 + 2HCl = ZnCl_2 + 2H_2O$　酸碱反应

$Zn(OH)_2 + 2OH^- = Zn(OH)_4^{2-}$　配位反应

$Zn(OH)_2 + 4NH_3 = Zn(NH_3)_2^{2+} + 2OH^-$　配位反应

3. (1) AgI 溶于 KCN 溶液的化学反应为 $AgI(s) + 2CN^-(aq) = Ag(CN)_2^-(aq) + I^-(aq)$，$Ag^+$

与 CN^- 生成配合物 $Ag(CN)_2^-$ 的 $K_f^{\ominus}$ 比较大，使 AgI 沉淀溶解；而 $Ag(NH_3)_2^+$ 的 $K_f^{\ominus}$ 不太大，不能使 AgI 沉淀溶解。

(2) 开始 Fe^{2+} 与 SCN^- 生成 $[Fe(SCN)]^{2+}$ 红色配合物，加入 KF 后发生配位平衡间的转化，$[Fe(SCN)]^{2+}$ 转化生成 $[FeF_6]^{3-}$ 无色配合物使红色褪去。

(3) $CoCl_2$ 吸水后生成的 $CoCl_2 \cdot 6H_2O$ 呈粉红色，烘干失去水后变为蓝色。

(4) 因为 Au 与王水可发生氧化还原反应 $Au+4HCl+HNO_3 = HAuCl_4 + NO\uparrow + 2H_2O$，所以金可溶于王水。

(5) $AgBr$ 与 KCN 若发生化学反应 $AgBr(s) + 2CN^-(aq) = [Ag(CN)_2]^-(aq) + Br^-(aq)$，该反应的 $K^{\ominus} = K_f^{\ominus}\{[Ag(CN)_2]^-\} K_{sp}^{\ominus}(AgBr) = 7.02 \times 10^8$ 比较大，可使反应向右进行，使 $AgBr$ 沉淀溶于 KCN 溶液；若化学反应 $Ag_2S(s) + 4CN^-(aq) = 2[Ag(CN)_2]^-(aq) + S^{2-}(aq)$ 能够发生，则此反应的 $K^{\ominus} = K_f^{\ominus}\{[Ag(CN)_2]^-\} K_{sp}^{\ominus}(Ag_2S) = 3.4 \times 10^{-7}$ 非常小，使得反应不能发生，所以 Ag_2S 沉淀不溶于 KCN 溶液。

4. $[NiCl_4]^{2-}$ 外轨型化合物，sp^3 杂化，正四面体；$[Ni(CN)_4]^{2-}$ 内轨型化合物，dsp^2 杂化，平面四边形。

5.

配合物	中心离子	配体	配位数	配离子的电荷	名称
$(NH_4)_3[SbCl_6]$	Sb^{3+}	Cl^-	6	-3	六氯合锑(Ⅲ)酸铵
$[CoCl(NH_3)_5]Cl_2$	Co^{3+}	Cl^-，NH_3	6	+2	二氯化氯·五氨合钴(Ⅲ)
$[PtCl(OH)(NH_3)_2]$	Pt^{2+}	Cl^-，OH^-，NH_3	4	0	氯·羟基·二氨合铂(Ⅱ)
$[Cr(NH_3)_2(H_2O)_4]^{3+}$	Cr^{3+}	H_2O，NH_3	6	+3	二氨·四水合铬(Ⅲ)配离子
$[PtCl_3(OH)(NH_3)_2]$	Pt^{4+}	Cl^-，OH^-，NH_3	6	0	三氯·羟基·二氨合铂(Ⅳ)
$[FeCl_2(C_2O_4)(en)]^-$	Fe^{3+}	Cl^-，$C_2O_4^{2-}$，en	6	-1	二氯·草酸根·乙二胺合铁(Ⅲ)配离子
$[Cr(SCN)_4(NH_3)_2]^-$	Cr^{3+}	SCN^-，NH_3	6	-1	四硫氰·二氨合铬(Ⅲ)配离子
$K_2[PtCl_6]$	Pt^{4+}	Cl^-	6	-2	六氯合铂(Ⅳ)酸钾
$[Cr(OH)_3(H_2O)(en)]$	Cr^{3+}	OH^-，H_2O，en	6	0	三羟基·水·乙二胺合铬(Ⅲ)

6. 作为配位体必须具有孤对电子，所以(3)和(5)不能作为配位体。

7. (1) $[FeF_6]^{3-}$，外轨型，sp^3d^2，顺磁性；

(2) $[Fe(CN)_6]^{3-}$，内轨型，d^2sp^3，顺磁性；

(3) $[CoF_6]^{3-}$，外轨型，sp^3d^2，顺磁性；

(4) $[Co(NH_3)_6]^{3+}$，内轨型，d^2sp^3，反磁性；

(5) $[Ni(H_2O)_6]^{2+}$，外轨型，sp^3d^2，顺磁性。

8. (1) NH_3 作为配位体与 Ag^+ 生成配合物 $AgCl + 2NH_3 = [Ag(NH_3)_2]^+ + Cl^-$，所以 $AgCl$ 溶于 NH_3，NH_4^+ 没有孤对电子，不能作配体，所以 $AgCl$ 不溶于 NH_4Cl。

(2) H^+ 与配位体 NH_3 反应生成了弱酸 NH_4^+，从而使配位平衡向解离方向移动。

$[Cu(NH_3)_4]^{2+}$（深蓝色）$+4H_2O+4H^+=[Cu(H_2O)_4]^{2+}$（浅蓝色）$+4NH_4^+$。

（3）水溶液中 Fe^{3+} 与 I^- 离子发生氧化还原反应 $2Fe^{3+}+2I^-=2Fe^{2+}+I_2$，生成的 I_2 溶于 CCl_4 层呈紫色；加入 KCN 后生成了 $[Fe(CN)_6]^{4-}$ 和 $[Fe(CN)_6]^{3-}$，由于 $[Fe(CN)_6]^{3-}$ 稳定性强于 $[Fe(CN)_6]^{4-}$，从而发生 $2[Fe(CN)_6]^{4-}+I_2=2[Fe(CN)_6]^{3-}+2I^-$，使紫色褪去。

（4）因为 $K_f^{\ominus}\{[CaY]^{2-}\}<K_f^{\ominus}\{[PbY]^{2-}\}$，所以发生 $[CaY]^{2-}+Pb^{2+}=[PbY]^{2-}+Ca^{2+}$，由于 Pb^{2+} 生成了可溶性 $[PbY]^{2-}$，会随体液排出，从而起到解毒作用。但作为药物长期服用，则会使 EDTA 与体内其他微量金属离子螯合，造成体内微量元素失衡，导致生理疾病。

（5）NH_3 存在时，生成了 $[Co(NH_3)_6]^{3+}$ 和 $[Co(NH_3)_6]^{2+}$，而且 $K_f^{\ominus}\{[Co(NH_3)_6]^{3+}\}>K_f^{\ominus}\{[Co(NH_3)_6]^{2+}\}$，所以在 NH_3 存在条件下，$[Co(NH_3)_6]^{3+}$ 氧化能力减弱，稳定性增强。

9. 加入 CN^- 后，由于 Ag^+ 与 CN^- 生成了稳定的 $[Ag(CN)_2]^-$ 配离子，使 Ag^+ 浓度大大降低，从而降低了（Ag^+/Ag）的电极电势，增强了 Ag 的还原性，使原电池的电动势大于零，即 $\varphi^{\ominus}(O_2/OH^-)-\varphi(Ag^+/Ag)>0$，反应得以进行。

10. 根据题意可得

（1）$[Ag(CN)_2]^-=Ag^++2CN^-$ $\qquad K_1^{\ominus}=\dfrac{1}{K_f^{\ominus}\{[Ag(CN)_2]^-\}}$

（2）$H^++CN^-=HCN$ $\qquad K_2^{\ominus}=\dfrac{1}{K_a^{\ominus}(HCN)}$

（3）$Ag^++Cl^-=AgCl$ $\qquad K_3^{\ominus}=\dfrac{1}{K_{sp}^{\ominus}(AgCl)}$

（1）$+2\times$（2）$+$（3）得

$[Ag(CN)_2]^-+2H^++Cl^-=AgCl+2HCN$

$$K^{\ominus}=K_1^{\ominus}(K_2^{\ominus})^2K_3^{\ominus}=\dfrac{1}{K_f^{\ominus}(K_a^{\ominus})^2K_{sp}^{\ominus}(AgCl)}$$

$$=\dfrac{1}{1.3\times10^{21}\times(4.93\times10^{-10})^2\times1.77\times10^{-10}}$$

$$=1.8\times10^7$$

平衡常数大，说明反应很彻底，因此，在 $[Ag(CN)_2]^-$ 溶液中滴加稀盐酸，生成了 AgCl 沉淀，配离子发生了解离。

(四)计算题

1. 解：由于氨水过量，设平衡体系中 Ag^+ 浓度为 x $mol \cdot L^{-1}$

$$\begin{array}{ccccc} & Ag^+ & + & 2NH_3 & = & [Ag(NH_3)_2]^+ \end{array}$$

平衡时 $c/(mol \cdot L^{-1})$ $\quad x \qquad 0.96+2x\approx0.96 \quad 0.02-x\approx0.02$

$$K_f^{\ominus}\{[Ag(NH_3)_2]^+\}=\dfrac{c\{[Ag(NH_3)_2]^+\}/c^{\ominus}}{[c(Ag^+)/c^{\ominus}]\cdot[c(NH_3)/c^{\ominus}]^2}=\dfrac{0.02}{x\cdot0.96^2}=1.1\times10^7$$

解得 $\quad x=2.0\times10^{-9}$ $mol \cdot L^{-1}$

2. 解：设平衡体系中 Ag^+ 浓度为 x $mol \cdot L^{-1}$

$$Ag^+ \quad + \quad 2NH_3 \quad = \quad [Ag(NH_3)_2]^+$$

平衡时 $c/(mol \cdot L^{-1})$ 　　　x　　$0.01+2x \approx 0.01$　　$0.01-x \approx 0.01$

$$K_f^{\ominus}\{[Ag(NH_3)_2]^+\} = \frac{c\{[Ag(NH_3)_2]^+\}/c^{\ominus}}{[c(Ag^+)/c^{\ominus}] \cdot [c(NH_3)/c^{\ominus}]^2} = \frac{0.01}{x \cdot 0.01^2} = 1.1 \times 10^7$$

解得　$x = 9.1 \times 10^{-6} \ mol \cdot L^{-1}$

3. 解：　　　　　　　$Mg^{2+} \quad + \quad Y^{4-} \quad = \quad [MgY]^{2-}$

平衡时 $c/(mol \cdot L^{-1})$ 　　　x　　　x　　$0.001-x \approx 0.001$

$$K_f^{\ominus}(MgY^{2-}) = \frac{c([MgY]^{2-})/c^{\ominus}}{[c(Mg^{2+})/c^{\ominus}] \cdot [c(Y^{4-})/c^{\ominus}]} = \frac{0.001}{x^2} = 10^9$$

解得　$x = 1.0 \times 10^{-6} \ mol \cdot L^{-1}$

4. 解：（1）$[Fe(C_2O_4)_3]^{3-}$ 的稳定常数很大，Fe^{3+} 几乎完全生成配离子，则

$$Fe^{3+} \quad + \quad 3C_2O_4^{2-} \quad = \quad [Fe(C_2O_4)_3]^{3-}$$

平衡时 $c/(mol \cdot L^{-1})$ 　　　x　　　　0.1　　$0.4-x \approx 0.4$

$$K_f^{\ominus}\{[Fe(C_2O_4)_3]^{3-}\} = \frac{c\{[Fe(C_2O_4)_3]^{3-}\}/c^{\ominus}}{[c(Fe^{3+})/c^{\ominus}] \cdot [c(C_2O_4^{2-})/c^{\ominus}]^3} = \frac{0.4}{x \cdot 0.1^3} = 2.0 \times 10^{20}$$

解得　$x = 2.0 \times 10^{-18} \ mol \cdot L^{-1}$

$c(Fe^{3+}) = 2.0 \times 10^{-18} \ mol \cdot L^{-1}$

（2）溶液为中性时，$c(OH^-) = 1.0 \times 10^{-7}$，则

$Q = [c(Fe^{3+})/c^{\ominus}] \cdot [c(OH^-)/c^{\ominus}]^3 = 2.0 \times 10^{-39} < K_{sp}^{\ominus}[Fe(OH)_3]$

故溶液为中性时没有 $Fe(OH)_3$ 沉淀生成。

5. 解：（1）两种溶液等体积混合后，浓度减少一半，即 $c(Ag^+) = c(Cl^-) = 0.05 \ mol \cdot L^{-1}$，根据题意，AgCl 恰好溶解形成 $[Ag(NH_3)_2]^+$，$c\{[Ag(NH_3)_2]^+\} = 0.05 \ mol \cdot L^{-1}$，则

$$AgCl \quad + \quad 2NH_3 \quad = \quad [Ag(NH_3)_2]^+ + Cl^-$$

平衡时 $c/(mol \cdot L^{-1})$ 　　　　　　　　　x　　　0.05　　　0.05

$$K^{\ominus} = K_f^{\ominus}\{[Ag(NH_3)_2]^+\} K_{sp}^{\ominus}(AgCl) = \frac{c\{[Ag(NH_3)_2]^+\}/c^{\ominus} \cdot [c(Cl^-)/c^{\ominus}]}{[c(NH_3)/c^{\ominus}]^2}$$

$$= \frac{0.05^2}{x^2} = 1.94 \times 10^{-3}$$

解得　$x = 1.1 \ mol \cdot L^{-1}$

$c(NH_3) = 1.1 \ mol \cdot L^{-1}$

（2）设该混合溶液中 Ag^+ 浓度为 $y \ mol \cdot L^{-1}$，则

$$Ag^+ \quad + \quad 2NH_3 \quad = \quad [Ag(NH_3)_2]^+$$

平衡浓度/$(mol \cdot L^{-1})$ 　　　y　　$1.1+2y \approx 1.1$　　$0.05-y \approx 0.05$

$$K_f^{\ominus}\{[Ag(NH_3)_2]^+\} = \frac{c\{[Ag(NH_3)_2]^+\}/c^{\ominus}}{[c(Ag^+)/c^{\ominus}] \cdot [c(NH_3)/c^{\ominus}]^2} = \frac{0.05}{y \cdot 1.1^2} = 1.1 \times 10^7$$

解得 $y = 3.8 \times 10^{-9}$ mol·L^{-1}

加入 0.2 mol·L^{-1} 的 KBr 溶液，$c(Br^-) = 0.2$ mol·L^{-1}，则

$Q = [c(Ag^+)/c^{\ominus}] \cdot [c(Br^-)/c^{\ominus}] = 3.8 \times 10^{-9} \times 0.2 = 7.6 \times 10^{-10} > K_{sp}^{\ominus}(AgBr)$

所以有 AgBr 沉淀生成。

（3）设该溶液中 NH_3 浓度为 z mol·L^{-1}，则

$$AgBr + 2NH_3 = [Ag(NH_3)_2]^+ + Br^-$$

平衡时 $c/(\text{mol·L}^{-1})$ 　　　　　　　z　　　　0.05　　　　0.2

$$K^{\ominus} = K_f^{\ominus}\{[Ag(NH_3)_2]^+\} K_{sp}^{\ominus}(AgBr) = \frac{c\{[Ag(NH_3)_2]^+\}/c^{\ominus} \cdot [c(Br^-)/c^{\ominus}]}{[c(NH_3)/c^{\ominus}]^2}$$

$$= \frac{0.05 \times 0.2}{z^2} = 5.89 \times 10^{-6}$$

解得 $z = 41$ mol·L^{-1}

即氨的浓度至少为 41 mol·L^{-1} 时，才能防止 AgBr 沉淀产生，但因市售浓氨水仅达 17 mol·L^{-1}，故加入氨水不能防止 AgBr 沉淀的生成。

6. 解：根据题意可得

$$Cu^{2+} + 4NH_3 = [Cu(NH_3)_4]^{2+}$$

平衡时 $c/(\text{mol·L}^{-1})$ 　　　x　　　$1.0+4x \approx 1.0$　　$0.10-x \approx 0.10$

$$K_f^{\ominus}\{[Cu(NH_3)_4]^{2+}\} = \frac{c\{[Cu(NH_3)_4]^{2+}\}/c^{\ominus} \cdot [c(Br^-)/c^{\ominus}]}{[c(Cu^{2+})/c^{\ominus}] \cdot [c(NH_3)/c^{\ominus}]^4} = \frac{0.10}{x \cdot 1.0^4} = 2.1 \times 10^{13}$$

解得 $x = 4.8 \times 10^{-15}$

即 Cu^{2+} 的浓度为 4.8×10^{-15} mol·L^{-1}。

7. 解：根据题意

$$[Ag(NH_3)_2]^+ + 2S_2O_3^{2-} = [Ag(S_2O_3)_2]^{3-} + 2NH_3$$

起始时 $c/(\text{mol·L}^{-1})$ 　　0.1　　　　1.0　　　　　0　　　　1.0

平衡时 $c/(\text{mol·L}^{-1})$ 　　x　　$1.0-2\times(0.10-x) \approx 0.80$　$0.10-x \approx 0.10$　$1.0+2(0.10-x) \approx 1.2$

$$K^{\ominus} = \frac{K_f^{\ominus}\{[Ag(S_2O_3)_2]^{3-}\}}{K_f^{\ominus}\{[Ag(NH_3)_2]^+\}} = \frac{c\{[Ag(S_2O_3)_2]^{3-}\}/c^{\ominus} \cdot [c(NH_3)/c^{\ominus}]^2}{c\{[Ag(NH_3)_2]^+\}/c^{\ominus} \cdot [c(S_2O_3^{2-})/c^{\ominus}]^2} = \frac{2.8 \times 10^{13}}{1.1 \times 10^7}$$

$$= \frac{0.1 \times 1.2^2}{x \times 0.8^2}$$

解得 $x = 8.8 \times 10^{-8}$ mol·L^{-1}

即 $c\{[Ag(NH_3)_2]^+\} = 8.8 \times 10^{-8}$ mol·L^{-1}

8. 解：根据题意

$$Ag^+ + 2S_2O_3^{2-} = [Ag(S_2O_3)_2]^{3-}$$

起始时 $c/(\text{mol·L}^{-1})$ 　　0　　　　0　　　　0.10

平衡时 $c/(\text{mol·L}^{-1})$ 　　x　　　$2x$　　　$0.10-x \approx 0.10$

$$K_f^{\ominus}\{[Ag(S_2O_3)_2]^{3-}\} = \frac{c\{[Ag(S_2O_3)_2]^{3-}\}/c^{\ominus}}{[c(Ag^+)/c^{\ominus}]\cdot[c(S_2O_3^{2-})/c^{\ominus}]^2} = \frac{0.10}{x\cdot(2x)^2} = 2.8\times10^{13}$$

解得 $x = 9.6\times10^{-6}\ mol\cdot L^{-1}$

即 $c(Ag^+) = 9.6\times10^{-6}\ mol\cdot L^{-1}$

同理可得

$$Co^{2+}\ +\ 4CN^-\ =\ [Co(CN)_4]^{2-}$$

起始时 $c/(mol\cdot L^{-1})$　　　　0　　　　0　　　　0.10

平衡时 $c/(mol\cdot L^{-1})$　　　　y　　　$4y$　　　$0.10-y\approx0.10$

$$K_f^{\ominus}\{[Co(CN)_4]^{2-}\} = \frac{c\{[Co(CN)_4]^{2-}\}/c^{\ominus}}{[c(Co^{2+})/c^{\ominus}]\cdot[c(CN^-)/c^{\ominus}]^4} = \frac{0.10}{y\cdot(4y)^4} = 1.2\times10^{19}$$

解得 $y = 3.2\times10^{-5}\ mol\cdot L^{-1}$，$c(Co^{2+}) = 3.2\times10^{-5}\ mol\cdot L^{-1}$

由上述计算可得$[Ag(S_2O_3)_2]^{3-}$比$[Co(CN)_4]^{2-}$更稳定，说明不同类型配合物的稳定性不能直接由 $K_f^{\ominus}$ 的大小进行比较，要通过计算来判断。

9. 解：将反应设计为原电池，则正极反应：$[Fe(CN)_6]^{3-}+e^- = [Fe(CN)_6]^{4-}$，负极反应：$I_2+2e^- = 2I^-$，若电极处在标准态，$c\{[Fe(CN)_6]^{3-}\} = c\{[Fe(CN)_6]^{4-}\} = c(CN^-) = 1\ mol\cdot L^{-1}$

$$K_f^{\ominus}\{[Fe(CN)_6]^{3-}\} = \frac{c\{[Fe(CN)_6]^{3-}\}/c^{\ominus}}{[c(Fe^{3+})/c^{\ominus}]\cdot[c(CN^-)/c^{\ominus}]^6}$$

$$K_f^{\ominus}\{[Fe(CN)_6]^{4-}\} = \frac{c\{[Fe(CN)_6]^{4-}\}/c^{\ominus}}{[c(Fe^{2+})/c^{\ominus}]\cdot[c(CN^-)/c^{\ominus}]^6}$$

得 $\dfrac{c(Fe^{3+})/c^{\ominus}}{c(Fe^{2+})/c^{\ominus}} = \dfrac{K_f^{\ominus}\{[Fe(CN)_6]^{4-}\}}{K_f^{\ominus}\{[Fe(CN)_6]^{3-}\}}$

$$\varphi^{\ominus}\{[Fe(CN)_6]^{3-}/[Fe(CN)_6]^{4-}\} = \varphi^{\ominus}(Fe^{3+}/Fe^{2+})$$

$$= \varphi^{\ominus}(Fe^{3+}/Fe^{2+}) + 0.0592\ V\times\lg\frac{c(Fe^{3+})/c^{\ominus}}{c(Fe^{2+})/c^{\ominus}}$$

$$= \varphi^{\ominus}(Fe^{3+}/Fe^{2+}) + 0.0592\ V\times\frac{K_f^{\ominus}\{[Fe(CN)_6]^{4-}\}}{K_f^{\ominus}\{[Fe(CN)_6]^{3-}\}}$$

$$= 0.771\ V + 0.0592\ V\times\lg\frac{1.0\times10^{35}}{1.0\times10^{42}} = 0.36\ V$$

由于$\varphi^{\ominus}\{[Fe(CN)_6]^{3-}/[Fe(CN)_6]^{4-}\} = 0.36\ V<\varphi^{\ominus}(I_2/I^-) = 0.54\ V$，所以 298 K 时，标准状态下反应不能自发进行。

10. 解：根据题意

$$Cu^{2+}\ +\ 4NH_3\ =\ [Cu(NH_3)_4]^{2+}$$

平衡时 $c/(mol\cdot L^{-1})$　　　x　　$0.10+4x\approx0.10$　　$0.010-x\approx0.010$

$$K_f^{\ominus}\{[Cu(NH_3)_4]^{2+}\} = \frac{c\{[Cu(NH_3)_4]^{2+}\}/c^{\ominus}}{[c(Cu^{2+})/c^{\ominus}]\cdot[c(NH_3)/c^{\ominus}]^4} = \frac{0.010}{x\cdot0.10^4} = 2.1\times10^{13}$$

$x = 4.8 \times 10^{-12} \text{ mol} \cdot \text{L}^{-1}$

$$\text{pOH} = \text{p}K_b^\ominus - \lg \frac{c(\text{NH}_3)}{c(\text{NH}_4^+)} = 4.74 - \lg \frac{0.10}{0.10}$$

$c(\text{OH}^-)/c^\ominus = 1.8 \times 10^{-5}$

$Q_i = [c(\text{Cu}^{2+})/c^\ominus] \cdot [c(\text{OH}^-)/c^\ominus]^2 = 1.6 \times 10^{-21} < K_{sp}^\ominus[\text{Cu(OH)}_2]$

故溶液没有 Cu(OH)_2 沉淀生成。

11. 解：当 $c(\text{NH}_3) = c\{[\text{Ag(NH}_3)_2]^+\} = 1.0 \text{ mol} \cdot \text{L}^{-1}$ 时

$$\varphi(\text{Ag}^+/\text{Ag}) = \varphi^\ominus\{[\text{Ag(NH}_3)_2]^+/\text{Ag}\} = \varphi^\ominus(\text{Ag}^+/\text{Ag}) + 0.0592 \text{ V} \times \lg \frac{c(\text{Ag}^+)}{c^\ominus}$$

$0.38 \text{ V} = 0.7996 \text{ V} + 0.0592 \text{ V} \times \lg[c(\text{Ag}^+)/c^\ominus]$

根据配位平衡 $\quad K_f^\ominus\{[\text{Ag(NH}_3)_2]^+\} = \dfrac{c\{[\text{Ag(NH}_3)_2]^+\}/c^\ominus}{[c(\text{Ag}^+)/c^\ominus] \cdot [c(\text{NH}_3)/c^\ominus]^2} = \dfrac{1}{c(\text{Ag}^+)/c^\ominus}$

$$c(\text{Ag}^+)/c^\ominus = \frac{1}{K_f^\ominus\{[\text{Ag(NH}_3)_2]^+\}}$$

得 $\quad 0.38 \text{ V} = 0.7996 \text{ V} + 0.0592 \text{ V} \times \lg \dfrac{1}{K_f^\ominus\{[\text{Ag(NH}_3)_2]^+\}}$

$K_f^\ominus\{[\text{Ag(NH}_3)_2]^+\} = 1.2 \times 10^7$

12. 解：在银电极中加入 KCN 后 $\text{Ag}^+ + 2\text{CN}^- = [\text{Ag(CN)}_2]^-$

$$K_f^\ominus\{[\text{Ag(CN)}_2]^-\} = \frac{c\{[\text{Ag(CN)}_2]^-\}/c^\ominus}{[c(\text{Ag}^+)/c^\ominus] \cdot [c(\text{CN}^-)/c^\ominus]^2}$$

$c(\text{CN}^-) = c\{[\text{Ag(CN)}_2]^-\} = 1.0 \text{ mol} \cdot \text{L}^{-1}$ 时：

$$\varphi(\text{Ag}^+/\text{Ag}) = \varphi^\ominus(\text{Ag}^+/\text{Ag}) + 0.0592 \text{ V} \times \lg[c(\text{Ag}^+)/c^\ominus]$$

$$= \varphi^\ominus(\text{Ag}^+/\text{Ag}) + 0.0592 \text{ V} \times \lg \frac{c\{[\text{Ag(CN)}_2]^-\}/c^\ominus}{K_f^\ominus\{[\text{Ag(CN)}_2]^-\} \cdot [c(\text{CN}^-)/c^\ominus]^2}$$

$$= \varphi^\ominus(\text{Ag}^+/\text{Ag}) + 0.0592 \text{ V} \times \lg \frac{1}{K_f^\ominus\{[\text{Ag(CN)}_2]^-\}}$$

$$= 0.7996 \text{ V} - 0.0592 \text{ V} \times \lg(1.3 \times 10^{21}) = -0.45 \text{ V}$$

模拟试题

模拟试题（一）

一、判断题：请在各题括号中，用"√""×"表示各题的叙述是否正确（本大题 20 小题，每小题 1 分，共 20 分）

（　　）1. 在高温低压条件下，理想气体状态方程不仅适用于单组分气体系统，也适用于多组分混合气体系统。

（　　）2. 一个溶液所有组分的摩尔分数总和为 1。

（　　）3. 两种以上的物质才能构成分散系，故分散系是多相体系。

（　　）4. 稳定单质的标准熵 $S_m^{\ominus}$ 为零。

（　　）5. 如果反应商 Q 大于平衡常数 $K^{\ominus}$，则反应可正向进行。

（　　）6. 多步完成的反应，其活化能等于分步完成的反应的活化能之和。

（　　）7. 升温不仅增大反应速率，还可获得更多的产物。

（　　）8. 分别中和 pH = 2 的 HCl 和 HAc 溶液，所用的 NaOH 的量应当是相同的。

（　　）9. 对不同类型的难溶电解质，不能认为溶度积大的溶解度也一定大。

（　　）10. 系统经历一个循环，无论多少步骤，只要回到初始状态，其热力学能和焓的变化量均为零。

（　　）11. 钻穿效应大的电子，相应地受到的屏蔽作用也较大。

（　　）12. 原子中某电子的波函数代表了该电子可能的空间运动状态，每种状态就是平时所说的一个"原子轨道"。

（　　）13. 已知 OF_2 是极性分子，可判断其分子构型一定为"V"形。

（　　）14. 同种原子之间的化学键的键长越短，其键能越大，化学键也越稳定。

（　　）15. 在配合物 $K_3[Fe(CN)_6]$ 中，中心原子的杂化方式为 d^2sp^3，则生成的配合物为外轨型。

（　　）16. 加热大体上不影响反应的活化能，但却能显著提高活化分子的比例。

（　　）17. 已知 $[Fe(H_2O)_6]SO_4$ 是外轨型配合物，则该配离子中的成单电子数是 4。

（　　）18. 1 mol 水在 373 K 及 100 kPa 下全部蒸发，其热效应 $Q = 40.66$ kJ，同时对大气做功 $W = 3.09$ kJ，此过程的热力学能变化 $\Delta_r U_m^{\ominus} = 37.57$ kJ·mol^{-1}。

（　　）19. Zn^{2+} 属于 18+2 电子构型。

（　　）20. 键的极性越强，分子的极性也越强。

二、选择题：下列各题均给出四个备选答案，请在试题前括号中写出唯一合理的解答（本大题 20 小题，每小题 1 分，共 20 分）

（　　）1. 已知 $Cr^{3+} \xrightarrow{-0.41\ V} Cr^{2+} \xrightarrow{?} Cr$，$\boxed{}$ $\xrightarrow[-0.71\ V]{}$，则 $\varphi^{\ominus}(Cr^{2+}/Cr)$ 等于：

　　　A. −0.86 V　　　　B. −0.30 V　　　　C. −0.66 V　　　　D. −1.01 V

（　　）2. 某一反应 A→B，$\Delta_r H_m^{\ominus} = -30.0\ kJ \cdot mol^{-1}$，$\Delta_r G_m^{\ominus} = 11.0\ kJ \cdot mol^{-1}$，A 与 B 的无序性相比：

　　　A. A 的高　　　　B. B 的高　　　　C. A，B 相同　　　　D. 无法比较

（　　）3. 以下函数不是由状态所决定的是：

　　　A. U　　　　B. Q　　　　C. H　　　　D. S

（　　）4. 角量子数 l 描述核外电子运动状态的：

　　　A. 电子离核远近　　　　　　　　B. 电子自旋方向

　　　C. 电子云形状　　　　　　　　　D. 电子云的空间伸展方向

（　　）5. 下列各组量子数合理的为：

　　　A. (3, 3, −1, +1/2)　　　　　　B. (2, 1, 0, −1/2)

　　　C. (3, 0, 0, 0)　　　　　　　　D. (2, 0, +1, −1/2)

（　　）6. 配位反应 $[Cu(NH_3)_4]^{2+} + Zn^{2+} = [Zn(NH_3)_4]^{2+} + Cu^{2+}$ 处于标准态时，反应自发进行的方向是｛已知 $[Cu(NH_3)_4]^{2+}$ 的 $K_f^{\ominus} = 1 \times 10^{13}$，$[Zn(NH_3)_4]^{2+}$ 的 $K_f^{\ominus} = 1 \times 10^9$｝：

　　　A. 向右　　　　B. 向左　　　　C. 平衡态　　　　D. 三种情况都可能

（　　）7. 今有果糖（$C_6H_{12}O_6$）（Ⅰ），葡萄糖（$C_6H_{12}O_6$）（Ⅱ），蔗糖（$C_{12}H_{22}O_{11}$）（Ⅲ）三溶液质量分数均为 0.01，则三者渗透压大小关系为：

　　　A. $\Pi_{\mathrm{I}} > \Pi_{\mathrm{II}} > \Pi_{\mathrm{III}}$　　B. $\Pi_{\mathrm{I}} = \Pi_{\mathrm{II}} < \Pi_{\mathrm{III}}$　　C. $\Pi_{\mathrm{I}} < \Pi_{\mathrm{II}} < \Pi_{\mathrm{III}}$　　D. $\Pi_{\mathrm{I}} = \Pi_{\mathrm{II}} > \Pi_{\mathrm{III}}$

（　　）8. 下列影响标准平衡常数的因素是：

　　　A. 催化剂　　　　B. 浓度　　　　C. 温度　　　　D. 活化能

（　　）9. 将 H_2CO_3 稀释 1 倍，溶液中 $c(H^+)$ 为：

　　　A. 减少到原来的 $(1/2)^{1/2}$ 倍　　　　B. 减少到原来的 1/2 倍

　　　C. 增加到原来的 $2^{1/2}$ 倍　　　　　D. 增加到原来的 2 倍

（　　）10. 在已饱和并含有 AgCl 固体的水溶液中，加入适量的 $NaNO_3$ 固体，则 AgCl 的溶解度：

　　　A. 增大　　　　B. 不变　　　　C. 减小　　　　D. 根据浓度变化

（　　）11. 乙炔分子（$HC \equiv CH$）中 C 原子采取的是何种杂化方式：

　　　A. sp　　　　B. sp^2　　　　C. sp^3　　　　D. sp^3d^2

( ) 12. 在乙烯($H_2C = CH_2$)分子中，两 C 原子间的二重键是：

    A. 两个 σ 键　　　　　　　　　　B. 两个 π 键

    C. 一个 σ 键，一个 π 键　　　　　D. 两个 σ-π 杂化键

( ) 13. 基元反应 $2A(g)+B(g)\rightarrow C(g)$ 的反应速率常数的单位为：

    A. $L \cdot mol^{-2} \cdot s^{-1}$　　　　　　B. $L \cdot mol^{-1} \cdot s^{-1}$

    C. $L^2 \cdot mol^{-2} \cdot s^{-1}$　　　　　D. 不能确定

( ) 14. 某容器种含有 44 g CO_2、16 g O_2 和 14 g N_2，在 20 ℃时的总压力为 200 kPa。则 O_2 的分压为：

    A. 100 kPa　　　B. 90 kPa　　　C. 200 kPa　　　D. 50 kPa

( ) 15. 在 pH = 6.0 的土壤溶液中，下列物质浓度最大的为（已知 H_3PO_4 的 $pK_{a_1}^{\ominus} = 2.12$，$pK_{a_2}^{\ominus} = 7.21$，$pK_{a_3}^{\ominus} = 12.66$）：

    A. H_3PO_4　　　B. $H_2PO_4^-$　　　C. HPO_4^{2-}　　　D. PO_4^{3-}

( ) 16. 某元素原子基态的电子构型为 $1s^2 2s^2 2p^6 3s^2 3p^6 3d^{10} 4s^2$，它在周期表中的位置是：

    A. d 区Ⅷ族　　　B. s 区ⅡA 族　　　C. ds 区ⅡB 族　　　D. p 区Ⅵ族

( ) 17. 欲配制 pH = 5.50 的缓冲溶液，应选用的缓冲对是：

    A. HCOOH-HCOONa（$pK_a^{\ominus} = 3.75$）

    B. NaH_2PO_4-Na_2HPO_4（$pK_{a_2}^{\ominus} = 7.21$）

    C. HAc-NaAc（$pK_a^{\ominus} = 4.75$）

    D. NH_3-NH_4^+（$pK_b^{\ominus} = 4.75$）

( ) 18. 在 0.1 $mol \cdot L^{-1}$ HAc 溶液中加入少量 KAc 固体后，溶液的 pH 值将：

    A. 升高　　　B. 降低　　　C. 不变　　　D. 无法确定

( ) 19. 在 $Cr_2O_7^{2-}+Fe^{2+}\rightarrow Cr^{3+}+Fe^{3+}$（酸性介质中），在完成配平的方程式中，$Fe^{2+}$ 的系数为：

    A. 6　　　B. 4　　　C. 3　　　D. 2

( ) 20. 在 $[RhCl_2NO_2(NH_3)_3]^+$ 配离子中，中心原子氧化数和中心原子配位数为：

    A. +4 和 5　　　B. +3 和 6　　　C. +4 和 6　　　D. +4 和 4

三、简答题(本大题 2 小题，共 10 分)

1. 试指出下列胶团中各部分的名称。

$$\underbrace{\{[Fe(OH)_3]_m \cdot \underbrace{nFeO^+ \cdot \underbrace{(n-x)Cl^-}_{(\qquad)}\}^{x+}}_{(\qquad)} \cdot xCl^-}_{(\qquad)}$$

2. 在锅炉除垢过程中，往往为使 $CaSO_4$ 溶于酸中而加入 Na_2CO_3，此操作的依据是什么？[已知 $K_{sp}^{\ominus}(CaSO_4) = 4.93\times10^{-5}$，$K_{sp}^{\ominus}(Ca_2CO_3) = 3.36\times10^{-9}$]

四、计算题(本大题 5 小题，共 50 分)

1. 一定量的 N_2O_4 气体在一密闭容器中保温，已知反应

$$N_2O_4(g) = 2NO_2(g)$$

$\Delta_f H_m^{\ominus}/(kJ \cdot mol^{-1})$	11.1	33.2
$S_m^{\ominus}/(J \cdot mol^{-1} \cdot K^{-1})$	304.4	240.1

请计算：（1）在 298 K 时该反应的标准平衡常数 $K^{\ominus}(298)$；（2）在 350 K 时该反应的标准平衡常数 $K^{\ominus}(350)$。

2. 配制 1 L 总浓度为 0.2 $mol \cdot L^{-1}$ 的 pH = 5.00 的 HAc–NaAc 缓冲溶液，需用 NaAc·$3H_2O$ 多少克? 6.0 $mol \cdot L^{-1}$ 的 HAc 溶液多少毫升? [已知 $M(NaAc \cdot 3H_2O) = 136\ g \cdot mol^{-1}$; $K_a^{\ominus}(HAc) = 1.76 \times 10^{-5}$]

3. 在含有 0.1 $mol \cdot L^{-1} Zn^{2+}$ 的溶液中通入 H_2S 至饱和，为防止 ZnS 沉淀生成，溶液的酸度应控制在什么范围? [已知 H_2S 的 $K_{a_1}^{\ominus} = 9.1 \times 10^{-8}$, $K_{a_2}^{\ominus} = 1.1 \times 10^{-12}$, 其饱和溶液的浓度约为 0.1 $mol \cdot L^{-1}$, ZnS 的 $K_{sp}^{\ominus} = 2.9 \times 10^{-25}$]

4. 用下列反应设计一电池：$Cd(s) + I_2(s) = Cd^{2+}(1.0\ mol \cdot L^{-1}) + 2I^-(1.0\ mol \cdot L^{-1})$

（1）写出相应的电池符号和电极反应式；（2）求该电池在 298 K 时的 $\varepsilon^{\ominus}$, 反应的 $\Delta_r G_m^{\ominus}$ 和平衡常数 $K^{\ominus}$。[已知 $\varphi^{\ominus}(Cd^{2+}/Cd) = -0.403\ 0\ V$, $\varphi^{\ominus}(I_2/I^-) = 0.535\ 5\ V$]

5. 已知 $\varphi^{\ominus}(Ag^+/Ag) = 0.799\ 6\ V$, $K_f^{\ominus}\{[Ag(NH_3)_2]^+\} = 1.1 \times 10^7$。计算 $[Ag(NH_3)_2]^+(aq) + e^- = Ag(s) + 2NH_3(aq)$ 的标准电极电势 $\varphi^{\ominus}\{[Ag(NH_3)_2]^+/Ag\}$ 为多少?

模拟试题（二）

一、判断题：请在各题括号中，用"√""×"表示各题的叙述是否正确（本大题 20 小题，每小题 1 分，共 20 分）

（　）1. 标准氢电极电势为零，是实际测定的结果。

（　）2. 将活性炭加入到乙醇–苯的混合体系中，则活性炭优先吸附苯。

（　）3. 对带正电溶胶，$AlCl_3$ 的聚沉能力比 K_2SO_4 的聚沉能力小。

（　）4. $\Delta_r G_m^{\ominus}$ 的代数值越大，则 $K^{\ominus}$ 越大，表示反应进行的程度越高。

（　）5. 根据化学反应等温式，如果反应商 Q 小于平衡常数 $K^{\ominus}$，则反应可正向进行。

（　）6. 加热可以增大吸热反应的速率，但降低放热反应的速率。

（　）7. 催化剂改变反应速率的原因是它可以加快正反应速率同时降低逆反应速率。

（　）8. 在 $NH_3 \cdot H_2O$ 溶液中，加入少量水，会使 $NH_3 \cdot H_2O$ 离解度减少。

（　）9. AgCl 在 NaCl 溶液中的溶解度比在纯水中的溶解度小。

（　）10. 已知电池反应（1）$1/2H_2+1/2Cl_2=H^++Cl^-$，（2）$2H^++2Cl^-=H_2+Cl_2$，若（1）（2）的标准电动势分别为 $\varepsilon_1^{\ominus}$ 和 $\varepsilon_2^{\ominus}$，则 $\varepsilon_1^{\ominus}=-\varepsilon_2^{\ominus}$。

（　）11. 一般来说，第一电离能越小的金属元素，其金属性越强。

（　）12. 同周期主族元素自左至右，原子最外层电子数依次增加，所以原子半径逐渐增大。

（　）13. Cl^- 的电子构型是 8 电子构型。

（　）14. 诱导力存在于一切分子之间。

（　）15. 中心离子的配位数一定等于与中心离子配位的配体数。

（　）16. Cu^{2+} 所含的未成对电子数为 1，其电子构型为 $1s^22s^22p^63s^23p^63d^9$。

（　）17. 多电子原子中，原子轨道的能量的大小由量子数 n 和 l 共同决定。

（　）18. 标准状态下，元素稳定单质的 $\Delta_f H_m^{\ominus}=0$、$S_m^{\ominus}=0$、$\Delta_f G_m^{\ominus}=0$。

（　）19. 在酸碱质子理论中，NH_4Cl 和 $NaHCO_3$ 都是两性物质。

（　）20. AgI 比 AgBr 更难溶于水，是因为 I^- 比 Br^- 变形性大。

二、选择题：下列各题均给出四个备选答案，请在试题前括号中写出唯一合理的解答（本大题 20 小题，每小题 1 分，共 20 分）

（　）1. 难挥发的溶质溶于水后会引起：

　　A. 沸点降低　　　　B. 熔点升高　　　　C. 蒸气压升高　　　　D. 蒸气压下降

（　）2. 已知电极反应 $Cu^{2+}+2e^-=Cu$ 的 $\varphi^{\ominus}=0.347\ V$，则电极反应 $1/2Cu=1/2Cu^{2+}+e^-$ 的 $\varphi^{\ominus}$ 值为：

        A. -0.694 V   B. 0.694 V   C. -0.347 V   D. 0.347 V

( ) 3. 溶胶粒子在进行电泳时：

    A. 胶粒向正极移动，电势离子和吸附离子向负极移动

    B. 胶粒向正极移动，扩散层向负极移动

    C. 胶团向负极移动

    D. 胶粒向一极移动，扩散层向另一极移动

( ) 4. 在 HAc 溶液中加入少许固体 NaCl 后，乙酸原离解度：

    A. 没变化   B. 微有上升   C. 剧烈上升   D. 下降

( ) 5. 化学反应 $2H_2(g)+O_2(g) \rightarrow 2H_2O(l)$ 的熵是：

    A. 增加的   B. 减少的   C. 不变   D. 无法确定

( ) 6. 在单电子原子中，轨道能级与：

    A. n 有关   B. n，l 有关

    C. n，l，m 有关   D. n，l，m，m_s 都有关

( ) 7. 反应 $N_2(g)+3H_2(g) = 2NH_3(g)$，$\Delta_r H_m^{\ominus}<0$，密闭容器中该反应达到平衡时，加入催化剂，平衡将：

    A. 不变   B. 向左移动   C. 向右移动   D. 无法判断

( ) 8. 某反应温度系数为 2，当反应体系升高到 100 ℃时，反应速率是 0 ℃时：

    A. 20 倍   B. 100 倍   C. 2^{10} 倍   D. 90 倍

( ) 9. 实验证实，在 $[Co(NH_3)_6]^{3+}$ 配离子中没有单电子，由此可以推论 Co^{3+} 采取的成键杂化轨道是：

    A. sp^3 B. d^2sp^3 C. dsp^2 D. sp^3d^2

( ) 10. H_2O 的共轭酸是：

    A. H_2 B. OH^- C. H_3O^+ D. H_2O

( ) 11. 下列分子哪个具有极性键而偶极矩为零：

    A. CO_2 B. CH_2Cl_2 C. CO D. H_2

( ) 12. 将 $NH_3 \cdot H_2O$ 稀释 1 倍，溶液中的 OH^- 的浓度与原溶液相比：

    A. 不变   B. 减少到原来的 $(1/2)^{1/2}$ 倍

    C. 减少到原来的 1/4 倍   D. 减少到原来的 3/4 倍

( ) 13. 以下各组物质可作缓冲对的是：

    A. $HCOOH-HCOONa$ B. $HCl-NH_4Cl$

    C. $HAc-H_2SO_4$ D. $NaOH-NH_3 \cdot H_2O$

( ) 14. 难溶电解质 FeS、CuS、ZnS 中，有的溶于 HCl，有的不溶于 HCl，其主要原因是：

    A. $K_{sp}^{\ominus}$ 不同   B. 酸碱性不同

    C. 反应热不同   D. 溶解速度不同

( ) 15. 自旋量子数 m_s 描述核外电子运动状态的:

    A. 电子能量高低   B. 电子自旋方向

    C. 电子云形状   D. 电子云的空间伸展方向。

( ) 16. 下列反应均为放热反应,其中在任何温度下都能自发进行的是:

    A. $2H_2(g)+O_2(g) = 2H_2O(g)$

    B. $2C_4H_{10}(g)+13O_2(g) = 8CO_2(g)+10H_2O(g)$

    C. $2CO(g)+O_2(g) = 2CO_2(g)$

    D. $N_2(g)+3H_2(g) = 2NH_3(g)$

( ) 17. 过量 $AgNO_3$ 溶液与 KI 生成 AgI 溶胶,如分别加入 NaCl、Na_2SO_4、Na_3PO_4 溶液后,凝结能力最强的是:

    A. NaCl   B. Na_2SO_4 C. Na_3PO_4 D. 无法确定

( ) 18. 通常情况下,下列何种离子在各自的配合物中可能生成内轨型配合物:

    A. Cu^+ B. Ag^+ C. Ni^{2+} D. Zn^{2+}

( ) 19. 对溶胶特点描述不正确的是:

    A. 高度分散的体系   B. 多相体系

    C. 热力学稳定的体系   D. 具有较高表面能的体系

( ) 20. 对反应 $Zn(s)+H_2SO_4(aq) = ZnSO_4(aq)+H_2(g)$ 来说,$\Delta_r H_m^{\ominus}$ 与 $\Delta_r U_m^{\ominus}$ 的关系是:

    A. $\Delta_r H_m^{\ominus} = \Delta_r U_m^{\ominus}$ B. $\Delta_r H_m^{\ominus} = \Delta_r U_m^{\ominus} - RT$

    C. $\Delta_r H_m^{\ominus} = \Delta_r U_m^{\ominus} + RT$ D. $\Delta_r H_m^{\ominus} = \Delta_r U_m^{\ominus} + 2RT$

三、简答题(本大题 2 小题,共 10 分)

1. 试讨论 pH 值对 HAc-NaAc 系统中 HAc 与 Ac^- 浓度的影响($pK_a^{\ominus} = 4.75$)。

2. 试通过反应的平衡常数,定性说明为什么 ZnS 溶于强酸,而 HgS 不溶。[已知 $K_{sp}^{\ominus}$(HgS) = 6.44×10^{-53},$K_{sp}^{\ominus}$(ZnS) = 2.93×10^{-25};H_2S 的 $K_{a_1}^{\ominus} = 9.1 \times 10^{-8}$,$K_{a_2}^{\ominus} = 1.1 \times 10^{-12}$]

四、计算题(本大题 5 小题,共 50 分)

1. 一百多年前的一个严冬,一批俄国紧急运往西伯利亚的军装上白锡制的纽扣,在运抵后全部变为粉末状的灰锡,成了轰动一时的新闻。试根据锡的两种不同晶型的热力学数据(298 K),估算标准状态下使用锡器的温度条件,并简要解释上述现象。

热力学	Sn(s, 白)	Sn(s, 灰)
$\Delta_f H_m^{\ominus}$/(kJ·mol^{-1})	0	-2.1
$S_m^{\ominus}$/(J·mol^{-1}·K^{-1})	51.5	44.1

2. 现有一溶液中含有 Ca^{2+}、Ba^{2+} 离子各为 0.1 mol·L^{-1},缓慢加入 Na_2SO_4 开始生成的是何种沉淀?开始沉淀时 SO_4^{2-} 浓度是多少?通过计算说明可否用此方法分离 Ca^{2+}、Ba^{2+} 离子?[已知 $K_{sp}^{\ominus}$(BaSO$_4$) = 1.08×10^{-10},$K_{sp}^{\ominus}$(CaSO$_4$) = 4.93×10^{-5}]

3. 配制 pH = 9.00，$c(NH_3 \cdot H_2O) = 1.0 \ mol \cdot L^{-1}$ 的缓冲溶液 500 mL，如何用浓氨水 $(15 \ mol \cdot L^{-1})$ 溶液和固体 NH_4Cl（设加入 NH_4Cl 后溶液体积不变）配制？[已知 NH_3 的 $pK_b^\ominus = 4.75$，$M(NH_4Cl) = 53.5 \ g \cdot mol^{-1}$]

4. 判断反应 $2Fe^{3+}(aq) + 2I^-(aq) = 2Fe^{2+}(aq) + I_2(s)$ 在标准状态下的反应方向。计算说明，在 $c(Fe^{3+}) = 0.001 \ mol \cdot L^{-1}$，$c(I^-) = 0.01 \ mol \cdot L^{-1}$，$c(Fe^{2+}) = 1.0 \ mol \cdot L^{-1}$ 时的反应方向？[已知 $\varphi^\ominus(Fe^{3+}/Fe^{2+}) = 0.771 \ V$，$\varphi^\ominus(I_2/I^-) = 0.5355 \ V$]

5. 在一溶液中，$[Ag(NH_3)_2]^+$ 和 NH_3 的浓度均为 $1 \ mol \cdot L^{-1}$，插入银片构成电极，并与标准铜电极（作负极）组成电池。求电池的电动势。{已知 $\varphi^\ominus(Cu^{2+}/Cu) = 0.3419 \ V$，$\varphi^\ominus(Ag^+/Ag) = 0.7996 \ V$，$K_f^\ominus[Ag(NH_3)_2]^+ = 1.1 \times 10^7$}

模拟试题（三）

一、判断题：请在各题括号中，用"√""×"表示各题的叙述是否正确（本大题 20 小题，每小题 1 分，共 20 分）

（　　）1. 相同聚集态的几种物质相混，便得到单相体系的混合物。

（　　）2. 将质量相同的 CCl_4 和苯组成溶液时，则两者的摩尔分数均为 0.5。

（　　）3. 孤立系统的热力学能是守恒的。

（　　）4. 总压恒定，加入惰性气体，反应 $2NH_3(g) = N_2(g) + 3H_2(g)$ 平衡向左移动。

（　　）5. 对于任何化学反应，如果其 $\Delta_r G_m^{\ominus}$ 小于零，其正反应方向一定自发。

（　　）6. 知道了化学反应方程式，就可知道反应的级数。

（　　）7. 根据分子碰撞理论，只要分子发生碰撞，就可以生成产物。

（　　）8. 在 HAc 溶液中，加入 HCl，会使 HAc 离解度减小。

（　　）9. 用水稀释含有 AgCl 固体的溶液时，AgCl 的溶度积不变，其溶解度改变。

（　　）10. 电对中氧化型物质的氧化性越强，则其还原型物质的还原性越弱。

（　　）11. 电离能可反映原子失去电子的难易，元素的第一电离能（I_1）值越大，则元素的金属性就越强。

（　　）12. 含有 d 电子的原子都属副族元素。

（　　）13. 与杂化轨道形成的共价键均为 σ 键。

（　　）14. Ag^+ 的电子构型是 18 电子构型。

（　　）15. sp^3d^2 杂化轨道为内轨型配合物的杂化轨道，而 d^2sp^3 杂化轨道为外轨型配合物的杂化轨道。

（　　）16. 所谓沉淀完全，就是用沉淀剂将溶液中某一离子的浓度降至对定量分析测定不构成显著影响，使测定的误差在允许的范围。

（　　）17. 配离子的电荷是由中心离子电荷与配位体电荷的代数和决定的。

（　　）18. 在任何原子中，$(n-1)d$ 轨道的能量总比 ns 轨道的能量高。

（　　）19. 原子失去电子变成离子时，最先失去的电子，一定是构成原子时最后填入的电子。

（　　）20. 原子单独存在时不会发生杂化，只有在与其他原子形成分子时，方可能发生杂化。

二、选择题：下列各题均给出四个备选答案，请在试题前括号中写出唯一合理的解答（本大题 20 小题，每小题 1 分，共 20 分）

（　　）1. 某系统放热 2.15 kJ，同时环境对系统做功 1.88 kJ，此系统的热力学能改变 ΔU 为：

　　　　A. 0.27 kJ　　　　B. -0.27 kJ　　　　C. 4.03 kJ　　　　D. -4.03 kJ

( ) 2. 在 CH≡CH 分子中，两 C 原子之间的三重键是:

    A. 三个 σ 键   B. 三个 π 键

    C. 两个 σ 键，一个 π 键   D. 一个 σ 键，两个 π 键

( ) 3. $BaSO_4$ 的 $K_{sp}^{\ominus}=1.08\times10^{-10}$，将 $BaSO_4$ 放入 $0.01\ mol \cdot L^{-1}$ $NaSO_4$ 溶液中，则 $BaSO_4$ 的溶解度是:

    A. $1.08\times10^{-8}\ mol \cdot L^{-1}$ B. $1.08\times10^{-5}\ mol \cdot L^{-1}$

    C. $1.08\times10^{-2}\ mol \cdot L^{-1}$ D. 不变，因 $K_{sp}^{\ominus}$ 是常数

( ) 4. 某一反应在任何温度下都能自发进行的条件是:

    A. $\Delta_r H_m>0$，$\Delta_r S_m>0$ B. $\Delta_r H_m>0$，$\Delta_r S_m<0$

    C. $\Delta_r H_m<0$，$\Delta_r S_m<0$ D. $\Delta_r H_m<0$，$\Delta_r S_m>0$

( ) 5. 在合成氨反应中，测得 N_2 的转化率为 0.20，若采用一种新的催化剂，可使该反应速率提高 1 倍，则 N_2 的转化率为:

    A. 0.10   B. 0.40   C. 0.20   D. 不可知

( ) 6. 将蔗糖($C_{12}H_{22}O_{11}$)及葡萄糖($C_6H_{12}O_6$)各称出 10 g，分别溶入 100 g 水中，用半透膜将 A、B 两溶液分开且使液面相平，一段时间后观察发现:

    A. 蔗糖中水渗入葡萄糖   B. 葡萄糖中水渗入蔗糖

    C. 没有渗透现象   D. 无法确定

( ) 7. 下列离子中属于 18+2 电子构型的是:

    A. Al^{3+} B. Pb^{2+} C. Sn^{4+} D. Cd^{2+}

( ) 8. 下列元素组成的化合物中氧化数只有"+2"的是:

    A. Co   B. Ca   C. Cu   D. Mn

( ) 9. 某弱酸 HA 的 $K_a^{\ominus}=2\times10^{-5}$，则 A^- 的 $K_b^{\ominus}$ 为:

    A. $1/2\times10^{-5}$ B. 5×10^{-8} C. 5×10^{-10} D. 2×10^{-5}

( ) 10. 下列反应及其平衡常数 $H_2(g)+S(s)=H_2S(g)$ 为 $K_1^{\ominus}$，$S(s)+O_2(g)=SO_2(g)$ 为 $K_2^{\ominus}$，则反应 $H_2(g)+SO_2(g)=O_2(g)+H_2S(g)$ 的平衡常数 $K^{\ominus}$ 是:

    A. $K_1^{\ominus}+K_2^{\ominus}$ B. $K_1^{\ominus}-K_2^{\ominus}$ C. $K_1^{\ominus}K_2^{\ominus}$ D. $K_1^{\ominus}/K_2^{\ominus}$

( ) 11. 已知 $2NO+Cl_2=2NOCl$ 是基元反应，则该反应的速率方程和总反应级数分别为:

    A. $v=k \cdot c(NO) \cdot c(Cl_2)$，二级   B. $v=k \cdot c^2(NO) \cdot c(Cl_2)$，三级

    C. $v=k \cdot c^2(NO) \cdot c^2(Cl_2)$，四级   D. $v=k \cdot c(Cl_2)$，一级

( ) 12. 在氨溶液中加入 NaOH，会使:

    A. 溶液 OH^- 浓度变小   B. NH_3 的 $K_b^{\ominus}$ 变小

    C. NH_3 的 α 降低   D. NH_3 的 $K_b^{\ominus}$ 变大

( ) 13. 在 298 K 下，反应 $2H_2(g)+O_2(g)=2H_2O(l)$ 的 $\Delta_r H_m^{\ominus}=-572\ kJ \cdot mol^{-1}$，则 $H_2O(l)$ 的 $\Delta_f H_m^{\ominus}$ 为:

A. $572 \text{ kJ} \cdot \text{mol}^{-1}$ B. $-572 \text{ kJ} \cdot \text{mol}^{-1}$ C. $286 \text{ kJ} \cdot \text{mol}^{-1}$ D. $-286 \text{ kJ} \cdot \text{mol}^{-1}$

( ) 14. 密闭容器中，A、B、C 三种气体建立了化学平衡，它们的反应是 A+B=C，在相同温度下，体积扩大 2/3，则平衡常数 $K^{\ominus}$ 为原来的：

A. 3 倍   B. 3/2 倍   C. 2/3 倍   D. 相同值

( ) 15. 已知 $Pb^{2+}+2e^-=Pb$，$\varphi^{\ominus}=-0.126\ 3 \text{ V}$，则该电极中下列叙述正确的是：

A. Pb^{2+} 浓度增大时，φ 增大   B. Pb^{2+} 浓度增大时，φ 减小

C. 金属铅量增大时，φ 增大   D. 金属铅量增大时，φ 减小

( ) 16. NH_3 溶于水后分子间产生的作用力有：

A. 取向力和色散力   B. 取向力和诱导力

C. 诱导力和色散力   D. 取向力，色散力，诱导力和氢键

( ) 17. 对定温下的一化学反应来说，下列说法正确的是：

A. $\Delta_r G_m^{\ominus}$ 越负反应速率越大   B. $\Delta_r H_m^{\ominus}$ 越负反应速率越大

C. $\Delta_r S_m^{\ominus}$ 越正反应速率越大   D. E_a 越小反应速率越大

( ) 18. 已知 298 K 时，AgCl 的 $K_{sp}=1.7\times10^{-10}$，则下列说法正确的是：

A. 含有 AgCl 沉淀的溶液中加入一定量的 Na_2S，AgCl 转化为 Ag_2S，因为 AgCl 溶解度大于 Ag_2S

B. 饱和 AgCl 水溶液中加入盐酸，Cl^- 浓度变大，$K_{sp}^{\ominus}$ 变大

C. 含有 AgCl 沉淀的溶液稀释后，AgCl 沉淀溶解，$K_{sp}^{\ominus}$ 变大

D. 提高含有 AgCl 沉淀溶液的酸度，可增加 AgCl 的溶解度

( ) 19. 某温度下，压力为 $2.0\times10^5 \text{ Pa}$ 的 2 L H_2 和压力为 $4.0\times10^5 \text{ Pa}$ 的 4 L He 的混合，通入到 10 L 的容器中，保持温度不变，则 H_2 的分压为：

A. $5.0\times10^4 \text{ Pa}$ B. $4.0\times10^4 \text{ Pa}$ C. $3.5\times10^5 \text{ Pa}$ D. $2.5\times10^5 \text{ Pa}$

( ) 20. 在 $[Pt(en)_2]^{2+}$ 中，Pt 的氧化数和配位数为：

A. +2 和 2   B. +4 和 4   C. +2 和 4   D. +4 和 2

三、简答题(本大题 2 小题，共 10 分)

1. 用四个量子数分别表示基态 Ca 原子和基态 Na 原子的最外层电子的运动状态。

2. 已知 $\varphi^{\ominus}(Cu^{2+}/Cu^+)=0.153 \text{ V}$，$\varphi^{\ominus}(Cu^+/Cu)=0.521 \text{ V}$，试说明 Cu^+ 可发生歧化反应。

四、计算题(本大题 5 小题，共 50 分)

1. 25 ℃时，Ag_2CO_3 的分解反应 $Ag_2CO_3(s)=Ag_2O(s)+CO_2(g)$，已知 Ag_2CO_3 的 $\Delta_f G_m^{\ominus}=-437.2 \text{ kJ} \cdot \text{mol}^{-1}$，$Ag_2O$ 的 $\Delta_f G_m^{\ominus}=-11.20 \text{ kJ} \cdot \text{mol}^{-1}$；$CO_2$ 的 $\Delta_f G_m^{\ominus}=-394.36 \text{ kJ} \cdot \text{mol}^{-1}$。求：(1)反应平衡常数 $K^{\ominus}$；(2)若空气(大气压力为 101 kPa)中含有 3×10^{-4}(摩尔分数)的 CO_2，计算说明放置在空气中的 Ag_2CO_3 能否自动分解？

2. 欲配制 pH=9.0 的缓冲溶液，应在 500 mL 0.50 mol $\cdot$ L^{-1} 的 $NH_3 \cdot H_2O$ 中加入固体 NH_4Cl 多少克(设加入 NH_4Cl 后溶液体积不变)？[已知 NH_3 的 $K_b^{\ominus}=1.77\times10^{-5}$；$M(NH_4Cl)=$

$53.5 \text{ g} \cdot \text{mol}^{-1}$]

3. 已知 $[Co(NH_3)_6]^{3+}$ 的 $K_f^{\ominus} = 1.6 \times 10^{35}$ 将 $c(CoCl_3) = 0.50 \text{ mol} \cdot \text{L}^{-1}$ 的 $CoCl_3$ 溶液 100 mL 与 $c(NH_3) = 4.0 \text{ mol} \cdot \text{L}^{-1}$ 的 NH_3 溶液 100 mL 混合后，溶液中 $[Co(NH_3)_6]^{3+}$、Co^{3+} 及 NH_3 的浓度各为多少？

4. 计算说明如何利用控制 pH 值方法，将浓度均为 $0.10 \text{ mol} \cdot \text{L}^{-1}$ 的 Mn^{2+} 和 Fe^{3+} 分开？ [已知 $Fe(OH)_3$ 的 $K_{sp}^{\ominus} = 2.79 \times 10^{-39}$，$Mn(OH)_2$ 的 $K_{sp}^{\ominus} = 2.06 \times 10^{-13}$]

5. 已知 $\varphi^{\ominus}(Ag^+/Ag) = 0.799 \ 6 \text{ V}$，$K_{sp}^{\ominus}(AgCl) = 1.77 \times 10^{-10}$。求 $\varphi(AgCl/Ag) = 0.183 \text{ V}$ 时溶液中 Cl^- 浓度。

模拟试题（四）

一、判断题：请在各题括号中，用"√""×"表示各题的叙述是否正确（本大题 20 小题，每小题 1 分，共 20 分）

（　）1. 等温等压且不做非体积功的条件下，一切放热且熵增大的反应均自发进行。

（　）2. 将质量相同的乙醇与乙酸组成溶液，则两者的摩尔分数均为 0.5。

（　）3. 绝热保温杯内盛满热水，并将瓶口用绝热塞塞紧，瓶内是单相孤立体系。

（　）4. 可逆反应达平衡时，各反应物浓度与生成物的浓度均相等。

（　）5. 虽然反应 $N_2(g)+O(g)=2NO(g)$ 和 $1/2N_2(g)+1/2O_2(g)=NO(g)$ 代表同一反应，但二者的平衡常数不一样。

（　）6. 某温度下，弱酸浓度越稀，α 越大，pH 值越大。

（　）7. 某反应由 0 ℃→40 ℃，反应速率增大为原来的 16 倍，则反应的温度系数为 4。

（　）8. 在 HAc 溶液中，加入 KCl，会使 HAc 离解度减少。

（　）9. 已知 $PbCl_2$ 的 $K_{sp}^{\ominus}=1.7\times10^{-5}$，溶液中 Pb^{2+} 浓度为 0.01 $mol\cdot L^{-1}$，加入浓度为 0.01 $mol\cdot L^{-1}$ 的 Cl^-，就会有 $PbCl_2$ 沉淀生成。

（　）10. 改变氧化还原反应中某反应物的浓度就很容易使反应方向改变的是那些 $\varepsilon^{\ominus}$ 接近零的反应。

（　）11. 原子轨道的形状由量子数 m 决定，轨道的空间伸展方向由 l 决定。

（　）12. 3d 轨道能量一定大于 4s 轨道的能量。

（　）13. 在 Na_2CO_3 溶液中通入 CO_2 气体，可得到一种缓冲溶液。

（　）14. Fe^{3+} 的电子构型是 18 电子构型。

（　）15. 配合物的 $K_f^{\ominus}$ 越大，表明内界和外界结合越牢固。

（　）16. 从反应机理上看，复杂反应是由若干基元反应组成的。

（　）17. 向平衡系统中添加某一反应物，会提高这一物质的转化率。

（　）18. H_2O、NH_3、CH_4 分子中的中心原子，虽然都是 sp^3 杂化，但是它们的分子构型各不相同。

（　）19. 根据同离子效应，沉淀剂加的越多，沉淀应越完全，反应进行的越彻底。

（　）20. $[Zn(NH_3)_4]SO_4$ 为外轨型配合物。

二、选择题：下列各题均给出四个备选答案，请在试题前括号中写出唯一合理的解答（本大题 20 小题，每小题 1 分，共 20 分）

（　）1. 某容器种含有 4.0 g H_2 和 32.0 g O_2，则 H_2 的分压是总压的：

A. 1/8   B. 1/16   C. 1/4   D. 2/3

( ) 2. 在 298 K 及 100 kPa 下，反应 $2C(s)+O_2(g)+2H_2(g) \rightarrow CH_3COOH(l)$ 的等压热 Q_p 和等容热 Q_V 之差 Q_p-Q_V 为：

       A. $-4 \times 8.314 \times 298$ B. $3 \times 8.314 \times 298$

       C. $-3 \times 8.314 \times 298$ D. $4 \times 8.314 \times 298$

( ) 3. 在下列溶液中，AgCl 的溶解度最大的是：

       A. $0.1 \text{ mol} \cdot \text{L}^{-1} \text{ NH}_3 \cdot \text{H}_2\text{O}$ B. 纯水

       C. $0.1 \text{ mol} \cdot \text{L}^{-1} \text{ HCl}$ D. $0.1 \text{ mol} \cdot \text{L}^{-1} \text{ NaCl}$

( ) 4. 某一元弱酸的浓度为 c，离解常数为 $K_a^{\ominus}$，离解度为 α，将其稀释 1 倍后，其离解度 α_1 为：

       A. $\alpha_1 = \alpha$ B. $\alpha_1 = \sqrt{2}\,\alpha$ C. $\alpha_1 = \alpha/\sqrt{2}$ D. $\alpha_1 = 2\alpha$

( ) 5. 当 $0.2 \text{ mol} \cdot \text{L}^{-1}$ 的弱酸 HA 处于平衡状态时，下列微粒的物质的量的浓度最小的是：

       A. H_3O^+ B. OH^- C. A^- D. HA

( ) 6. 查得 $\varphi^{\ominus}(Fe^{2+}/Fe) = -0.440 \text{ V}$，$\varphi^{\ominus}(Fe^{3+}/Fe^{2+}) = 0.770 \text{ V}$，由此可知，$Fe^{2+}$：

       A. 能发生歧化反应

       B. 不能发生歧化反应

       C. 能否发生歧化反应要看介质酸碱性而定

       D. 无法判断

( ) 7. NO_3^- 离子的几何构型为：

       A. 三角锥   B. 四面体   C. V 形   D. 平面正三角形

( ) 8. 土壤胶粒带负电荷，下列物质中对其凝结能力最强的是：

       A. Na_2SO_4 B. $AlCl_3$ C. $MgSO_4$ D. $K_3[Fe(CN)_6]$

( ) 9. 现有纯水、$0.1 \text{ mol} \cdot \text{L}^{-1} \text{ HAc}$ 溶液和 $0.1 \text{ mol} \cdot \text{L}^{-1} \text{ HAc-NaAc}$ 混合溶液各 100 mL，分别加入 $10 \text{ mL } 0.1 \text{ mol} \cdot \text{L}^{-1} \text{ NaOH}$，pH 值变化最大的是：

       A. 纯水   B. HAc 溶液

       C. HAc-NaAc 混合溶液   D. 无法判断

( ) 10. 不合理的一组量子数 (n, l, m, m_s) 为：

       A. 4, 0, 0, +1/2   B. 4, 0, -1, 1/2

       C. 4, 3, 3, -1/2   D. 4, 2, 0, +1/2

( ) 11. 下列分子中，偶极矩为零的是：

       A. CH_3Cl B. H_2S C. BCl_3 D. CO

( ) 12. 在氨溶液中加入氢氧化钠，使：

       A. 溶液 OH^- 浓度变小   B. NH_3 的 $K_b^{\ominus}$ 变小

       C. NH_3 的 α 降低   D. NH_3 的 $K_b^{\ominus}$ 变大

(　) 13. 由电极 $\varphi^{\ominus}(MnO_4^-/Mn^{2+})=1.51$ V 和 $\varphi^{\ominus}(Fe^{3+}/Fe^{2+})=0.77$ V 组成的原电池，若增大溶液的酸度，原电池的电动势将：

        A. 增大　　　　　　B. 减小　　　　　　C. 不变　　　　　　D. 无法判断

(　) 14. 已知在标准状态下，$MnO_2(s)=MnO(s)+1/2O_2(g)$ 的反应热为 $\Delta_r H_m^{\ominus}(1)$，$MnO_2(s)+Mn(s)=2MnO(s)$ 的反应热为 $\Delta_r H_m^{\ominus}(2)$，则 MnO_2 的标准摩尔生成焓 $\Delta_f H_m^{\ominus}$ 应为：

        A. $\Delta_r H_m^{\ominus}(2)+2\Delta_r H_m^{\ominus}(1)$　　　　　　B. $\Delta_r H_m^{\ominus}(2)-2\Delta_r H_m^{\ominus}(1)$

        C. $\Delta_r H_m^{\ominus}(2)+\Delta_r H_m^{\ominus}(1)$　　　　　　D. $\Delta_r H_m^{\ominus}(2)-\Delta_r H_m^{\ominus}(1)$

(　) 15. 中心原子为 sp^3d 杂化的分子其空间构型为：

        A. 平面三角形　　　B. 三角锥　　　　　C. 三角双锥　　　　D. 正四面体

(　) 16. 反应 $A(g)+B(g)=C(g)$ 的速率方程为 $v=k\cdot c_A^2\cdot c_B$，若使密闭反应容器减小一半，则反应速率为原来的：

        A. 4 倍　　　　　　B. 1/8 倍　　　　　C. 8 倍　　　　　　D. 1/4 倍

(　) 17. 下列哪种情况使平衡到达所需时间最少？

        A. $K^{\ominus}$ 很小　　　B. $K^{\ominus}$ 很大　　　C. $K^{\ominus}$ 接近于 1　　D. 无法判断

(　) 18. 泡利(Pauli) 原理的要点是：

        A. 需用四个不同量子数来描述原子中每个电子

        B. 在同一个原子中不可能有四个量子数完全相同的两个电子存在

        C. 每个电子层，可容纳 8 个电子

        D. 在一个原子轨道中可容纳自旋平行的两个电子

(　) 19. 下列各组元素的第一电离能递增顺序正确的是：

        A. C<N<O　　　　　B. C<O<N　　　　　C. O<N<C　　　　　D. O<C<N

(　) 20. 下列化合物中，分子间可存在氢键的是：

$$\text{O}$$
$$\|$$

        A. $CH_3—O—CH_3$　　　　　　　B. $CH_3—C—CH_3$

        C. $CH_3—CH_2—OH$　　　　　　D. $CH_3—CH_2—CH_3$

三、简答题(本大题 2 小题，共 10 分)

1. 根据量子数推断，第四层中应有多少亚层？多少原子轨道？多少电子？

2. 在含有 Ag_2CrO_4 沉淀的饱和 Ag_2CrO_4 溶液中，加入 NaCl 溶液后发现，溶液由无色变为黄色，沉淀由橘黄色转为白色，试解释这一现象。已知 $K_{sp}^{\ominus}(AgCl)=1.77\times10^{-10}$，$K_{sp}^{\ominus}(Ag_2CrO_4)=1.12\times10^{-12}$。

四、计算题(本大题 5 小题，共 50 分)

1. 计算 101.325 kPa 时 $CaCO_3$ 的分解温度，有关热力学数据如下：

	$CaCO_3(s)$	$CaO(s)$	$CO_2(g)$
$\Delta_f H_m^{\ominus}/(kJ \cdot mol^{-1})$	-1 206. 92	-634. 92	-393. 51
$S_m^{\ominus}/(J \cdot mol^{-1} \cdot K^{-1})$	92. 9	38. 1	213. 79

2. 计算 $c = 0.10 \ mol \cdot L^{-1}$ 的氢硫酸水溶液的 $c(HS^-)$、$c(H^+)$、$c(S^{2-})$。[已知 $K_{a_1}^{\ominus}(H_2S) = 9.1 \times 10^{-8}$、$K_{a_2}^{\ominus}(H_2S) = 1.1 \times 10^{-12}$]

3. 欲将 $0.10 \ mol \ Mg(OH)_2$ 完全溶解于 $1 \ L \ NH_4Cl$ 水溶液中，NH_4Cl 浓度最低为多少？{已知 $K_b^{\ominus}(NH_3) = 1.77 \times 10^{-5}$，$K_{sp}^{\ominus}[Mg(OH)_2] = 5.61 \times 10^{-12}$}

4. 计算在 $0.1 \ mol \cdot L^{-1} [Ag(NH_3)_2]^+$ 配离子溶液中，含有过量 $0.1 \ mol \cdot L^{-1}$ 氨水时，Ag^+ 离子浓度为多少？{已知 $[Ag(NH_3)_2]^+$ 的 $K_f^{\ominus}$ 为 1.1×10^7}

5. 298 K 时，将 $0.10 \ mol \ AgCl$ 放入 $1 \ L$ 溶液中，并加入足量的锌粉。计算说明 AgCl 能否完全转化为 Ag 和 $Cl^-(aq)$。[已知 $\varphi^{\ominus}(Ag^+/Ag) = 0.799 \ 6 \ V$，$\varphi^{\ominus}(Zn^{2+}/Zn) = -0.761 \ 8 \ V$，$K_{sp}^{\ominus}(AgCl) = 1.77 \times 10^{-10}$]

模拟试题(五)

一、判断题:请在各题括号中,用"√""×"表示各题的叙述是否正确(本大题 20 小题,每小题 1 分,共 20 分)

( ) 1. 将质量相同的乙醇和水组成溶液时,则两者的摩尔分数均为 0.5。

( ) 2. 讨论稀溶液的沸点升高时,溶质必须是难挥发电解质才能适合 $\Delta T_b = K_b b_B$ 关系。

( ) 3. 将少量的 NaCl 倒入装有 100 mL 水的烧杯中,经足够长时间,则此系统为单相系统。

( ) 4. 状态函数都具有容量性质。

( ) 5. 平衡状态是正逆反应在微观上完全停止的状态。

( ) 6. 活化能越高的反应,当温度升高时,反应速率增加较快。

( ) 7. 升温可增大反应速率,是因为 $K^{\ominus}$ 增大。

( ) 8. 已知柠檬酸的 $pK_{a_2}^{\ominus} = 4.77$,乙酸的 $pK_a^{\ominus} = 4.75$,那么同浓度乙酸的酸性强于柠檬酸。

( ) 9. Sn^{2+} 电子构型是 18+2 电子构型。

( ) 10. 已知 Cu 的元素电势图为 $Cu^{2+}\xrightarrow{0.153\ V}Cu^{+}\xrightarrow{0.521\ V}Cu$,说明标准状态下 Cu^{+} 可以

$$\underset{0.341\ 9\ V}{\underline{\hspace{4cm}}}$$

发生歧化反应。

( ) 11. 第三电子层最多可容纳 18 个电子。

( ) 12. "sp 杂化"的概念只表示一个 s 电子和一个 p 电子间的杂化。

( ) 13. 具有极性共价键的分子,一定是极性分子。

( ) 14. 与杂化轨道形成的键都是 σ 键。

( ) 15. 酸效应可以使配位化合物的稳定性下降,即 $K_f^{\ominus}$ 有所减小。

( ) 16. 磁量子数 $m = 0$ 的原子轨道必定都是 s 轨道。

( ) 17. 电极的 $\varphi^{\ominus}$ 值越大,表明其氧化态越容易得到电子,是越强的氧化剂。

( ) 18. 按质子酸碱理论,$[Fe(H_2O)_5OH]^{2+}$ 的共轭酸是 $[Fe(H_2O)_6]^{3+}$,共轭碱是 $[Fe(H_2O)_4(OH)_2]^+$。

( ) 19. 系统表面能越高,越不稳定。

( ) 20. 中心离子的配位数为 4 的配离子,空间构型不一定为正四面体构型。

二、选择题:下列各题均给出四个备选答案,请在试题前括号中写出唯一合理的解答(本大题 20 小题,每小题 1 分,共 20 分)

( ) 1. 某系统吸热 1.52 kJ,同时系统对环境做功 2.35 kJ,此系统的热力学能改变 ΔU 为:

    A. 0.83 kJ   B. -0.83 kJ   C. 3.87 kJ   D. -3.87 KJ

（　　）2. 在 100 g 水中溶解 30.0 g 蔗糖（$M = 342$ g·mol^{-1}），已知水的沸点升高常数 $K_b = 0.52$ K·kg·mol^{-1}，则此溶液的沸点为：

  A. 373.46 K   B. 337.46 K   C. 353.6 K   D. 298.2 K

（　　）3. 在封闭系统中，某反应的 $\Delta_r G_m < 0$，它能：

  A. 正向自发进行到底   B. 不能进行

  C. 逆向自发进行   D. 正向自发进行到平衡态

（　　）4. 某反应的反应速率常数的单位是 mol·L^{-1}·s^{-1}，该反应总级数为：

  A. 零级   B. 一级   C. 二级   D. 三级

（　　）5. Ar 基态原子中，符合量子数 $m = 0$ 的电子数是：

  A. 6   B. 4   C. 8   D. 10

（　　）6. F、N 的氢化物（HF、NH_3）的熔点都比它们同族中其他元素氢化物的熔点高得多，这主要由于 HF、NH_3：

  A. 相对分子质量最小   B. 取向力最强   C. 都存在氢键   D. 诱导力最强

（　　）7. 配合物 $[PtCl(NO_2)(NH_3)_4]CO_3$ 的名称是：

  A. 碳酸一硝基·一氯·四氨合铂（Ⅳ）

  B. 碳酸一氯·一硝基·四氨合铂（Ⅳ）

  C. 碳酸一氯·四氨·一硝基合铂（Ⅳ）

  D. 碳酸四氨·一氯·一硝基合铂（Ⅳ）

（　　）8. 已知 $AgCl(s) \rightarrow Ag^+(aq) + Cl^-(aq)$ 在 25 ℃ 时 $\Delta_r G_m^{\ominus} = 55.7$ kJ·mol^{-1}，则 AgCl 的 $K_{sp}^{\ominus}$ 为：

  A. 1.7×10^{-10} B. 3.4×10^{-10} C. 5.0×10^{-11} D. 8.9×10^{-9}

（　　）9. 与原子轨道形状有关的量子数是：

  A. n B. m C. m_s D. l

（　　）10. Cl^- 离子的电子构型是：

  A. 8 电子构型   B. 18 电子构型

  C. 9~17 电子构型   D. 18+2 电子构型

（　　）11. 某可逆反应，正反应的活化能为 300 kJ·mol^{-1}，则逆反应的活化能为：

  A. -300 kJ·mol^{-1} B. >300 kJ·mol^{-1} C. <300 kJ·mol^{-1} D. 无法判断

（　　）12. 下列质子酸碱中，不是两性物质的是：

  A. NH_4^+ B. HCO_3^- C. $H_2PO_4^-$ D. H_2O

（　　）13. 某难溶电解质在水中的溶解度和溶度积的关系是 $K_{sp}^{\ominus} = 4s^3$，它的分子式可能是：

  A. AB   B. AB_2 C. AB_3 D. A_3B

（　　）14. 下列电池符号正确的是：

  A. $(-)Fe^{3+}(c_1) \mid Fe^{2+}(c_2) \parallel Cu^{2+}(c_3) \mid Cu(s)(+)$

B. $(-)Cu(s) \mid Cu^{2+}(c_1) \parallel H^+(c_2) \mid H_2(g)(+)$

C. $(-)Cu(s) \mid Cu^{2+}(c_1) \parallel Ag^+(c_2) \mid Ag(s)(+)$

D. $(-)Cu(s) \mid Cu^{2+}(c_1) \mid Ag^+(c_2) \mid Ag(s)(+)$

( ) 15. 已知 $K_a^{\ominus}(HAc) = 1.76 \times 10^{-5}$，室温下 $0.3\ mol \cdot L^{-1}$ HAc 溶液的 pH 值为：

    A. 2.63   B. 2.16   C. 3.26   D. 3.16

( ) 16. $[Zn(CN)_4]^{2-}$ 中心离子生成配合物时，采取的杂化轨道和配合物类型是：

    A. dsp^2 杂化，内轨型配合物   B. sp^3 杂化，外轨型配合物

    C. dsp^2 杂化，外轨型配合物   D. sp^3 杂化，内轨型配合物

( ) 17. 一定温度下，某化学反应的平衡常数：

    A. 由正逆反应速率决定   B. 随平衡浓度而变

    C. 恒为常数   D. 随起始浓度而变

( ) 18. 下列分子中，偶极矩为零的是：

    A. PH_3 B. NF_3 C. PCl_3 D. PCl_5

( ) 19. $BaSO_4$ 的 $K_{sp}^{\ominus} = 1.08 \times 10^{-10}$，将 $BaSO_4$ 放在 $0.01\ mol \cdot L^{-1}Na_2SO_4$ 溶液中，它的溶度积是：

    A. 不变，因 $K_{sp}^{\ominus}$ 是常数   B. 1.04×10^{-5}

    C. 1.08×10^{-2} D. 1.08×10^{-8}

( ) 20. 下列符号表示的轨道，不可能存在的是：

    A. 7s   B. 6p   C. 4d   D. 3f

三、简答题（本大题 2 小题，共 10 分）

1. 水的相图中三条曲线分别代表水的什么状态？

2. 已知溴在碱性介质中的元素电势图：

$$BrO_3^- \xrightarrow{\ 0.565\ V\ } BrO^- \xrightarrow{\ 0.335\ V\ } Br_2 \xrightarrow{\ 1.087\ V\ } Br^-$$

（1）写出 Br_2 在碱性条件下自发反应的方程式；（2）说明 $BrO_3^- + Br_2 \rightarrow BrO^-$ 在标准状态下反应的方向。

四、计算题（本大题 5 小题，共 50 分）

1. 298 K 时，$C_{12}H_{22}O_{11}(s)\ \Delta_f H_m^{\ominus} = -2\ 222.1\ kJ \cdot mol^{-1}$，$CO_2$ 的 $\Delta_f H_m^{\ominus} = -393.51\ kJ \cdot mol^{-1}$，$H_2O(l)$ 的 $\Delta_f H_m^{\ominus} = -285.83\ kJ \cdot mol^{-1}$。计算 1 g 蔗糖在机体内氧化为 CO_2 及 H_2O 时，可为机体提供多少热量？[设热效应与温度无关，$M(C_{12}H_{22}O_{11}) = 342.30\ g \cdot mol^{-1}$]

2. 某溶液含有 $0.10\ mol \cdot L^{-1}\ Fe^{3+}$ 和 $0.10\ mol \cdot L^{-1}\ Co^{2+}$，如果要使 Fe^{3+} 以 $Fe(OH)_3$ 形式与 Co^{2+} 分离开，溶液 pH 值应控制在什么范围？[已知 $Co(OH)_2$ 的 $K_{sp}^{\ominus} = 5.92 \times 10^{-15}$，$Fe(OH)_3$ 的 $K_{sp}^{\ominus} = 2.79 \times 10^{-39}$]

3. 计算当 $p(Cl_2) = 110\ kPa$，$c(Cl^-) = 0.10\ mol \cdot L^{-1}$，$c(Cd^{2+}) = 0.050\ mol \cdot L^{-1}$ 时，电池

反应 $Cl_2(g) + Cd(s) = 2Cl^-(aq) + Cd^{2+}(aq)$ 在 298 K 时的反应方向及电池电动势。[已知 $\varphi^{\ominus}(Cd^{2+}/Cd) = -0.403\ 0\ V$，$\varphi^{\ominus}(Cl_2/Cl^-) = 1.358\ V$]

4. 配制 pH = 5.00 的缓冲溶液 500 mL，缓冲溶液中 HAc 的浓度要求为 $0.20\ mol \cdot L^{-1}$，需浓度为 $1.0\ mol \cdot L^{-1}$ HAc 和 $1.0\ mol \cdot L^{-1}$ NaAc 溶液各多少毫升？[已知 HAc 的 $pK_a^{\ominus} = 4.75$]

5. 计算 $AgNO_3$ 溶液（$c = 0.20\ mol \cdot L^{-1}$）500 mL 和氨水（$c = 0.60\ mol \cdot L^{-1}$）500 mL 相混合的溶液中 Ag^+ 的浓度；并通过计算说明，将该混合液与等体积的 KI 溶液（$c = 0.10\ mol \cdot L^{-1}$）混合，能否产生 AgI 沉淀？{已知 $[Ag(NH_3)_2]^+$ 的 $K_f^{\ominus} = 1.1 \times 10^7$，$K_{sp}^{\ominus}(AgI) = 8.51 \times 10^{-17}$}

模拟试题(六)

一、判断题:请在各题括号中,用"√""×"表示各题的叙述是否正确(本大题20小题,每小题1分,共20分)

(　　) 1. 色散力仅存在于非极性分子之间。

(　　) 2. 钻穿效应大的电子,相对地受到屏蔽作用小。

(　　) 3. 将少量的 $NaCl$、KCl、NH_4NO_3 倒入装有 100 mL 水的烧杯中,则此系统为单相系统。

(　　) 4. 在 $K_3[Fe(CN)_6]$ 配合物中,中心原子的杂化方式为 d^2sp^3,则生成的配合物为内轨型。

(　　) 5. 将活性炭加入到乙醇-苯的混合系统中,则活性炭优先吸附苯。

(　　) 6. 标准状态下,对于等温等压只做膨胀功的系统,可用 $\Delta G^{\ominus}$ 作为判据,判定系统变化方向。

(　　) 7. 平衡常数就是化学反应处于平衡状态时的反应商。

(　　) 8. 液体的蒸气压大小与液体本质有关,与温度无关。

(　　) 9. 由阿伦尼乌斯方程可以看出,随温度 T 的升高,反应速率加快。

(　　) 10. 配制 $SnSO_4$ 溶液时,加入锡粒可以防止二价锡的氧化。

(　　) 11. 氢原子的 2p 轨道和 4p 轨道的电子云图像完全一样。

(　　) 12. $0.1\ mol \cdot kg^{-1}$ 甘油水溶液和 $0.1\ mol \cdot kg^{-1}$ 甘油乙醇溶液的沸点升高值相同。

(　　) 13. 在 273 K、100 kPa 下,1 mol $H_2O(g)$ 与 1 mol $H_2O(l)$ 的焓值相等。

(　　) 14. 凡溶度积大的沉淀一定会转化成溶度积小的沉淀。

(　　) 15. 在标准状态下,已知 $\varphi^{\ominus}(Br_2/Br^-) > \varphi^{\ominus}(Fe^{3+}/Fe^{2+})$,可以判断 Br_2 是比 Fe^{3+} 强的氧化剂,Br^- 是比 Fe^{2+} 弱的还原剂。

(　　) 16. 在相同浓度的一元酸溶液中,它们的 H^+ 浓度是相同的。

(　　) 17. Ba^{2+} 为 18 电子构型。

(　　) 18. 某反应的 $\Delta_r H_m < 0$,$\Delta_r S_m < 0$ 时,则高温下反应进行的方向为正向进行。

(　　) 19. H_2O 与 OF_2 都是 V 型,中心原子均为不等性 sp^3 杂化。

(　　) 20. 在 $0.1\ mol \cdot L^{-1}$ H_2S 饱和溶液中,S^{2-} 的相对浓度近似等于 $K_{a_2}^{\ominus}(H_2S)$。

二、选择题:下列各题均给出四个备选答案,请在试题前括号中表示出唯一合理的解答(本大题20小题,每小题1分,共20分)

(　　) 1. 在冬季为防止汽车水箱结冰而加入防冻剂,下列常作防冻剂的是:

　　　　A. CH_3CH_2OH　　　　B. CH_3Cl　　　　C. CH_3COOH　　　　D. $HOCH_2CH_2OH$

( ) 2. 现有 4 g H_2 和 16 g O_2 在常温下混合于同一容器内，H_2 和 O_2 分压之比为：

    A. 1∶5   B. 1∶4   C. 4∶1   D. 5∶1

( ) 3. 下列物质中，可作螯合剂的是：

    A. HO—OH   B. H_2N—NH_2

    C. $(CH_3)_2N$—NH_2 D. $H_2NCH_2CH_2CH_2NH_2$

( ) 4. 关于 N 和 O 两元素，下列叙述不正确的为：

    A. 作用于原子最外层的有效核电荷数：N<O

    B. 原子半径：N>O

    C. 第一电离能：O>N

    D. 第一电子亲和能(绝对值)：O>N

( ) 5. 多电子原子中，原子轨道的形状与：

    A. l, m 有关   B. n, l 有关   C. n, l, m 有关   D. n, l, m, m_s 有关

( ) 6. 下列分子中，相邻共价键间夹角最大的是：

    A. H_2S B. H_2O C. NH_3 D. CCl_4

( ) 7. 下列各离子中，属于 18 电子构型的是：

    A. Al^{3+} B. Pb^{2+} C. Zn^{2+} D. Cu^{2+}

( ) 8. 下列哪一组元素在周期表中属于同一区：

    A. Ca、Mg、Sr、Si   B. He、K、C、P

    C. Pt、Ca、Ag、Au   D. Cr、Mn、Fe、Ti

( ) 9. 测定 $\omega = 0.01$ 的水溶液的凝固点为 273.05 K（$K_f = 1.86$ K·kg·mol^{-1}），则该溶液中溶质的摩尔质量为：

    A. 187.9 g·mol^{-1} B. 325.1 g·mol^{-1}

    C. 146.2 g·mol^{-1} D. 216.3 g·mol^{-1}

( ) 10. 以下函数不是由状态所决定的是：

    A. U B. W C. H D. S

( ) 11. 某系统吸热 2.15 kJ，同时环境对系统做功 1.88 kJ，此系统的内能的改变 ΔU 为：

    A. 0.27 kJ   B. -0.27 kJ   C. 4.03 kJ   D. -4.03 kJ

( ) 12. 升高温度反应速率增大的原因为：

    A. 分子的活化能提高了   B. 活化分子数增多了

    C. 该反应是吸热反应   D. 反应的活化能减低了

( ) 13. 某反应温度系数为 3，当反应体系温度升高到 100 ℃时，其反应速率是 0 ℃时的多少倍：

    A. 100^3 B. 3^{100} C. 90   D. 3^{10}

( ) 14. 向 HAc 溶液加入少许固体物质，使 HAc 离解度减少的是：

    A. NaCl   B. $FeCl_3$ C. NaAc   D. KCN

( ) 15. 根据公式 $\Delta_r G_m^{\ominus} = RT\ln\dfrac{Q}{K^{\ominus}}$ 可知,在等温下反应能向正反应方向进行的条件是:

     A. $Q>K^{\ominus}$ B. $Q=K^{\ominus}$ C. $Q<K^{\ominus}$ D. 无法判断

( ) 16. 影响化学平衡常数的因素有:

     A. 催化剂   B. 反应物浓度   C. 总浓度   D. 温度

( ) 17. $AgCl$、Ag_2CrO_4、$Ag_2C_2O_4$ 和 $AgBr$ 的 $K_{sp}^{\ominus}$ 分别为 1.77×10^{-10}、1.1×10^{-12}、3.4×10^{-17}、5.4×10^{-13},在下列难溶电解质的饱和溶液中 Ag^+ 浓度最大的是:

     A. $AgCl$ B. Ag_2CrO_4 C. $Ag_2C_2O_4$ D. $AgBr$

( ) 18. 已知 $[Fe(H_2O)_6]SO_4$ 是外轨型配合物,则该配离子中的成单电子数是:

     A. 1   B. 2   C. 4   D. 6

( ) 19. 某电极与饱和甘汞电极连成原电池,测得 $\varepsilon=0.3997$ V,这个电极的电极电势比饱和甘汞电极的电极电势(0.2415 V):

     A. 高   B. 低

     C. 可能高,也可能低   D. 前三种都错

( ) 20. 氢电极的电极符号为:

     A. $Pt\mid H_2(p)\mid H^+(c)$ B. $H_2(p)\mid H^+(c)\mid Pt$

     C. $Pt\mid H_2\mid H^+(c)$ D. $Pt\mid H_2(p)\mid H^+$

三、简答题(本大题 2 小题,共 10 分)

1. 通过简单的平衡计算说明 AgI 不可溶于 NH_3 溶液中而溶于 KCN 溶液中。{已知 $[Ag(NH_3)_2]^+$ 的 $K_f^{\ominus}=1.1\times10^7$,$[Ag(CN)_2]^-$ 的 $K_f^{\ominus}=1.3\times10^{21}$,$K_{sp}^{\ominus}(AgI)=8.52\times10^{-17}$}

2. 试用四个量子数表示 N 原子最外层电子的运动状态。

四、计算题(本大题 5 小题,共 50 分)

1. 已知反应 $MgCO_3(s)=CO_2(g)+MgO(s)$,判断:(1) 在 100 kPa、500 K 下此反应能否自发进行?(2) 使反应自发进行的最低温度为多少?(假设 $\Delta_r H_m^{\ominus}$、$\Delta_r S_m^{\ominus}$ 不随温度而变)

在 100 kPa、25 ℃的热力学数据如下:

化合物	$MgCO_3(s)$	$CO_2(g)$	$MgO(s)$
$\Delta_f H_m^{\ominus}/(kJ\cdot mol^{-1})$	-1095.8	-393.5	-601.6
$\Delta_f G_m^{\ominus}/(kJ\cdot mol^{-1})$	-1012.1	-394.4	-569.4

2. 在 0.10 mol·L^{-1} HAc 溶液中,加入少量 NaAc 晶体,使 Ac^- 浓度达到 0.10 mol·L^{-1}(忽略体积的变化),比较加入 NaAc 晶体前后,溶液 pH 值和 HAc 的离解度的变化。(已知 HAc 的 $K_a^{\ominus}=1.76\times10^{-5}$)

3. 如何控制 Ag^+ 离子浓度,将 0.1 mol·L^{-1} KCl 溶液中的 I^- 被除去。(已知 AgCl 的 $K_{sp}^{\ominus}=1.77\times10^{-10}$,AgI 的 $K_{sp}^{\ominus}=8.52\times10^{-17}$)

4. 计算反应 $2Fe^{3+}(aq) + 2I^-(aq) = 2Fe^{2+}(aq) + I_2(s)$ 在 298 K 的 $\varepsilon^{\ominus}$、$\Delta_r G_m^{\ominus}$、$K^{\ominus}$。[已知 $\varphi^{\ominus}(Fe^{3+}/Fe^{2+}) = 0.771$ V，$\varphi^{\ominus}(I_2/I^-) = 0.535\ 5$ V]

5. 向一个由铜片插入 $CuSO_4$ 溶液构成的标准铜电极中通入氨气，直至 $[Cu(NH_3)_4]^{2+}$ 和 NH_3 的浓度稳定在 $1\ mol \cdot L^{-1}$。求此铜电极的电极电势 $\varphi(Cu^{2+}/Cu)$。{已知 $\varphi^{\ominus}(Cu^{2+}/Cu) = 0.341\ 9$ V，$[Cu(NH_3)_4]^{2+}$ 的 $K_f^{\ominus} = 2.1 \times 10^{13}$}

模拟试题（七）

一、判断题：请在各题括号中，用"√""×"表示各题的叙述是否正确（本大题 20 小题，每小题 1 分，共 20 分）

（　）1. 稀溶液的依数性中沸点升高，溶质必须是难挥发电解质才能适合 $\Delta T_b = K_b b_B$ 关系。

（　）2. 如果某反应的 $\Delta_r S_m^{\ominus} > 0$，$\Delta_r H_m^{\ominus} < 0$，则该反应在任何温度下均能自发正向进行。

（　）3. 将水、汽油、少量的葡萄糖、石膏倒入一烧杯中，则此系统为单相系统。

（　）4. 一定温度下，化学反应的平衡常数随浓度的改变而改变。

（　）5. 当反应物 A 的浓度加倍时，此反应速率也加倍，这个反应对 A 必定是一级反应。

（　）6. 气体反应 3A+3B→2D+3E 的反应速率一定是 $v = k \cdot c_A^3 \cdot c_B^3$。

（　）7. 配合物的中心离子（或原子）必须为过渡金属。

（　）8. 溶胶是动力学稳定系统，其表现形式为布朗运动。

（　）9. 碱性介质中 Br_2 元素电势图为 $BrO_3^- \xrightarrow{0.565\ V} BrO^- \xrightarrow{0.335\ V} Br_2 \xrightarrow{1.087\ V} Br^-$，说明 Br_2 可以发生歧化反应。

（　）10. Fe 在酸性溶液中比在纯水中更容易被腐蚀，是因为 $\varphi(H^+/H_2)$ 的值因溶液中的 $c(H^+)$ 加大而上升。

（　）11. s 电子与 s 电子配对形成的键一定是 σ 键，p 电子与 p 电子配对所形成的键一定为 π 键。

（　）12. H 原子中只有一个电子层。

（　）13. OF_2 是极性共价化合物。

（　）14. 同一周期中，从左至右随着核电荷数递增，第一电离能总是无一例外的依次增大。

（　）15. Zn^{2+} 只能形成外轨型配合物。

（　）16. NF_3 与 NH_3 的中心原子均为不等性 sp^3 杂化。

（　）17. 将氨水和盐酸混合，不论两者比例如何，一定不可能组成缓冲溶液。

（　）18. 化合物 C_2H_6、C_2H_5Cl、C_2H_5OH、CH_3-O-CH_3 中沸点最高的是 C_2H_5OH。

（　）19. 由电极 $\varphi^{\ominus}(PbO_2/Pb)$（正极）和 $\varphi^{\ominus}(Fe^{3+}/Fe^{2+})$（负极）组成的原电池，若增大溶液的酸度，原电池的电动势将升高。

（　）20. As、Ca、O、S、P 等原子中电负性最大的是 O，最小的是 Ca。

二、选择题：下列各题均给出四个备选答案，请在试题前括号中写出唯一合理的解答（本大题 20 小题，每小题 1 分，共 20 分）

（　）1. 质量分数为 5.8×10^{-3} 的 NaCl 溶液产生的渗透压接近于：

A. 质量分数为 5.8×10^{-3} 的蔗糖溶液

B. 质量分数为 5.8×10^{-3} 的葡萄糖溶液

C. $0.2\ mol\cdot L^{-1}$ 的蔗糖的溶液

D. $0.1\ mol\cdot L^{-1}$ 的葡萄糖溶液

( ) 2. 下列元素的第一电离能最大的是：

　　A. O　　　　　　　　B. F　　　　　　C. Ne　　　　　　D. He

( ) 3. 恒温恒压下，已知反应 2A→B 的反应热为 $\Delta_r H_m(1)$，反应 A→2C 的反应热为 $\Delta_r H_m(2)$，则反应 4C→B 的反应热为：

　　A. $\Delta_r H_m(1)-2\Delta_r H_m(2)$　　　　B. $\Delta_r H_m(1)+2\Delta_r H_m(2)$

　　C. $2\Delta_r H_m(1)+\Delta_r H_m(2)$　　　　D. $\Delta_r H_m(2)-2\Delta_r H_m(1)$

( ) 4. 298 K 时，某反应 $A(g)+B(g)=C(s)$，$\Delta_r S_m^{\ominus}<0$，$\Delta_r H_m^{\ominus}<0$，该反应是：

　　A. 任何温度均自发　　　　　　B. 低温自发，高温非自发

　　C. 任何温度下均不能自发　　　D. 高温自发，低温非自发

( ) 5. 25 ℃时，反应 $N_2(g)+3H_2(g)=2NH_3(g)$，$\Delta_r H_m^{\ominus}<0$，在密闭容器中该反应达到平衡时，若保持总压恒定加入惰性气体，则：

　　A. 平衡向右移动　　　　　　　B. 平衡向左移动

　　C. 平衡状态不变　　　　　　　D. 正反应速度加快

( ) 6. 若 $2NO(g)+O_2(g)=2NO_2(g)$ 是基元反应，则此反应的反应速率常数的单位是：

　　A. s^{-1}　　　　　　　　　　B. $mol^{-1}\cdot L\cdot s^{-1}$

　　C. $mol^{-2}\cdot L^2\cdot s^{-1}$　　　　D. $mol^{-3}\cdot L^3\cdot s^{-1}$

( ) 7. $H_2(g)+S(g)=H_2S(g)$ 的平衡常数为 $K_1^{\ominus}$，反应 $S(s)+O_2(g)=SO_2(g)$ 的平衡常数为 $K_2^{\ominus}$，则反应 $H_2(g)+SO_2(g)=O_2(g)+H_2S(g)$ 的平衡常数为：

　　A. $K_1^{\ominus}-K_2^{\ominus}$　　　B. $K_1^{\ominus}K_2^{\ominus}$　　　C. $K_1^{\ominus}/K_2^{\ominus}$　　　D. $K_1^{\ominus}+K_2^{\ominus}$

( ) 8. 反应 $2SO_3(g)=2SO_2(g)+O_2(g)$，$\Delta_r H_m^{\ominus}=57.07\ kJ\cdot mol^{-1}$，它的活化能：

　　A. $E_a(正)>E_a(逆)$　　　　B. $E_a(正)=E_a(逆)$

　　C. $E_a(正)<E_a(逆)$　　　　D. 无法判断

( ) 9. 下列量子数不合理的是：

　　A. 4，0，0，+1/2　　　　　　B. 4，0，-1，-1/2

　　C. 4，3，+3，+1/2　　　　　D. 4，2，0，1/2

( ) 10. 某元素原子基态的电子构型为 $[Ar]3d^64s^2$，它在周期表中的位置是：

　　A. d 区Ⅷ族　　　B. s 区ⅡA 族　　　C. d 区ⅡB 族　　　D. p 区ⅥA 族

( ) 11. 下列物质中，熔点由低到高排列的顺序应该是：

　　A. $NH_3<PH_3<SiO_2<KCl$　　　B. $PH_3<NH_3<SiO_2<KCl$

　　C. $NH_3<KCl<PH_3<SiO_2$　　　D. $PH_3<NH_3<KCl<SiO_2$

( ) 12. 由杂化轨道理论推测 PCl_3 的分子空间构型为：

    A. 三角形   B. 正四面体   C. 三角锥   D. 不能判断

( ) 13. 在容积相等的三个密闭的箱子中，分别放入盛有不等量乙醚的烧杯：A 箱杯中乙醚最少，很快乙醚完全挥发了；B 箱中乙醚中量，蒸发后剩下少量；C 箱中乙醚最多，蒸发后剩余一半。三个箱子中乙醚蒸气压的关系最可能的是：

    A. $p_A = p_B = p_C$ B. $p_A < p_B < p_C$

    C. $p_A < p_B$，$p_B = p_C$ D. $p_A = p_B$，$p_B < p_C$

( ) 14. 下列各含氧酸，其酸性最强的是：

    A. $HClO_4$ B. H_2SO_4 C. HNO_3 D. H_3PO_4

( ) 15. 下列各电对与介质酸度有关的 $\varphi(O/R)$ 是：

    A. Ag^+/Ag B. $AgCl/Ag$ C. $Cr_2O_7^-/Cr^{3+}$ D. Cl_2/Cl^-

( ) 16. 欲配制 $pH = 3.50$ 的缓冲溶液，应选用的缓冲对是：

    A. $HCOOH-HCOONa$ $(pK_a^{\ominus} = 3.75)$

    B. $NaH_2PO_4-Na_2HPO_4$ $(pK_{a_2}^{\ominus} = 7.21)$

    C. $HAc-NaAc$ $(pK_a^{\ominus} = 4.75)$

    D. $NH_3-NH_4^+$ $(pK_b^{\ominus} = 4.75)$

( ) 17. 水溶液中分别含有 $c(Cl^-) = c(Br^-) = c(I^-) = 0.10 \ mol \cdot L^{-1}$，在这样的水溶液中缓慢加入 $AgNO_3$ 溶液，则出现各种沉淀的次序是 [已知 $K_{sp}^{\ominus}(AgCl) > K_{sp}^{\ominus}(AgBr) > K_{sp}^{\ominus}(AgI)$]：

    A. $AgCl$ $AgBr$ AgI B. $AgBr$ $AgCl$ AgI

    C. AgI $AgCl$ $AgBr$ D. AgI $AgBr$ $AgCl$

( ) 18. 在 $[Co(NH_3)_2(en)_2]^{2+}$ 配离子中，Co 的氧化数和配位数分别是：

    A. +2 和 4   B. 0 和 3   C. +4 和 2   D. +2 和 6

( ) 19. 下列物质中，哪个是非极性分子：

    A. CS_2 B. H_2S C. HCl D. PH_3

( ) 20. $[Cu(NH_3)_4]SO_4$ 是内轨型配合物，中心离子生成配合物时，采取的杂化轨道和空间构型是：

    A. dsp^2 杂化，正四面体   B. sp^3 杂化，正四面体

    C. dsp^2 杂化，平面正方形   D. d^2sp^3 杂化，正八面体

三、简答题（本大题 2 小题，共 10 分）

1. 为什么说反应热较大的化学反应，在升高温度时，其平衡常数变化较大？

2. 利用电极电势解释在配制 $SnCl_2$ 溶液时为什么要加入 Sn 粒？[已知 $\varphi^{\ominus}(O_2/H_2O) = 1.229 \ V$，$\varphi^{\ominus}(Sn^{4+}/Sn^{2+}) = 0.151 \ V$，$\varphi^{\ominus}(Sn^{2+}/Sn) = -0.136 \ V$]

四、计算题（本大题 5 小题，共 50 分）

1. 氧化亚银受热会分解：$2Ag_2O(s) = 4Ag(s) + O_2(g)$，在 298 K 时 Ag_2O 的 $\Delta_f H_m^{\ominus}$、$\Delta_f G_m^{\ominus}$

分别为-31.1 kJ · mol^{-1} 和-11.2 kJ · mol^{-1}。求（1）298 K 时 Ag_2O-Ag 体系的 $p(O_2)$ 为多少？（2）当 $p(O_2)$ = 100 kPa 时，Ag_2O 的热分解温度是多少？

2. 欲配制 pH = 4.0 的 HCOOH–HCOONa 缓冲溶液 500 mL，应在 500 mL 0.10 mol · L^{-1} 的 HCOOH 中加入多少克 NaOH？[已知 HCOOH 的 $K_a^{\ominus}$ = 1.77×10^{-4}，M(NaOH) = 40.0 g · mol^{-1}]

3. 若使 0.10 mol AgBr 溶解在 1 L $Na_2S_2O_3$ 溶液中，$Na_2S_2O_3$ 的初始浓度最小为多少？[已知 $[Ag(S_2O_3)_2]^{3-}$ 的 $K_f^{\ominus}$ = 2.8×10^{13}，$K_{sp}^{\ominus}$(AgBr) = 5.35×10^{-13}]

4. 在含有固体 $BaSO_4$ 和 $SrSO_4$ 的水溶液中，Ba^{2+}、Sr^{2+} 和 SO_4^{2-} 的浓度分别为多少？[已知 $K_{sp}^{\ominus}$($BaSO_4$) = 1.08×10^{-10}，$K_{sp}^{\ominus}$($SrSO_4$) = 3.44×10^{-7}]

5. 在 298 K 时，已知 $\varphi^{\ominus}$(Ag^+/Ag) = 0.799 6 V，$\varphi^{\ominus}$(Fe^{3+}/Fe^{2+}) = 0.771 V，有如下反应：Ag^+(0.1 mol · L^{-1}) + Fe^{2+}(0.1 mol · L^{-1}) = Ag(s) + Fe^{3+}(0.1 mol · L^{-1})。（1）通过计算，判断反应自发的方向？（2）求反应达到平衡后各物质浓度？

模拟试题(八)

一、判断题:请在各题括号中,用"√""×"表示各题的叙述是否正确(本大题 20 小题,每小题 1 分,共 20 分)

(　　) 1. 低温低压下,实际气体最接近于理想气体。

(　　) 2. Cd^{2+} 只能形成外轨型配合物。

(　　) 3. 相同的反应物转变成相同的产物,如果加入催化剂使反应分两步进行,那么比一步进行放热多。

(　　) 4. 难挥发非电解质稀溶液的依数性是由溶液中溶质的粒子数决定的,与溶质的性质无关。

(　　) 5. 强酸与强碱反应的平衡常数为 10^{14}。

(　　) 6. 在乙酸溶液中加入少量固体 NaCl 后,乙酸的离解度没变化。

(　　) 7. 两电极分别是:$1/2Pb^{2+}(1 \ mol \cdot L^{-1})+e^- = 1/2Pb(s)$,$Pb^{2+}(1 \ mol \cdot L^{-1})+2e^- = Pb(s)$,将两极分别和标准氢电极连成电池,它们的电动势 $\varepsilon^{\ominus}$ 相同,反应的 $K^{\ominus}$ 值也相同。

(　　) 8. $|\psi|^2$ 代表电子在核外空间的概率分布。

(　　) 9. HAc 的酸性强于 HCN,则 CN^- 的碱性一定强于 Ac^-。

(　　) 10. 反应物浓度增大,则速率加快,所以反应速率常数增大。

(　　) 11. BF_3 和 NF_3 都属于 AB_3 型共价分子,中心原子 B 和 N 均以 sp^2 杂化轨道成键。

(　　) 12. $[Cu(NH_3)_4]^{2+}$ 比 $[Cu(H_2O)_4]^{2+}$ 稳定,这表明 $[Cu(NH_3)_4]^{2+}$ 稳定常数较大。

(　　) 13. 恒容情况下,向系统内加入惰性气体,不会引起平衡移动。

(　　) 14. 反应 $C(s)+CO_2(g)=2CO(g)$,$\Delta_r H_m^{\ominus}<0$;T ℃时达到平衡,降低温度,正逆反应速度都减慢,但平衡向右移动。

(　　) 15. 一定的波函数虽然代表电子的一定运动状态,并不能直接说明其运动规律。

(　　) 16. 在配合物 $K_3[Fe(CN)_6]$ 中有 1 个单电子,则中心原子的杂化方式为 d^2sp^3,生成的配合物为内轨型。

(　　) 17. 电对的电极电势值随 pH 值改变而改变。

(　　) 18. 在 $NH_3 \cdot H_2O$ 溶液中,加入 NaOH,会使 $NH_3 \cdot H_2O$ 离解出的 OH^- 减少。

(　　) 19. 取向力仅存在于极性分子与非极性分子之间。

(　　) 20. 在水的相图中,水的气液两相平衡曲线,就是水的蒸气压曲线。

二、选择题：下列各题均给出四个备选答案，请在试题前括号中写出唯一合理的解答（本大题 20 小题，每小题 1 分，共 20 分）

（　　）1. 以下函数哪个不是状态函数：

      A. Q　　　　　　　B. S　　　　　　　C. G　　　　　　　D. U

（　　）2. 对反应 $N_2(g)+2H_2O(l)=N_2H_4(g)+O_2(g)$ 来说：

      A. $\Delta_r H_m = \Delta_r U_m$ 　　　　　　　　B. $\Delta_r H_m = \Delta_r U_m + 2RT$

      C. $\Delta_r H_m = \Delta_r U_m - RT$ 　　　　　　D. $\Delta_r H_m = \Delta_r U_m + RT$

（　　）3. 在一定条件下，可逆反应的正反应平衡常数与逆反应平衡常数的关系是：

      A. 它们的和等于 1 　　　　　　　　B. 它们的积等于 1

      C. 它们总是相等 　　　　　　　　　D. 它们没有关系

（　　）4. 反应 $N_2(g)+3H_2(g)=2NH_3(g)$ 在 400 ℃时的反应方向是：

      A. 从左向右　　　B. 从右向左　　　C. 平衡态　　　D. 无法判断

（　　）5. 下列说法正确的是：

      A. 催化剂可以改变反应的平衡常数

      B. 催化剂不可以改变反应的历程和反应的活化能

      C. 催化剂不能改变反应的吉布斯自由能

      D. 催化剂改变反应速率的原因是它可加快正反应速率同时降低逆反应速率

（　　）6. 某反应在 100 ℃时需 1 h 完成，80 ℃时需 4 h 完成，则在 70 ℃时，需要多少小时完成：

      A. 6　　　　　　B. 8　　　　　　C. 16　　　　　　D. 12

（　　）7. 与轨道空间伸展方向有关的量子数是：

      A. n　　　　　　B. m　　　　　　C. m_s　　　　　　D. l

（　　）8. 下列哪一条不是影响元素化学性质的主要因素：

      A. 原子核外电子构型 　　　　　　B. 原子半径

      C. 元素的电负性 　　　　　　　　D. 作用于价层电子的有效核电荷

（　　）9. Ba^{2+} 离子的电子构型是：

      A. 8 电子构型 　　　　　　　　　B. 18 电子构型

      C. 9~17 电子构型 　　　　　　　D. （18+2）电子构型

（　　）10. 下列物质在标准压力下沸点最高的是：

      A. C_2H_5Cl　　　B. C_2H_5I　　　C. C_2H_5OH　　　D. C_2H_5Br

（　　）11. 反应 $A(g)+B(s)=2C(g)$，要提高 C 的产率，应该：

      A. 升温　　　B. 降温　　　C. 加压　　　D. 减压

（　　）12. $Zn(s)+H_2SO_4(aq)=ZnSO_4(aq)+H_2(g)$ 是放热反应，等容和等压条件下，反应放出的热量：

      A. 等压大于等容　　B. 等容大于等压　　C. 相等　　D. 无法判断

（　）13. 以下各组物质混合后，可能具有缓冲作用的是：

A. $HCOOH-CH_3COOH$　　　　　　　　B. $HCl-NH_4Cl$

C. $NaOH-NH_3 \cdot H_2O$　　　　　　　　D. $HAc-NaOH$

（　）14. 已知中 Ag_2CrO_4 及 $BaCrO_4$ 的 $K_{sp}^{\ominus}$ 分别是 1.12×10^{-12} 和 1.17×10^{-10}，在一溶液中含有相同浓度的 $AgNO_3$ 和 $BaCl_2$，当缓缓加入 Na_2CrO_4 时，先生成沉淀的是：

A. Ag^{2+}　　　　　B. Ba^{2+}　　　　　C. 同时沉淀　　　　　D. 无法判断

（　）15. 下列物质中不能作配体的是：

A. NH_4^+　　　　　B. H_2O　　　　　C. CN^-　　　　　D. CH_3NH_2

（　）16. 反应 $CaO(s)+H_2O(l)=Ca(OH)_2(s)$ 在 298 K 时是自发反应的，而在高温时是非自发的，这说明此反应是：

A. $\Delta_r H_m^{\ominus}=0$，$\Delta_r S_m^{\ominus}>0$；　　　　　B. $\Delta_r H_m^{\ominus}>0$，$\Delta_r S_m^{\ominus}<0$；

C. $\Delta_r H_m^{\ominus}<0$，$\Delta_r S_m^{\ominus}<0$；　　　　　D. $\Delta_r H_m^{\ominus}>0$，$\Delta_r S_m^{\ominus}>0$；

（　）17. $A \rightarrow B$ 的反应，$\Delta_r H_m = 10.0\ kJ \cdot mol^{-1}$，$\Delta_r G_m = 11.0\ kJ \cdot mol^{-1}$，A 与 B 的无序性相比：

A. A 的高　　　　　B. B 的高　　　　　C. A、B 相同　　　　　D. 无法比较

（　）18. 在合成氨的反应中，测得 N_2 的转化率为 0.20，若采用一种新的催化剂，可使该反应速率提高 1 倍，则 N_2 的转化率为：

A. 0.10　　　　　B. 0.40　　　　　C. 0.20　　　　　D. 不能确定

（　）19. 弱酸甲的 K_{a_1} 与弱酸乙的 K_{a_2} 相等，同浓度的甲、乙溶液相比，其酸性是：

A. 甲强于乙　　　　　B. 乙强于甲　　　　　C. 两者相等　　　　　D. 无法判断

（　）20. 难溶电解质 MA_2 的 $S=1.0\times10^{-3}\ mol \cdot L^{-1}$ 其 $K_{sp}^{\ominus}$ 是：

A. 1×10^{-6}　　　　　B. 1×10^{-9}　　　　　C. 4×10^{-6}　　　　　D. 4×10^{-9}

三、简答题（本大题 2 小题，共 10 分）

1. 为什么说低温区的温度系数大于高温区的温度系数？

2. 从活化分子、活化能的角度，简要说明反应物浓度、反应温度、催化剂对反应速率的影响。

四、计算题（本大题 5 小题，共 50 分）

1. 制取半导体材料硅可以用下列反应 $SiO_2(s，石英)+2C(s，石墨)=Si(s)+2CO(g)$

	SiO_2 (s，石英)	C (s，石墨)	Si (s)	CO (g)
$\Delta_f H_m^{\ominus}/(kJ \cdot mol^{-1})$	-910.7	0	0	-110.53
$S_m^{\ominus}/(J \cdot mol^{-1} \cdot K^{-1})$	41.46	5.74	18.81	197.66

(1) 计算上述反应的 $\Delta_r G_m^{\ominus}(1\ 000\ \text{K})$。判断此反应在标准态，$1\ 000\ \text{K}$ 下正反应可否自发进行？

(2) 算用上述反应制取硅时，该反应自发进行的温度条件。

(3) 计算此反应在 $1\ 000\ \text{K}$ 时的 $K^{\ominus}$。

2. 某一元弱酸与 $36.12\ \text{mL}$，$0.10\ \text{mol} \cdot \text{L}^{-1}$ 的 NaOH 正好中和，再加入 $18.06\ \text{mL}$ 浓度为 $0.10\ \text{mol} \cdot \text{L}^{-1}$ 的 HCl 溶液，测得溶液 pH = 4.92。求该弱酸的 $K_a^{\ominus}$。

3. 通过计算说明，反应 $\text{Pb}^{2+}(\text{aq}) + \text{Sn}(\text{s}) = \text{Pb}(\text{s}) + \text{Sn}^{2+}(\text{aq})$ 在标准状态下及 $c(\text{Pb}^{2+}) = 0.010\ \text{mol} \cdot \text{L}^{-1}$、$c(\text{Sn}^{2+}) = 2.00\ \text{mol} \cdot \text{L}^{-1}$ 时的反应方向。[已知 $\varphi^{\ominus}(\text{Pb}^{2+}/\text{Pb}) = -0.126\ 2\ \text{V}$，$\varphi^{\ominus}(\text{Sn}^{2+}/\text{Sn}) = -0.137\ 5\ \text{V}$]

4. 向浓度均为 $0.10\ \text{mol} \cdot \text{L}^{-1}$ 的 Cl^- 和 I^- 的溶液中，逐滴加入 AgNO_3 溶液。问哪种离子会先沉淀？是否可用此法将 Cl^- 和 I^- 完全分离？[已知 AgCl 的 $K_{sp}^{\ominus} = 1.77 \times 10^{-10}$，AgI 的 $K_{sp}^{\ominus} = 8.52 \times 10^{-17}$]

5. 已知 $\varphi^{\ominus}(\text{Cu}^{2+}/\text{Cu}^+) = 0.153\ \text{V}$，$K_{sp}^{\ominus}(\text{CuI}) = 1.27 \times 10^{-12}$，求 $\varphi^{\ominus}(\text{Cu}^{2+}/\text{CuI})$。

模拟试题参考答案

模拟试题(一)参考答案

一、判断题

1. √   2. √   3. ×   4. ×   5. ×   6. ×   7. ×   8. ×   9. √   10. √

11. ×   12. √   13. √   14. √   15. ×   16. √   17. √   18. √   19. ×   20. ×

二、选择题

1. A   2. A   3. B   4. C   5. B   6. B   7. D   8. C   9. A   10. A

11. A   12. C   13. C   14. D   15. B   16. C   17. C   18. A   19. A   20. C

三、简答题

1. 胶核;电势离子;反离子。

2. 依据是发生如下反应:$CaSO_4(s) + CO_3^{2-} = CaCO_3(s) + SO_4^{2-}$;此反应的平衡常数 $K^{\ominus}$ 为:

$K^{\ominus} = K_{sp}^{\ominus}(CaSO_4)/K_{sp}^{\ominus}(CaCO_3) = 1.47 \times 10^4$。由于 $K^{\ominus}$ 较大,说明转化反应进行较完全。

四、计算题

1. 解:(1) 该反应在 298 K 时的 $\Delta_r H_m^{\ominus}$ 和 $\Delta_r S_m^{\ominus}$ 为

$$\begin{aligned}\Delta_r H_m^{\ominus} &= 2\Delta_f H_m^{\ominus}(NO_2) - \Delta_f H_m^{\ominus}(N_2O_4)\\ &= 2 \times 33.2 \text{ kJ} \cdot \text{mol}^{-1} - 11.1 \text{ kJ} \cdot \text{mol}^{-1}\\ &= 55.3 \text{ kJ} \cdot \text{mol}^{-1}\end{aligned}$$

$$\begin{aligned}\Delta_r S_m^{\ominus} &= 2 S_m^{\ominus}(NO_2) + (-1) \times S_m^{\ominus}(N_2O_4)\\ &= 2 \times 240.1 \text{ J} \cdot \text{mol}^{-1} \cdot \text{K}^{-1} - 304.4 \text{ J} \cdot \text{mol}^{-1} \cdot \text{K}^{-1}\\ &= 175.8 \text{ J} \cdot \text{mol}^{-1} \cdot \text{K}^{-1}\end{aligned}$$

在 298 K 时,
$$\begin{aligned}\Delta_r G_m^{\ominus} &= \Delta_r H_m^{\ominus} - T\Delta_r S_m^{\ominus}\\ &= 55.3 \text{ kJ} \cdot \text{mol}^{-1} - 298 \text{ K} \times 175.8 \times 10^{-3} \text{ kJ} \cdot \text{mol}^{-1} \cdot \text{K}^{-1}\\ &= 2.91 \text{ kJ} \cdot \text{mol}^{-1}\end{aligned}$$

$$\ln K^{\ominus}(298 \text{ K}) = -\frac{\Delta_r G_m^{\ominus}}{RT} = \frac{-2.91 \times 10^3 \text{ J} \cdot \text{mol}^{-1}}{8.314 \text{ J} \cdot \text{mol}^{-1} \cdot \text{K}^{-1} \times 298 \text{ K}} = -1.17 \text{ J} \cdot \text{mol}^{-1}$$

$$K^{\ominus}(298 \text{ K}) = 0.31$$

(2)
$$\begin{aligned}\ln\frac{K^{\ominus}(298 \text{ K})}{K^{\ominus}(350 \text{ K})} &= \frac{\Delta_r H_m^{\ominus}}{R}\left[\frac{1}{T(350 \text{ K})} - \frac{1}{T(298 \text{ K})}\right]\\ &= \frac{55.3 \times 10^3 \text{ J} \cdot \text{mol}^{-1}}{8.314 \text{ J} \cdot \text{mol}^{-1} \cdot \text{K}^{-1}}\left(\frac{298 \text{ K} - 350 \text{ K}}{298 \text{ K} \times 350 \text{ K}}\right)\end{aligned}$$

$$= -3.316$$

$$K^{\ominus}(350\ K) = K^{\ominus}(298\ K)\ /0.036 = 8.6$$

2. 解：设 $c(NaAc) = x\ mol \cdot L^{-1}$，$c(HAc) = (0.20-x)\ mol \cdot L^{-1}$

$$pH = pK_a^{\ominus} - \lg \frac{c(HAc)}{c(NaAc)}$$

$$5.00 = 4.75 - \lg \frac{0.2\ mol \cdot L^{-1} - x\ mol \cdot L^{-1}}{x\ mol \cdot L^{-1}}$$

$c(NaAc) = 0.13\ mol \cdot L^{-1}$，$c(HAc) = 0.07\ mol \cdot L^{-1}$

配制该缓冲溶液需 $NaAc \cdot 3H_2O$ 的质量为

$$m(NaAc \cdot 3H_2O) = 1\ L \times 0.13\ mol \cdot L^{-1} \times 136\ g \cdot mol^{-1} = 17.7\ g$$

$6.0\ mol \cdot L^{-1}$ 的 HAc 溶液的体积为

$$V = (1\ L \times 0.07\ mol \cdot L^{-1}) \times 10^3 / 6.0\ mol \cdot L^{-1} = 12\ mL$$

3. 解：根据 $Zn^{2+} + H_2S = ZnS + 2H^+$

$$K^{\ominus} = \frac{[c(H^+)/c^{\ominus}]^2}{[c(Zn^{2+})/c^{\ominus}] \cdot [c(H_2S)/c^{\ominus}]} = \frac{[c(H^+)/c^{\ominus}]^2}{[c(Zn^{2+})/c^{\ominus}] \cdot [c(H_2S)/c^{\ominus}]} \cdot \frac{c(S^{2-})/c^{\ominus}}{c(S^{2-})/c^{\ominus}}$$

$$= \frac{K_{a_1}^{\ominus} K_{a_2}^{\ominus}}{K_{sp}^{\ominus}} = \frac{9.1 \times 10^{-8} \times 1.1 \times 10^{-12}}{2.9 \times 10^{-25}} = 3.5 \times 10^5$$

$$c(H^+)/c^{\ominus} = \sqrt{K^{\ominus}[c(Zn^{2+})/c^{\ominus}] \cdot [c(H_2S)/c^{\ominus}]} = \sqrt{3.5 \times 10^5 \times 0.10 \times 0.10} = 59.2$$

当溶液的酸度大于 $59.2\ mol \cdot L^{-1}$ 时，可防止 ZnS 沉淀生成。

4. 解：(1) 该原电池正极反应为：$I_2(s) + 2e^- = 2I^-(aq)$，

负极反应为：$Cd(s) = Cd^{2+}(aq) + 2e^-$

电池符号为：$(-)Cd(s)\ |\ Cd^{2+}(1.0\ mol \cdot L^{-1})\ \|\ I^-(1.0\ mol \cdot L^{-1})\ |\ I_2(s)\ |\ Pt(+)$

(2) $\varepsilon^{\ominus} = \varphi_+^{\ominus} - \varphi_-^{\ominus} = 0.5355\ V - (-0.4030\ V) = 0.9385\ V$

$$\Delta_r G_m^{\ominus} = -nF\varepsilon^{\ominus} = -2 \times 96.5\ kJ \cdot mol^{-1} \cdot V^{-1} \times 0.9385\ V = -181.13\ kJ \cdot mol^{-1}$$

$$\lg K^{\ominus} = \frac{n\varepsilon^{\ominus}}{0.0592\ V} = \frac{2 \times 0.9385\ V}{0.0592\ V}$$

$K^{\ominus} = 5.08 \times 10^{31}$

5. 解：$\varphi^{\ominus}[Ag(NH_3)_2^+/Ag]$ 即非标准态的 $\varphi(Ag^+/Ag)$，其中 NH_3 浓度为 $1\ mol \cdot L^{-1}$，$Ag(NH_3)_2^+$ 浓度为 $1\ mol \cdot L^{-1}$，满足配位平衡 $Ag^+(aq) + 2NH_3(aq) = Ag(NH_3)_2^+(aq)$

则 $$c(Ag^+)/c^{\ominus} = \frac{1}{K_f^{\ominus}[Ag(NH_3)_2^+]}$$

$$\varphi^{\ominus}\{[Ag(NH_3)_2^+]/Ag\} = \varphi(Ag^+/Ag) = \varphi^{\ominus}(Ag^+/Ag) + \frac{0.0592\ V}{1}\lg \frac{1}{K_f^{\ominus}[Ag(NH_3)_2^+]}$$

$$= 0.7996\ V + \frac{0.0592\ V}{1}\lg \frac{1}{1.1 \times 10^7}$$

解得 $\varphi^{\ominus}[Ag(NH_3)_2^+/Ag] = 0.383\ V$

模拟试题(二)参考答案

一、判断题

1. × 2. √ 3. √ 4. × 5. √ 6. × 7. × 8. × 9. √ 10. √
11. √ 12. × 13. √ 14. × 15. × 16. √ 17. √ 18. × 19. × 20. √

二、选择题

1. D 2. D 3. D 4. B 5. B 6. A 7. A 8. C 9. B 10. C
11. A 12. B 13. A 14. A 15. B 16. B 17. C 18. C 19. C 20. C

三、简答题

1. $pH = pK_a^\ominus = 4.75$ 时,$\dfrac{c(HAc)}{c(Ac^-)} = 1$,HAc 与 Ac^- 浓度相等;

$pH > pK_a^\ominus$ 时,$\dfrac{c(HAc)}{c(Ac^-)} < 1$,此时 $c(HAc) < c(Ac^-)$,主要存在型体为 Ac^-;

$pH < pK_a^\ominus$ 时,$\dfrac{c(HAc)}{c(Ac^-)} > 1$,此时 $c(HAc) > c(Ac^-)$,主要存在型体为 HAc。

2. 反应:(1) $ZnS + 2H^+ = Zn^{2+} + H_2S$

$K^\ominus(1) = K_{sp}^\ominus(ZnS)/(K_{a_1}^\ominus K_{a_2}^\ominus) = 2.93 \times 10^{-6}$。由于 $K^\ominus(1)$ 大小适当,ZnS 能溶于强酸。

反应:(2) $HgS + 2H^+ = Hg^{2+} + H_2S$

$K^\ominus(2) = K_{sp}^\ominus(HgS)/(K_{a_1}^\ominus K_{a_2}^\ominus) = 6.43 \times 10^{-34}$。由于 $K^\ominus(2)$ 非常小,HgS 不能溶于强酸。

四、计算题

1. 解:$\Delta_r H_m^\ominus = \Delta_f H_m^\ominus(Sn,灰) + (-1) \times \Delta_f H_m^\ominus(Sn,白)$

$\qquad\qquad = -2.1 \text{ kJ} \cdot \text{mol}^{-1} - 0.0 \text{ kJ} \cdot \text{mol}^{-1} = -2.1 \text{ kJ} \cdot \text{mol}^{-1}$

$\Delta_r S_m^\ominus = S_m^\ominus(Sn,灰) + (-1) \times S_m^\ominus(S,白)$

$\qquad\qquad = 44.1 \text{ J} \cdot \text{mol}^{-1} \cdot \text{K}^{-1} - 51.5 \text{ J} \cdot \text{mol}^{-1} \cdot \text{K}^{-1} = -7.4 \text{ J} \cdot \text{mol}^{-1} \cdot \text{K}^{-1}$

$\Delta_r H_m^\ominus < 0$,$\Delta_r S_m^\ominus < 0$,故此过程低温自发高温非自发。

$\Delta_r G_m^\ominus = \Delta_r H_m^\ominus - T\Delta_r S_m^\ominus \leq 0$

$T \leq \dfrac{\Delta_r H_m^\ominus}{\Delta_r S_m^\ominus} = \dfrac{2.1 \times 10^3 \text{ J} \cdot \text{mol}^{-1}}{7.4 \text{ J} \cdot \text{mol}^{-1} \cdot \text{K}^{-1}} = 283 \text{ K}$

当温度低于 283 K 即 10 ℃时白锡自发地转化成灰锡,而室温 25 ℃时白锡稳定。

计算说明,温度低于 18.5 ℃时,白锡自发地转化成灰锡。

2. 解:(1) $K_{sp}^\ominus(BaSO_4) < K_{sp}^\ominus(CaSO_4)$,两者属于相同类型的沉淀,因此 $BaSO_4$ 先沉淀;

(2) Ba^{2+} 开始沉淀时,$c(SO_4^{2-})/c^\ominus = 1.08 \times 10^{-10}/0.1 = 1.08 \times 10^{-9}$;

(3) Ba^{2+} 沉淀完全按 1.0×10^{-5} 计,$c(SO_4^{2-})/c^\ominus = 1.08 \times 10^{-10}/1.0 \times 10^{-5} = 1.08 \times 10^{-5}$;

$Q_i = 1.08 \times 10^{-5} \times 0.1 = 1.08 \times 10^{-6} < K_{sp}^\ominus(CaSO_4) = 4.93 \times 10^{-5}$

Ba^{2+} 沉淀完全时 Ca^{2+} 尚未开始成，因此能分开。

3. 解：$pH = pK_a^{\ominus} - lg[c(NH_4^+)/c(NH_3)] = 14 - 4.75 - lg[c(NH_4^+)/1.0 \text{ mol} \cdot L^{-1}] = 9.00$

则　$c(NH_4^+) = 1.78 \text{ mol} \cdot L^{-1}$

NH_3 的取用量：$1.0 \text{ mol} \cdot L^{-1} \times 500 \text{ mL}/15 \text{ mol} \cdot L^{-1} = 33.3 \text{ mL}$

NH_4Cl 的取用量：$1.78 \text{ mol} \cdot L^{-1} \times 500 \times 10^{-3} \text{ L} \times 53.5 \text{ g} \cdot mol^{-1} = 47.62 \text{ g}$

4. 解：根据给定的反应方程式，Fe^{3+}/Fe^{2+} 为正极，I_2/I^- 为负极。

标准状态下，$\varphi^{\ominus}(Fe^{3+}/Fe^{2+}) = 0.771 \text{ V} > \varphi^{\ominus}(I_2/I^-) = 0.5355 \text{ V}$，正向进行。

非标准状态下：

正极：$\varphi(Fe^{3+}/Fe^{2+}) = 0.771 \text{ V} + 0.0592 \text{ V} \times lg(0.001/1.0) = 0.5934 \text{ V}$

负极：$\varphi(I_2/I^-) = 0.5355 \text{ V} + 0.0592 \text{ V} \times lg(1/0.01) = 0.6539 \text{ V}$

因 $0.6539 \text{ V} > 0.5934 \text{ V}$，反应逆方向进行。

5. 解：配位平衡 $Ag^+ + 2NH_3 = Ag(NH_3)_2^+$ 中 $Ag(NH_3)_2^+$ 和 NH_3 的浓度均为 $1 \text{ mol} \cdot L^{-1}$

则　$c(Ag^+) = \dfrac{1}{K_f^{\ominus}Ag(NH_3)_2^+}$

$$\varphi^{\ominus}\{[Ag(NH_3)_2^+]/Ag\} = \varphi(Ag^+/Ag) = \varphi^{\ominus}(Ag^+/Ag) + \frac{0.0592 \text{ V}}{1}lg\frac{1}{K_f^{\ominus}[Ag(NH_3)_2^+]}$$

$$= 0.7996 \text{ V} + \frac{0.0592 \text{ V}}{1}lg\frac{1}{1.1 \times 10^7}$$

解得　$\varphi^{\ominus}[Ag(NH_3)_2^+/Ag] = 0.3827 \text{ V}$

电池的电动势：

$\varepsilon^{\ominus} = 0.3827 \text{ V} - 0.3419 \text{ V} = 0.0408 \text{ V}$

模拟试题(三)参考答案

一、判断题

1. ×　2. ×　3. √　4. ×　5. ×　6. ×　7. ×　8. √　9. ×　10. √

11. ×　12. ×　13. √　14. √　15. ×　16. √　17. √　18. ×　19. ×　20. √

二、选择题

1. B　2. D　3. A　4. D　5. C　6. A　7. B　8. B　9. C　10. D

11. B　12. C　13. D　14. D　15. A　16. D　17. D　18. A　19. B　20. C

三、简答题

1. Ca：$4s^2(4, 0, 0, \pm1/2)$；Na：$3s^1(3, 0, 0, +1/2)$ 或 $(3, 0, 0, -1/2)$。

2. 歧化反应：$2Cu^+ = Cu^{2+} + Cu$，因为 $\varphi^{\ominus}(Cu^+/Cu) = 0.521 \text{ V} > \varphi^{\ominus}(Cu^{2+}/Cu^+) = 0.153 \text{ V}$，反应正向自发，$Cu^+$ 会发生歧化反应。

四、计算题

1. 解：(1) $\Delta_r G_m^{\ominus} = -394.36 \text{ kJ} \cdot mol^{-1} - 11.20 \text{ kJ} \cdot mol^{-1} + (-1) \times (-437.2 \text{ kJ} \cdot mol^{-1})$

$$= 31.64 \text{ kJ} \cdot mol^{-1}$$

则 $\ln K^{\ominus} = -\Delta_r G_m^{\ominus}/RT = -31.64 \times 10^3 \text{ J} \cdot \text{mol}^{-1}/(8.314 \text{ J} \cdot \text{mol}^{-1} \cdot \text{K}^{-1} \times 298 \text{ K}) = -12.77$

$K^{\ominus} = 2.84 \times 10^{-6}$

(2) 反应商 $Q = p(CO_2)/p^{\ominus} = 3 \times 10^{-4} \times 101 \text{ kPa}/100 \text{ kPa} = 3.03 \times 10^{-4} > K^{\ominus}$，则 $\Delta_r G_m > 0$，反应逆向进行，不能分解。

2. 解：$pH = pK_a^{\ominus} - \lg c(NH_4^+)/c(NH_3) = pK_a^{\ominus} - \lg c(NH_4^+)/0.50 = 9.0$

$pK_a^{\ominus} = 14 - pK_b^{\ominus} = 14 - 4.75 = 9.25$

计算可得 $c(NH_4^+) = 0.89 \text{ mol} \cdot \text{L}^{-1}$

$m(NH_4Cl) = 0.89 \text{ mol} \cdot \text{L}^{-1} \times 53.5 \text{ g} \cdot \text{mol}^{-1} \times 500 \times 10^{-3} \text{ L} = 23.8 \text{ g}$

3. 解：混合后，$c(Co^{3+}) = 0.25 \text{ mol} \cdot \text{L}^{-1}$，$c(NH_3) = 2.0 \text{ mol} \cdot \text{L}^{-1}$，$NH_3$ 过量。

设达到配位平衡后 Co^{3+} 的浓度为 x mol $\cdot$ L^{-1}

$$\begin{array}{ccccc} & Co^{3+} & + & 6NH_3 & = & [Co(NH_3)_6]^{2+} \end{array}$$

平衡时 $c/(\text{mol} \cdot \text{L}^{-1})$ $\quad x \quad 2.0 - 6 \times 0.25 + 6x \approx 0.5 \quad 0.25 - x \approx 0.25$

$$K_f^{\ominus}\{[Co(NH_3)_6]^{2+}\} = \frac{c\{[Co(NH_3)_6]^{2+}\}/c^{\ominus}}{[c(Co^{3+})/c^{\ominus}] \cdot [c(NH_3)/c^{\ominus}]^6} = \frac{0.25}{x \cdot 0.5^6} = 1.6 \times 10^{35}$$

解得 $c(Co^{3+}) = 1.0 \times 10^{-34} \text{ mol} \cdot \text{L}^{-1}$

$c(NH_3) \approx 0.5 \text{ mol} \cdot \text{L}^{-1}$，$c[Co(NH_3)_6]^{2+} \approx 0.25 \text{ mol} \cdot \text{L}^{-1}$

4. 解：Mn^{2+} 开始沉淀时，$c(OH^-)/c^{\ominus} = \sqrt{\dfrac{K_{sp}^{\ominus}[Mn(OH)_2]}{c(Mn^{2+})/c^{\ominus}}} = \sqrt{\dfrac{2.06 \times 10^{13}}{0.10}} = 1.44 \times 10^6$

解得 $pH = 8.16$

Fe^{3+} 开始沉淀时，$c(OH^-)/c^{\ominus} = \sqrt[3]{\dfrac{K_{sp}^{\ominus}[Fe(OH)_3]}{c(Fe^{3+})/c^{\ominus}}} = \sqrt[3]{\dfrac{2.79 \times 10^{-39}}{0.10}} = 3.03 \times 10^{-13}$

解得 $pH = 1.48$

$Fe(OH)_3$ 先沉淀，设 Fe^{3+} 完全沉淀时浓度为 1×10^{-5} mol $\cdot$ L^{-1}

则所需 $c(OH^-)/c^{\ominus} = \sqrt[3]{\dfrac{K_{sp}^{\ominus}[Fe(OH)_3]}{c(Fe^{3+})/c^{\ominus}}} = \sqrt[3]{\dfrac{2.79 \times 10^{39}}{1 \times 10^5}} = 6.53 \times 10^{12}$

解得 $pH = 2.81$

因此 pH 值应控制在 2.81 ~ 8.16 即可。

5. 解：$\varphi^{\ominus}(AgCl/Ag) = \varphi^{\ominus}(Ag^+/Ag) + \dfrac{0.0592 \text{ V}}{1} \lg K_{sp}^{\ominus}(AgCl/Ag)$

$\varphi(AgCl/Ag) = \varphi^{\ominus}(AgCl/Ag) + \dfrac{0.0592 \text{ V}}{1} \lg \dfrac{1}{c(Cl^-)/c^{\ominus}}$

$0.183 \text{ V} = 0.7996 \text{ V} + 0.0592 \text{ V} \times \lg(1.77 \times 10^{-10}) + 0.0592 \text{ V} \times \lg \dfrac{1}{c(Cl^-)/c^{\ominus}}$

解得 $c(Cl^-) = 4.61 \text{ mol} \cdot \text{L}^{-1}$

模拟试题(四)参考答案

一、判断题

1. √ 2. × 3. √ 4. × 5. √ 6. √ 7. × 8. × 9. × 10. √

11. × 12. × 13. √ 14. × 15. × 16. √ 17. × 18. √ 19. × 20. √

二、选择题

1. D 2. C 3. A 4. B 5. B 6. B 7. D 8. B 9. A 10. B

11. C 12. C 13. A 14. B 15. C 16. C 17. D 18. B 19. B 20. C

三、简答题

1. 第四层主量子数 n 取值是 4，则角量子数取值为 0、1、2、3，有 4 个亚层；根据角量子数 l 的取值，磁量子数 m 取值个数为：$1+3+5+7=16$，即 16 条原子轨道；每个原子轨道最多填充 2 个电子，所以第四层最多可有 32 个电子。

2. 因为发生了如下反应：

$Ag_2CrO_4(s)$ + $2Cl^-(aq)$ = $2AgCl(s)$ + CrO_4^{2-}

(砖红色沉淀)　　　　　　　　(白色沉淀)　　　(黄色)

此反应的平衡常数 $K^{\ominus} = K_{sp}^{\ominus}(Ag_2CrO_4)/[K_{sp}^{\ominus}(AgCl)]^2 = 3.57 \times 10^7$。

由于 $K^{\ominus}$ 很大，说明转化反应进行完全，因此加入 NaCl 后，Ag_2CrO_4 的砖红色沉淀转化为白色的 AgCl 沉淀，同时溶液出现黄色的 CrO_4^{2-}。

四、计算题

1. 解：$\Delta_r H_m^{\ominus} = -393.51 \text{ kJ} \cdot \text{mol}^{-1} - 634.92 \text{ kJ} \cdot \text{mol}^{-1} + (-1) \times (-1\,206.92 \text{ kJ} \cdot \text{mol}^{-1})$

$\qquad\qquad = 178.49 \text{ kJ} \cdot \text{mol}^{-1}$

$\Delta_r S_m^{\ominus} = 213.79 \text{ J} \cdot \text{mol}^{-1} \cdot \text{K}^{-1} + 38.1 \text{ J} \cdot \text{mol}^{-1} \cdot \text{K}^{-1} + (-1) \times 92.9 \text{ J} \cdot \text{mol}^{-1} \cdot \text{K}^{-1}$

$\qquad\qquad = 159.0 \text{ J} \cdot \text{mol}^{-1} \cdot \text{K}^{-1}$

因为 $\Delta_r H_m^{\ominus} > 0$、$\Delta_r S_m^{\ominus} > 0$，所以高温可使 $CaCO_3$ 分解。

$T \geqslant \Delta_r H_m^{\ominus}/\Delta_r S_m^{\ominus} = 117.5 \times 10^3 \text{ J} \cdot \text{mol}^{-1}/160.7 \text{ J} \cdot \text{mol}^{-1} \cdot \text{K}^{-1} = 1\,123 \text{ K}$

温度高于 1 123 K 时，$CaCO_3$ 才能分解。

2. 解：因 $K_{a_1}^{\ominus}(H_2S) = 9.1 \times 10^{-8} \gg K_{a_2}^{\ominus}(H_2S) = 1.1 \times 10^{-12}$，只考虑第一步离解，按一元酸计算：

$c(HS^-)/c^{\ominus} = c(H^+)/c^{\ominus} = \sqrt{K_{a_1}^{\ominus}c/c^{\ominus}} = \sqrt{9.1 \times 10^{-8} \times 0.1} = 9.5 \times 10^5$

$c(HS^-) \approx c(H^+) = 9.5 \times 10^{-5} \text{ mol} \cdot \text{L}^{-1}$

$c(S^{2-}) = K_{a_2}^{\ominus}c^{\ominus} = 1.1 \times 10^{-12} \text{ mol} \cdot \text{L}^{-1}$

3. 解：$Mg(OH)_2 + 2NH_4^+ = Mg^{2+} + 2NH_3 + 2H_2O$

$K^{\ominus} = \dfrac{[c(Mg^{2+})/c^{\ominus}] \cdot [c(NH_3)/c^{\ominus}]^2}{[c(NH_4^+)/c^{\ominus}]^2} = \dfrac{K_{sp}^{\ominus}[Mg(OH)_2]}{[K_b^{\ominus}(NH_3)]^2} = \dfrac{5.61 \times 10^{-12}}{(1.77 \times 10^{-5})^2} = 0.018$

其中 $c(Mg^{2+}) = 0.10 \text{ mol} \cdot \text{L}^{-1}$，$c(NH_3) = 0.20 \text{ mol} \cdot \text{L}^{-1}$

则 $\dfrac{0.1 \times 0.2^2}{[c(NH_4^+)/c^{\ominus}]^2} = 0.018$

$c(NH_4^+) = 0.47\ mol \cdot L^{-1}$

NH_4^+ 的起始浓度为

$0.47\ mol \cdot L^{-1} + 0.20\ mol \cdot L^{-1} = 0.67\ mol \cdot L^{-1}$

4. 解：设 $Ag(NH_3)_2^+$ 溶液中 Ag^+ 的浓度为 $x\ mol \cdot L^{-1}$

$$Ag^+ \quad + \quad 2NH_3 \quad = \quad [Ag(NH_3)_2]^+$$

平衡时 $c/(mol \cdot L^{-1})$ $\quad\quad x \quad\quad 0.1+2x \approx 0.1 \quad\quad 0.1-x \approx 0.1$

$K_f^{\ominus}\{[Ag(NH_3)_2]^+\} = \dfrac{c\{[Ag(NH_3)_2]^+\}/c^{\ominus}}{[c(Ag^+)/c^{\ominus}] \cdot [c(NH_3)/c^{\ominus}]^2} = \dfrac{0.10}{x \cdot 0.10^2} = 1.1 \times 10^7$

$x = 9.1 \times 10^{-7}\ mol \cdot L^{-1}$

5. 解：$2AgCl + Zn = 2Ag + Zn^{2+} + 2Cl^-$

$\varphi^{\ominus}(AgCl/Ag) = \varphi^{\ominus}(Ag^+/Ag) + 0.0592\ V \times lg K_{sp}^{\ominus}(AgCl)$

$\quad\quad\quad\quad\quad\quad = 0.7996\ V + 0.0592\ V \times lg(1.77 \times 10^{-10}) = 0.2223\ V$

$lg K^{\ominus} = \dfrac{n\varepsilon^{\ominus}}{0.0592\ V} = \dfrac{2 \times (0.2223\ V + 0.7618\ V)}{0.0592\ V}$

解得 $K^{\ominus} = 1.8 \times 10^{33}$

假设 AgCl 完全转化，则溶液中 Zn^{2+} 浓度为 $0.05\ mol \cdot L^{-1}$，Cl^- 浓度为 $0.10\ mol \cdot L^{-1}$

$Q = [c(Zn^{2+})/c^{\ominus}] \cdot [c(Cl^-)/c^{\ominus}]^2 = 5.0 \times 10^{-4} \ll K^{\ominus} = 1.8 \times 10^{33}$，此时反应仍可向右自发

因此 AgCl 完全转化。

模拟试题（五）参考答案

一、判断题

1. ×　2. ×　3. √　4. ×　5. ×　6. √　7. ×　8. ×　9. √　10. √

11. √　12. ×　13. ×　14. √　15. ×　16. ×　17. √　18. √　19. √　20. √

二、选择题

1. B　2. A　3. D　4. A　5. D　6. C　7. B　8. A　9. D　10. A

11. D　12. A　13. B　14. C　15. A　16. B　17. C　18. D　19. A　20. D

三、简答题

1. 水的蒸气压曲线，水与水蒸气共存；水的凝固曲线，水与冰共存；冰的蒸气压曲线，冰与水蒸气共存。

2. （1）$Br_2 + 2OH^- = BrO^- + Br^- + H_2O$；（2）因 $\varphi^{\ominus}(BrO_3^-/BrO^-) > \varphi^{\ominus}(BrO^-/Br_2)$，正向自发。

四、计算题

1. 解：反应方程式 $C_{12}H_{22}O_{11}(s) + 12O_2(g) = 12CO_2(g) + 11H_2O(l)$

$\Delta_r H_m^{\ominus} = 12 \times \Delta_f H_m^{\ominus}(CO_2) + 11 \times \Delta_f H_m^{\ominus}(H_2O) + (-1) \times \Delta_f H_m^{\ominus}(C_{12}H_{22}O_{11}) + (-12) \times \Delta_f H_m^{\ominus}(O_2)$

$\quad\quad = 12 \times (-393.51\ kJ \cdot mol^{-1}) + 11 \times (-285.83\ kJ \cdot mol^{-1}) - (-2222.1\ kJ \cdot mol^{-1})$

$$= -5\ 644.15\ \text{kJ} \cdot \text{mol}^{-1}$$

1 g 蔗糖的热量为

$$-5\ 644.14\ \text{kJ} \cdot \text{mol}^{-1}/342.30\ \text{g} \cdot \text{mol}^{-1} = -16.49\ \text{kJ} \cdot \text{g}^{-1}$$

2. 解：Fe^{3+} 沉淀完全时按 $10^{-5}\ \text{mol} \cdot \text{L}^{-1}$ 计算，则所需 $c(OH^-)$ 为

$$c(OH^-)/c^\ominus = \sqrt[3]{\frac{K_{sp}^\ominus}{c(Fe^{3+})/c^\ominus}} = \sqrt[3]{\frac{2.79 \times 10^{-39}}{10^{-5}}} = 6.53 \times 10^{-12}$$

$$pH = 2.81$$

Co^{2+} 开始沉淀时所需 $c(OH^-)$ 为

$$c(OH^-)/c^\ominus = \sqrt{\frac{K_{sp}^\ominus}{c(Co^{2+})/c^\ominus}} = \sqrt{\frac{5.92 \times 10^{-15}}{0.10}} = 2.43 \times 10^{-7}$$

$$pH = 7.39$$

pH 应控制在 2.82~7.39。

3. 解：$\varphi(Cd^{2+}/Cd) = \varphi^\ominus(Cd^{2+}/Cd) + \dfrac{0.059\ 2\ \text{V}}{2} \times \lg \dfrac{c(Cd^{2+})}{c^\ominus}$

$$= -0.403\ 0\ \text{V} + \frac{0.059\ 2\ \text{V}}{2} \times \lg 0.050 = -0.441\ 5\ \text{V}$$

$\varphi(Cl_2/Cl^-) = \varphi^\ominus(Cl_2/Cl^-) + \dfrac{0.059\ 2\ \text{V}}{2} \times \lg \dfrac{p(Cl_2)/p^\ominus}{[c(Cl^-)/c^\ominus]^2}$

$$= 1.358\ \text{V} + \frac{0.059\ 2\ \text{V}}{2} \times \lg \frac{110\ \text{kPa}/100\ \text{kPa}}{0.1^2} = 1.418\ \text{V}$$

$\varphi(Cl_2/Cl^-)$ 为正极，$\varphi(Cl_2/Cl^-) > \varphi(Cd^{2+}/Cd)$，反应正向进行。

$$\varepsilon = \varphi(Cl_2/Cl^-) - \varphi(Cd^{2+}/Cd) = 1.860\ \text{V}$$

4. 解：设缓冲溶液中 NaAc 的浓度为 $x\ \text{mol} \cdot \text{L}^{-1}$

$$pH = pK_a^\ominus - \lg \frac{c(HAc)}{c(NaAc)} = 4.75 - \lg \frac{0.20\ \text{mol} \cdot \text{L}^{-1}}{x\ \text{mol} \cdot \text{L}^{-1}} = 5.00$$

$$x = 0.36\ \text{mol} \cdot \text{L}^{-1}$$

所需 HAc 的体积 $V(HAc) = 500\ \text{mL} \times 0.20\ \text{mol} \cdot \text{L}^{-1}/1.0\ \text{mol} \cdot \text{L}^{-1} = 100\ \text{mL}$

所需 NaAc 的体积 $V(NaAc) = 500\ \text{mL} \times 0.36\ \text{mol} \cdot \text{L}^{-1}/1.0\ \text{mol} \cdot \text{L}^{-1} = 180\ \text{mL}$

5. 解：等体积混合后，生成的 $[Ag(NH_3)_2]^+$ 为 $0.1\ \text{mol} \cdot \text{L}^{-1}$

设达到平衡后，Ag^+ 的浓度为 $x\ \text{mol} \cdot \text{L}^{-1}$

$$Ag^+ \quad + \quad 2NH_3 \quad = \quad [Ag(NH_3)_2]^+$$

浓度 $c/(\text{mol} \cdot \text{L}^{-1})$ $\quad x \quad \dfrac{0.6}{2} - 0.10 \times 2 + 2x \approx 0.10 \quad 0.1 - x \approx 0.10$

$$K_f^\ominus\{[Ag(NH_3)_2]^+\} = \frac{c\{[Ag(NH_3)_2]^+\}/c^\ominus}{[c(Ag^+)/c^\ominus] \cdot [c(NH_3)/c^\ominus]^2} = \frac{0.10}{x \cdot 0.10^2} = 1.1 \times 10^7$$

$$x = 9.1 \times 10^{-7}\ \text{mol} \cdot \text{L}^{-1}$$

再与 KI 溶液等体积混合后，生成的 $[Ag(NH_3)_2]^+$ 为 $0.05\ mol \cdot L^{-1}$。

设达到平衡后，Ag^+ 的浓度为 $y\ mol \cdot L^{-1}$

$$Ag^+ \quad + \quad 2NH_3 \quad = \quad [Ag(NH_3)_2]^+$$

浓度 $c/(mol \cdot L^{-1})$ $\quad y \quad\quad\quad 0.05 \quad\quad\quad\quad 0.05$

$$K_f^{\ominus}\{[Ag(NH_3)_2]^+\} = \frac{c\{[Ag(NH_3)_2]^+\}/c^{\ominus}}{[c(Ag^+)/c^{\ominus}] \cdot [c(NH_3)/c^{\ominus}]^2} = \frac{0.05}{y \cdot 0.05^2} = 1.1 \times 10^7$$

$y = 1.82 \times 10^{-6}\ mol \cdot L^{-1}$

$Q_i = [c(Ag^+)/c^{\ominus}] \cdot [c(I^-)/c^{\ominus}] = 1.82 \times 10^{-6} \times 0.10/2 = 9.1 \times 10^{-8} > K_{sp}^{\ominus}(AgI)$，能生成 AgI 沉淀。

模拟试题(六)参考答案

一、判断题

1. × 　 2. √ 　 3. √ 　 4. √ 　 5. √ 　 6. √ 　 7. √ 　 8. × 　 9. √ 　 10. √

11. × 　 12. × 　 13. × 　 14. × 　 15. √ 　 16. × 　 17. × 　 18. × 　 19. √ 　 20. √

二、选择题

1. D 　 2. C 　 3. D 　 4. C 　 5. B 　 6. D 　 7. C 　 8. D 　 9. A 　 10. B

11. C 　 12. B 　 13. D 　 14. C 　 15. C 　 16. D 　 17. B 　 18. C 　 19. C 　 20. A

三、简答题

1. AgI 在氨水中 $AgI(s) + 2NH_3 = [Ag(NH_3)_2]^+ + I^-$

$K^{\ominus} = K_f^{\ominus}[Ag(NH_3)_2]^+ K_{sp}^{\ominus}(AgI) \approx 10^{-9}$，反应的 $K^{\ominus}$ 较小，反应不易发生。

AgI 在 KCN 溶液中 $AgI(s) + CN^- = [Ag(CN)_2]^- + I^-$

$K^{\ominus} = K_f^{\ominus}\{[Ag(CN)_2]^-\} K_{sp}^{\ominus}(AgI) \approx 10^5$，反应的 $K^{\ominus}$ 较大，容易发生配位反应使沉淀溶解。

2. $2s^2$：$(2, 0, 0, \pm 1/2)$

$2p^3$：$(2, 1, 0, +1/2)\ (2, 1, +1, +1/2)\ (2, 1, -1, +1/2)$

或 m_s 均为 $-1/2$

四、计算题

1. 解：(1) $\Delta_r H_m^{\ominus} = -393.5\ kJ \cdot mol^{-1} - 601.6\ kJ \cdot mol^{-1} + (-1) \times (-1\,095.8\ kJ \cdot mol^{-1})$

$\quad\quad\quad = 100.7\ kJ \cdot mol^{-1}$

$\Delta_r G_m^{\ominus} = -394.4\ kJ \cdot mol^{-1} - 569.4\ kJ \cdot mol^{-1} + (-1) \times (-1\,012.1\ kJ \cdot mol^{-1})$

$\quad\quad = 48.3\ kJ \cdot mol^{-1}$

则

$$\Delta_r S_m^{\ominus} = \frac{\Delta_r H_m^{\ominus} - \Delta_r G_m^{\ominus}}{T} = \frac{100.7\ kJ \cdot mol^{-1} - 48.3\ kJ \cdot mol^{-1}}{298\ K}$$

$\quad\quad = 0.176\ kJ \cdot mol^{-1} \cdot K^{-1}$

忽略温度对 $\Delta_r H_m^{\ominus}$、$\Delta_r S_m^{\ominus}$ 影响

$\Delta_r G_m^{\ominus}(500\ \text{K}) \approx \Delta_r H_m^{\ominus} - 500\ \text{K} \times \Delta_r S_m^{\ominus} = 12.7\ \text{kJ} \cdot \text{mol}^{-1} > 0$

所以，500 K 反应不能正向自发进行。

（2）$\Delta_r H_m^{\ominus} > 0$，$\Delta_r S_m^{\ominus} > 0$，则 $T > \Delta_r H_m^{\ominus}/\Delta_r S_m^{\ominus}$ 反应正向自发

$T > \dfrac{\Delta_r H_m^{\ominus}}{\Delta_r S_m^{\ominus}} = 572\ \text{K}$，反应正向自发的最低温度是 572 K。

2. 解：（1）加 NaAc 晶体前，

$c(\text{H}^+)/c^{\ominus} = \sqrt{K_a^{\ominus}(\text{HAc})c/c^{\ominus}} = \sqrt{1.76 \times 10^{-5} \times 0.10} = 1.33 \times 10^{-3}$

pH = 2.88

$\alpha = \sqrt{\dfrac{K_a^{\ominus}(\text{HAc})}{c/c^{\ominus}}} = \sqrt{\dfrac{1.76 \times 10^{-5}}{0.10}} = 1.3\%$

（2）加 NaAc 晶体后，设氢离子浓度为 $x\ \text{mol} \cdot \text{L}^{-1}$，乙酸离解平衡如下：

$$\text{HAc} = \text{H}^+ + \text{Ac}^-$$

平衡时 $c/(\text{mol} \cdot \text{L}^{-1})$ $0.10-x \approx 0.10$ x $0.10+x \approx 0.10$

$K_a^{\ominus}(\text{HAc}) = \dfrac{[c(\text{H}^+)/c^{\ominus}] \cdot [c(\text{Ac}^-)/c^{\ominus}]}{c(\text{HAc})/c^{\ominus}} = \dfrac{x \times 0.10}{0.10} = 1.76 \times 10^{-5}$

$c(\text{H}^+) = 1.76 \times 10^{-5}\ \text{mol} \cdot \text{L}^{-1}$

pH = 4.75

$\alpha = \dfrac{c(\text{H}^+)}{c(\text{HAc})} = \dfrac{1.76 \times 10^{-5}\ \text{mol} \cdot \text{L}^{-1}}{0.10\ \text{mol} \cdot \text{L}^{-1}} \approx 0.018\%$

加入 NaAc 后，氢离子浓度降低，pH 值升高，离解度变大。

3. 解：$0.1\ \text{mol} \cdot \text{L}^{-1}$ KCl 溶液中，$c(\text{Cl}^-) = 0.1\ \text{mol} \cdot \text{L}^{-1}$，$\text{Cl}^-$ 开始沉淀时

$c(\text{Ag}^+)/c^{\ominus} = \dfrac{K_{sp}^{\ominus}(\text{AgCl})}{c(\text{Cl}^-)/c^{\ominus}} = \dfrac{1.77 \times 10^{-10}}{0.1} = 1.77 \times 10^{-9}$

设 I^- 沉淀完全按 $10^{-5}\ \text{mol} \cdot \text{L}^{-1}$ 计，则 I^- 沉淀完全时

$c(\text{Ag}^+)/c^{\ominus} = \dfrac{K_{sp}^{\ominus}(\text{AgI})}{c(\text{I}^-)/c^{\ominus}} = \dfrac{8.52 \times 10^{-17}}{1 \times 10^{-5}} = 8.52 \times 10^{-12}$

所以，Ag^+ 浓度应控制在 $8.52 \times 10^{-12}\ \text{mol} \cdot \text{L}^{-1} \sim 1.77 \times 10^{-9}\ \text{mol} \cdot \text{L}^{-1}$。

4. 解：根据电池反应方程式 $2\text{Fe}^{3+} + 2\text{I}^- = 2\text{Fe}^{2+} + \text{I}_2$，$\text{Fe}^{3+}/\text{Fe}^{2+}$ 为正极，I_2/I^- 负极。

$\varepsilon^{\ominus} = \varphi_+^{\ominus} - \varphi_-^{\ominus} = \varphi^{\ominus}(\text{Fe}^{3+}/\text{Fe}^{2+}) - \varphi^{\ominus}(\text{I}_2/\text{I}^-) = 0.771\ \text{V} - 0.535\ 5\ \text{V} = 0.235\ 5\ \text{V}$

$\Delta_r G_m^{\ominus} = -nF\varepsilon^{\ominus} = -2 \times 96.5\ \text{kJ} \cdot \text{mol}^{-1} \cdot \text{V}^{-1} \times 0.235\ 5\ \text{V} = -45.45\ \text{kJ} \cdot \text{mol}^{-1}$

$\ln K^{\ominus} = -\Delta_r G_m^{\ominus}/RT = 45.45 \times 10^3\ \text{J} \cdot \text{mol}^{-1}/(8.314\ \text{J} \cdot \text{mol}^{-1} \cdot \text{K}^{-1} \times 298\ \text{K}) = 18.34$

$K^{\ominus} = 9.2 \times 10^7$

5. 解：依据配位平衡 $\text{Cu}^{2+} + 4\text{NH}_3 = [\text{Cu}(\text{NH}_3)_4]^{2+}$，$K_f^{\ominus}\{[\text{Cu}(\text{NH}_3)_4]^{2+}\} = 2.1 \times 10^{13}$，其中 NH_3 和 $[\text{Cu}(\text{NH}_3)_4]^{2+}$ 的浓度均为 $1\ \text{mol} \cdot \text{L}^{-1}$

$K_f^{\ominus}\{[\text{Cu}(\text{NH}_3)_4]^{2+}\} = \dfrac{c\{[\text{Cu}(\text{NH}_3)_4]^{2+}\}/c^{\ominus}}{[c(\text{Cu}^{2+})/c^{\ominus}] \cdot [c(\text{NH}_3)/c^{\ominus}]^4} = 2.1 \times 10^{13}$

$$c(\text{Cu}^{2+})/c^{\ominus} = \frac{1}{K_f^{\ominus}\{[\text{Cu}(\text{NH}_3)_4]^{2+}\}}$$

$$\varphi(\text{Cu}^{2+}/\text{Cu}) = \varphi^{\ominus}(\text{Cu}^{2+}/\text{Cu}) + \frac{0.059\ 2\ \text{V}}{2}\lg\frac{c(\text{Cu}^{2+})}{c^{\ominus}}$$

$$= 0.341\ 9\ \text{V} + \frac{0.059\ 2\ \text{V}}{2}\lg\frac{1}{2.1\times10^{13}} = -0.052\ \text{V}$$

模拟试题(七)参考答案

一、判断题

1. × 2. √ 3. × 4. × 5. √ 6. × 7. × 8. √ 9. √ 10. √
11. × 12. × 13. √ 14. × 15. √ 16. √ 17. × 18. √ 19. √ 20. √

二、选择题

1. C 2. D 3. A 4. B 5. B 6. C 7. C 8. A 9. B 10. A
11. D 12. C 13. C 14. A 15. C 16. A 17. D 18. D 19. A 20. C

三、简答题:

1. 从公式 $\ln\dfrac{K_2^{\ominus}}{K_1^{\ominus}} = \dfrac{\Delta_r H_m^{\ominus}}{RT}\left(\dfrac{T_2-T_1}{T_2 T_1}\right)$ 可看出相同温度下,$|\Delta_r H_m^{\ominus}|$ 越大,$\ln\dfrac{K_2^{\ominus}}{K_1^{\ominus}}$ 越大,所以说在升高温度时,其平衡常数变化较大。

2. 由于 $\varphi^{\ominus}(\text{O}_2/\text{H}_2\text{O}) = 1.229\ \text{V} > \varphi^{\ominus}(\text{Sn}^{4+}/\text{Sn}^{2+}) = 0.151\ \text{V}$,因此标态下 O_2 可以氧化 Sn^{2+} 生成 Sn^{4+};加入 Sn 粒后,$\varphi^{\ominus}(\text{Sn}^{4+}/\text{Sn}^{2+}) = 0.151\ \text{V} > \varphi^{\ominus}(\text{Sn}^{2+}/\text{Sn}) = 0.136\ \text{V}$,则反应 $\text{Sn}^{4+} + \text{Sn} = 2\text{Sn}^{2+}$ 正向进行,所以 Sn 可以抑制 Sn^{2+} 氧化 Sn^{4+}。

四、计算题

1. 解:(1) $\Delta_r G_m^{\ominus} = 4\Delta_f G_m^{\ominus}(\text{Ag}) + \Delta_f G_m^{\ominus}(\text{O}_2) - 2\Delta_f G_m^{\ominus}(\text{Ag}_2\text{O})$

$\qquad\qquad = (-2)\times(-11.2\ \text{kJ}\cdot\text{mol}^{-1}) = 22.4\ \text{kJ}\cdot\text{mol}^{-1}$

$\ln K^{\ominus} = -\Delta_r G_m^{\ominus}/RT = -22.4\times10^3\ \text{J}\cdot\text{mol}^{-1}/(8.314\ \text{J}\cdot\text{mol}^{-1}\cdot\text{K}^{-1}\times298\ \text{K}) = -9.04$

$K^{\ominus} = 1.2\times10^{-4} = p(\text{O}_2)/p^{\ominus}$

$p(\text{O}_2) = K^{\ominus}p^{\ominus} = 1.2\times10^{-4}\times100\ \text{kPa} = 1.2\times10^{-2}\ \text{kPa}$

(2) $\Delta_r H_m^{\ominus} = 4\Delta_f H_m^{\ominus}(\text{Ag}) + \Delta_f H_m^{\ominus}(\text{O}_2) + (-2)\times\Delta_f H_m^{\ominus}(\text{Ag}_2\text{O})$

$\qquad\qquad = (-2)\times(-31.1\ \text{kJ}\cdot\text{mol}^{-1}) = 62.2\ \text{kJ}\cdot\text{mol}^{-1}$

$K_2^{\ominus} = p(\text{O}_2)/p^{\ominus} = 100\ \text{kPa}/100\ \text{kPa} = 1.00$

$$\ln\frac{K_1^{\ominus}}{K_2^{\ominus}} = \frac{\Delta_r H_m^{\ominus}}{R}\left(\frac{1}{T_2} - \frac{1}{T_1}\right)$$

$$\ln\frac{1.2\times10^{-4}}{1.00} = \frac{62.2\times10^3\ \text{J}\cdot\text{mol}^{-1}}{8.314\ \text{J}\cdot\text{mol}^{-1}\cdot\text{K}^{-1}}\left(\frac{1}{T_2} - \frac{1}{298\ \text{K}}\right)$$

解得 $T_2 = 465\ \text{K}$

2. 解: $pH = pK_a^\ominus(HCOOH) - \lg\dfrac{c(HCOOH)}{c(HCOONa)}$

$4.0 = -\lg(1.77 \times 10^{-4}) - \lg\dfrac{0.10 - c(HCOONa)}{c(HCOONa)}$

$c(HCOONa) = 0.064 \text{ mol} \cdot L^{-1}$

$m(NaOH) = M(NaOH)c(NaOH)V = 40 \text{ g} \cdot \text{mol}^{-1} \times 0.064 \text{ mol} \cdot L^{-1} \times 500 \times 10^{-3} \text{ L} = 1.28 \text{ g}$

3. 解: AgBr 溶解平衡如下, 设达到平衡是 $S_2O_3^{2-}$ 的浓度 x mol·L^{-1}

$$AgBr(s) \quad + \quad 2S_2O_3^{2-} = [Ag(S_2O_3)_2]^{3-} + \quad Br^-$$

平衡时 $c/(\text{mol} \cdot L^{-1})$ $\qquad\qquad\qquad$ x $\qquad\qquad$ 0.10 $\qquad\qquad$ 0.10

$$K^\ominus = \dfrac{\{c[Ag(S_2O_3)_2]^{3-}/c^\ominus\} \cdot [c(Br^-)/c^\ominus]}{[c(S_2O_3^{2-})/c^\ominus]^2} = K_f^\ominus\{[Ag(S_2O_3)_2]^{3-}\}K_{sp}^\ominus(AgBr)$$

$$= \dfrac{0.10 \times 0.10}{x^2} = 2.8 \times 10^{13} \times 5.35 \times 10^{-13}$$

$x = 0.03 \text{ mol} \cdot L^{-1}$

$S_2O_3^{2-}$ 的起始浓度为 $0.03 \text{ mol} \cdot L^{-1} + 0.20 \text{ mol} \cdot L^{-1} = 0.23 \text{ mol} \cdot L^{-1}$

4. 解: 因 $SrSO_4$ 的溶解度较大, $K_{sp}^\ominus(SrSO_4) = [c(Sr^{2+})/c^\ominus] \cdot [c(SO_4^{2-})/c^\ominus]$

$c(Sr^{2+}) \approx c(SO_4^{2-}) = 5.86 \times 10^{-4} \text{ mol} \cdot L^{-1}$

因 $SrSO_4$ 离解出 SO_4^{2-} 浓度远大于的 $BaSO_4$ 离解出的 SO_4^{2-} 浓度, 按 $SrSO_4$ 离解出 SO_4^{2-} 浓度计算, 则

$$c(Ba^{2+})/c^\ominus = \dfrac{K_{sp}^\ominus(BaSO_4)}{c(SO_4^{2-})/c^\ominus} = \dfrac{1.08 \times 10^{-10}}{5.86 \times 10^{-4}} = 1.84 \times 10^{-7}$$

$c(Ba^{2+}) = 1.84 \times 10^{-7} \text{ mol} \cdot L^{-1}$

5. 解: Ag^+/Ag 为正极, Fe^{3+}/Fe^{2+} 为负极。

(1) $\varphi(Ag^+/Ag) = \varphi^\ominus(Ag^+/Ag) + \dfrac{0.0592 \text{ V}}{1}\lg\dfrac{c(Ag^+)}{c^\ominus}$

$\qquad\qquad = 0.7996 \text{ V} + 0.0592 \text{ V} \times \lg 0.10 = 0.7404 \text{ V}$

$\varphi(Fe^{3+}/Fe^{2+}) = \varphi^\ominus(Fe^{3+}/Fe^{2+}) + \dfrac{0.0592 \text{ V}}{1}\lg\dfrac{c(Fe^{3+})}{c(Fe^{2+})}$

$\qquad\qquad = 0.771 \text{ V} + 0.0592 \text{ V} \times \lg(0.10/0.10) = 0.771 \text{ V}$

因 $\varepsilon = \varphi_+ - \varphi_- = \varphi(Ag^+/Ag) - \varphi(Fe^{3+}/Fe^{2+}) = 0.7404 \text{ V} - 0.771 \text{ V} = -0.0306 \text{ V} < 0$, 反应逆向进行。

(2) $\lg K^\ominus = \dfrac{n\varepsilon^\ominus}{0.0592 \text{ V}} = \dfrac{1 \times (0.7996 \text{ V} - 0.771 \text{ V})}{0.0592 \text{ V}} = 0.483$

解得 $K^\ominus = 3.04$

$$Ag^+ \quad + \quad Fe^{2+} = \quad Ag(s) \quad + \quad Fe^{3+}$$

起始时 $c/(\text{mol} \cdot L^{-1})$ $\quad$ 0.10 $\qquad$ 0.10 $\qquad\qquad\qquad\qquad$ 0.10

平衡时 $c/(\text{mol} \cdot L^{-1})$ $\quad$ 0.10+x $\quad$ 0.10+x $\qquad\qquad\qquad$ 0.10-x

$$K^{\ominus} = \frac{c(Fe^{3+})/c^{\ominus}}{[c(Ag^+)/c^{\ominus}] \cdot [c(Fe^{2+})/c^{\ominus}]} = \frac{0.10-x}{(0.1+x) \cdot (0.1+x)} = 3.04$$

$x = 0.04 \text{ mol} \cdot L^{-1}$

$c(Fe^{3+}) = 0.06 \text{ mol} \cdot L^{-1}$, $c(Ag^+) = c(Fe^{2+}) = 0.14 \text{ mol} \cdot L^{-1}$

模拟试题(八)参考答案

一、判断题

1. ×　2. √　3. ×　4. √　5. √　6. ×　7. ×　8. ×　9. √　10. ×
11. ×　12. √　13. √　14. √　15. √　16. √　17. ×　18. √　19. ×　20. √

二、选择题

1. A　2. D　3. B　4. D　5. C　6. B　7. B　8. C　9. A　10. C
11. D　12. A　13. D　14. B　15. A　16. C　17. A　18. C　19. B　20. D

三、简答题

1. 从公式 $\ln\dfrac{k_2}{k_1} = \dfrac{E_a}{RT}\left(\dfrac{T_2-T_1}{T_2 T_1}\right)$，在低温区和高温区升高相同温度时，低温区的 $T_1 T_2$ 更小，高温区的 $T_1 T_2$ 更大，因此温度系数 $\gamma = k_1/k_2$ 在低温区比高温区的更大。

2. (1) 反应物浓度越大，反应体系中单位体积内活化分子数目越多，反应速率越大；(2) 反应温度越高，反应体系中活化分子百分数越大，反应速率越大；(3) 催化剂降低反应的活化能，增大活化分子的百分数，反应速率越大。

四、计算题

1. 解：(1) $\Delta_r H_m^{\ominus} = 2\Delta_f H_m^{\ominus}(CO) + (-1) \times \Delta_f H_m^{\ominus}(SiO_2) = 689.64 \text{ kJ} \cdot mol^{-1}$

$\Delta_r S_m^{\ominus} = 2S_m^{\ominus}(CO) + S_m^{\ominus}(Si) + (-2) \times S_m^{\ominus}(C) + (-1) \times S_m^{\ominus}(SiO_2) = 361.19 \text{ J} \cdot mol^{-1} \cdot K^{-1}$

$\Delta_r G_m^{\ominus}(1\,000 \text{ K}) = \Delta_r H_m^{\ominus} - 1\,000 \text{ K} \times \Delta_r S_m^{\ominus} = 328.45 \text{ kJ} \cdot mol^{-1} > 0$

因此 1 000 K 时，不能正向进行。

(2) $T \geq \Delta_r H_m^{\ominus}/\Delta_r S_m^{\ominus} = 1\,909 \text{ K}$，正向自发的最低温度为 1 909 K。

(3) $\Delta_r G_m^{\ominus} = -RT\ln K^{\ominus}$

$328.45 \times 10^3 \text{ J} \cdot mol^{-1} = -8.314 \text{ J} \cdot mol^{-1} \cdot K^{-1} \times 1\,000 \text{ K} \times \ln K^{\ominus}$

解得　$K^{\ominus} = 6.96 \times 10^{-18}$

2. 解：设酸为 HA，其共轭碱为 A^-。pH = 4.92 时，缓冲体系中

$n(HA) = 36.12 \times 10^{-3} \text{ L} \times 0.10 \text{ mol} \cdot L^{-1} - 18.06 \times 10^{-3} \text{ L} \times 0.10 \text{ mol} \cdot L^{-1} = 1.806 \times 10^{-3} \text{ mol}$

$n(A^-) = 18.06 \times 10^{-3} \text{ L} \times 0.10 \text{ mol} \cdot L^{-1} = 1.806 \times 10^{-3} \text{ mol}$

$pH = pK_a^{\ominus} + \lg\dfrac{c(HA)}{c(A^-)}$

$pK_a^{\ominus} = pH - \lg\dfrac{c(HA)}{c(A^-)} = pH - \lg\dfrac{n(HA)}{n(A^-)} = 4.92 - \lg\dfrac{1.806 \times 10^{-3} \text{ mol}}{1.806 \times 10^{-3} \text{ mol}} = 4.92$

$K_a^{\ominus} = 1.2 \times 10^{-5}$

3. 解：在标准状态下，$\varphi^{\ominus}(Pb^{2+}/Pb) - \varphi^{\ominus}(Sn^{2+}/Sn) = 0.011\ 3\ V$

在标准状态下，反应可从左至右自发进行，但因为 $\varepsilon^{\ominus}$ 很小，反应有很大的可逆性。

在非标准状态下

当 $c(Pb^{2+}) = 0.010\ mol \cdot L^{-1}$，$c(Sn^{2+}) = 2.00\ mol \cdot L^{-1}$ 时

$$\varphi(Pb^{2+}/Pb) = \varphi^{\ominus}(Pb^{2+}/Pb) + \frac{0.059\ 2\ V}{2} \times \lg \frac{c(Pb^{2+})}{c^{\ominus}}$$

$$= -0.126\ 2\ V + \frac{0.059\ 2\ V}{2} \times \lg 0.010 = -0.185\ 4\ V$$

$$\varphi(Sn^{2+}/Sn) = \varphi^{\ominus}(Sn^{2+}/Sn) + \frac{0.059\ 2\ V}{2} \times \lg \frac{c(Sn^{2+})}{c^{\ominus}}$$

$$= -0.137\ 5\ V + \frac{0.059\ 2\ V}{2} \times \lg 2.00 = -0.125\ 6\ V$$

因为 $\varphi_+ < \varphi_-$，所以逆反应自发进行。

4. 解：Cl^- 开始沉淀时，$c(Ag^+)/c^{\ominus} = K_{sp}^{\ominus}/[c(Cl^-)/c^{\ominus}] = 1.77 \times 10^{-9}$

I^- 开始沉淀时，$c(Ag^+)/c^{\ominus} = K_{sp}^{\ominus}/[c(I^-)/c^{\ominus}] = 8.52 \times 10^{-16}$

所以，AgI 先沉淀。

当 Cl^- 开始沉淀时，溶液中 $c(Ag^+)/c^{\ominus} = 1.77 \times 10^{-9}$

此时，$c(I^-)/c^{\ominus} = K_{sp}^{\ominus}(AgI)/[c(Ag^+)/c^{\ominus}] = 8.52 \times 10^{-17}/(1.77 \times 10^{-9}) = 4.81 \times 10^{-8}$

$[I^-] < 10^{-5}\ mol \cdot L^{-1}$，所以可以分离 Cl^- 和 I^-。

5. 解：电极反应 $Cu^{2+} + e^- + I^- = CuI$，标准态下，$c(Cu^{2+}) = c(I^-) = 1\ mol \cdot L^{-1}$

$c(Cu^+)/c^{\ominus} = K_{sp}^{\ominus}(CuI)/[c(I^-)/c^{\ominus}] = 1.27 \times 10^{-12}/1 = 1.27 \times 10^{-12}$

$$\varphi(Cu^{2+}/CuI) = \varphi(Cu^{2+}/Cu^+)$$

$$= \varphi^{\ominus}(Cu^{2+}/Cu^+) + \frac{0.059\ 2\ V}{1} \times \lg \frac{c(Cu^{2+})}{c(Cu^+)}$$

$$= 0.153\ V + \frac{0.059\ 2\ V}{1} \times \lg \frac{1\ mol \cdot L^{-1}}{1.27 \times 10^{-12}\ mol \cdot L^{-1}}$$

$$= 0.857\ V$$

附 录

表示的因数	词头名称	词头符号
10^{18}	艾[可萨]	E(exa)
10^{15}	拍[它]	P(peta)
10^{12}	太[拉]	T(tera)
10^{9}	吉[咖]	G(giga)
10^{6}	兆	M(mega)
10^{3}	千	K(kilo)
10^{2}	百	H(hecto)
10	十	da(deca)
10^{-1}	分	d(deci)
10^{-2}	厘	c(centi)
10^{-3}	毫	m(milli)
10^{-6}	微	μ(micro)
10^{-9}	纳[诺]	n(nano)
10^{-12}	皮[可]	p(pico)
10^{-15}	飞[母托]	f(femto)
10^{-18}	阿[托]	a(atto)

附录 2　一些非推荐单位、导出单位与 SI 单位的换算

物理量	换算单位	物理量	换算单位
长度	$1\text{Å} = 10^{-10}$ m, $1\text{in} = 2.54 \times 10^{-2}$ m	电量	1 esu(静电单位库仑) $= 3.335 \times 10^{-10}$ C
质量	1 b(磅) $= 0.454$ kg, 1 oz(盎司) $= 28.2 \times 10^{-3}$ kg	温度	1 K $= 273.15$ ℃, 1 ℉ $= \dfrac{9}{5}$ K $- 459.67 = \dfrac{9}{5} + 32$ ℃
		能量	1 cal $= 4.184$ J, 1 eV $= 1.602 \times 10^{-19}$ J, 1 erg $= 10^{-7}$ J
压力	1 atm $= 760$ mmHg $= 1.013 \times 10^{5}$ Pa 1 mmHg $= 1$ Torr $= 133.3$ Pa 1 bar $= 10^{5}$ Pa, 1 Pa $= 1$ N $\cdot$ m^{-2}	其他	R(气体常数) $= 1.986$ cal $\cdot$ K^{-1} $\cdot$ mol^{-1} $= 0.082\,06$ L $\cdot$ atm $\cdot$ K^{-1} $\cdot$ mol^{-1} $= 8.314$ J $\cdot$ K^{-1} $\cdot$ mol^{-1} $= 8.314$ kPa $\cdot$ L $\cdot$ K^{-1} $\cdot$ mol^{-1}

附录 3   一些常用的物理和化学基本常量

名称	符号	数值和单位	名称	符号	数值和单位
标准压力	$p^{\ominus}$	1 bar $= 10^5$ Pa	摩尔气体常数	R	8.314 462 1(75) J $\cdot$ K^{-1} $\cdot$ mol^{-1}
Avogadro 常数	N_A	6.022 141 29(27)$\times 10^{23}$ mol^{-1}	Faraday 常数	F	9.648 533 65(21)$\times 10^4$ C $\cdot$ mol^{-1}
Boltzman 常数	k	1.380 648 8(13)$\times 10^{-23}$ J $\cdot$ K^{-1}	电子质量	m_e	9.109 382 91(40)$\times 10^{-31}$ kg
电子电荷	e	1.602 176 565(35)$\times 10^{-19}$ C	真空光速	v_0	299 792 458 m $\cdot$ s^{-1}
Planck 常数	h	6.626 069 57(29)$\times 10^{-34}$ J $\cdot$ s	原子质量常数 $\frac{1}{12}m(^{12}C)$	u	1.660 538 921(73)$\times 10^{-27}$ kg
Bohr 半径	a_0	5.291 772 49(24) $\times 10^{-11}$ m	Bohr 磁子	μ_B	9.274 015 4(31)$\times 10^{-24}$ J $\cdot$ T^{-1}

附录 4   不同温度下水的蒸气压

温度/℃	蒸气压/Pa	温度/℃	蒸气压/Pa	温度/℃	蒸气压/Pa	温度/℃	蒸气压/Pa
−14.0	208.0	24.0	2 985.8	62.0	2.186 7$\times 10^4$	98.0	9.439 0$\times 10^4$
−12.0	244.5	26.0	3 363.9	64.0	2.394 3$\times 10^4$	100.0	1.014 2$\times 10^5$
−10.0	286.5	28.0	3 783.1	66.0	2.618 3$\times 10^4$	102.0	1.088 7$\times 10^5$
−8.0	335.2	30.0	4 247	68.0	2.859 9$\times 10^4$	104.0	1.167 8$\times 10^5$
−6.0	390.8	32.0	4 759.6	70.0	3.120 1$\times 10^4$	106.0	1.251 5$\times 10^5$
−4.0	454.6	34.0	5 325.1	72.0	3.400 0$\times 10^4$	108.0	1.340 1$\times 10^5$
−2.0	527.4	36.0	5 947.9	74.0	3.700 9$\times 10^4$	110.0	1.433 8$\times 10^5$
0.0	610.5	38.0	6 632.8	76.0	4.023 9$\times 10^4$	112.0	1.532 8$\times 10^5$
2.0	705.99	40.0	7 384.9	78.0	4.370 3$\times 10^4$	114.0	1.637 4$\times 10^5$
4.0	813.55	42.0	8 209.6	80.0	4.741 4$\times 10^4$	116.0	1.747 7$\times 10^5$
6.0	935.36	44.0	9 112.4	82.0	5.138 7$\times 10^4$	120.0	1.986 7$\times 10^5$
8.0	1 073	46.0	1.009 9$\times 10^4$	84.0	5.563 5$\times 10^4$	150.0	4.761 6$\times 10^5$
10.0	1 228.2	48.0	1.117 7$\times 10^4$	86.0	6.017 3$\times 10^4$	200.0	15.549$\times 10^5$
12.0	1 402.8	50.0	1.235 2$\times 10^4$	88.0	6.501 7$\times 10^4$	250.0	39.762$\times 10^5$
14.0	1 599	52.0	1.363 1$\times 10^4$	90.0	7.018 2$\times 10^4$	300.0	85.879$\times 10^5$
16.0	1 818.8	54.0	1.502 2$\times 10^4$	92.0	7.568 4$\times 10^4$	350.0	165.29$\times 10^5$
18.0	2 064.7	56.0	1.653 3$\times 10^4$	94.0	8.154 1$\times 10^4$	370.0	210.44$\times 10^5$
20.0	2 339.3	58.0	1.817 1$\times 10^4$	96.0	8.777 1$\times 10^4$	374.0	220.604$\times 10^5$
22.0	2 645.3	60.0	1.994 6$\times 10^4$				

附录 5   某些物质的标准生成焓、标准生成吉布斯自由能、标准熵

物质	$\Delta_f H_m^{\ominus}/(\text{kJ}\cdot\text{mol}^{-1})$	$\Delta_f G_m^{\ominus}/(\text{kJ}\cdot\text{mol}^{-1})$	$S_m^{\ominus}/(\text{J}\cdot\text{K}^{-1}\cdot\text{mol}^{-1})$
$Ag(s)$	0	0	42.55
$Ag^+(aq)$	105.79	77.12	73.45
$AgCl(s)$	-127.01	-109.8	96.25
$Ag_2O(s)$	-31.1	-11.20	121.3
$AgI(s)$	-61.8	-66.2	115.5
$AgBr(s)$	-100.4	-96.9	107.1
$Ag_2S(s)$	-32.6	-40.7	144.0
$Al(s)$	0	0	28.30
$Al^{3+}(aq)$	-538.4	-485	-325
$AlCl_3(s)$	-704.2	-628.8	109.3
$Al_2O_3(\alpha,\ 刚玉)$	-1 675.7	-1 582.3	50.92
$B(s,\ \beta)$	0	0	5.90
$Ba(s)$	0	0	62.5
$Ba^{2+}(aq)$	-537.64	-560.74	9.6
$BaCO_3(s)$	-1 216	-1 138	112
$BaSO_4(s)$	-1 473	-1 362	132
$Br_2(l)$	0	0	152.21
$Br_2(g)$	30.91	3.11	245.468
$Br^-(aq)$	-121.41	-104.0	82.55
$HBr(g)$	-36.3	-53.43	198.7
$C(s,\ 金刚石)$	1.90	2.90	2.4
$C(s,\ 石墨)$	0	0	5.74
$CO(g)$	-110.53	-137.17	197.660
$CO_2(g)$	-393.51	-394.36	213.785
$CO_3^{2-}(aq)$	-675.23	-527.90	-50.0
$HCO_3^-(aq)$	-691.99	-586.85	91.2
$H_2CO_3(aq,\ 非离解)$	-699.65	-623.16	187
$Ca(s)$	0	0	41.59
$Ca^{2+}(aq)$	-543.0	-553.54	-56.2
$CaCO_3(s,\ 方解石)$	-1 206.92	-1 128.79	92.9
$CaO(s)$	-634.92	-603.3	38.1
$Ca(OH)_2(s)$	-986.09	-898.49	83.39
$CaSO_4(s)$	-1 434.5	-1 322.0	106.5
$Cl_2(g)$	0	0	223.081
$Cl^-(aq)$	-167.080	-131.26	56.60
$HCl(g)$	-92.31	-95.30	186.908
$Co(s)$	0	0	30.04
$CoCl_2(s)$	-312.5	-269.8	109.16
$Cr(s)$	0	0	23.8
$Cr_2O_3(s)$	-1 139.7	-1 058.1	81.2
$Cr_2O_7^{2-}(aq)$	-1 490	-1 301	262
$CrO_4^{2-}(aq)$	-881.2	-727.9	50.2
$Cu(s)$	0	0	33.15

（续）

物质	$\Delta_f H_m^{\ominus}/(kJ \cdot mol^{-1})$	$\Delta_f G_m^{\ominus}/(kJ \cdot mol^{-1})$	$S_m^{\ominus}/(J \cdot K^{-1} \cdot mol^{-1})$
$Cu^{2+}(aq)$	64.9	65.22	−98
$CuO(s)$	−157.3	−129.7	42.6
$Cu_2O(s)$	−168.6	−146.0	93.14
$F_2(g)$	0	0	202.791
$F^-(aq)$	−335.35	−278.8	−13.8
$Fe(s)$	0	0	27.3
$Fe^{2+}(aq)$	−89.1	−78.87	−138
$Fe^{3+}(aq)$	−48.5	−4.6	−316
$FeO(s)$	−207	−244	59.4
$Fe_2O_3(s，赤铁矿)$	−824.2	−742.2	87.40
$Fe_3O_4(s，磁铁矿)$	−1 118.4	−1 015.4	146.4
$H_2(g)$	0	0	130.680
$H^+(aq)$	0	0	0
$H_3O^+(aq)$	−285.85	−237.19	69.96
$HF(g)$	−273.30	−273.1	173.779
$H_2O(g)$	−241.826	−228.57	188.835
$H_2O(l)$	−285.830	−237.13	69.95
$Hg(g)$	61.38	31.82	174.971
$Hg(l)$	0	0	75.90
$HgO(s，红)$	−90.79	−58.54	70.25
$I_2(g)$	62.42	19.33	260.687
$I_2(s)$	0	0	116.14
$I^-(aq)$	−56.78	−51.59	106.45
$K(s)$	0	0	64.68
$K^+(aq)$	−252.14	−283.3	101.20
$KCl(s)$	−436.75	−409.14	82.59
$KClO_3(s)$	−397.7	−296.3	143
$Mg(s)$	0	0	32.67
$Mg^{2+}(aq)$	−467.0	−454.8	−137
$MgCl_2(s)$	−641.32	−591.79	89.62
$MgO(s，方镁矿)$	−601.60	−569.43	26.95
$Mg(OH)_2(s)$	−924.54	−833.58	63.18
$MgCO_3(s，菱镁矿)$	−1 095.8	−1 012.1	65.7
$Mn(s，\alpha)$	0	0	32.01
$Mn^{2+}(aq)$	−220.7	−228.0	−73.6
$MnO(s)$	−385.2	−362.9	59.7
$MnO_2(s)$	−520.03	−465.18	53.05
$MnO_4^-(aq)$	−518.4	−425.1	189.9
$N_2(g)$	0	0	191.609
$NH_3(g)$	−45.94	−16.45	192.77
$NH_4^+(aq)$	−133.26	−79.37	111.17
$NH_4Cl(s)$	−315.4	−203.9	94.6
$NO(g)$	91.3	87.6	210.8

（续）

物质	$\Delta_f H_m^\ominus/(kJ \cdot mol^{-1})$	$\Delta_f G_m^\ominus/(kJ \cdot mol^{-1})$	$S_m^\ominus/(J \cdot K^{-1} \cdot mol^{-1})$
$NO_2(g)$	33.18	51.31	240.06
$NO_3^-(aq)$	−206.85	−111.3	146.70
$Na(s)$	0	0	51.30
$Na^+(aq)$	−240.34	−261.98	58.45
$NaCl(s)$	−411.15	−384.14	72.13
$Na_2O(s)$	−414.22	−375.46	75.06
$Ni(s)$	0	0	29.87
$NiO(s)$	−244	−216	38.6
$O_2(g)$	0	0	205.152
$O_3(g)$	142.7	163.2	238.93
$OH^-(aq)$	−230.015	−157.29	−10.90
$P(s, 白色)$	0	0	41.09
$PCl_3(g)$	−287	−268.0	311.7
$PCl_5(l)$	−443.5	—	—
$Pb(s)$	0	0	64.80
$Pb^{2+}(aq)$	0.92	−24.4	18.5
$PbCl_2(s)$	−359.41	−314.10	136.0
$PbO(s, 黄)$	−217.32	−187.89	68.70
$S(s, 斜方)$	0	0	32.054
$H_2S(g)$	−20.6	−33.6	205.7
$H_2S(aq)$	−40	−27.9	121
$HS^-(aq)$	−17.7	12.0	63
$S^{2-}(aq)$	33.2	85.9	−14.6
$SO_2(g)$	−296.81	−300.194	248.223
$SO_3(g)$	−395.72	−371.06	256.76
$Si(s)$	0	0	18.81
$SiO_2(s, 石英)$	−910.7	−856.64	41.46
$SiF_4(g)$	−1615.0	−1572.65	282.76
$Ti(s)$	0	0	30.72
$TiO_2(s, 锐钛矿)$	−944.0	−884.5	50.62
$TiO_2(s, 金红矿)$	−944.7	−889.5	50.33
$Zn(s)$	0	0	41.63
$Zn^{2+}(aq)$	−153.39	−147.0	−109.8
$ZnO(s)$	−350.46	−318.30	43.65
$CH_4(g)$	−74.6	−50.5	186.26
$C_2H_2(g)$	227.4	209.9	200.94
$C_2H_6(g)$	−84.68	−32.82	229.60
$C_2H_5OH(l)$	−277.63	−174.8	161
$CH_3OH(l)$	−239.2	−166.6	126.80
$CH_3COOH(aq, 非离解)$	−485.76	−396.6	179
$CH_3COO^-(aq)$	−486.01	−369.4	86.6

注：摘自 Wagman D. D, et al.，《NBS 化学热力学性质表》，刘天和，赵梦月译，中国标准出版社，1998。(101.3 kPa, 298.15 K)

附录 6　常见难溶电解质的溶度积 $K_{sp}^{\ominus}$ (18~25 ℃)

难溶电解质	$K_{sp}^{\ominus}$	难溶电解质	$K_{sp}^{\ominus}$
AgCl	1.77×10^{-10}	$Fe(OH)_2$	4.87×10^{-17}
AgBr	5.35×10^{-13}	$Fe(OH)_3$	2.79×10^{-39}
AgI	8.52×10^{-17}	FeS	1.59×10^{-19}
Ag_2CO_3	8.46×10^{-12}	Hg_2Cl_2	1.43×10^{-18}
Ag_2CrO_4	1.12×10^{-12}	Hg_2I_2	5.2×10^{-29}
Ag_2SO_4	1.20×10^{-5}	HgI_2	2.9×10^{-29}
Ag_2S	6.69×10^{-50}	HgS(黑)	6.44×10^{-53}
AgSCN	1.03×10^{-12}	$MgCO_3$	6.82×10^{-6}
Ag_3PO_4	8.89×10^{-17}	$Mg(OH)_2$	5.61×10^{-12}
$AgIO_3$	3.17×10^{-8}	$Mn(OH)_2$	2.06×10^{-13}
$Al(OH)_3$	2×10^{-33}	MnS	4.65×10^{-14}
$BaCO_3$	2.58×10^{-9}	$Ni(OH)_2$	5.46×10^{-16}
$BaSO_4$	1.08×10^{-10}	NiS	1.07×10^{-21}
$BaCrO_4$	1.17×10^{-10}	$NiCO_3$	1.42×10^{-7}
$CaCO_3$	3.36×10^{-9}	$PbCl_2$	1.70×10^{-5}
CaC_2O_4	1.96×10^{-8}	$PbCO_3$	7.40×10^{-14}
CaF_2	3.45×10^{-10}	$PbCrO_4$	1.77×10^{-14}
$Ca_3(PO_4)_2$	2.07×10^{-33}	PbF_2	3.3×10^{-8}
$CaSO_4$	4.93×10^{-5}	$PbSO_4$	2.5×10^{-8}
$Ca(OH)_2$	5.02×10^{-6}	PbS	9.04×10^{-29}
$CaC_2O_4 \cdot H_2O$	2.32×10^{-9}	PbC_2O_4	8.55×10^{-10}
$Cd(OH)_2$	7.2×10^{-15}	$Pb(IO_3)_2$	3.69×10^{-13}
CdS	1.40×10^{-29}	PbI_2	9.8×10^{-9}
$CdCO_3$	1.0×10^{-12}	$Pb(OH)_2$	1.43×10^{-20}
$Co(OH)_2$	5.92×10^{-15}	SnS	3.32×10^{-28}
CoS(β)	2.0×10^{-25}	$SrCO_3$	5.60×10^{-10}
CoS(α)	4.0×10^{-21}	$SrSO_4$	3.44×10^{-7}
$Cu(OH)_2$	2.2×10^{-20}	$ZnC_2O_4 \cdot 2H_2O$	1.38×10^{-9}
CuCl	1.72×10^{-7}	$ZnCO_3$	1.19×10^{-10}
CuI	1.27×10^{-12}	$Zn(OH)_2$	3×10^{-17}
CuS	1.27×10^{-36}	ZnS	2.93×10^{-25}

注：摘自 Robert C. West , *CRC Handbook Chemistry and Physics* , 69 ed , 1988—1989。

附录 7　一些常见弱酸、弱碱在水溶液中的离解常数 $K^\ominus$

弱电解质	t/K	离解常数	弱电解质	t/K	离解常数
H_3AsO_4	291	$K_{a_1}^\ominus = 5.62\times10^{-3}$	H_2S	291	$K_{a_1}^\ominus = 9.1\times10^{-8}$
	291	$K_{a_2}^\ominus = 1.70\times10^{-7}$		291	$K_{a_2}^\ominus = 1.1\times10^{-12}$
	291	$K_{a_3}^\ominus = 3.95\times10^{-12}$	HSO_4^-	298	1.2×10^{-2}
H_3BO_3	293	7.3×10^{-10}	H_2SO_3	291	$K_{a_1}^\ominus = 1.54\times10^{-2}$
$HBrO$	298	2.06×10^{-9}		291	$K_{a_2}^\ominus = 1.02\times10^{-7}$
H_2CO_3	298	$K_{a_1}^\ominus = 4.30\times10^{-7}$	H_2SiO_3	303	$K_{a_1}^\ominus = 2.2\times10^{-10}$
	298	$K_{a_2}^\ominus = 5.61\times10^{-11}$		303	$K_{a_2}^\ominus = 2\times10^{-12}$
$H_2C_2O_4$	298	$K_{a_1}^\ominus = 5.90\times10^{-2}$	$HCOOH$	298	1.77×10^{-4}
	298	$K_{a_2}^\ominus = 6.40\times10^{-5}$	CH_3COOH	298	1.76×10^{-5}
HCN	298	4.93×10^{-10}	$CH_2ClCOOH$	298	1.4×10^{-3}
$HClO$	291	2.95×10^{-5}	$CHCl_2COOH$	298	3.32×10^{-2}
H_2CrO_4	298	$K_{a_1}^\ominus = 1.8\times10^{-1}$	$H_3C_6H_5O_7$	293	$K_{a_1}^\ominus = 7.1\times10^{-4}$
	298	$K_{a_2}^\ominus = 3.20\times10^{-7}$	（柠檬酸）	293	$K_{a_2}^\ominus = 1.68\times10^{-5}$
HF	298	3.53×10^{-4}		293	$K_{a_3}^\ominus = 4.1\times10^{-7}$
HIO_3	298	1.69×10^{-1}	$NH_3\cdot H_2O$	298	1.77×10^{-5}
HIO	298	2.3×10^{-11}	$AgOH$	298	1×10^{-2}
HNO_2	285.5	4.6×10^{-4}	$Al(OH)_3$	298	$K_{b_1}^\ominus = 5\times10^{-9}$
NH_4^+	298	5.64×10^{-10}		298	$K_{b_2}^\ominus = 2\times10^{-10}$
H_2O_2	298	2.4×10^{-12}	$Be(OH)_2$	298	$K_{b_1}^\ominus = 1.78\times10^{-6}$
H_3PO_4	298	$K_{a_1}^\ominus = 7.52\times10^{-3}$		298	$K_{b_2}^\ominus = 2.5\times10^{-9}$
	298	$K_{a_2}^\ominus = 6.23\times10^{-8}$	$Ca(OH)_2$	298	$K_{b_2}^\ominus = 6\times10^{-2}$
	298	$K_{a_3}^\ominus = 2.2\times10^{-13}$	$Zn(OH)_2$	298	$K_{b_1}^\ominus = 8\times10^{-7}$

注：摘自 Robert C. West，*CRC Handbook Chemistry and Physics*，69 ed，1988—1989。

附录 8-1　酸性溶液中的标准电极电势 $\varphi^\ominus$ (298 K)

元素	电极反应	$\varphi^\ominus/V$
Ag	$AgBr+e^- = Ag+Br^-$	+0.071 33
	$AgCl+e^- = Ag+Cl^-$	+0.222 3
	$Ag_2CrO_4+2e^- = 2Ag+CrO_4^{2-}$	+0.447 0
	$Ag^++e^- = Ag$	+0.799 6
Al	$Al^{3+}+3e^- = Al$	−1.676
As	$HAsO_2+3H^++3e^- = As+2H_2O$	+0.248
	$H_3AsO_4+2H^++2e^- = HAsO_2+2H_2O$	+0.560
Bi	$BiOCl+2H^++3e^- = Bi+H_2O+Cl^-$	+0.158 3
	$BiO^++2H^++3e^- = Bi+H_2O$	+0.320
Br	$Br_2+2e^- = 2Br^-$	+1.066
	$BrO_3^-+6H^++5e^- = \frac{1}{2}Br_2+3H_2O$	+1.482

（续）

元素	电极反应	$\varphi^{\ominus}/V$
Ca	$Ca^{2+}+2e^-=Ca$	-2.868
Cd	$Cd^{2+}+2e^-=Cd$	$-0.403\,0$
Ce	$Ce^{4+}+e^-=Ce^{3+}$	1.72
Cl	$ClO_4^-+2H^++2e^-=ClO_3^-+H_2O$	$+1.189$
	$Cl_2+2e^-=2Cl^-$	$+1.358\,27$
	$ClO_3^-+6H^++6e^-=Cl^-+3H_2O$	$+1.451$
	$ClO_3^-+6H^++5e^-=\frac{1}{2}Cl_2+3H_2O$	$+1.47$
	$HClO+H^++e^-=\frac{1}{2}Cl_2+H_2O$	$+1.611$
	$ClO_3^-+3H^++2e^-=HClO_2+H_2O$	$+1.214$
	$HClO_2+2H^++2e^-=HClO+H_2O$	$+1.645$
Co	$Co^{3+}+e^-=Co^{2+}$	$+1.92$
Cr	$Cr_2O_7^{2-}+14H^++6e^-=2Cr^{3+}+7H_2O$	$+1.36$
Cu	$Cu^{2+}+e^-=Cu^+$	$+0.153$
	$Cu^{2+}+2e^-=Cu$	$+0.341\,9$
	$Cu^++e^-=Cu$	$+0.521$
Fe	$Fe^{2+}+2e^-=Fe$	-0.447
	$Fe(CN)_6^{3-}+e^-=Fe(CN)_6^{4-}$	$+0.358$
	$Fe^{3+}+e^-=Fe^{2+}$	$+0.771$
	$Fe^{3+}+3e^-=Fe$	-0.037
H	$2H^++2e^-=H_2$	$0.000\,00$
Hg	$Hg_2Cl_2+2e^-=2Hg+2Cl^-$（饱和）	$+0.268\,08$
	$Hg^{2+}+2e^-=Hg$	$+0.851$
I	$I_2+2e^-=2I^-$	$+0.535\,5$
	$I_3^-+2e^-=3I^-$	$+0.536$
	$IO_3^-+6H^++5e^-=\frac{1}{2}I_2+3H_2O$	$+1.195$
	$HIO+H^++e^-=\frac{1}{2}I_2+H_2O$	$+1.439$
K	$K^++e^-=K$	-2.931
Mg	$Mg^{2+}+2e^-=Mg$	-2.372
Mn	$Mn^{2+}+2e^-=Mn$	-1.185
	$MnO_4^-+e^-=MnO_4^{2-}$	$+0.558$
	$MnO_2+4H^++2e^-=Mn^{2+}+2H_2O$	$+1.224$

（续）

元素	电极反应	$\varphi^{\ominus}/V$
Mn	$MnO_4^- + 8H^+ + 5e^- = Mn^{2+} + 4H_2O$	+1.507
	$MnO_4^- + 4H^+ + 3e^- = MnO_2 + 2H_2O$	+1.679
Na	$Na^+ + e^- = Na$	-2.71
N	$NO_3^- + 4H^+ + 3e^- = NO + 2H_2O$	+0.957
	$2NO_3^- + 4H^+ + 2e^- = N_2O_4 + 2H_2O$	+0.803
	$HNO_2 + H^+ + e^- = NO + H_2O$	+0.983
	$NO_3^- + 3H^+ + 2e^- = HNO_2 + H_2O$	+0.934
	$N_2O_4 + 2H^+ + 2e^- = 2HNO_2$	+1.065
O	$O_2 + 2H^+ + 2e^- = H_2O_2$	+0.695
	$H_2O_2 + 2H^+ + 2e^- = 2H_2O$	+1.776
	$O_2 + 4H^+ + 4e^- = 2H_2O$	+1.229
	$O_3 + 2H^+ + 2e^- = O_2 + H_2O$	2.076
P	$H_3PO_4 + 2H^+ + 2e^- = H_3PO_3 + H_2O$	-0.276
Pb	$PbI_2 + 2e^- = Pb + 2I^-$	-0.365
	$PbSO_4 + 2e^- = Pb + SO_4^{2-}$	-0.358 8
	$PbCl_2 + 2e^- = Pb + 2Cl^-$	-0.267 5
	$Pb^{2+} + 2e^- = Pb$	-0.126 2
	$PbO_2 + 4H^+ + 2e^- = Pb^{2+} + 2H_2O$	+1.455
	$PbO_2 + SO_4^{2-} + 4H^+ + 2e^- = PbSO_4 + 2H_2O$	+1.691 3
S	$H_2SO_3 + 4H^+ + 4e^- = S + 3H_2O$	+0.449
	$S + 2H^+ + 2e^- = H_2S$	+0.142
	$SO_4^{2-} + 4H^+ + 2e^- = H_2SO_3 + H_2O$	+0.172
	$S_4O_6^{2-} + 2e^- = 2S_2O_3^{2-}$	+0.08
	$S_2O_8^{2-} + 2e^- = 2SO_4^{2-}$	+2.010
Sb	$Sb_2O_3 + 6H^+ + 6e^- = 2Sb + 3H_2O$	+0.152
	$Sb_2O_5 + 6H^+ + 4e^- = 2SbO^+ + 3H_2O$	+0.581
Sn	$Sn^{4+} + 2e^- = Sn^{2+}$	+0.151
	$Sn^{2+} + 2e^- = Sn$	-0.137 5
V	$VO^{2+} + 2H^+ + e^- = V^{3+} + H_2O$	+0.337
Zn	$Zn^{2+} + 2e^- = Zn$	-0.761 8

附录 8-2 碱性溶液中的标准电极电势 $\varphi^{\ominus}$(298 K)

元素	电极反应	$\varphi^{\ominus}$/V
Ag	$Ag_2S+2e^- = 2Ag+S^{2-}$	-0.691
	$Ag_2O+H_2O+2e^- = 2Ag+2OH^-$	$+0.342$
Al	$H_2AlO_3^-+H_2O+3e^- = Al+4OH^-$	-2.33
As	$AsO_2^-+2H_2O+3e^- = As+4OH^-$	-0.68
	$AsO_4^{3-}+2H_2O+2e^- = AsO_2^-+4OH^-$	-0.71
Br	$BrO_3^-+3H_2O+6e^- = Br^-+6OH^-$	$+0.61$
	$BrO^-+H_2O+2e^- = Br^-+2OH^-$	$+0.761$
Cl	$ClO_3^-+H_2O+2e^- = ClO_2^-+2OH^-$	$+0.33$
	$ClO_4^-+H_2O+2e^- = ClO_3^-+2OH^-$	$+0.36$
	$ClO_2^-+H_2O+2e^- = ClO^-+2OH^-$	$+0.66$
	$ClO^-+H_2O+2e^- = Cl^-+2OH^-$	$+0.81$
Co	$Co(OH)_2+2e^- = Co+2OH^-$	-0.73
	$Co(NH_3)_6^{3+}+e^- = Co(NH_3)_6^{2+}$	$+0.108$
	$Co(OH)_3+e^- = Co(OH)_2+OH^-$	$+0.17$
Cr	$Cr(OH)_3+3e^- = Cr+3OH^-$	-1.48
	$CrO_2^-+2H_2O+3e^- = Cr+4OH^-$	-1.2
	$CrO_4^{2-}+4H_2O+3e^- = Cr(OH)_3+5OH^-$	-0.13
Fe	$Fe(OH)_3+e^- = Fe(OH)_2+OH^-$	-0.56
H	$2H_2O+2e^- = H_2+2OH^-$	$-0.827\,7$
Hg	$HgO+H_2O+2e^- = Hg+2OH^-$	$+0.097\,7$
I	$IO_3^-+3H_2O+6e^- = I^-+6OH^-$	$+0.26$
	$IO^-+H_2O+2e^- = I^-+2OH^-$	$+0.485$
Mg	$Mg(OH)_2+2e^- = Mg+2OH^-$	-2.690
Mn	$Mn(OH)_2+2e^- = Mn+2OH^-$	-1.56
	$MnO_4^-+2H_2O+3e^- = MnO_2+4OH^-$	$+0.595$
	$MnO_4^{2-}+2H_2O+2e^- = MnO_2+4OH^-$	$+0.60$
N	$NO_3^-+H_2O+2e^- = NO_2^-+2OH^-$	$+0.01$
O	$O_2+2H_2O+4e^- = 4OH^-$	$+0.401$
S	$S+2e^- = S^{2-}$	$-0.476\,27$
	$SO_4^{2-}+H_2O+2e^- = SO_3^{2-}+2OH^-$	-0.93
	$2SO_3^{2-}+3H_2O+4e^- = S_2O_3^{2-}+6OH^-$	-0.571
	$S_4O_6^{2-}+2e^- = 2S_2O_3^{2-}$	$+0.08$
Sn	$Sn(OH)_6^{2-}+2e^- = HSnO_2^-+H_2O+3OH^-$	-0.93
	$HSnO_2^-+H_2O+2e^- = Sn+3OH^-$	-0.909

注：摘自 Robert C. West, *CRC Handbook Chemistry and Physics*, 69 ed, 1988—1989。

附录9 配离子的标准稳定常数 (298 K)

配离子	$K_f^{\ominus}$	配离子	$K_f^{\ominus}$
$AuCl_2^+$	6.3×10^9	AlF_6^{3-}	6.9×10^{19}
$CdCl_4^{2-}$	6.3×10^2	FeF_6^{3-}	1.0×10^{16}
$AuCl_2^-$	3.1×10^5	AgI_3^{2-}	4.8×10^{13}
$FeCl_4^-$	1.0	AgI_2^-	5.5×10^{11}
$HgCl_4^{2-}$	1.2×10^{15}	CdI_4^{2-}	2.6×10^5
$PtCl_4^{2-}$	1.0×10^{15}	PbI_4^{2-}	3.0×10^4
$SnCl_4^{2-}$	30	HgI_4^{2-}	6.8×10^{29}
$ZnCl_4^{2-}$	1.6	$Ag(NH_3)_2^+$	1.1×10^7
$Ag(CN)_2^-$	1.3×10^{21}	$Cd(NH_3)_6^{2+}$	1.4×10^5
$Ag(CN)_4^{3-}$	4.0×10^{20}	$Cd(NH_3)_4^{2+}$	1.3×10^7
$Au(CN)_2^-$	2.0×10^{38}	$Co(NH_3)_6^{2+}$	1.3×10^5
$Cd(CN)_4^{2-}$	6.0×10^{18}	$Co(NH_3)_6^{3+}$	1.6×10^{35}
$Cu(CN)_2^-$	1.0×10^{24}	$Cu(NH_3)_2^+$	7.2×10^{10}
$Cu(CN)_4^{3-}$	2.0×10^{30}	$Cu(NH_3)_4^{2+}$	2.1×10^{13}
$Fe(CN)_6^{4-}$	1.0×10^{35}	$Fe(NH_3)_2^{2+}$	1.6×10^2
$Fe(CN)_6^{3-}$	1.0×10^{42}	$Hg(NH_3)_2^{2+}$	1.9×10^{19}
$Hg(CN)_4^{2-}$	2.5×10^{41}	$Mg(NH_3)_2^{2+}$	20
$Ni(CN)_4^{2-}$	2.0×10^{31}	$Ni(NH_3)_6^{2+}$	5.5×10^8
$Zn(CN)_4^{2-}$	5.0×10^{16}	$Ni(NH_3)_4^{2+}$	9.1×10^7
$Ag(SCN)_2^-$	3.7×10^7	$Pt(NH_3)_6^{2+}$	2.0×10^{35}
$Au(SCN)_2^-$	1.0×10^{23}	$Zn(NH_3)_4^{2+}$	2.9×10^9
$Cd(SCN)_4^{2-}$	4.0×10^3	$Al(OH)_4^-$	1.1×10^{33}
$Co(SCN)_4^{2-}$	1.0×10^3	$Bi(OH)_4^-$	1.6×10^{35}
$Cr(SCN)_2^+$	9.5×10^2	$Cd(OH)_4^{2-}$	4.2×10^8
$Cu(SCN)_2^-$	1.5×10^5	$Cr(OH)_4^-$	7.9×10^{29}
$Fe(SCN)_2^+$	2.3×10^3	$Cu(OH)_4^{2-}$	3.2×10^{18}
$Hg(SCN)_4^{2-}$	1.7×10^{21}	$Fe(OH)_4^{2-}$	3.8×10^8
$Ag(SCN)_3^-$	65	$Zn(OH)_4^{2-}$	4.6×10^{17}
$Ag(en)_2^+$	5.0×10^7	$Ca(P_2O_7)^{2-}$	4.0×10^4
$Cd(en)_3^{2+}$	1.2×10^{12}	$Cd(P_2O_7)^{2-}$	4.0×10^5
$Co(en)_3^{2+}$	8.7×10^{13}	$Cu(P_2O_7)^{2-}$	5.0×10^6
$Co(en)_3^{3+}$	4.9×10^{48}	$Ca(P_2O_7)_2^{6-}$	2.5×10^2
$Cr(en)_2^{2+}$	1.6×10^9	$Ag(S_2O_3)^-$	6.6×10^8
$Cu(en)_3^{2+}$	1.0×10^{21}	$Ag(S_2O_3)_3^{3-}$	2.8×10^{13}
$Fe(en)_3^{2+}$	5.0×10^9	$Cd(S_2O_3)_2^{2-}$	2.8×10^6
$Hg(en)_2^{2+}$	2.0×10^{23}	$Cu(S_2O_3)_2^{3-}$	1.7×10^{12}
$Mn(en)_3^{2+}$	4.7×10^5	$Pb(S_2O_3)_2^{2-}$	1.4×10^5
$Ni(en)_3^{2+}$	2.1×10^{18}	$Hg(S_2O_3)_4^{6-}$	1.7×10^{33}
$Zn(en)_3^{2+}$	1.3×10^{14}	$Hg(S_2O_3)_2^{2-}$	2.8×10^{29}

注：摘自 *Lange's Handbook of Chemistry*, 13 ed, 1985。